Polizeifahrzeuge
aus aller Welt

GATE 9

Polizeifahrzeuge

aus aller Welt

NGV

POLITIE
C8 Spyder

Text und Fotos: Hans G. und Ursula Isenberg
Gesamtherstellung: Naumann & Göbel Verlagsgesellschaft mbH, Köln

ISBN 978-3-625-11520-5
www.naumann-goebel.de

Inhalt

Einleitung 8

Europa 18

Norwegen 22

Dänemark 28

Schweden 32

Finnland 39

Estland 42

Lettland 45

Litauen 50

Großbritannien und Irland 57

Niederlande 68

Belgien 75

Luxemburg 83

Deutschland 91

DDR 145

Schweiz 157

Österreich 173

Polen 179

Tschechien 185

Slowakei 188

Slowenien und Kroatien 191

Frankreich und Monaco 196

Spanien 209

Portugal 220

Italien 231

Griechenland und Republik Zypern 243

Türkei 245

Amerika 252

USA 254

Mexiko 288

Mittel- und Südamerika 294

Polizeifahrzeuge aus aller Welt 300

Afrika 302

Asien 311

Australien und Neuseeland 327

Register 331

Danksagung 336

Einleitung

Die Polizei wird mobil

Das 20. Jahrhundert beginnt und mit ihm der weltweite Siegeszug des Automobils. Waren die ersten Kraftdroschken ein Fortbewegungsmittel für wohlhabende Gesellschaften, so dauerte es nur kurze Zeit und die ersten Nutzfahrzeuge entstanden auch für die Polizei. Die europäischen Ordnungshüter betrachteten die neuen Automobile noch mit gehöriger Skepsis. Ganz im Gegensatz zu den amerikanischen Kollegen, die gerne den harten Sattel ihrer Gäule gegen den weichen Sitz einer Limousine tauschten. 1910 verfügte die an sich konservativ eingestellte Metropolitan Police von London schon über 21 zweisitzige Dreiräder von Léon Bollée und zwölf Automobile, die sich durchaus bewährten. Dieser Fortschritt sprach sich in Polizeikreisen schnell herum, und nun knatterten auch in Belgien, Frankreich und Italien die ersten Polizeiwagen übers Land.

In Deutschland begann das Königlich Sächsische Polizeiamt Leipzig im Jahr 1913 damit, Pferdedroschken für Gefangenentransporte gegen neuartige Polizeikraftwagen auszutauschen. Die Fahrzeuge der Automobilfabrik Benz aus Gaggenau in Baden hatten 1,5 Tonnen Nutzlast, mit Vollgummi bereifte Holzspeichenräder und wurden mit einer Motorleistung von 35 Pferdestärken (PS) angepriesen. Mit Beginn des Ersten Weltkriegs im Jahr 1914 orientierten sich alle Fortschritte im Automobilbau hauptsächlich an der Rüstungsindustrie. Neue Nutzfahrzeuge gab es bevorzugt für das Militär. Die Polizei ging in ganz Europa auch nach dem Ende des Ersten Weltkriegs im Jahr 1918 meist zu Fuß oder stieg aufs Fahrrad.

Das Martinshorn macht die Straße frei

Ab Mitte der 20er-Jahre wurden die ersten größeren Lastwagen für den Transport von Polizeieinheiten entwickelt. Die Seitenwände der Ladefläche waren niedriger angeordnet und zusätzliche Trittbretter erleichterten das Aus- und Besteigen. Auch erste Mannschaftstransporter mit Niederrahmen-Fahrgestellen kamen in die Fuhrparks der Polizeibehörden. Deutsche Automobilfabriken wie Benz, Vomag,

Schon 1890 bekam die Pariser Polizei 86 motorgetriebene De Dion-Bouton-Dreiräder geliefert. Die Polizei in den anderen europäischen Ländern fuhr damals noch Fahrrad oder ging zu Fuß Streife.

MAN, Büssing, NAG oder Magirus belieferten die Polizei mit Mannschaftswagen, Großlastkraftwagen, Gefangenentransportern, Aktenwagen oder eigenen Krankentransportwagen. Als einer der damals bedeutendsten Nutzfahrzeug-Hersteller lieferten die Schweizer Saurer-Werke eine breite Palette von Gefangenentransportern, Mannschaftswagen und dergleichen in alle Welt.

In Frankreich, Belgien und den Niederlanden bemühten sich die französischen Hersteller wie Citroen, Renault oder Berliet um Großaufträge bei der Polizei. In der Tschechoslowakei wurde der renommierte, aber etwas finanzschwache Hersteller Laurin & Klement Lieferant der staatlichen Polizei. Die Skoda-Werke schluckten 1923 Laurin & Klement und sicherten sich damit Großaufträge bei Armee und Polizei in den östlichen Ländern Europas. In Italien setzte die Polizei auf Modelle von Fiat und Lancia, in Großbritannien teilten sich vier- bis sechssitzige Dienstwagen von Austin, Crossley, Ford und Wolseley die Polizeihöfe. Amerikanische Hersteller wie Chevrolet, Ford und De Soto versorgten die meisten kleineren Länder Europas ohne eigene Automobil-Produktion mit passenden Polizeifahrzeugen.

Ab 1920 verkauften die Benz-Automobilwerke in Gaggenau offene Mannschaftswagen vom Typ Benz 3CN, die nach den Wünschen der Polizei gebaut wurden.

Auch kompakte Fahrzeugtypen kamen in die Fuhrparks der europäischen Polizeieinheiten. Sie erhielten Bezeichnungen wie Notruf- oder Schnellpatrouillenwagen. Der Begriff Streifenwagen wurde in den 20er-Jahren erstmals für kleinere Dienstwagen benutzt. Es handelt sich meist um offene Personenwagen mit verlängertem und verstärktem Fahrgestell. Durch spezielle Karosserien boten sie Platz für bis zu 16 Personen und ermöglichten, bei Überfällen oder Schlägereien schnell zum Einsatzort zu gelangen. Häufig war auf diesen Fahrzeugen ein großer Suchscheinwerfer für Nachteinsätze montiert.

Um durch das Straßengewirr europäischer Großstädte schneller voranzukommen, wurden Polizeifahrzeuge mit speziellen Pressluftsirenen oder Alarmglocken ausgestattet. Dies waren die ersten Sondersignalanlagen, und sie zeigten Wirkung! Wenn Streifenwagen eines Polizei-Überfallkommandos mit heulenden Signalhörnern durch den Großstadtverkehr der 20er-Jahre eilten, bildete sich schnell eine freie Gasse zwischen Pferdekutschen, Automobilen und Handkarren. Ende der 30er-Jahre rüstete man erste Einsatzfahrzeuge mit blauen Signalleuchten und Tonfolgehörnern aus. Die Tonfolgehörner, nach ihrem Entwickler „Martinshorn" genannt, sind bis heute das akustische Warnzeichen für viele Einsatzfahrzeuge. In den meisten angelsächsischen Ländern wurden von Hand bediente Alarmglocken und in den USA Sirenen bevorzugt.

Mit dem Straßenpanzerwagen Erhard 17/19 gegen bewaffnete Umsturzversuche. Ab 1919 wurde die Schutzpolizei damit ausgerüstet.

Kalte Dusche gegen Demonstranten

Ende der 20er-Jahre suchte die Polizei nach einem geeigneten Einsatzmittel gegen gewalttätige Demonstrationen. Es sollte verhältnismäßiger sein als ein Schlagstock- oder Schusswaffeneinsatz gegen Menschenmengen, doch wirkungsvoll genug, um die Ordnung wiederherzustellen und Demonstrationen zu zerstreuen. Daimler-Benz präsentierte 1931 den ersten einsatzfähigen Mercedes-Benz L 5000 Wasserwerferkraftwagen für Polizeizwecke. Er verfügte über einen 5000 Liter fassenden Wassertank, dessen Inhalt aus einem drehbaren Turm mit schwenkbarem Strahlrohr verspritzt werden konnte. Das mit Vollgummi bereifte Fahrzeug war von einem 110 PS starken Sechszylinder-Benzinmotor angetrieben. Dieses Bauprinzip für Wasserwerfer wurde im Wesentlichen bis heute beibehalten und bescherte der Polizei ein sehr wirkungsvolles Einsatzmittel.

Motorräder in handelsüblicher Ausstattung gehörten ebenfalls zum wachsenden Fuhrpark aller europäischen Polizeibehörden. Man setzte sie häufig für Nachrichtenübermittlungen ein. Die sogenannten Kradmelder waren für den

Polizei und Wehrmacht des Dritten Reiches benutzten diesen Wanderer W11 in großer Zahl als Befehlskraftwagen.

Transport vertraulicher Meldungen zwischen den einzelnen Polizeidienststellen von Bedeutung, da Fernschreib- und Telefonnetze oder Funkanlagen in dieser Zeit noch längst nicht überall vorhanden waren. Neben der Funktion als Nachrichtenfahrzeug dienten Motorräder einzeln oder als Seitenwagengespann zum günstigen und schnellen Transport von bis zu drei Polizisten. Die deutsche Polizei setzte in dieser Zeit bevorzugt Motorräder der Marken NSU, Wanderer und Mars ein. Maschinen der Hersteller BMW, DKW oder Zündapp waren damals kaum oder gar nicht im Polizeifuhrpark vorhanden. Die zuständigen deutschen Landesregierungen erkannten in den 20er-Jahren sehr schnell die Notwendigkeit und Vorteile einer motorisierten Polizei. So verfügte die Polizei in Preußen 1926 bereits über 1500 Polizeikraftfahrzeuge, davon waren allein mehr als 400 Fahrzeuge in der Reichshauptstadt Berlin eingesetzt. In allen Ländern des Commonwealth galten die BSA-Viertakter als beste Maschinen für den Streifendienst. Weltweit am meisten vertreten waren aber die amerikanischen Harley-Davidson- und Indian-Motorräder, die ganz nach den Wünschen der jeweiligen Polizeieinheiten ausgerüstet wurden.

Mit Schrottkisten auf Verbrecherjagd

1945 – halb Europa lag in Trümmern. Die Alliierten lösten in Deutschland alle staatlichen Organisationen und auch die Deutsche Polizei auf. Die wenigen noch fahrbereiten Dienstwagen mussten an die Siegermächte übergeben werden. Wenn es Fahrzeuge gab, so waren es meist alte und abgewirtschaftete Vehikel aus der Kriegszeit oder ausgemusterte Militärfahrzeuge der Besatzungsarmeen. So war es keine Seltenheit, wenn ein bunt gemischter Fuhrpark aus VW Kübelwagen der Wehrmacht, amerikanischen Willys-Jeeps und einem alten Opel Blitz 1,5-Tonner neben einem Dodge-Transporter auf die nächsten Einsätze wartete. Ähnlich die Situation in Österreich, Belgien, Frankreich, den Niederlanden oder Luxemburg. In den östlichen Ländern Europas wurden meist ausrangierte Armeewagen für den Polizeidienst hergerichtet. An Sonderausstattungen oder gar einheitliche Fahrzeuglackierungen war in den ersten Nachkriegsjahren in ganz Europa kaum zu denken. Ein Suchscheinwerfer und

Mit dem noblen Horch 350 Achtzylinder von 1929 ließen sich die führenden Köpfe der Berliner Polizei durch die Hauptstadt Deutschlands chauffieren.

ein Blechschild mit der Aufschrift „POLIZEI" genügten damals meist die einzigen Erkennungszeichen für Polizeifahrzeuge in Europa.

Betagte Motorräder mit und ohne Beiwagen waren auf dem flachen Land oft die einzigen motorisierten Fahrzeuge, die kleinen Polizeidienststellen zur Verfügung standen. Hierbei kamen Kräder aller Klassen und Baujahre zum Einsatz. Das häufigste Fortbewegungsmittel des Schutzmanns auf dem flachen Land war jedoch weiterhin das Fahrrad.

Großaufträge von der Polizei sind immer willkommen. Der zweitürige DKW F91 wurde 1957 für die Polizei zum Cabrio mit vier Türen umgebaut. Nun hieß er DKW F94.

Sackgasse Streifenwagen mit Klappverdeck

Nach der Währungsreform 1948 und der Gründung der Bundesrepublik Deutschland im Jahr 1949 ging es auch mit dem Wiederaufbau der bundesdeutschen Polizei voran. Die Polizeihoheit lag nun wieder bei den deutschen Bundesländern. Man knüpfte an die Vorkriegsmeinung an, dass die Polizei mit eigens entwickelten Spezialfahrzeugen ausgestattet sein müsse. Daimler-Benz bot daher ab 1947 den Polizei-Streifenwagen 170 S als Neuentwicklung an. Er entsprach der traditionellen Bauweise eines Polizei-Streifenwagens. Die offene Karosserie konnte mit einem „Gummistoff-Verdeck" geschlossen werden und bot Platz für Fahrer, Beifahrer und vier Personen auf zwei längs zur Fahrbahn angeordneten Sitzbänken im Fond. Der 52 PS starke, wassergekühlte Vierzylinder-Motor erreichte laut Werk eine Höchstgeschwindigkeit von 120 km/h. Auch auf Basis des Ford Taunus, des Borgward Hansa 1500 und des DKW Sonderklasse 3=6 entstanden viertürige, offene Streifenwagen für die Polizei.

In Frankreich wurde der wieselflinke Renault 4CV mit Klappverdeck und „ausgeschnittenen" Türen in Paris als Streifenwagen eingesetzt. In Großbritannien stand der Metropolitan Police in London eine Flotte offener MG TA Midget-Sportwagen zur Verfügung, und in Italien galten die pfiffigen Fiat Topolinos mit Klappverdeck als alltagstaugliche Streifenwagen. Als wichtigster osteuropäischer Hersteller von geländegängigen Polizei- und Armeewagen entwickelte Skoda in den ersten Nachkriegsjahren zahlreiche Modelle der 970er-Serie für Armee und Polizei, wie den offenen

Im neuen NSU 110 konnte das Telefunken-Sprechfunkgerät schon im Jahr 1965 im Armaturenbrett untergebracht werden.

Skoda 973 Kommandowagen, den 972 Amphibienwagen oder den gepanzerten Skoda 971. Als Standardstreifenwagen wurden die Skoda 1102 und 1200 gefahren.

Die bekannteste Spezialentwicklung dieser Zeit war der offene, viertürige VW Käfer Polizei-Tourenwagen. Hergestellt bei der Karosseriebaufirma Hebmüller, wurden im Zeitraum 1948 bis 1949 über 480 Exemplare dieses kostengünstigen, spartanisch ausgestatteten Fahrzeugtyps an die Polizeibehörden von Deutschland, Österreich und der Schweiz ausgeliefert. Der VW Hebmüller Polizei-Tourenwagen besaß vier Segeltuchtüren, die ein möglichst schnelles Aus- und

Einsteigen der Polizisten ermöglichen sollten. Die Sonderausstattung beschränkte sich auf einen Suchscheinwerfer und eine blaue Kennleuchte, die Vorläuferin der heutigen Blaulichter. Ein 24 PS leistender Boxermotor sollte den Käfer auf eine Höchstgeschwindigkeit von 100 km/h beschleunigen.

Immer mehr setzte sich allerdings die Erkenntnis durch, dass die zunächst bevorzugten offenen Polizeifahrzeuge der Nachkriegsproduktion bei schlechtem Wetter und im Winter keineswegs ideal für die Fahrzeuginsassen waren. Hinzu kam, dass die damaligen Polizeifahrzeuge verstärkt mit Funkgeräten ausgestattet wurden und diese in offenen Fahrzeugen ebenfalls unter den Witterungseinflüssen litten. Die Funkgeräte waren zu dieser Zeit noch sehr sperrig und benötigten viel Platz in den Fahrzeugen. Daher ging man immer mehr zu Streifenwagen mit einer geschlossenen und geräumigen Karosserie über.

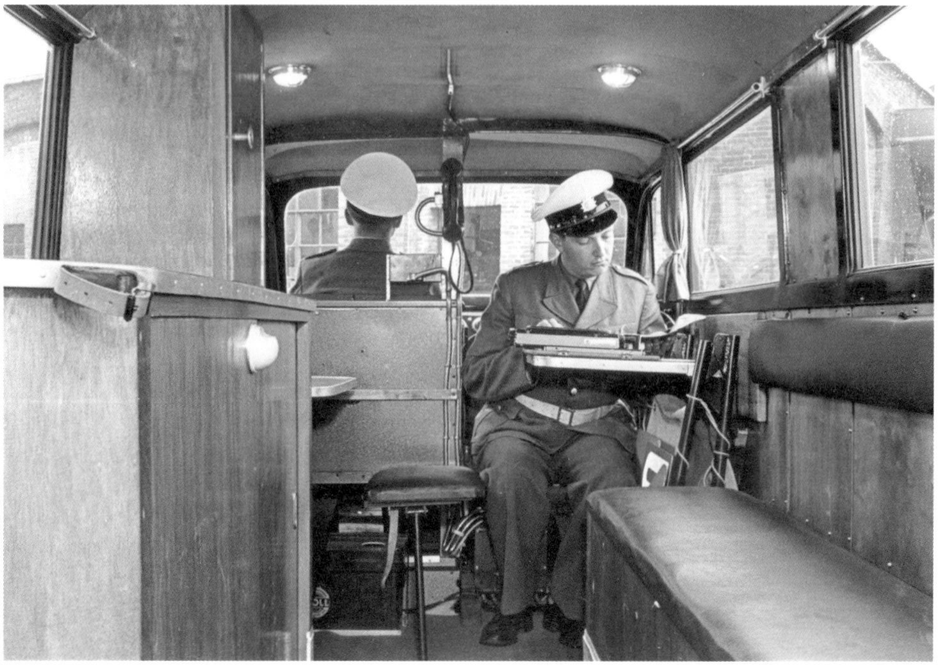

Mit dem VW Bus oder dem DKW-Schnelllaster vom Typ 30 stand der Polizei in den 50er-Jahren erstmals ein mobiles Büro zur Verfügung.

Die Polizei startet durch

Der Wiederaufbau Europas ging weiter voran. Industrieanlagen, Straßen, ein neues Autobahnnetz und auch die zerstörten Städte wurden aufgebaut. Eine brummende Wirtschaft ließ den Autoverkehr in Europa stark anwachsen. Auch die Polizei meldete einen steigenden Bedarf an Einsatzfahrzeugen an. Die Zahl der Streifenwagen für den täglichen Dienst in Städten, auf Autobahnen und auf dem Land wuchs stetig. Nachdem die neu entwickelten Funkgeräte nun kompakter wurden und somit weniger Platz in den Einsatzfahrzeugen benötigten, setzte sich die Beschaffung serienmäßiger Fahrzeuge als Streifenwagen durch. Die kostengünstigeren Serienfahrzeuge wurden für die Polizeiarbeit ab Werk mit Blaulicht, Martinshorn, Außenlautsprecher und einer Funkanlage bereitgestellt. Hinzu kam eine veränderte Inneneinrichtung mit besonders strapazierfähigen Sitzbezügen, Halterungen für Anhaltekellen, speziellen Ablagefächern für Unfallaufnahmegeräte und einiges mehr.

Große, leistungsstarke Limousinen wie der Opel Kapitän, die BMW-„Barockengel" der Baureihe 501, der Mercedes-Benz 220 und Ford Taunus 17M kreuzten als stattliche Streifenwagen in Städten und auf Autobahnen der 50er-Jahre. Von Skandinavien aus eroberten sich die dickwandigen Limousinen Volvo 544 die Sympathie zahlreicher ausländischer Polizeiorganisationen, wie die von Belgien, Luxemburg, den Niederlanden, Liechtenstein und der Schweiz. Im Vereinigten Königreich erfreuten nun prächtige Limousinen wie der Humber Super Snipe, Ford Zephir 6 oder Rover 100 die Besatzung. Selbst die teuren Porsche-Sportwagen der Typen 356 A bis C waren als schnelle Streifenwagen der Autobahnpolizei von Deutschland, den Niederlanden und der Schweiz unterwegs im Einsatz. In den osteuropäischen Ländern überwogen russische Allradler von GAZ, URAL und ZIS. Unter dem Strich blieb aber der robuste und kostengünstige VW Käfer bis in die 70er-Jahre der meistverwendete Polizei-Streifenwagen Europas.

Neue Sonderfahrzeuge für jeden Zweck

Neben Streifenwagen wurden Gruppen- und Mannschaftswagen zum Transport von größeren Einheiten beschafft. Auch hier wurde Volkswagen mit dem VW T1 vor Mercedes-Benz, Opel, DKW oder Ford Hauptlieferant der Polizeien von Deutschland, den Niederlanden, Belgien, Luxemburg und Österreich. In Frankreich war dagegen Renault mit dem innovativen Estafette obenauf. In Großbritannien wurde der Morris J-Typ und der Bedford OB als Mehrzweckfahrzeug in großen Stückzahlen eingesetzt. In Italien und Spanien konnte Fiat mit seinen neuen Transportern punkten. Osteuropäische Polizeieinheiten wurden mit modifizierten Kleinlastwagen und Transportern von Barkas aus der DDR und dem Skoda 1203 aus der Tschechoslowakei versorgt. Russische ZiS- und ZUK 900-Transporter waren die Standard-Mannschaftswagen in der damaligen Sowjetunion.

Das Interesse an Sonderfahrzeugen wuchs in ganz Europa. So führte die Polizei speziell ausgerüstete Unfallaufnahmewagen ein. Es waren zumeist Kleinbusse oder Transporter, die mit einem Schreibtisch, Formularschränken, Fototechnik, Verkehrsschildern und einer Vielzahl weiterer Gerätschaften zur Aufnahme eines Verkehrsunfalls ausgerüstet wurden. Neue Befehlskraftwagen, Lautsprecherwagen, Gefangenentransporter, Wasserwerfer, Kontrollstellenfahrzeuge, Abschleppwagen, Pferdetransporter und vieles mehr gelangten in die Fuhrparks der wachsenden Polizeibehörden. Die kasernierten Polizeieinheiten verfügten über gepanzerte Sonderwagen, Küchenwagen, Krankenwagen und Funkrelaiswagen. Auch Geländefahrzeuge, Werkstattwagen, Transportlastwagen und andere Spezialfahrzeuge waren in den Beständen dieser Einheiten zu finden.

Das Polizeikrad verliert an Bedeutung

Das Motorrad, in den 50er-Jahren zahlenmäßig noch auf Platz Nummer eins der Polizeifahrzeuge, verlor in den folgenden Jahren immer mehr an Bedeutung. Zuerst endete die Ära der Seitenwagengespanne. Es zeigte sich, dass beispielsweise der Einsatzwert eines VW Käfer vielseitiger, komfortabler und somit auch besser war als der eines Seitenwagengespanns. So nahm der Bestand an Gespannen und Solokrädern ab Mitte der 50er-Jahre immer mehr ab. Der kaum vorhandene Stauraum für Ausrüstung und die fehlende Möglichkeit, einen Festgenommenen transportieren zu können, beschränkten die Einsatzmöglichkeiten der Polizeimotorräder.

Ein weiterer Nachteil der Polizeikräder bestand darin, dass bei ihnen der Einbau einer Sprechfunkanlage zu Beginn der 50er-Jahre noch nicht möglich war. Die Funkgeräte waren zu sperrig, als dass sie in einer Packtasche oder hinter dem Sitz eingebaut hätten werden können. Gab es nach 1945 in Deutschland noch zahlreiche Motorradwerke, so war Ende der 80er-Jahre nur noch BMW als nennenswerter Hersteller für europäische Polizeikräder übrig.

Wenn auch die Zahl der Polizeikräder immer mehr abnahm, so wurden sie doch bezüglich ihrer Ausstattung im Lauf der Jahrzehnte für die Polizeiaufgaben perfektioniert. In der Nachkriegszeit bestand die Zusatzausrüstung der Motorräder aus zwei Lederpacktaschen, in die der Schutzmann etwas Ausrüstung verstauen konnte. Motorradvollverkleidungen erwiesen sich als beste Ausstattungsvariante für die Polizei. Die Vollverkleidung schützte den Fahrer und bot zusätzlich Platz für den relativ wettergeschützten Einbau von Funkbedienteilen, Funklautsprechern sowie Schaltern für Blaulicht

Eine tolle Akrobatik auf dem Dienstmotorrad, das bietet die Kradstaffel der Marburger Polizei.

und Martinshorn. Durch die Montage einer Einzelsitzbank konnten neuere, kompaktere Funkgeräte in einem speziellen Koffer hinter dem Fahrersitz eingebaut werden. In zwei geräumigen Packtaschen, die bei neueren Modellen gegen Hartschalenkoffer ersetzt wurden, war nun Platz für Arbeitsmaterial, Anhaltekelle und weitere Ausrüstungsgegenstände. Dieses erfolgreiche Bauprinzip für Polizeikräder wurde bis heute im Wesentlichen unverändert beibehalten. Dass Polizeikräder in heutiger Zeit nur noch in relativ geringer Zahl eingesetzt werden, liegt in dem immer ungünstigeren Kosten-Nutzen-Verhältnis. Motorräder werden aus Sicherheitsgründen meist nur in der warmen Jahreszeit und bei Tage gefahren. Hinzu kommt der ständig steigende Kaufpreis für ein komplett ausgestattetes Polizeikrad, der nur noch unwesentlich unter dem eines Streifenwagens liegt.

Neue Herausforderungen für die Polizei

Immer mehr Fahrzeugverkehr auf Schnellstraßen und Autobahnen bedeuteten mehr Verkehrsunfälle, Tote, Verletzte und immer mehr Staus. Um den Straßenverkehr sicherer zu machen und auch die allgemeine Ordnung und Sicherheit im Land zu gewähren, mussten die Fähigkeiten der Polizei ausgebaut werden. Eine intensivere Verkehrsüberwachung und regelmäßige Streifenfahrten auch über Land erforderten zwangsläufig mehr Streifenwagen und Sonderfahrzeuge für die Polizei. Die Fuhrparks der Polizeien wuchsen und wurden mit neuen Sonderfahrzeugen ergänzt.

Terrorismus, der auch vor Mord an Polizisten nicht zurückschreckte, war eine der Ursachen für die Aufrüstung der Polizei in ganz Europa. Seit den 70er-Jahren wurden verstärkt Polizeifahrzeuge mit Waffenkoffern für die Mitnahme von Maschinenpistolen ausgerüstet. Für Personen-, Objekt- und Begleitschutzaufgaben erhielten die Polizeien gepanzerte Limousinen und Geländewagen.

Um bei der Verkehrsüberwachung effektiver arbeiten zu können, führte die Polizei Radarüberwachungsanlagen zur Geschwindigkeitsmessung ein. Die Anlagen, zum Teil in Transportern oder Pkws eingebaut, wurden zum Schrecken aller Raser. Bei der Überwachung des Schwerverkehrs setzte die Polizei Kontrollstellenfahrzeuge ein. Sie waren mit tragbaren Fahrzeugwaagen, Verkehrsschildern, Messgeräten und allen weiteren Gegenständen zur umfassenden Kontrolle von Lkws ausgerüstet. Für die Dokumentation schwerer Verkehrsunfälle, beschaffte die Polizei spezielle Stereo-

Die Bereitschaftspolizei und der damalige Bundesgrenzschutz wurden in den 60er-Jahren mit gepanzerten Sonderwagen ausgerüstet.

Die gewalttätigen Studentenunruhen Ende der 60er-Jahre zwangen die Berliner Polizei zur Anschaffung eines stark geschützten Wasserwerfer-Typs mit gepanzerter Fahrzeugkabine, den Mercedes-Benz LPK 1624/36. Der Tank fasst 4500 Liter Wasser.

messwagen. Aus dem geöffneten Fahrzeugdach eines solchen Wagens wurde ein Fotostativ ausgefahren. Darauf wurde mit zwei parallel geschalteten Kameras die Unfallstelle fotografiert. So entstand für die Rekonstruktion des Unfallorts eine dreidimensionale Fotoaufnahme. Diese aufwendige Technik wurde in den 90er-Jahren durch moderne Digitalfotografie ersetzt.

Unruhige Zeiten

Die gewalttätigen Studentenunruhen 1968 und Massendemonstrationen in den 70er- und 80er-Jahren gegen die Atomkraft und Aufrüstung führten auch in Deutschland zur Verstärkung der geschlossenen Einheiten der Bereitschaftspolizei und des Bundesgrenzschutzes (heute: Bundespolizei). Über 600 voll gepanzerte Sonderwagen der Baureihen SW I und SW II wurden bis Ende der 60er-Jahre an die deutsche Polizei und andere europäische Polizeidienste ausgeliefert. Von der Schweizer Firma Mowag speziell für Polizeiaufgaben entwickelt, wurden sie später bei Büssing und Henschel in Lizenz produziert und auch in anderen Ländern der EU eingesetzt. Mit automatischen Waffen, Bordkanone, Absperrgittern, Räumschildern oder Rammkeilen waren sie für gefährliche Polizeieinsätze jeder Art ausrüstbar und somit ein schlagkräftiges Einsatzmittel. Neuartige Funkrelaisfahrzeuge ermöglichten es nun der Polizei, Funkverkehr über weitere Entfernungen zu führen und so Großeinsätze mit Tausenden von Polizisten in neuen Befehlskraftwagen vor Ort zu leiten.

Auf Basis des Mercedes-Benz 1113 erhielten die Polizeieinheiten in den 70er-Jahren die Wasserwerfer 4000. Durch spezielle Umbauten, Vollvergitterung und zusätzliche Stacheldrahtaufbauten wurden sie gegen Angriffe gewalttätiger Demonstranten abgesichert. Diese Wasserwerfer waren in der Lage, gewaltbereite Menschenmengen innerhalb weniger Minuten mit 4000 Liter Wasser aus beiden Strahlrohren abzuduschen und so erhitzte Gemüter abzukühlen. Lichtmastwagen mit über zehn Meter ausfahrbaren, leistungsstarken Flutlichtanlagen verschafften der Polizei bei Nachteinsätzen den richtigen Durchblick.

Mitte der 80er-Jahre wurden die gepanzerten Sonderwagen und Polizei-Wasserwerfer durch modernere und größere Fahrzeugtypen ersetzt. Heute sind in ganz Europa alle Polizeieinheiten mit Wasserwerfern ausgerüstet. Allein bei der deutschen Polizei befinden sich über 100 der riesig wirkenden Wasserwerfer 9000 im Depot. Aber auch die Schweiz, Österreich und andere europäische Staaten verwenden diesen Wasserwerfertyp. Die Fahrzeuge basieren auf Lkw-Fahrgestellen des Mercedes-Benz 2628 und sind mit einer umfangreichen Technik ausgerüstet. Sie können 9000 Liter Wasser aufnehmen.

Dem Beispiel der britischen Kollegen folgend stehen bei allen europäischen Gendarmerien gepanzerte Polizeifahrzeuge auf der Basis von geländegängigen Militärwagen für brisante Aktionen bereit. Die heute eingesetzten, voll gepanzerten Sonderwagen der Baureihe Thyssen TM 170 führen die Bezeichnung Polizei-Sonderwagen 4 (SW 4). Die speziell für Polizeiaufgaben in den 80er-Jahren entwickelten SW 4 bieten hervorragende Straßen- und Geländefahreigenschaften. In der gepanzerten Karosserie finden Fahrer, Beifahrer und bis zu neun Einsatzbeamte Platz. Der Polizei-Sonderwagen 4 kann mit Absperrgitter, Räumschild, Waffenlafette oder weiterer Zusatzausrüstung ergänzt werden. Für den Schutz gefährdeter Gebäude, das Räumen von Straßenbarrikaden oder das Vorgehen gegen bewaffnete Gewalttäter ist dies das optimale Einsatzfahrzeug.

Polizei-Gruppenwagen und andere Sonderfahrzeuge werden meist von Spezialfirmen geliefert. Diese Firmen sind auf die Produktion von Polizei-, Rettungs- und anderer Sonderfahrzeuge spezialisiert und haben entsprechende Kompetenzen zum Aufbau solcher Fahrzeuge. Hierzu werden serienmäßige Fahrzeuge auseinandergenommen und zu Polizeifahrzeugen ausgebaut. Sie erhalten dann stoßsichere Scheiben, maßgeschneiderte Ablagen für Ausrüstung, Funkanlagen, Blaulichtbalken, Waffenkoffer und blaue Frontblitzlichter, die sogenannten Straßenräumer. Verstärkte Stoßdämpfer ermöglichen eine höhere Zuladung und ein zusätzlicher Unterfahrschutz schirmt Motor und Getriebe gegen Schäden bei Geländefahrten ab.

Verkehrssünder im Visier

Um Autobahnraser und andere Verkehrssünder wirkungsvoll bekämpfen zu können, rüstet die Polizei in ganz Europa technisch auf. Stark motorisierte, zivile Streifenwagen und Motorräder mit nach außen kaum sichtbaren Videoanlagen nehmen die Verfolgung der Raser auf, filmen deren gefährliche Fahrmanöver und stoppen sie anschließend. Die Videofilme, in denen die Raser dann Hauptdarsteller sind, kosten nicht selten deren Führerschein. Geschwindigkeitsmessungen mit Radaranlagen aus zivilen Polizeifahrzeugen heraus, Radarpistolen in Streifenwagen und Kontrollstellenfahrzeuge mit umfangreicher Technik für Lkw-, Gefahrgut- und Buskontrollen werden ebenfalls zur Überwachung des Straßenverkehrs eingesetzt.

Für die Bildübertragung von Demonstrationen und anderen großen Veranstaltungen bedient sich die Polizei moderner Fernsehübertragungswagen. Sie liefern aktuelle Aufnahmen vom Einsatzort direkt auf die Bildschirme der Einsatzzentrale. Auch die Polizeihubschrauber verfügen über

Sondersignalanlagen beinhalten heute eine Vielzahl von Signal- und Warneinrichtungen wie bei diesem BMW 530xd Touring der Luzerner Kantonspolizei.

Schon bald werden alle modernen Funkstreifenkraftwagen der Polizei mit Laptop, Internetzugang und digitalem Funk ausgerüstet sein. Das Foto zeigt ein Funktionsmuster der Polizei von Brandenburg.

modernste Kameratechnik, die als „fliegendes Auge" bei der Verkehrsüberwachung und zur Verbrechensbekämpfung eingesetzt werden.

Einer steigenden Zahl von Bombendrohungen und Gefahren durch den internationalen Terrorismus begegnet die Polizei in Europa mit speziellen Delaborierfahrzeugen und Sprengstoffsuchhunden. Delaborierfahrzeuge sind Transporter oder Lkws mit Sonderaufbauten. In ihnen werden ferngesteuerte Roboterfahrzeuge, Schutzkleidung, Röntgenapparate, Werkzeug und weiteres Spezialgerät zur Untersuchung und Entschärfung möglicher Sprengbomben an den Fundort transportiert. Ein geschützter Leitstand ermöglicht es den Spezialisten, aus dem Fahrzeugaufbau heraus die Entschärfung eines Sprengkörpers ferngesteuert und „bombensicher" zu leiten.

Zu diesem Buch

Von Norwegen bis nach China und Australien wurde für dieses Buch eifrig, und zum Teil auch unter größeren Schwierigkeiten fotografiert und recherchiert. Mit weit über 1000 Aufnahmen bietet es einen bislang wohl einmaligen Querschnitt der aktuellen und auch historischen Polizeiwagen aus fast 50 verschiedenen Ländern. Leider konnten nicht alle Länder dieser Erde berücksichtigt werden, denn nach wie vor herrscht in nicht wenigen Staaten ein absolutes Fotografierverbot von polizeilichen Einrichtungen, Fahrzeugen und auch Personen. In den meisten mittel- und südamerikanischen Ländern ist die Polizei dem Militär direkt unterstellt, und entsprechend restriktiv werden hier Fotografenwünsche abgelehnt. Ähnlich zugeknöpft stellt sich die Situation beispielsweise in den meisten Staaten des Vorderen Orients, in der Mongolei oder in Nordkorea dar. Die lokale Verkehrspolizei ein Staatsgeheimnis? Ohne die konstruktive Zusammenarbeit mit vielen in- und ausländischen Polizeiorganisationen hätte dieses Buch nicht realisiert werden können. Bei meiner Arbeit unterstützte mich Polizeioberkommissar Frank Dönges, der auch im Deutschen Polizeioldtimer-Museum in Marburg engagiert ist, ganz besonders mit umfangreichem Text- und Bildmaterial aus Deutschland und der ehemaligen DDR. Dafür meinen herzlichen Dank! Gleiches gilt für die vielen Polizisten, die ihren Beruf lieben und gerne dazu bereit waren, sich und ihre Polizeifahrzeuge für dieses Buch ins rechte Licht zu rücken.

Verlag und Autor wünschen viel Spaß und Freude an diesem Buch und vielleicht auch etwas mehr Verständnis für den immer anspruchsvolleren Beruf des „Schutzmanns".

POLI
supermag

Europa

Europa

Welche und wie viele Fahrzeuge für die Polizeien angeschafft werden, liegt in Europa meist im Ermessen der Innenministerien der einzelnen Länder. Ein wesentlicher Faktor ist natürlich der Preis, auch der jeweilige Standort der Automobilwerke spielt bislang eine wichtige Rolle. In Frankreich werden die heimischen Marken Renault, Peugeot und Citroen bevorzugt, in Italien Fiat und Alfa Romeo oder in Spanien Seat. Bei den skandinavischen Ländern dominieren Volvo und Saab und in Großbritannien Ford. In Deutschland kommt es sogar vor, dass bei der Polizei in Bayern verstärkt Polizeifahrzeuge von BMW und Audi, in Hessen von Opel und in Nordrhein-Westfalen die Marken Ford und Opel anzutreffen sind, wohingegen in Baden-Württemberg vornehmlich Polizeifahrzeuge von Mercedes-Benz und Audi gefahren werden. Denn eben diese Automobilhersteller haben Produktionsstätten in den jeweiligen deutschen Bundesländern. Einzig Modelle von VW werden im gesamten Deutschland in großer Stückzahl als Polizeifahrzeuge verwendet. In den baltischen Staaten, Polen, der Tschechischen Republik, aber auch in der Schweiz oder in den Beneluxstaaten wird eine Vielzahl von europäischen Autotypen eingesetzt. Stark im Kommen sind bei den Geländewagen die japanischen und koreanischen Hersteller.

Inzwischen spielt die Finanzierung eine immer wichtigere Rolle, es wird bei Neuanschaffungen innerhalb der einzelnen Fahrzeugflotten eine europaweite Angebotsausschreibung durchgeführt. So kommt es, dass selbst bei den deutschen, französischen oder italienischen Polizeibehörden auch häufiger Fahrzeuge anderer europäischer und außereuropäischer Automobilhersteller Einzug finden. In der Transporterklasse herrscht in ganz Europa Einigkeit. Die Mercedes Sprinter teilen sich mit dem VW Transporter und dem Ford Transit den größten Teil des Kuchens. Fiat, Peugeot und Citroen sind im südlichen Teil Europas dominierend. Als Mannschaftswagen, Gefangenentransporter, Unfallaufnahmewagen, Lautsprecherwagen und für zahlreiche andere Sonderaufgaben sind die flinken Transporter unverzichtbar.

Benötigt die Polizei neue Streifenwagen, so erarbeiten in den meisten europäischen Staaten die Innenministerien des jeweiligen Landes ein Pflichtenheft. In diesem Pflichtenheft, eine Art Wunschliste, sind alle Leistungs- und Ausstattungsmerkmale enthalten, die diese neuen Streifenwagen haben sollen. Es beinhaltet die neuesten Fahrzeugausstattungen und Sicherheitstechniken, auch auf Erfahrungen und Ausrüstungswünsche der Polizisten wird im Pflichtenheft eingegangen. Der Hersteller, der europaweit das beste Angebot abgibt und mit seinem Fahrzeug die Forderungen des Pflichtenhefts erfüllt, erhält den Zuschlag und kann die Streifenwagen liefern. Um dabei fortwährend im gesamten Land eine weitgehend einheitliche Ausstattung und Erscheinung aller Streifenwagen zu erreichen, gibt es in allen europäischen Ländern umfassende technische Richtlinien. Diese Richtlinien erarbeitet beispielsweise in Deutschland das Polizeitechnische Institut an der Deutschen Hochschule der Polizei in Münster. Die Richtlinien beinhalten Informationen über Lackierung, Sondersignalanlagen, Funktechnik und andere technische Details. Sie dienen als Grundlage der Pflichtenhefte beim Kauf neuer Fahrzeuge.

So wie die Kosmetikindustrie bei Einführung eines neuen Parfüms kostenlose Probepackungen verteilt, stellt auch die Automobilindustrie kostenlos Streifenwagen zur Erprobung im Polizeidienst zur Verfügung. Auf diesem Wege kommen immer wieder voll ausgerüstete Streifenwagenmodelle zur Langzeiterprobung in die Polizeifuhrparks und sollen so das Interesse am Kauf dieser Modelle fördern. Bei einem Teil dieser Streifenwagen werden neue Motoren wie der Hybridantrieb, Erdgasantrieb oder auch neue Automatikgetriebe erprobt.

Jedes Jahr werden in den europäischen Ländern mehrere Tausend Polizei-Einsatzfahrzeuge aller Art beschafft. Da bleibt es nicht aus, dass auch Fehlkäufe, Pannenserien und Lieferprobleme auftauchen. So kam es vor, dass die Polizei mehrere Hundert Kleintransporter mit Automatikgetriebe als Polizei-Gruppenwagen bestellen wollte. Ein Automobilhersteller machte das günstigste Angebot und erhielt den Zuschlag für die Lieferung der Gruppenwagen. Erst jetzt stellte der Hersteller fest, dass er diesen Transportertyp nur mit Schaltgetriebe in seinem Fahrzeugprogramm führte. Die

Auslieferung der Polizei-Gruppenwagen verzögerte sich um Monate, bis ein Automatikgetriebe für die Transporter entwickelt wurde. Die Polizeiverwaltung einer Landespolizei bestellte über 400 neue Streifenwagen eines neu auf den Markt gekommenen Pkw-Modells. Innerhalb der ersten beiden Jahre mussten bei allen Streifenwagen die Getriebe ausgetauscht werden, da sie der starken Beanspruchung im Polizeialltag nicht gewachsen waren und reihenweise ausfielen. Im Jahr 2003 wurde nach der Lieferung von rund 1000 neuen Streifenwagen festgestellt, dass die neuen Fahrzeuge keine Uhr besaßen. Man hatte bei der Angebotsausschreibung vergessen, eine Uhr als erforderliche Ausstattung im Pflichtenheft anzuführen. Die Polizeiverwaltung war

davon ausgegangen, dass eine Uhr im Jahr 2003 bei europäischen Fahrzeugen zur Grundausstattung gehörte und nicht eigens bestellt werden müsste. Erst nach Auslieferung eines neuen Typs Polizei-Befehlskraftwagen stellte man fest, dass die Kleintransporter nach dem Einbau der umfangreichen technischen Sonderausstattung bereits nach Einstieg von Fahrer und Beifahrer überladen waren. Das Fahrzeug durfte so nicht gefahren werden. Erst nach teuren, technischen Änderungen konnten die Befehlskraftwagen mit der erforderlichen vierköpfigen Besatzung eingesetzt werden.

Polizei-Streifenwagen werden rund um die Uhr unter maximalen Bedingungen genutzt. Alarmfahrten mit hohen Geschwindigkeiten über Straßenbahnschienen, Bordsteine oder Verkehrsberuhigungen in der Großstadt gehören ebenso zum Alltag wie Verfolgungsfahrten und Vollbremsungen auf der Autobahn, kilometerlange, schnelle Rückwärtsfahrten zur Stauwarnung und vieles mehr. Durch Einsätze rund um die Uhr ist es keine Seltenheit, dass Streifenwagen bereits nach drei bis vier Jahren 150 000 Kilometer und mehr Fahrleistung hinter sich haben. Dadurch steigen Reparatur- und Wartungskosten, die Fahrzeuge werden für die Fuhrparkverwaltungen der Polizei unwirtschaftlich und man trennt sich von ihnen. In einem solchen Fall wird die polizeiliche Sonderausstattung dann komplett abgerüstet, Dachaufbauten werden entfernt, Funkanlagen, Waffenkoffer und andere polizeitypische Gegenstände im Innenraum ausgebaut. Nachdem die grünen oder blauen Farbfolien und Schriftzüge von der Karosserie sorgfältig abgezogen sind, werden die Fahrzeuge meistens versteigert. Großabnehmer aus beispielsweise Osteuropa oder den Niederlanden kaufen ganze Kontingente ausgemusterter Streifenwagen und exportieren sie ins Ausland.

Um Reparatur- und Wartungskosten einzusparen, leasen einzelne deutsche Länder in den letzten Jahren ganze Streifenwagenflotten. Die Fahrzeuge werden komplett ausgerüstet der Polizei übergeben und nach zwei Jahren zurückgenommen. Die Polizeiverwaltungen zahlen nur noch die Leasinggebühren und sparen so den Betrieb zahlreicher Polizeiwerkstätten und dessen Personal ein. Alle erforderlichen Reparatur- und Wartungsarbeiten führen Vertragswerkstätten der Automobilhersteller aus. Nach Ablauf des Leasingvertrags nehmen die Automobilfirmen die komplette Flotte zurück und liefern eine neue Generation Streifenwagen. Das deutsche Beispiel wird auch in anderen europäischen Staaten inzwischen angewandt.

Um es bereits gleich vorweg zu nehmen: Streifenwagen der Polizei sind in den meisten europäischen Staaten üblicherweise nicht leistungsgesteigert oder gepanzert. In aller Regel verfügen Streifenwagen über eine mittlere, serienmäßige Motorisierung und sind technisch leicht verändert. So werden häufig verstärkte Bremsanlagen, Batterien und Lichtmaschinen eingebaut. Leichte Veränderungen am Fahrwerk sollen die Fahrzeuge für die starken Ansprüche des Polizeidienstes befähigen. Moderne Verkehrsüberwachungssysteme, Polizeifunk, ein gut ausgebautes Straßennetz und eine große Zahl einsetzbarer Polizeifahrzeuge machen Hochgeschwindigkeitsfahrzeuge für die Polizei weitgehend entbehrlich. Wenn europäische Polizeibehörden leistungsstarke Fahrzeuge einsetzen, so sind es meist zivile und unauffällige Dienstwagen. Sie finden im Bereich der Verkehrsüberwachung auf Autobahnen, bei Spezialeinheiten und zum Schutz gefährdeter Personen Verwendung. Was dies im Einzelnen für Fahrzeuge sind, bleibt aus polizeitaktischen Gründen unerwähnt.

Norwegen

In mancher Hinsicht unterscheidet sich die norwegische Polizei deutlich von ihren skandinavischen Nachbarn und den übrigen europäischen Staaten. So sind die Beamten der Kriminalpolizei (Etterforskningspoliti) unbewaffnet, eine seltene Maßnahme weltweit. Auch bei der Schutzpolizei (Ordenspoliti) wird auf eine generelle Bewaffnung am Mann verzichtet, wenn die Polizisten ihrem Streifendienst nachkommen. Die Dienstwaffe wird in der einbruchssicheren Waffenbox im Wagen gelagert und im Bedarfsfall oder zur Eigensicherung daraus entnommen. Leichte und schwere Schusswesten führt jede Besatzung in den Streifenwagen mit sich. Zum Eigenschutz stehen den Beamten der Ordenspoliti ausziehbare Schlagstöcke, Tränengas, Einsatzhelme und Schutzschilde zur Verfügung. Unabdingbarer Ausrüstungsgegenstand ist das digitalisierte Funkgerät mit Headset, zusätzlich wird immer noch ein Handy mitgeführt.

Norwegen gilt gemeinhin als besonders sicheres Land. Oslo wirbt sogar mit dem Ziel, „sicherste Hauptstadt der Welt" zu werden – das zumindest sind die Ansprüche der Osloer Polizei. Auch im Streifendienst vertritt die Schutzpolizei in der Hauptstadt Oslo eine differenzierte Vorgehensweise im Vergleich zu anderen europäischen Ländern. Statt der meist üblichen zwei Beamten setzt die Osloer Polizei jeweils drei Polizisten ein. Die Verfolgung von Verdächtigen und Tätern kann so in den Fußgängerzonen oder im Verkehrsstau von zwei Beamten durchgeführt werden, während der dritte Mann mit dem Auto nachfährt. Die Erfolgsquote erhöht sich damit spürbar, und die Sicherheit der Beamten wird mit der Dreier-Besatzung deutlich erhöht. Als Streifenwagen dienen meist die geräumigen Kombis Mercedes-Benz Vito, VW Transporter und Volvo Touring-Modelle.

Im Straßenverkehr wird streng auf die Einhaltung der landesweit üblichen Geschwindigkeitsbegrenzungen geachtet. Hauptsächlich Kombis von Volvo und Saab teilen sich die Einsätze mit Ford Mondeos und VW Passat-Modellen. Norwegens Straßen sind in den langen Wintermonaten eine Herausforderung für jeden Autofahrer. Steile Abfahrten zu den Fjorden, tiefe Schneeverwehungen auf dem Hochland, hier entpuppt sich eine nächtliche Streifenfahrt als echtes Abenteuer. Nur mit Allradantrieb, Spikereifen und einer angepassten Winterausrüstung können die Fernstraßen umfassend kontrolliert werden.

Chevrolet Tahoe

Durch seine anspruchsvolle Topografie ist Norwegen eine echte Herausforderung für alle Polizeidienste des Landes, ganz besonders im Winter. Entsprechend differenziert geht die Regierung bei der Auswahl ihrer Wagentypen vor. Unser Foto zeigt einen wahlweise mit den Hinterrädern oder Allrad angetriebenen Offroader einer Spezialeinheit von Oslo, den Chevrolet Tahoe. Es kommen Benziner mit 5,7-Liter- und Dieselmodelle mit 6,5-Liter-V8-Motoren und 184 PS zum Einsatz

Modell	Chevrolet Tahoe
Baujahr	2002
PS/kW	258 PS/190 kW
Hubraum ccm	5733
Motortyp	V8 Zylinder Benzin

Volvo V70 R

Der Standardstreifenwagen der norwegischen Polizei ist der Volvo V70 in verschiedenen Leistungsstufen und Ausführungen. Das Foto aus dem Sommer 2006 zeigt den 250 km/h schnellen V70 R, erkennbar am kleinen Spoiler am Heck. Dieser Wagen wird hauptsächlich als Kontrollfahrzeug auf der perfekt ausgebauten Fernstraße nach Schweden eingesetzt.

Modell	Volvo V70 R
Baujahr	2005
PS/kW	300 PS/220 kW
Hubraum ccm	2521
Motortyp	R5 Zylinder Benzin

Volvo S60 2.5T

Im Februar 1999 übernahm Ford die Pkw-Sparte von Volvo. Infolgedessen wurden alle Volvo-Typen überarbeitet oder durch neue Modelle ersetzt, in denen auch Teile von Ford Verwendung fanden. So ist der Volvo S60 ein „halber" Ford Mondeo – kein Nachteil für den Polizeidienst. Die Volvo S60 bewähren sich sehr gut als Streifenwagen im städtischen und ländlichen Bereich.

Modell	Volvo S60 2.5T
Baujahr	2006
PS/kW	210 PS/154 kW
Hubraum ccm	2521
Motortyp	R5 Zylinder Benzin

Chevrolet Tahoe LT

Als Führungs- und Kommandowagen der Osloer Polizei wird dieser lange Chevrolet Tahoe LT verwendet. Neben der hohen Zuladung kann dieser robuste Offroader auch im Hängerbetrieb bis zu 3,5 Tonnen ziehen. In den USA werden die schweren amerikanischen Offroader im Polizeidienst reichlich benutzt. In Europa sind die skandinavischen Länder die einzigen Abnehmer dieser benzindurstigen Geländewagen.

Modell	Chevrolet Tahoe LT
Baujahr	2003
PS/kW	258 PS/190 kW
Hubraum ccm	5733
Motortyp	V8 Zylinder Benzin

BMW K 1100 Police

In Europa behauptet sich BMW nach wie vor als wichtigster Lieferant von alltagstauglichen Polizeimotorrädern. In den USA war Kawasaki bislang am Zug, und in China werden bevorzugt Honda-Maschinen verwendet. Unser Foto zeigt eine über zehn Jahre alte Vierzylinder-BMW mit dem wassergekühlten K-Reihenmotor. Bei der norwegischen Verkehrspolizei gilt diese Maschine als besonders zuverlässiger Typ.

Modell	BMW K 1100 Police
Baujahr	1996
PS/kW	100 PS/74 kW
Hubraum ccm	1092
Motortyp	R4 Zylinder Benzin

Toyota Hiace

Die Kennzeichnung Politi fehlt, aber dennoch steht dieser Transporter im Dienst der norwegischen Polizei, wie die zwei Lichterbalken auf dem Dach zeigen. Es handelt sich hier um ein Mehrzweckfahrzeug der Stadtpolizei von Oslo.

Modell	Toyota Hiace
Baujahr	2006
PS/kW	102 PS/75 kW
Hubraum ccm	2500
Motortyp	R4 Zylinder Diesel

Volvo 940

Volvo kreierte mit seiner 740- bis 940-Baureihe in den 90er-Jahren den idealen Kombi für die Familie. So zumindest erklären sich die Verkaufserfolge. Bei allen skandinavischen Polizeien, aber auch in Großbritannien, den Niederlanden oder der Schweiz war diese Baureihe sehr beliebt. Hoher Fahrkomfort, verbunden mit einem großen Ladevolumen und sicheren Fahreigenschaften trugen dazu bei. Fotografiert wurde dieser perfekt gepflegte Polizeiwagen im Sommer 2006.

Modell	Volvo 940
Baujahr	1996
PS/kW	155 PS/114 kW
Hubraum ccm	1986
Motortyp	4 Zylinder Benzin

Mercedes-Benz Vito 122

Ein Wolf im Schafspelz ist dieser neue Vito mit 218 PS unter der Haube, der als Diensthunde-Transporter bei der Polizei in Oslo eingesetzt wird. Oslo verfügt über einen der größten Überseehäfen Europas mit Containerschiffen aus aller Welt, aber auch Luxuslinern und Kreuzfahrtschiffen, die hier anlegen. Entsprechend turbulent geht es zu. So mancher Drogenkurier wurde hier schon von den zwei- und vierbeinigen Drogenfahndern geschnappt.

Modell	Mercedes-Benz Vito 122
Baujahr	2006
PS/kW	218 PS/160 kW
Hubraum ccm	3199
Motortyp	V6 Zylinder Benzin

Volvo 850 T5

Mit und ohne Allradantrieb gab es diesen Volvo 850 in den 90er-Jahren bis zur Jahrtausendwende. Die Mehrzahl der norwegischen Streifenwagen wurde mit Allradantrieb ausgeliefert. Bei diesem Typ sind etwas härtere Stoßdämpfer eingebaut, das Fahrwerk ist mit mehr Bodenfreiheit versehen. Nachdem Ford 1999 die Pkw-Sparte von Volvo übernahm, bekam der 850er rundere Formen verpasst. Unser Foto zeigt den Unterschied zwischen dem neueren Typ vorn und der älteren kantigen Karosserie hinten im Bild.

Modell	Volvo 850 T5
Baujahr	2000
PS/kW	140 PS/103 kW
Hubraum ccm	2461
Motortyp	R5 Zylinder Benzin

Toyota Prius Hybrid

Die Stadtverwaltung von Oslo will die ständig ansteigende Luftverschmutzung durch Industrie und Verkehr nicht ignorieren. Zur Kontrolle des ruhenden Verkehrs und der Parkuhren wird nun eine kleine Flotte von Hybridfahrzeugen unter der Regie der Polizei eingesetzt, die innerstädtisch nur mit Elektroantrieb gefahren wird. In den USA und der Schweiz folgt die städtische Polizei ebenfalls diesem Beispiel.

Modell	Toyota Prius Hybrid
Baujahr	2006
PS/kW	Benzin-Motor 58 PS/43 kW; E-Motor 41 PS/30 kW
Hubraum ccm	1496
Motortyp	R4 Zylinder Benzin + E-Motor

Honda Jazz CVT

Auch dieser Honda steht unter der Obhut der städtischen Verkehrspolizei von Oslo. Er dient als Kontrollfahrzeug an neuralgischen Punkten der Innenstadt. Eingebaut ist ein stufenloses CVT-Getriebe, womit sich Stadtfahrten wesentlich komfortabler gestalten als mit einem Schaltgetriebe. Die Verkehrssituation zeigt, dass in Norwegen bei Tag mit Abblendlicht gefahren werden muss.

Modell	Honda Jazz CVT
Baujahr	2005
PS/kW	83 PS/61 kW
Hubraum ccm	1339
Motortyp	R4 Zylinder Benzin

Volvo V70 AWD

Auf diesem Foto erkennt man deutlich das höhergestellte Fahrwerk der Allradausführung. Der Großteil der norwegischen Polizeiwagen-Flotte fährt mit Allradantrieb, der über eine elektronische Haldex-Kupplung aktiviert wird. Zusätzliche Besonderheiten sind das elektronisch geregelte Fahrwerk und eine Stand- und Sitzheizung für die Besatzung. Nicht zuletzt sorgt eine wirkungsvolle Klimaanlage für gute Laune an heißen Tagen.

Modell	Volvo V70 AWD
Baujahr	2005
PS/kW	260 PS/191 kW
Hubraum ccm	2401
Motortyp	R5 Zylinder Diesel

Nissan X-Trail dCi

Der hohe Norden Skandinaviens bietet im Winter ideale Teststrecken für alle Automobilhersteller. Letztlich profitiert auch die norwegische Politi von dieser Situation. Unser Foto zeigt einen fast neuen Nissan X-Trail SUV mit Allradantrieb während der Norwegen-Rallye 2007. Bewährt sich der Dieselmotor auch bei 35 Grad Kälte oder versulzen die Treibstoffleitungen? Startet der Wagen auch nach einer bitterkalten Sturmnacht bei minus 25 Grad? Geht die Stromversorgung mangels schwacher Batterien in die Knie? Nur der echte Härtetest wird entscheiden, ob dieser Wagentyp für den Polizeidienst in Norwegen geeignet ist.

Modell	Nissan X-Trail dCi
Baujahr	2006
PS/kW	136 PS/100 kW
Hubraum ccm	2184
Motortyp	R4 Zylinder Diesel

Ford Mondeo 3.0 V6

Nach wie vor liefert Volvo die Standardstreifenwagen für die norwegische Verkehrspolizei. Seitdem Ford bei der Pkw-Sparte von Volvo das Sagen hat, werden auch immer mehr Modelle von Ford bei der norwegischen Polizei eingesetzt. Das Foto zeigt einen Ford Mondeo mit V6-Benzinmotor und Allradantrieb. Auf dem schmalen Lichtbalken sind zwei vordere, zwei hintere und zwei seitliche weiße Arbeitsleuchten integriert.

Modell	Ford Mondeo 3.0 V6
Baujahr	2004
PS/kW	204 PS/150 kW
Hubraum ccm	2967
Motortyp	V6 Zylinder Benzin

Subaru Impreza

Wird das Tragen eines Sturzhelms Pflicht in Skandinavien? Mitnichten! Norwegen wurde 2007 zum ersten Mal mit einem Rallye-Weltmeisterschaftslauf beglückt. Hier konnte auch der oberste Fahrlehrer aller norwegischen Polizisten einmal zeigen, was er am Steuer seines Subaru wirklich drauf hat. „Eine ganze Menge", berichtet Rallyefotograf Reinhard Klein, dem dieser Schnappschuss gelang. Alle Subaru nutzen den Allradantrieb. Ihre Leistung schwankt je nach Tuning zwischen 230 und 320 PS.

Modell	Subaru Impreza
Baujahr	2005
PS/kW	230 PS/169 kW
Hubraum ccm	2457
Motortyp	Boxer 4 Zylinder Benzin

Dänemark

Im Gegensatz zur Polizei der meisten anderen Länder der Europäischen Union wird die dänische Politi nicht nur mit den bekannten Aufgaben wie der Verbrechensbekämpfung oder der Verkehrsüberwachung betraut. Die Politi stellt unter anderem im Bereich des Bürgerservice Pässe und Führerscheine aus, verteilt die Kfz-Kennzeichen, regelt den Einzug von Bußgeldern und organisiert den Zivilschutz bei Katastrophen. Oberster Dienstherr ist der Justizminister des Landes.

Über das hervorragend ausgebaute Straßennetz und die perfekt organisierten Fährverbindungen fließt der Transitverkehr aus allen skandinavischen Ländern, Estland und Russland mit einem enormen Lkw-Aufkommen durch das verhältnismäßig kleine Land. Für die dänische Verkehrspolizei und den Zoll bedeutet dieser Verkehrsstrom eine erhebliche Belastung. Während der Urlaubszeit verschärft sich die Situation auf den Straßen durch Millionen von Touristen, die Skandinavien als Urlaubsparadies vermehrt entdecken.

Seit dem 25. März 2001 ist Dänemark Mitglied im Schengener Abkommen, das den freien Reiseverkehr innerhalb der meisten EU- Länder regelt. Hier ist eine intensive Verkehrsüberwachung nötig, um den Verkehrsfluss störungsfrei und zügig zu gestalten. An fast allen wichtigen oder neuralgischen Verkehrsknotenpunkten sind deshalb unauffällige Videokameras der Politi installiert. Mit schnellen Motorrädern von BMW, Yamaha und Honda oder Streifenwagen werden Verkehrsrowdys gestellt und zur Anzeige gebracht. Ford Mondeos bilden das Rückgrat der Streifenwagen-Flotte, aber auch VW T5 Transporter und Mercedes-Benz Vito kommen vermehrt zum Einsatz. Rückläufig ist das Kontingent an Fahrzeugen von Volvo aus Schweden, die noch vor fünf Jahren bei der Verkehrspolizei dominierten. Sicherheitsleistungen oder die Beschlagnahme von Fahrzeugen kann die Politi ohne richterliche Anhörung vor Ort durchsetzen.

Als Transitland arbeitet Dänemarks Polizei eng mit seinen Nachbarländern zusammen. In der Polizei- und Zollzusammenarbeit, PTN, wird nicht nur wie anfänglich die Drogenkriminalität gemeinsam bekämpft, inzwischen wird die gesamte grenzüberschreitende Kriminalität von der PTN oder der Europol bearbeitet und koordiniert. Dänemark gilt auf dem Gebiet der Polizeiausbildung als vorbildlich, seine Beamten werden von den Vereinigten Nationen immer häufiger in Krisengebiete wie beispielsweise die Balkanländer oder Palästina geschickt. Auch in Albanien und im Irak leisteten dänische Polizeimitarbeiter „Nachhilfe" beim Aufbau einer neuen, unabhängigen Polizeiorganisation in diesen krisengeschüttelten Ländern.

Ford Mondeo Turnier 2.2 TDCi

Unauffällig aber sehr effektiv arbeitet die dänische Polizei bei der Verkehrsüberwachung. In der Hauptstadt Kopenhagen sind dunkelblaue Streifenwagen der Politi unterwegs, auf dem Land weiße Fahrzeuge. Mit dem Ford Mondeo verfügt die Verkehrspolizei über eine Vielzahl von Leistungsstufen, die von 130 PS bis 226 PS und 250 km/h Spitzengeschwindigkeit reichen.

Modell	Ford Mondeo Turnier 2.2 TDCi
Baujahr	2005
PS/kW	155 PS/114 kW
Hubraum ccm	2198
Motortyp	R4 Zylinder Diesel

VW LT Kombi

Nicht ganz vorschriftsmäßig geparkt; der VW LT Kombi dient als bewährter Mannschaftstransporter bei der Kopenhagener Verkehrspolizei. Dänemark leidet unter dem immer stärker werdenden Fernverkehr, der sich längst nicht mehr nur aus den Nachbarländern ins Land bewegt. Auch viele Lastwagen aus der ehemaligen Sowjetunion und den neuen baltischen Staaten durchqueren nun das kleine Land an der Ostsee.

Modell	VW LT Kombi
Baujahr	2004
PS/kW	158 PS/116 kW
Hubraum ccm	2799
Motortyp	R4 Zylinder Diesel

Mercedes-Benz 311 CDI

Mit dem kurzen Sprinter verfügt die Kopenhagener Polizei über einen agilen Dreitonner-Kombi, der für vielfältige Aufgaben wie den Mannschaftstransport, aber auch zur Verkehrsüberwachung und bei Streifenfahrten eingesetzt wird. Das weiße Punktedesign weist darauf hin. Mehr Licht im Dunkeln ermöglicht der drehbare Suchscheinwerfer auf dem Wagendach.

Modell	Mercedes-Benz Sprinter 311 CDI
Baujahr	2004
PS/kW	109 PS/80 kW
Hubraum ccm	2148
Motortyp	R4 Zylinder Diesel

Yamaha GTS 1000

Für die Verkehrsüberwachung setzt die dänische Polizei auch 240 km/h schnelle Yamahas und BMW-Maschinen ein, die jedem Verkehrssünder überlegen sind. Bei schlechtem Wetter ist dieser gefährliche Job keine leichte Übung. Der Verkehr auf den Fernstraßen ist dicht, und häufig weht ein scharfer Wind, vermischt mit Nieselregen, vom Meer her übers Land. Die Yamaha GTS 1000 war das erste Motorrad mit Achsschenkel-Lenkung.

Modell	Yamaha GTS 1000
Baujahr	1998
PS/kW	100 PS/74 kW
Hubraum ccm	1003
Motortyp	R4 Zylinder Benzin

BMW K 1100 Police

Laufleistungen von über 300 000 Kilometern sind mit den besten Polizeimaschinen wie dieser BMW keine Seltenheit. So auch bei dieser zehn Jahre alten Vierzylinder-BMW der wassergekühlten K-Baureihe, die zwischen 1992 und 1996 produziert wurde. Die Aufnahme entstand im Sommer 2006 an der Fernstraße von Odense nach Kopenhagen

Modell	BMW K 1100 Police
Baujahr	1996
PS/kW	100 PS/74 kW
Hubraum ccm	1092
Motortyp	R4 Zylinder Benzin

Ford Mondeo 2.0

In Dänemark ist der Umgang mit der Polizei für brave Bürger angenehm. Keine falsche Hektik, alles läuft in geordneten freundlichen Bahnen ab. Ähnlich verhält es sich mit den Streifenwagen der Politi. Keine PS-Monster, keine auffälligen Lichtorgeln, keine „Kampfbemalung" – alles etwas dezenter gestylt als bei den Nachbarländern. So erkennt man die Blaulichter und Suchscheinwerfer auf dem Dachträger im eigenen Rückspiegel erst auf den zweiten Blick.

Modell	Ford Mondeo 2.0
Baujahr	2003
PS/kW	145 PS/107 kW
Hubraum ccm	1999
Motortyp	R4 Zylinder Benzin

Peugeot 207

Auch bei diesem kompakten Streifenwagen wird deutlich, dass die Polizei in Dänemark etwas bescheidener auftritt als in manchen anderen europäischen Ländern. Das einzelne Blaulicht reicht aus, um hier die Straße zu räumen.

Modell	Peugeot 207
Baujahr	2004
PS/kW	88 PS/65 kW
Hubraum ccm	1361
Motortyp	R4 Zylinder Diesel

Opel Vectra 2.2

Für Kontrollfahrten auf den Autobahnen setzt die dänische Verkehrspolizei neben anderen Fahrzeugen den neuen Opel Vectra 2.2 mit direkter Benzineinspritzung ein. Dieses Motorenkonzept bietet hohe Leistung bei niedrigem Verbrauch. Mit einer Spitzengeschwindigkeit von knapp 220 km/h geht der Opel Vectra richtig gut.

Modell	Opel Vectra 2.2
Baujahr	2005
PS/kW	155 PS/114 kW
Hubraum ccm	2198
Motortyp	R4 Zylinder Benzin

Schweden

Die schwedische Polizei verfügt über einen besonders hochwertigen Fuhrpark. Teure Volvo Touring-Modelle konkurrieren mit den neuesten Kombis von Saab. Der Großteil dieser beiden heimischen Fabrikate wird mit Allradantrieb und PS-starken Motoren an die Polizeikräfte geliefert. Für den Streifendienst in den Stadtgebieten stehen auch ältere VW Passat, VW Transporter oder Opel Vectra und Ford Mondeo parat. Insgesamt ist die Vielfalt der Wagen-Typen in Schweden beachtlich. Einige japanische Geländewagen kann man als Diensthundewagen entdecken, auffällig sind die bulligen amerikanischen Chevrolet Tahoe und Ford Tristar Großraum-Kombis, die als Gerätewagen bei der Stockholmer Polizei und bei den SEK-Brigaden eingesetzt werden. Unter den Transportern und Mannschaftswagen stehen die neuesten Mercedes-Benz Sprinter und der VW Crafter an vorderster Front.

Schwedens Polizei kann stets mit einem starken Rückhalt der öffentlichen Hand rechnen. Sie untersteht dem Justizministerium, und hier kann man die Fehler einer nachlässigen oder zu sparsamen Polizeiausstattung am besten beurteilen. Das Land investiert fortlaufend in seine Polizei, derzeit werden die meisten neuen Streifenwagen der Verkehrspolizei mit Internetzugang ausgestattet. Somit entspricht die Kraftfahrzeug- und Personenkontrolle dem neuesten Stand der Übertragungs- und Fahndungstechnik.

Volvo Amazon

14 Jahre lang rollte der Amazon von 1956 bis 1970 vom Band. Nicht nur in den skandinavischen Ländern war der Volvo Amazon der meistgefahrene Streifenwagen, auch in der Schweiz, den Niederlanden und in Großbritannien war der sportliche Schwede hoch willkommen. Das Foto zeigt einen fabrikneuen Amazon, der in die Niederlande ausgeliefert wurde. Auf dem Dach erkennt man die beiden zusätzlichen Richtungsanzeiger, die in den Niederlanden Vorschrift waren. In Deutschland konnte dieser Volvo nur als Volvo 121/122 verkauft werden, da die Mopedfirma Kreidler sich den Namen Amazon schützen ließ.

Modell	Volvo Amazon
Baujahr	1960/1961
PS/kW	100 PS/74 kW
Hubraum ccm	1986
Motortyp	R4 Zylinder Benzin

Volvo 145 GL

Volvo war mit diesem 140er-Typ neben Daimler-Benz der anerkannte Initiator in Sachen passiver Sicherheit. Volvo verwendete erstmals serienmäßig bruchsichere Sicherheitsscheiben und Dreipunkt-Sicherheitsgurte. Die Polizei war begeistert und orderte den extrem geräumigen Kombi, der meist als Hundetransporter benutzt wurde, sowie auch die Limousine in großen Stückzahlen. Von 1966 bis 1974 liefen die 180 km/h schnellen 144er und 145er 1,2 Millionen Mal vom Band. Suchscheinwerfer auf dem Dach waren damals Standard bei jedem schwedischen Polizeiwagen. Das Foto zeigt den 144er Kombi im Hintergrund und die daraus entwickelte 145er Limousine im Vordergrund.

Modell	Volvo 145 GL
Baujahr	ca. 1968
PS/kW	124 PS/91 kW
Hubraum ccm	1986
Motortyp	R4 Zylinder Benzin

Volvo PV 544 Police

Kein anderer Volvo wurde in seiner langen Karriere so berühmt wie der legendäre „Buckel"-Volvo PV 444 und PV 544. Von 1944 bis 1965 gebaut, stieg die Motorleistung von anfänglichen 40 PS im Lauf der Jahre auf 95 PS mit dem B18-Motor an. Unser Foto zeigt die Polizeiversion ohne die sonst üblichen Chromteile. Die unverwechselbaren Hella-Suchscheinwerfer erleichterten nicht nur die Polizeiarbeit, sondern auch das schnelle Fahren durch dichte Wälder. Selbst deftige Überschläge bei 160 km/h Höchstgeschwindigkeit nahm der rundliche Schwede selten krumm, sehr zur Freude der zahlreichen Rallyefahrer, die mit diesem Wagen etliche Gesamtsiege herausfuhren. Das Nummernschild AA zeigt den Ort der Zulassung des Wagens: Stockholm.

Modell	Volvo PV 544
Baujahr	1958
Hubraum ccm	1780
Motortyp	R4 Zylinder Benzin

Chevrolet Tahoe

Wenn dieser beeindruckende Kommandowagen in den Straßen von Stockholm auftaucht, verkrümeln sich die Ganoven. Die kriminaltechnische Ausrüstung ist umfangreicher denn je und findet Platz im riesigen Gepäckraum des 185 km/h schnellen Allradlers. Zwei Motorisierungen werden angeboten und bei der schwedischen Polizei verwendet: ein 5,7-Liter-V8-Benzinmotor mit 258 PS sowie ein 6,5-Liter-Turbodiesel mit 184 PS.

Modell	Chevrolet Tahoe
Baujahr	2002
PS/kW	258 PS/190 kW
Hubraum ccm	5733
Motortyp	V8 Zylinder Benzin

Mercedes-Benz Viano CDI

Deutlich solider gebaut als das Vorgängermodell mit Frontantrieb ist der neue MB Viano mit Heckantrieb, der aus der Transporterserie Vito abgeleitet wurde. Im schwedischen Polizeidienst sieht man jetzt vermehrt den starken Viano mit einer Fülle von neuesten Zusatzscheinwerfern, wie hier im Herbst 2006 in Göteborg bei einer Kontrollfahrt der Verkehrspolizei.

Modell	Mercedes-Benz Viano CDI
Baujahr	2005
PS/kW	150 PS/109 kW
Hubraum ccm	2148
Motortyp	R4 Zylinder Diesel

VW Syncro TDI

Als zuverlässiger Mannschaftstransporter wird dieser VW T4 mit Allradantrieb im schwedischen Polizeidienst gerne benutzt. Im Vergleich zu anderen Transportern fährt sich der T4 Syncro bei winterlichen Bedingungen eindeutig komfortabler und sicherer, die in Schweden durchaus ein halbes Jahr andauern können. Auffallend sind die zahlreichen Straßenräumer (Lampenbatterie) und die zusätzlichen Fernscheinwerfer auf dem Rammschutz.

Modell	VW Syncro TDI
Baujahr	2002
PS/kW	105 PS/77 kW
Hubraum ccm	1896
Motortyp	R4 Zylinder Diesel

Ford Tristar Police

Mit diesem PS-starken amerikanischen Ford Tristar ist eine Spezialeinheit der schwedischen Polizei, die Piketen (SEK), zu Gange. Es ist ein sogenannter Gerätewagen zur Verhinderung und Aufklärung von schweren Verbrechen. Selbstverständlich besitzt dieser Wagen eine begehbare Plattform auf dem Dach. Von hier aus werden Fotos zur Dokumentation geschossen.

Modell	Ford Tristar Police
Baujahr	2000
PS/kW	320 PS/235 kW
Hubraum ccm	6280
Motortyp	V8 Zylinder Benzin

Saab 9-3

Neben Volvo ist Saab der zweite schwedische Hersteller, der seine Serienwagen auf die Wünsche der Polizeidienste entsprechend modifiziert. Dazu gehört meist ein straffer abgestimmtes Fahrwerk in Verbindung mit den besten Reifen, die es zu kaufen gibt. An der PS-Schraube wird nicht generell, aber ziemlich häufig gedreht. Zehn bis 15 Prozent mehr Leistung sind nötig, weil die Signalanlage auf dem Dach an der Höchstgeschwindigkeit nagt. Für den langen kalten Winter sorgen nicht zuletzt Lichtmaschinen mit höherer Kapazität in Verbindung mit einer zweiten, verstärkten Batterie für einen möglichst pannenfreien Betrieb auch bei minus 30 Grad.

Modell	Saab 9-3
Baujahr	2005
PS/kW	210 PS/154 kW
Hubraum ccm	1988
Motortyp	R4 Zylinder Benzin

Volvo V70 D5

Im Vergleich zum Saab Combi bietet der Volvo V70 einen deutlich größeren Laderaum – einer der Gründe, weshalb der meistgenutzte schwedische Streifenwagen der Volvo V70 ist. Unser Foto wurde im Herbst 2006 in Malmö aufgenommen. Der V70 wird als Streifenwagen der Verkehrspolizei meist mit Allradantrieb ausgeliefert. Im innerstädtischen Verkehr fahren auch V70-Modelle mit Vorderradantrieb. Mit schwerer Beladung verschlechtern sich die Fahreigenschaften im Winter spürbar.

Modell	Volvo V70 D5
Baujahr	2004
PS/kW	185 PS/136 kW
Hubraum ccm	2401
Motortyp	R5 Zylinder Diesel

Volvo XC70

Als bestes „Pferd im Stall" der schwedischen Verkehrspolizei gilt jetzt der attraktiv gestylte Volvo XC70 – äußerlich erkennbar am höhergesetzten Fahrwerk mit deutlich mehr Bodenfreiheit gegenüber dem V70 und permanentem Allradantrieb. Bei diesem Wagen ist das Verstauen einer umfangreichen Polizeiausrüstung im Laderaum kein Thema mehr. Die schwarzen Kunststoffverkleidungen an den Schwellern sorgen zudem für mehr Sicherheit auf unbefestigten Landstraßen.

Modell	Volvo XC70
Baujahr	2006
PS/kW	210 PS/154 kW
Hubraum ccm	2521
Motortyp	R5 Zylinder Benzin

VW Transporter T5

Bei der Verkehrspolizei in Malmö wird dieser T5 mit langem Chassis zur Unfallaufnahme eingesetzt. Er bietet Platz für einen klimatisierten Besprechungsraum mit Schreibtisch, Laptop, Funkanlagen, GPS-Ortung und sonstigem Büromaterial, das für Vernehmungen erforderlich ist.

Modell	VW Transporter T5
Baujahr	2005
PS/kW	174 PS/131 kW
Hubraum ccm	2460
Motortyp	R5 Zylinder Diesel

Mercedes-Benz Sprinter 216 CDI 4x4

Perfekt getarnt werden hier Rotlicht-Sünder überführt. Auf dem Armaturenbrett ist ein Teil der Videoanlage zu erkennen, alle Seitenscheiben sind mit dunkler, nicht einsehbarer Folie verkleidet. Mit dem allradgetriebenen Mercedes Sprinter 4x4 werden auch dick verschneite Landstraßen sicher gemeistert.

Modell	Mercedes-Benz Sprinter 216 CDI 4x4
Baujahr	2006
PS/kW	156 PS/115 kW
Hubraum ccm	2686
Motortyp	R5 Zylinder Diesel

Mercedes-Benz Sprinter 313 CDI

Zur Aufnahme von Verkehrsunfällen dient dieser Mercedes-Benz Sprinter bei der städtischen Polizei von Göteborg. In Schweden muss schon seit vielen Jahren grundsätzlich auch bei Tag mit Abblendlicht gefahren werden. Durch diese in Europa damals einmalige Maßnahme konnte die Zahl der Unfälle deutlich reduziert werden.

Modell	Mercedes-Benz Sprinter 313 CDI
Baujahr	2004
PS/kW	129 PS/95 kW
Hubraum ccm	2148
Motortyp	R4 Zylinder Diesel

Volvo 850 Wagon

Woran erkennt man ein ziviles Verkehrs-Überwachungsfahrzeug der schwedischen Polizei? Am seitlichen grünen Streifen. Obwohl die schwedischen Autofahrer sich in der Regel sehr diszipliniert im Stadtverkehr verhalten, wird außerhalb der Ortschaften schon mal gerne zu kräftig aufs Gaspedal gedrückt, obwohl eine generelle Geschwindigkeitsbegrenzung besteht. Für deutsche Verhältnisse ist die Verkehrsdichte fast schon minimal. Das reizt natürlich zum Schnellfahren.

Modell	Volvo 850 Wagon
Baujahr	1998
PS/kW	170 PS/125 kW
Hubraum ccm	2435
Motortyp	R5 Zylinder Benzin

Toyota RAV-4

Einer der erfolgreichsten SUV (Sports Utility Vehicle) ist der Toyota RAV-4 mit permanentem Allradantrieb. Auch die schwedische Luftverkehrsorganisation setzt bei ihren mit polizeilichen Aufgaben betrauten Sicherheitsdiensten diesen Wagen ein, der mit Signalanlage versehen ist. Das Foto entstand im Herbst 2006 am Flughafen von Göteborg.

Modell	Toyota RAV-4
Baujahr	2005
PS/kW	152 PS/112 kW
Hubraum ccm	1998
Motortyp	R4 Zylinder Benzin

Saab 95 Sport Combi 2.3T

Mit einer Spitzengeschwindigkeit von 235 km/h kann dieser Polizeiwagen über die Autobahn brettern. Dem Normalbürger sind aber nur maximal 130 km/h erlaubt. Der schwedische Hersteller ist einer der maßgebenden Pioniere der Turbolader-Technik, er gehört heute zum General Motors-Konzern. Seit dem Ende des Zweiten Weltkriegs ist Saab „Hoflieferant" von zahlreichen in- und ausländischen Polizeiorganisationen.

Modell	Saab 95 Sport Combi 2.3T
Baujahr	2003
PS/kW	220 PS/162 kW
Hubraum ccm	2290
Motortyp	R4 Zylinder Benzin

Volvo V70R Police

Von 1996 bis 2000 lief die erste Generation des Volvo V70 vom Band. Bei fast allen skandinavischen Polizeien wird der V70R immer noch rege genutzt, weil er viel Leistung mit hohem Komfort und einem üppigen Kofferraum für die Ausrüstung bietet. Der V70R ist das potenteste Modell dieser sehr erfolgreichen Baureihe. Mit einer Leistung von 249 bis 295 PS wurde der Fünfzylinder mit Benzin-Direkteinspritzung und Turbolader an die Polizei ausgeliefert. Das Foto, das einen Streifenwagen der Verkehrspolizei von Malmö zeigt, stammt aus dem Sommer 2006.

Modell	Volvo V70R
Baujahr	2000
PS/kW	249 PS/183 kW
Hubraum ccm	2319
Motortyp	R5 Zylinder Benzin

Volvo V70

In den 60er-Jahren wurden in Schweden die ersten lichtreflektierenden Folien entwickelt. Unser Foto zeigt die Wirksamkeit dieser Erfindung an einem Streifenwagen der Verkehrspolizei von Göteborg im Herbst 2006. Auch die Seitenflächen sind mit gelber Reflexfolie beklebt. In Schweden sind nun Bestrebungen im Gang, dass alle Kraftfahrzeuge punktuell mit diesen Folien versehen werden sollen.

Modell	Volvo V70
Baujahr	2004
PS/kW	185 PS//136 kW
Hubraum ccm	2401
Motortyp	R5 Zylinder Benzin

Volvo VX70

Nach wie vor gibt es einige Zehntausend Kilometer Naturpiste im Norden Schwedens. Hier sind Allrad angetriebene Polizeiwagen ein Muss. Kurz vor der norwegischen Grenze wurde dieser Volvo VX70 der zweiten Generation entdeckt. Am hochgelegten Fahrwerk erkennt man sofort den Allradler. Zusätzliche Schweller unterstreichen die Offroad-Eigenschaften.

Modell	Volvo VX70
Baujahr	2005
PS/kW	210 PS/154 kW
Hubraum ccm	2521
Motortyp	R5 Zylinder Benzin

VW Bus T4 Syncro

Am kegelförmigen Blaulicht ist die Herkunft dieses VW Bus zu erkennen, der in Richtung Polizeipräsidium in Göteborg unterwegs ist. Mit diesem Wagen werden Spezialaufträge erledigt, die über die tägliche Polizeiarbeit hinausgehen. Eine zusätzliche Kennzeichnung sind die grünen Seitenstreifen.

Modell	VW Bus T4 Syncro
Baujahr	2003
PS/kW	131 PS/96 kW
Hubraum ccm	2460
Motortyp	R5 Zylinder Diesel

VW Transporter Syncro T5

Für die Trafikpolis von Värmland bedeuten die langen Wintermonate schwierigste Streckenverhältnisse. Hier zeigt der VW-Allradler in Verbindung mit den in Schweden erlaubten Spikereifen seine Qualitäten. Besonders geschätzt wird die lange Ausführung wegen der besseren Platzverhältnisse für die Polizisten in Verbindung mit der etwa 350 Kilogramm schweren Ausrüstung. Schwenkbare Arbeitsleuchten und zusätzliche Fernscheinwerfer sind bei der schwedischen Verkehrspolizei vorgeschrieben.

Modell	VW Transporter Syncro T5
Baujahr	2004
PS/kW	131 PS/96 kW
Hubraum ccm	2460
Motortyp	R5 Zylinder Diesel

Saab 9-3 Combi 3.0

Schweden kann mit einem perfekt ausgebauten Straßennetz aufwarten. Im Winter toben im hohen Norden Schneestürme übers weite Land, die große Anforderungen an die Polizisten der überregional operierenden Patrouillenfahrzeuge stellen. Diese Einsatzwagen sind blau-gelb-weiß ausgewiesen. Es fehlt an nichts: Standheizung, Allradantrieb, Spikereifen, stärkere Batterien und Lichtmaschinen sowie modernste Kommunikationsmittel sind im wohlhabenden Schweden für die Polizei selbstverständlich. Hier wird von der Regierung nicht an der falschen Stelle gespart.

Modell	Saab 9-3 Combi 3.0
Baujahr	2005
PS/kW	250 PS/184 kW
Hubraum ccm	2792
Motortyp	V6 Zylinder Benzin

Saab 9-3 Combi 2.0

Der schwedische Hersteller gilt als einer der wichtigsten Wegbereiter für die Turboaufladung. Schon in den 60er-Jahren wurden damit Rallyewagen ausgerüstet, die viele Gesamtsiege erzielten. Heute fahren nahezu alle Personenwagen von Saab mit Turboladern wie dieser Combi aus der Region Värmland, wo jährlich die berühmte Schweden-Rallye stattfindet. Das Foto zeigt einen Streifenwagen der lokalen Verkehrspolizei mit dem gebräuchlichsten Vierzylinder-Benzinmotor mit Turboaufladung.

Modell	Saab 9-3 Combi 2.0
Baujahr	2004
PS/kW	210 PS/154 kW
Hubraum ccm	1988
Motortyp	R4 Zylinder Benzin

Finnland

Durch eine geschickte Wirtschafts- und Sozialpolitik ist Finnland ein sehr sicheres Land mit einer geringen Kriminalitätsrate. Mit relativ wenig Personal sorgen die Polizeikräfte für Ruhe und Ordnung. Im europäischen Durchschnitt wird für jeweils 300 Menschen eine Polizeikraft benötigt, in Finnland nicht einmal die Hälfte: 650 Menschen stehen unter der Obhut eines einzigen Schutzmanns. Für die finnische Polizei, die direkt dem Innenministerium unterstellt ist, bedeuten die großen, zum Teil fast menschenleeren Weiten den Landes eine logistische Aufgabe, die nicht allein mit Streifenwagen bewältigt werden kann. Um allen Aufgaben gerecht zu werden, besitzt die finnische Polizei relativ viele kleinere Flächen-Flugzeuge zur Überwachung der Verkehrswege und der Außengrenze zu Russland. Bei arktischen Temperaturen sorgen speziell ausgerüstete Helikopter der Polizei für einen zielgerichteten Einsatz. Die Organisation dieser Einsätze liegt bei den landesweit verteilten Alarmzentren. Sie verfügen auch über rasante Schneemobile, die die Mobilität der Polizei aufrechterhalten, wenn Eis und Schnee jedes Vorankommen mit Autos unmöglich machen.

Fast schon legendär sind die Fahrkünste der finnischen Renn- und Rallyefahrer, die Polizei kann hier gut mithalten. Kontrolliertes Driften gehört zur Grundausbildung eines jeden finnischen Polizisten. Die meisten Überlandstraßen in Richtung Polarkreis sind nicht geteert, und entsprechend umsichtig muss auf diesen sandigen Naturpisten gefahren werden. Allradantrieb gilt bei allen finnischen Polizeiwagen als Standard, Reifen mit Spikes gehören in diesem Land zur obligatorischen Winterausrüstung. Alle größeren Automobilhersteller testen ihre Prototypen im finnischen Winter in der Nähe von Rovaniemi am Bottnischen Meerbusen. Bei wochenlangen Temperaturen von minus 30 Grad muss sich die Standfestigkeit neuer Bauelemente erweisen. Dieser arktische Test gilt als härteste Prüfung für jedes neue Fahrzeug. Mit dem Nachbarland Russland gibt es dank der neutralen Position Finnlands keine unüberbrückbaren politischen Konflikte. Mehr Probleme bereitet der ständig ansteigende Lkw-Transitverkehr, der zwischen Estland und Russland über die kurze Fährverbindung Tallinn–Helsinki abgewickelt wird. Hier ging der Polizei in der Vergangenheit so mancher Zigaretten- oder Menschenschmuggler ins Netz.

Die finnische Polizei ist für diese neuen Herausforderungen gerüstet und modernisiert ihre technische Ausrüstung kontinuierlich. Der einzige landeseigene Fahrzeughersteller ist die Firma Sisu. Da hier allerdings nur Lkws produziert werden, ist die Polizei überwiegend mit importierten Streifenwagen von Volvo, Ford, VW und Saab ausgerüstet.

Ford Mondeo V6

Im Vergleich zu anderen EU-Ländern ist Finnland eines der wirtschaftlich und sozial stabilsten Länder in der Union mit einer nur etwa halb so großen Inflationsrate wie Deutschland. Im Fahrzeugpark der finnischen Polizei herrscht eine weitgehende Standardisierung auf bewährte Großserienwagen wie den Ford Mondeo. Das Foto entstand im November 2006 in Helsinki.

Modell	Ford Mondeo V6
Baujahr	2005
PS/kW	204 PS/150 kW
Hubraum ccm	2967
Motortyp	V6 Zylinder Benzin

VW Transporter T5 TD

Mitte November liegt hier schon Schnee auf den Straßen der Hauptstadt Helsinki. Für die finnische Polizei ist der neue VW Transporter der fünften Generation der vielseitigste Wagen für den Streifendienst, wie hier auf dem Bild, als Hundetransporter, zur Sicherung und Aufnahme von Verkehrsunfällen oder für die Techniker des Kriminaldienstes.

Modell	VW Transporter T5 TD
Baujahr	2005
PS/kW	105 PS/77 kW
Hubraum ccm	1896
Motortyp	R4 Zylinder Diesel

VW Multivan T5 V6

Am internationalen Flughafen von Helsinki kontrolliert die Diensthunde-Staffel, die mit diesem dunkelblauen VW Multivan unterwegs ist, das Gepäck der Reisenden auf Sprengstoffe und Drogen. Finnland ist das Drehkreuz für die schnellsten Flüge von Mittelfinnland nach Asien und Indien. Der VW Multivan läuft mit der stärksten Motorisierung von 231 PS über 200 km/h schnell.

Modell	VW Multivan T5 V6
Baujahr	2006
PS/kW	231 PS/170 kW
Hubraum ccm	3189
Motortyp	V6 Zylinder Benzin

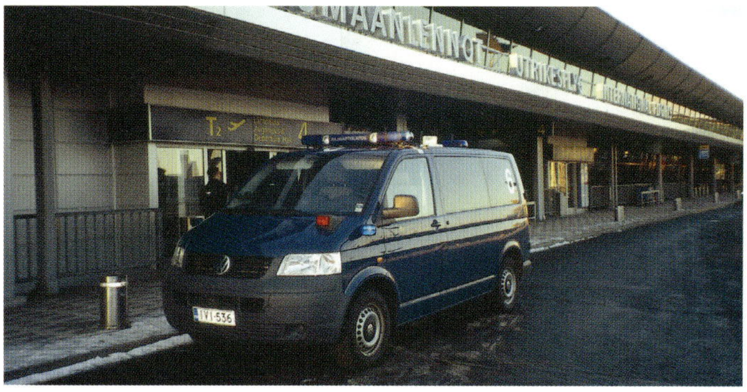

Peugeot Partner 1.6 HDI

Bei diesem Streifenwagen handelt es sich um einen Prototyp, den die finnische Polizei von 2002 an in der Erprobung hatte. Alle bekannten Autohersteller sind daran interessiert, dass ihre neuen Wagen im Polizeidienst fahren. Die Gründe dafür liegen auf der Hand: eine relativ kostengünstige Reklame für ein neues Modell. Bei diesem hübsch gestylten Wagen kam es nicht zu einem Großauftrag bei der finnischen Polizei.

Modell	Peugeot Partner 1.6 HDI
Baujahr	2002
PS/kW	90 PS/66 kW
Hubraum ccm	1560
Motortyp	R4 Zylinder Diesel

Skoda Octavia 4AWD

Ein neues Pferd im Stall der finnischen Polizeidienste ist der Skoda Octavia, der in verschieden starken Motorisierungen von 150 bis 200 PS mit dem direkt einspritzenden Benzinmotor und Turboaufladung getestet wird. Unser Foto zeigt den mit Allradantrieb ausgerüsteten 2.0 FSI, der auf der Plattform des neuen VW Golf entwickelt wurde.

Modell	Skoda Octavia 4AWD
Baujahr	2005
PS/kW	150 PS/110 kW
Hubraum ccm	1984
Motortyp	R4 Zylinder Benzin

Toyota Avensis

In Japan zählt die komfortable Mittelklasse-Limousine Avensis zu den Standardstreifenwagen der Verkehrspolizei. In Finnland liefen einige Toyota Avensis im Dauerversuch, wie auch der Nissan Primera oder der Opel Vectra. Letztendlich gewann der Ford Mondeo das Rennen um einen neuen Großauftrag, was über die Qualität der Toyotas nichts aussagt. Entscheidend sind bei einem Großauftrag meist die besten Konditionen.

Modell	Toyota Avensis
Baujahr	2001
PS/kW	163 PS/120 kW
Hubraum ccm	2362
Motortyp	R4 Zylinder Benzin

Lynx G-Touring 600

Dieses rund 100 km/h schnelle Snowmobil würde auch deutschen Polizisten gefallen. In Finnland sind Schneemobile oft die einzige Möglichkeit, um völlig eingeschneite Gehöfte zu erreichen. Dennoch, bei 30 Grad Kälte ist Snowmobil fahren eine beißend kalte Angelegenheit, trotz der hochgezogenen Windschutzscheibe und der Heizung an Lenker und Sitz.

Modell	Lynx G-Touring 600
Baujahr	2002
PS/kW	65 PS/48 kW
Hubraum ccm	600
Motortyp	R2 Zylinder Benzin

VW Transporter Syncro TDI

In den Weiten der finnischen Tundra ist die Verkehrsdichte minimal. Aber auch hier lauern Überraschungen der unangenehmen Art, wie die zahlreich auftretenden Elche, die die Fahrbahn queren. Als Schutzmittel bewähren sich Frontschutzbügel (bull bars) an der Wagenfront, die gleichzeitig als Haltebügel für die beiden Fernscheinwerfer und die Straßenräumer dienen. Diese Zusatzausrüstung wird nur in ländlichen Gegenden verwendet.

Modell	VW Transporter Syncro TDI
Baujahr	2003
PS/kW	131 PS/96 kW
Hubraum ccm	2460
Motortyp	R5 Zylinder Diesel

Estland

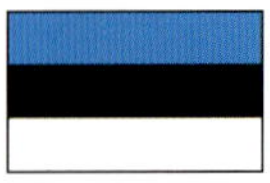

Als Reiseland ist Estland mit seiner rund 1400 Kilometer langen Ostseeküste und den etwa 1500 kleinen Inseln vielleicht das schönste Land des Baltikums. Ein Paradies für alle, die noch weitgehend ursprüngliche Natur schätzen. Von den drei neuen baltischen Staaten entwickelte sich Estland seit seiner erneuten Unabhängigkeit im Jahr 1991 bislang am erfolgreichsten – der Beitritt zur EU erfolgte im Mai 2004.

Noch bis 1885 war auch Deutsch Amtssprache in Estland. Seit 1944 standen die 1,6 Millionen Esten dann unter der Herrschaft der ungeliebten Nachbarn, obwohl nur ein relativ geringer Teil russischer Abstammung ist: Ein Völkergemisch, das in der Vergangenheit und auch heute noch für sozialen Zündstoff sorgt. In der sehenswerten Hauptstadt Tallinn, 400 000 Einwohner und UNESCO-Weltkulturerbe, kam es in den vergangenen Jahren wiederholt zu gewalttätigen Auseinandersetzungen unter den Völkergruppen.

Für die Polizei bedeuten diese Konflikte eine schwierige Aufgabe, denen nur mit Vernunft und konsequentem Vorgehen begegnet werden kann. Meist spielen zusätzlich übertriebener Alkoholgenuss oder Drogenkonsum eine zentrale Rolle, die auch im Straßenverkehr ein Problem darstellen. Als einziges EU-Land hat Estland daher die absolute Null-Promille-Grenze eingeführt. Auch mit den berüchtigten Autoschiebereien oder dem Zigarettenschmuggel und der Geldwäsche im großen Stil plagt sich die Polizei überdurchschnittlich oft herum. Dank üppig fließender Staats- und EU-Gelder verfügen heute alle, selbst die kleinsten Polizeistationen im ländlichen Raum, über Internetanschluss und Zugang zu den Zentraldateien der Sicherheitskräfte in ganz Europa und zu allen östlichen Nachbarn. Der Fahrzeugbestand entspricht fast dem mitteleuropäischen Standard. Freundliche, aber penible Fahrzeug- und Papierkontrollen sind bei der Ein- und Ausreise auch für durchreisende Touristen obligatorisch.

Nissan Primera

Seitdem Renault bei Nissan Mehrheitsaktionär ist, ticken die Uhren in Japan deutlich französischer, wie hier beim Nissan Primera, der 2002 debütierte. Fotografiert wurde dieser 190 km/h schnelle Autobahn-Streifenwagen in Pärnu-Jaagupi. Die Karosserie zeigt optisch gesehen deutliche Anleihen an den Renault Laguna. Wie auch beim Nachbarn Lettland, sind die russischen Polizeiwagen der Vergangenheit fast ohne Ausnahme in der Schrottpresse gelandet.

Modell	Nissan Primera
Baujahr	2004
PS/kW	140 PS/103 kW
Hubraum ccm	1998
Motortyp	R4 Zylinder Benzin

Suzuki Liana 4WD

Auffallend an diesem im estländischen Märjamaa abgelichteten Suzuki ist die zusätzliche rote Signalleuchte. Den estländischen Polizisten gefällt an diesem munteren Streifenwagen besonders der geräumige Stauraum hinter dem Fahrersitz, und im Winter schätzen sie den Allradantrieb, mit dem dieser Standardstreifenwagen ausgerüstet ist.

Modell	Suzuki Liana 4WD
Baujahr	2005
PS/kW	106 PS/78 kW
Hubraum ccm	1586
Motortyp	R4 Zylinder Benzin

Mercedes-Benz Sprinter 208 CDI

Kaum ein Auto, so weit das Auge reicht. In Estland ist die Verkehrsdichte außerhalb der Hauptstadt Tallinn minimal. Dieser Mercedes Sprinter wird in Estland universell als Kontrollfahrzeug und für Besorgungsfahrten benutzt. Mit strengen Verkehrskontrollen muss man in Estland immer rechnen, gerade weil die Verkehrsdichte so gering ist, wird gerne deutlich schneller als die erlaubten 110 km/h auf den Schnellstraßen gefahren.

Modell	Mercedes-Benz Sprinter 208 CDI
Baujahr	2003
PS/kW	82 PS/60 kW
Hubraum ccm	2148
Motortyp	R4 Zylinder Diesel

Nissan Patrol 3.0Di

Einer der letzten „echten" Offroader mit selbstsperrendem Differenzial und einer erlaubten Anhängerzuglast von bis zu 3,5 Tonnen. In Estland gilt zu Recht jährlich ab 1. November Winterreifenpflicht. Hier müssen sich die Autofahrer im Winter vielerorts durch meterhohe Schneeverwehungen kämpfen, die in dem topfebenen Land durch eisige Stürme entstehen. Polizei und Feuerwehr setzen auf Einsatzfahrzeuge wie den kernigen Nissan Patrol.

Modell	Nissan Patrol 3.0Di
Baujahr	2004
PS/kW	160 PS/118 kW
Hubraum ccm	2953
Motortyp	R4 Zylinder Diesel

Opel Astra 1.8 16V

In Estland sind die japanischen Modelle bei der Polizei weitaus zahlreicher vertreten als die deutschen Wagen. Nur einen Opel Astra bekam ich vor die Linse, aber keinen VW, BMW oder Ford. In Estland gilt für alle Kraftfahrer die Null-Promille-Grenze. Entsprechend hart greift die Polizei durch, wenn es einen Unfall gibt: Alkoholtest ist dann zwingend vorgeschrieben.

Modell	Opel Astra 1.8 16V
Baujahr	1998
PS/kW	116 PS/85 kW
Hubraum ccm	1799
Motortyp	R4 Zylinder Benzin

Mercedes-Benz Vito 111 CDI

Beim ersten Vito-Modell lief in der Fertigung so manches schief. Inzwischen sind die Mängel in der neuen, zweiten Baureihe behoben. Auf unserem Bild sieht man einen seltenen Vito-Kommandowagen der ersten Baureihe vor der Polizeiwache in Pärnu.

Modell	Mercedes-Benz Vito 111 CDI
Baujahr	2002
PS/kW	108 PS/80 kW
Hubraum ccm	2148
Motortyp	R4 Zylinder Diesel

Mazda 626

Der Mazda 626 ist ein komfortabler und über 210 km/h schneller Mittelklassewagen, der in Estland gerne im Streifendienst gefahren wird. Interessant ist die Allradversion. Frontantrieb ist Standard. Der Mazda 626 wird in den USA auch als Ford Telstar verkauft, in Japan und anderen asiatischen Ländern wird er als Anfini MS 6 angeboten.

Modell	Mazda 626
Baujahr	2001
PS/kW	140 PS/103 kW
Hubraum ccm	1845
Motortyp	R6 Zylinder Benzin

Subaru Impreza Sports Wagon

Nicht erst seit dem Gewinn einiger Rallye-Weltmeisterschaften gelten die Subaru Impreza als Wölfe im Schafspelz. Je schwieriger das Terrain, desto besser kommt dieser Offroader damit zurecht. Subaru ist der weltgrößte Hersteller von Allrad angetriebenen Limousinen, und dies macht sich auch die Estländer Polizei zunutze. Als einer der wenigen Hersteller vertraut Subaru auf einen Boxermotor.

Modell	Subaru Impreza Sports Wagon
Baujahr	2003
PS/kW	116 PS/85 kW
Hubraum ccm	1994
Motortyp	Boxer 4 Zylinder Benzin

GAZ Chaika

Ein Blick zurück, als das heutige freie Estland noch zur Sowjetunion gehörte. Nur die obersten Parteigenossen, die Geheimpolizei und einige wenige andere hochrangige Personen bekamen einen GAZ Chaika zugeteilt. Zwischen 1965 und 1977 wurde diese pompöse Achtzylinder-Limousine in geringen Stückzahlen handgefertigt. GAZ (Gorkovsky Avtomobilni Zavod) stellt heute eine breite Palette von Klein- und Mittelklassewagen sowie eine noch größere Transporter- und Lastwagenreihe her.

Modell	GAZ Chaika
Baujahr	ca. 1975
PS/kW	190 PS/140 kW
Hubraum ccm	5500
Motortyp	V8 Zylinder Benzin

Lettland

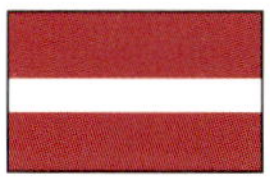

Nachdem Lettland im Lauf seiner langen Geschichte immer wieder zwischen die Mühlsteine russischer und deutscher Interessen geraten war, gliederte die Sowjetunion Lettland im Jahr 1944 in seinen riesigen Staatenverbund ein. 1991 änderte sich die politische Situation in der UdSSR grundlegend. Am 21. August 1991 bekannte sich dann bei einer Volksabstimmung die große Mehrheit des lettischen Volkes zur Selbstständigkeit des Landes. Seit dem Frühjahr 2004 ist Lettland Mitglied der NATO und wie seine Nachbarn Litauen und Estland Mitglied der Europäischen Union.

Noch muss die EU einiges Geld in den Aufbau des Fernstraßennetzes pumpen, und auch die Polizei profitiert mit neuem Wagenmaterial von dieser Entwicklung. Arbeit gibt es in diesem aufstrebenden Land genug. Auffallend ist die große Zahl an schweren, leicht angestaubten BMW-Limousinen der 5er- und 7er-Reihe und ebenso auffallend viele VW Golf und VW Multivan. Interessanterweise führen sie die Hitliste der geklauten Autos in z. B. Deutschland an. „Im Westen geklaut, und dann ins Land verschoben", klärte mich ein Polizist auf. „Damit ist nun weitgehendst Schluss", meinte der Fachmann optimistisch. Seit einigen Monaten wird jedes Fahrzeug, das die Grenze passiert, genauer unter die Lupe genommen. Trotz des Schengener Abkommens wird an allen Grenzen der drei baltischen Staaten der Kfz-Schein per Computerabgleich auf seine Echtheit überprüft. Sorgen bereitet den lettischen Polizisten auch der Alkoholmissbrauch am Steuer. Kein Wunder, der Wodka kostet oft weniger als eine Flasche Coca-Cola.

Land Rover Defender

Seit 1948 vertrauen unzählige Polizisten in aller Welt auf den „Landy", so auch in Lettland. Die stark getönten Seitenscheiben lassen eine diskrete Beobachtung zu. Seit dem Beitritt zur EU sind die Überlandstraßen mindestens so gut ausgebaut wie im Westen Europas. Dafür fährt man in den ländlichen Gegenden noch auf Naturpisten mit viel Sand, Schlamm und Geröll. Hier zeigt der Urvater aller Geländewagen seine Nehmerqualitäten.

Modell	Land Rover Defender
Baujahr	2004
PS/kW	122 PS/90 kW
Hubraum ccm	2495
Motortyp	R5 Zylinder Diesel

Renault Laguna 2.0T

Als schneller Autobahn-Streifenwagen bewährt sich der Renault Laguna nicht nur im Heimatland Frankreich, sondern auch in Lettland, wo es nur wenige vierbahnig ausgebaute Autobahnen gibt. Maximal 100 km/h sind dort erlaubt, der Renault Laguna bringt 235 km/h auf die Räder und beschleunigt von Null auf 100 km/h in 8,5 Sekunden. Schlechte Karten für Temposünder.

Modell	Renault Laguna 2.0T
Baujahr	2003
PS/kW	204 PS/150 kW
Hubraum ccm	1998
Motortyp	R4 Zylinder Benzin

VW Caddy 1.6

Im lettischen Jelgava wurde dieser VW Caddy erwischt. „Ein ebenso preiswerter wie praktischer Streifenwagen für den Standardgebrauch“, meinte ein Polizist. Seine nagelneue, schwenkbare Video-Scanning-Kamera überführt zielsicher Temposünder in der Stadt. In einzelnen Wohngebieten ist ein Tempolimit von 20 km/h vorgeschrieben.

Modell	VW Caddy 1.6
Baujahr	2006
PS/kW	102 PS/75 kW
Hubraum ccm	1598
Motortyp	R4 Zylinder Diesel

Kia Sportage CRDi

Die meisten Importeure lassen sich in Lettland nicht lumpen und stellen den Polizeieinheiten einen kostengünstigen Vorführwagen auf den Hof. „Der Auftritt bringt wenig Geld in die Firmenkasse, aber nutzt dem Bekanntheitsgrad der Marke,“ erzählte mir ein Autohändler freimütig. Beim Kia Sportage ist der Nutzwert nicht weg zu diskutieren: hoher Gebrauchswert durch relativ sportliche Fahreigenschaften und Allradantrieb für schwieriges Gelände.

Modell	Kia Sportage CRDi
Baujahr	2005
PS/kW	140 PS/103 kW
Hubraum ccm	1991
Motortyp	R4 Zylinder Diesel

Ford Transit FT

Mit vier Blaulichtern ausgerüstet verrichtet dieser schon etwa betagte Ford Transit im lettischen Skrunda als Materialwagen seinen Dienst. Ein vergleichbares Modell bieten die russischen GAZ-Werke mit ihrem Typ Gazelle an, doch in Lettland setzt man für den Polizeidienst auf westeuropäische Transporter.

Modell	Ford Transit FT
Baujahr	2000
PS/kW	100 PS/74 kW
Hubraum ccm	1998
Motortyp	R4 Zylinder Diesel

Lada Samara 1200

Nach langem Suchen fand sich dieser blaue Lada Samara 80 Kilometer von der estländischen Grenze entfernt in der Stadt Saulkrasti. Der Lada Samara ist ein Veteran aus der sowjetisch dominierten Vergangenheit des Landes. Die in der Nähe von Moskau gebauten Lada Samara wurden in den meisten Ländern der ehemaligen UdSSR auch als Shiguli VAZ 2108 verkauft.

Modell	Lada Samara 1200
Baujahr	1989
PS/kW	55 PS/40,5 kW
Hubraum ccm	1100
Motortyp	R4 Zylinder Benzin

VW Bus T3

Im lettischen Jelgava fährt dieser betagte VW Bus mit dem wassergekühlten Boxermotor seine Runden. Die rustikale Verkabelung zur Sondersignalanlage verläuft durch ein tragendes Bauteil. Wegen seiner Robustheit und guten Traktion auf schwierigem Untergrund rollte der millionenfach bewährte T3 auch in Brasilien und Mexiko sowie Südafrika vom Band.

Modell	VW Bus T3
Baujahr	1989
PS/kW	100 PS/75 kW
Hubraum ccm	2200
Motortyp	Boxer 4 Zylinder Benzin

ZuK

Bei diesem Wagen handelt es sich nach Aussagen von Passanten um einen „verdeckten Ermittler" im Polizeidienst. Seit Ende der 50er-Jahre sind die hochbeinigen ZuK-Kleinlastwagen und -Busse in allen osteuropäischen Staaten weit verbreitet. Die Spitzengeschwindigkeit liegt deutlich unter 90 km/h. Ein richtig lahmer Kleintransporter für unser Gefühl, dafür aber ideal für schweres Gelände, denn vier angetriebene Räder leisten mehr.

Modell	ZuK
Baujahr	1998
PS/kW	65 PS/48 kW
Hubraum ccm	2280
Motortyp	R4 Zylinder Benzin

RAF 2203

Auch bei diesem im Nachbarland Litauen gebauten Kleinbus handelt es sich um ein Polizeifahrzeug, das zur verdeckten Verkehrsüberwachung verwendet wird. Die Unfallstatistik im östlichen Europa weist weit höhere Zahlen auf als im Westen. Nicht zuletzt ist der technische Zustand vieler Fahrzeuge eine einzige Katastrophe.

Modell	RAF 2203
Baujahr	1994
PS/kW	76 PS/56 kW
Hubraum ccm	2200
Motortyp	R4 Zylinder Benzin

Rover 216

Nach einigen turbulenten Jahren schloss Rover 1989 einen Kooperationsvertrag mit Honda ab. Aus dieser Ehe stammt der Rover 216, der über einen leicht modifizierten Honda-Motor verfügt. Bei diesem Wagen ist eine moderne Signalanlage mit Laufband auf dem Dach platziert, und vorn am Kühlergrill sorgen ein blaues und rotes Blinklicht für erhöhte Aufmerksamkeit.

Modell	Rover 216
Baujahr	1995
PS/kW	116 PS/85 kW
Hubraum ccm	1590
Motortyp	R4 Zylinder Benzin

Suzuki Liana

Suzuki erneuert seine Modellpalette mit System. Alle Fahrzeuge der neueren Baureihe, wie dieser gepflegte Suzuki Liana, sind mit Allradantrieb lieferbar. Ein gewichtiges Argument für die Polizei in Lettland. Die kompakte Signalanlage auf dem Dach ist so geschickt positioniert, dass sie sich im Rückspiegel nur bei genauem Hinsehen erkennen lässt, wenn sie ausgeschaltet ist.

Modell	Suzuki Liana
Baujahr	2005
PS/kW	106 PS/78 kW
Hubraum ccm	1586
Motortyp	R4 Zylinder Diesel

Volvo S40 2.4i

Auch dieser neue Volvo S40 zeigt, dass die Polizei in Lettland kontinuierlich ihren Wagenbestand auf Vordermann bringt und die alten Fahrzeuge aussortiert. Der kleinste Volvo entstand in Zusammenarbeit mit Ford. Es steckt viel Technik des Ford Focus unter der Motorhaube. Auch bei diesem Volvo S40 gibt es eine Allradversion, die in den baltischen Ländern zum Zug kommt.

Modell	Volvo S40 2.4i
Baujahr	2006
PS/kW	170 PS/125 kW
Hubraum ccm	2435
Motortyp	R5 Zylinder Benzin

Renault Clio

Seit nahezu 20 Jahren ist der agile Renault Clio ein großer Verkaufserfolg. Die lettische Polizei setzt den kompakten Franzosen besonders gerne in den engen Gassen der historisch bedeutenden Innenstadt von Riga ein.

Modell	Renault Clio
Baujahr	2006
PS/kW	139 PS/102 kW
Hubraum ccm	1998
Motortyp	R4

Audi 80

Nicht mehr ganz der Jüngste ist dieser Audi 80 der zweiten Generation, die zwischen 1991 und 1994 auch nach Lettland verschifft wurde. In der Kleinstadt Saldus werden weitreichende Umweltschutzaufgaben von der Polizei wahrgenommen. Als Emblem dafür ziert die Fahrertür das Symbol von Sonne, Wäldern und Meer. Passend für die fast naturbelassene Landschaft, mit der Lettland um Touristen wirbt.

Modell	Audi 80
Baujahr	1994
PS/kW	115 PS/85 kW
Hubraum ccm	1984
Motortyp	R4 Zylinder Benzin

Renault Mégane

Seit 2002 wird der Mégane an die lettischen Polizeieinheiten ausgeliefert. Oberhalb der Stoßstange sind zwei Blaulichter installiert, die wirkungsvoll mit der Sondersignalanlage auf dem Dach separat geschaltet werden können. Ein großes Problem sind in allen drei baltischen Staaten Straftaten und Verkehrsunfälle unter Alkoholeinfluss.

Modell	Renault Mégane
Baujahr	2003
PS/kW	135 PS/99 kW
Hubraum ccm	1998
Motortyp	R4 Zylinder Benzin

Lada Nova

Im Kern immer noch ein Fiat 124 aus den 80er-Jahren, ist dieser Lada Nova von 1998 schon ein Oldtimer bei der lettischen Polizei. Dies dokumentiert auch der Dachständer mit einem schon „historisch wertvollen" Lautsprecher, dem kleinen Scheinwerfer und den beiden Blaulichtern. Für den Dienst an der Bevölkerung reicht dies aber allemal.

Modell	Lada Nova
Baujahr	1998
PS/kW	80 PS/59 kW
Hubraum ccm	1690
Motortyp	R4 Zylinder Benzin

Land Rover Defender Tdi

Gut 15 Jahre lang konnten geklaute oder veruntreute westeuropäische Waren relativ problemlos über die Grenze nach Polen, Tschechien, Weißrussland oder in die baltischen Staaten verschoben werden. Heute ist jede Grenzstation, wie hier in Lettland, mit den Nachbarländern verkabelt. Der Datenabgleich mit allen Ländern Europas funktioniert weitgehend reibungslos, wie mir ein Fachmann bestätigte. Dennoch werden robuste Geländewagen wie dieser grüne Offroader der lettischen Grenzpolizei immer gebraucht, denn keine Grenze ist wirklich lückenlos unter Kontrolle.

Modell	Land Rover Defender Tdi
Baujahr	2003
PS/kW	122 PS/90 kW
Hubraum ccm	2495
Motortyp	R5 Zylinder Diese

Litauen

Der Kampf David gegen Goliath gilt auch für das kleine Litauen und seinen riesigen Nachbarn Russland. Im Sommer 1991 beschlossen die Litauer, sich auf eigene Füße zu stellen und erklärten sich zum selbstständigen Staat außerhalb der damals noch existierenden Sowjetunion. Ein gewagter Schritt, aber seitdem geht es aufwärts im größten Land der drei baltischen Staaten Litauen, Lettland und Estland. Seit 2004 gehört Litauen zur EU und auch zur NATO, was häufig übersehen wird.

Mit reichlich mulmigem Gefühl trat ich im September 2006 die rund 6000 Kilometer lange Reise in die drei baltischen Staaten an, für mich ein weißer Fleck auf der Landkarte. Ausgerechnet hier sollte ich die neuesten Polizeifahrzeuge fotografieren, wo selbst Brücken oder Bahnanlagen mit Fotografierverboten belegt sind, wie mir einer der mageren Reiseführer suggerierte. Nach jahrzehntelanger Sowjetherrschaft rechnete ich mit Polizei-Willkür und einem unmissverständlichen „Njet" für alle Fotografierwünsche.

Doch nichts aus diesen vergangenen Zeiten war zu spüren: Aufgeschlossen, freundlich und bürgernah, so erlebte ich die Polizei in Litauen und seiner Hauptstadt Vilnius. Und auch beim erwarteten Fahrzeugbestand lag ich, salopp ausgedrückt, voll daneben. Statt uralter russischer Wolgas und Polski Fiats fahren hier meist neuwertige japanische und europäische Wagen ihren Streifendienst auf überraschend großzügig ausgebauten Überlandstraßen. Nur im sehenswerten Polizeimuseum von Kaunas, der zweitgrößten Stadt Litauens, entdeckte ich die Oldtimer der vergangenen Jahre unter sowjetischer Staatsmacht. Litauen ist eine Reise wert, nicht nur für Polizeiwagen-Fans.

Citroen Berlingo HDI

Als praktischer Kleintransporter erfreut sich der Citroen Berlingo auch bei der Polizei in Litauen wachsender Beliebtheit. Sein voluminöser Kofferraum eignet sich besonders gut für die am Unfallort benötigten umfangreichen Ausrüstungsgegenstände zur Absicherung bei einem Verkehrsunfall.

Modell	Citroen Berlingo HDI
Baujahr	2004
PS/kW	75 PS/55 kW
Hubraum ccm	1560
Motortyp	R4 Zylinder Diesel

Skoda Octavia TDI

In Litauen werden die preiswerten Stufenheck-Limousinen wie dieser Skoda Octavia noch in großer Zahl als Streifenwagen eingesetzt. An sich bietet die Kombiversion wegen der besseren Raumausnutzung unbestreitbare Vorteile bei gleichen Unterhaltskosten. Mit diesem Octavia-Modell erster Bauart unter dem Dach von VW, gelang Skoda der Durchbruch bei den kritischen Beschaffungsämtern der Polizei.

Modell	Skoda Octavia TDI
Baujahr	2005
PS/kW	100 PS/74 kW
Hubraum ccm	1896
Motortyp	R4 Zylinder Diesel

VW Transporter 2.5 TDI

Litauens zweitgrößte Stadt Kaunas wird nun auch von Billigfliegern wie Ryan Air angeflogen. Alte russische Polizei- und Zollfahrzeuge sucht man hier vergebens. Frisch gestylt sind hier alle Zollfahrzeuge, wie dieser dunkelblaue VW Transporter, der auf dem ehemaligen Militärflugplatz von Kaunas zum Schichtwechsel vorfährt.

Modell	VW Transporter 2.5 TDI
Baujahr	2004
PS/kW	131 PS/96 kW
Hubraum ccm	2460
Motortyp	R5 Zylinder Diesel

VW Caddy Life

Der preiswerteste Kleintransporter im VW-Konzern ist der in Slowenien gefertigte VW Caddy. Die litauische Polizei setzt vermehrt auf diesen Typ für die städtische Polizei, auch in der umweltverträglichen Erdgasversion. Praktische Schiebetüren und umklappbare Hintersitze erleichtern die Polizeiarbeit mit viel „Gepäck".

Modell	VW Caddy Life
Baujahr	2005
PS/kW	75 PS/55 kW
Hubraum ccm	1896
Motortyp	R4 Zylinder Diesel

BMW 528i

Schnelle Einsatzfahrzeuge sind auch in Litauen ein Muss. Statt mit einem alten Polski Fiat geht es mit diesem agilen 5er-BMW in der litauischen Stadt Kalvarija den Straßenrowdys schnell an den Kragen. Geschwindigkeitsübertretungen werden in Ortschaften viel härter als beispielsweise in Deutschland bestraft: etwa ein Monatsgehalt bei 25 km/h Überschreitung und ein Fahrverbot für mindestens drei Monate.

Modell	BMW 528i
Baujahr	1998
PS/kW	193 PS/142 kW
Hubraum ccm	2793
Motortyp	R6 Zylinder Benzin

BMW 520i

Die meisten Polizeifahrzeuge Litauens sind in der Farbe Weiß mit grünen Streifen lackiert. Keine Regel ohne Ausnahme: In Kalvarija, etwa zehn Kilometer vor der polnischen Staatsgrenze, stießen wir auf einen silberfarbenen BMW 520i, der bei der Kriminalpolizei Verwendung finden soll.

Modell	BMW 520i
Baujahr	1997
PS/kW	150 PS/110 kW
Hubraum ccm	1991
Motortyp	R6 Zylinder Benzin

Mitsubishi Pajero

Einer der bewährtesten Offroader weltweit ist der Mitsubishi Pajero. Mit dieser fünftürigen Langausführung ist die litauische Polizei auch für verschlammte Straßen oder die Wintermonate bestens gerüstet. Im Gegensatz zu den mit EU-Hilfe hervorragend ausgebauten Fernverkehrsstraßen wie der E77, sind viele Provinzstraßen noch reine Naturpisten, wo nur Allrad angetriebene Fahrzeuge bei Schlamm, Eis oder Schnee ihr Ziel erreichen.

Modell	Mitsubishi Pajero
Baujahr	2006
PS/kW	160 PS/118 kW
Hubraum ccm	3200
Motortyp	R4 Zylinder Diesel

Fiat Ducato 2.3 JTD

Im litauischen Marijampole wird dieser Fiat Ducato-Kastenwagen für universelle Polizeiaufgaben eingesetzt. Für Streifenfahrten, zur Materialbeschaffung und Überwachung von Gütertransporten wird der wendige Fiat Ducato häufig gebraucht, erzählte uns sein Fahrer. Nicht zuletzt werden damit Alkoholkontrollen durchgeführt. Bei über 0,4 Promille Alkohol wird der Führerschein für mindestens einen Monat eingezogen.

Modell	Fiat Ducato 2.3 JTD
Baujahr	2004
PS/kW	110 PS/81 kW
Hubraum ccm	2286
Motortyp	R4 Zylinder Diesel

Audi 80 2.0E

Mit über 15 Jahren Dienstbetrieb auf dem Buckel, ist dieser Audi nicht mehr der jüngste Streifenwagen in der Truppe. Neben den diversen Skoda-Modellen genießt Audi eine besondere Sympathie der litauischen Polizei. Bemerkenswert ist das tropfenförmig gestaltete Blaulicht.

Modell	Audi 80 2.0E
Baujahr	1991
PS/kW	115 PS/85 kW
Hubraum ccm	1984
Motortyp	R4 Zylinder Benzin

Volvo 850 GLT

Einer der schnellsten litauischen Streifenwagen ist dieser Volvo 850 GLT. Mit gut 215 km/h Höchstgeschwindigkeit und einer Beschleunigung von Null auf 100 in knapp neun Sekunden holt er recht mühelos Temposünder auf der Autobahn ein. Vom 1. April bis 31. Oktober gilt dort 130 km/h, von November bis Ende März nur 110 km/h. Andere Länder, andere Gesetze.

Modell	Volvo 850 GLT
Baujahr	1995
PS/kW	170 PS/125 kW
Hubraum ccm	2435
Motortyp	R5 Zylinder Benzin

Fiat Ducato Kombi 2.8 JTD

In der mittellangen Kombiversion gilt der Fiat Ducato bei vielen Polizeistellen als besonders agiler und vielseitig einsetzbarer Dienstwagen. In der gezeigten Ausführung ist dieser litauische Polizeiwagen mit sechs Sitzplätzen und einem großen Laderaum für die Unfallaufnahme ausgerüstet.

Modell	Fiat Ducato Kombi 2.8 JTD
Baujahr	2005
PS/kW	128 PS/94 kW
Hubraum ccm	2800
Motortyp	R4 Zylinder Diesel

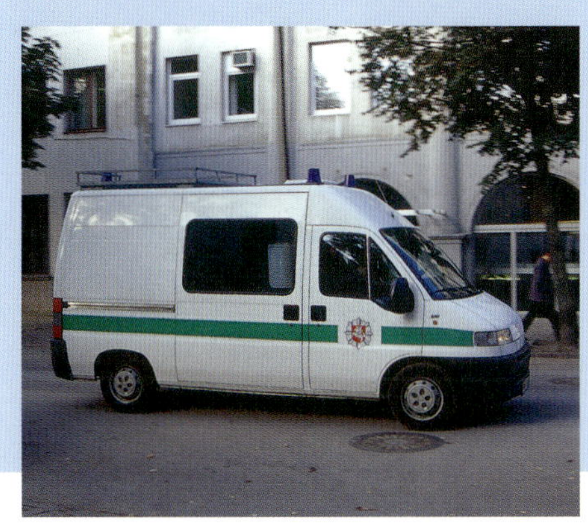

Skoda Fabia Sedan

Für seine Baulänge von nur 4,23 Meter ist der Skoda Fabia Sedan erstaunlich geräumig. Die litauischen Polizeikräfte vertrauen bei der Verkehrsüberwachung, wie hier in Kalvarija, seit 2001 auf diesen in Westlitauen wenig verbreiteten Typ. In der litauischen Provinz sind die Skoda Fabia Combi reichlich vertreten.

Modell	Skoda Fabia Sedan
Baujahr	2003
PS/kW	115 PS/85 kW
Hubraum ccm	1984
Motortyp	R4 Zylinder Benzin

Skoda Octavia

Skodas derzeitiger Bestseller ist der Octavia. Technisch gesehen handelt es sich um einen VW Passat der bisherigen Baureihe mit großzügiger Innenraum-Gestaltung und modernen Motoren, die in der Dieselbauart auch mit Rußpartikelfiltern ausgerüstet werden. In Litauens Hauptstadt Vilnius wurde dieser Skoda Octavia gesichtet.

Modell	Skoda Octavia
Baujahr	2006
PS/kW	140 PS/103 kW
Hubraum ccm	1968
Motortyp	R4 Zylinder Diesel

UAZ 3741

Im sehenswerten Polizeimuseum von Kaunas findet man nach langem Suchen die stillgelegten Veteranen der litauischen Polizei auf einem Hinterhof „versteckt". Hier modern die Reminiszenzen aus Zeiten sowjetischer Oberhoheit, als Litauen noch Bestandteil der UdSSR war, still vor sich hin. Dieser russische UAZ-Kleintransporter wird heute noch in vielen osteuropäischen Staaten bei der Polizei eingesetzt, aber nicht mehr im heutigen Litauen.

Modell	UAZ 3741
Baujahr	1991
PS/kW	90 PS/66 kW
Hubraum ccm	3740
Motortyp	R4 Zylinder Benzin

GAZ 24-10

Noch vor 20 Jahren war dieser russische GAZ die Nobellimousine der Polizei in den meisten Ländern des Warschauer Paktes. Heute sucht man in allen drei baltischen Staaten vergebens nach einem fahrtüchtigen Wagen dieses Typs bei der Polizei, obwohl noch viele GAZ 24-10 in privater Hand sind. Die Aufnahme entstand im Polizeimuseum von Kaunas.

Modell	GAZ 24-10
Baujahr	1990
PS/kW	95 PS/70 kW
Hubraum ccm	3480
Motortyp	R6 Zylinder Benzin

ZIL 130-76

Von Sibirien bis nach Kuba sind die russischen ZIL-Laster weit verbreitet. Ein typischer Armeelastwagen mit Allradantrieb, der nichts krumm nimmt, aber der Fahrzeugentwicklung um Jahrzehnte hinterher hinkt. Den Antrieb liefert ein Achtzylinder-Benzinmotor mit Vergaser, der Mitte der 30er-Jahre ursprünglich von Ford erdacht, und erst in den 50er-Jahren von den russischen Ingenieuren kontinuierlich weiterentwickelt wurde. Im Polizeimuseum von Kaunas fanden wir diesen ausrangierten Mannschaftswagen auf dem „Abstellgleis".

Modell	ZIL 130-76
Baujahr	1980
PS/kW	150 PS/110 kW
Hubraum ccm	5890
Motortyp	V8 Zylinder Benzin

RAF 2203

Im Westen nahezu unbekannt stellten die lettischen RAF-Werke (Rigas Autobusu Fabrika) in Jelgava bis 1998 Kleinbusse und Transporter her, die auch im litauischen Polizeieinsatz reichlich vertreten waren. Unser Foto wurde im Polizeimuseum von Kaunas aufgenommen. Es zeigt einen Mannschaftstransporter für bis zu 13 Polizisten. Als Basis für den RAF 2203 diente ein russischer Kleinlaster von GAZ mit Vergasermotor. Letztlich war der Markt zu klein für den Hersteller aus Riga, und RAF musste die Produktion einstellen.

Modell	RAF 2203
Baujahr	1992
PS/kW	76 PS/56 kW
Hubraum ccm	2200
Motortyp	R4 Zylinder Benzin

GAZ 96

Noch ein Veteran aus der sowjetischen Ära der Nachkriegsjahre. Das Automobilwerk Gorki stellte diesen Kommandowagen der litauischen Polizei Mitte der 80er-Jahre auf die Räder. Ein sehr hubraumstarker, aber PS-schwacher Sechszylinder-Vergasermotor bringt den knochenharten Allradler gerade mal auf 90 km/h Höchstgeschwindigkeit. In vielen ehemaligen Ostblockländern, aber auch in einigen afrikanischen Staaten, China und Kuba verrichten noch viele Tausend Polizeifahrzeuge und Armeewagen dieses fast „unverwüstlichen" Typs ihren Dienst.

Modell	GAZ 96
Baujahr	1984
PS/kW	70 PS/51 kW
Hubraum ccm	3480
Motortyp	R6 Zylinder Benzin

Shiguli VAZ-2101

Mithilfe von Fiat entstand 1972 ein recht modernes Automobilwerk in Togliatti in Russland. Hier wurde schon bald ein stark modifizierter und damit auch verbesserter Fiat 124 in Lizenz gefertigt, der in Millionen Stückzahlen gebaut wurde. Aus jener Produktionslinie entstand dieser litauische Streifenwagen. In den westeuropäischen Ländern wurde der Shiguli lange Zeit recht erfolgreich als Lada 1200 angeboten. Der gleiche Ex-Fiat 124 wurde auch in Polen unter Polski Fiat, und in Indien als Premier 118 NE hergestellt.

Modell	Shiguli VAZ-2101
Baujahr	1978
PS/kW	65 PS/48 kW
Hubraum ccm	1198
Motortyp	R4 Zylinder Benzin

VW Jetta 1.6

Über 15 Jahre alt ist dieser litauische VW Jetta, der noch jeden Tag in Kaunas auf Streifenfahrt unterwegs ist. Aus Kostengründen werden erst nach und nach die einfachen Blaulichter durch moderne Signalanlagen mit Laufbandanzeige ersetzt.

Modell	VW Jetta 1.6
Baujahr	1991
PS/kW	70 PS/51 kW
Hubraum ccm	1595
Motortyp	R4 Zylinder Benzin

Skoda Fabia Tour 1.9 TDI

Seit 1996 wird der sehr erfolgreiche und als zuverlässig eingestufte Skoda Fabia auch bei der litauischen Polizei eingesetzt. In diesem Bild wird ein Temposünder gerade zur Kasse gebeten. Die litauische Polizei arbeitet fast ausschließlich mit modernen Handgeräten zur Geschwindigkeitsüberwachung.

Modell	Skoda Fabia Tour 1.9 TDI
Baujahr	2003
PS/kW	100 PS/74 kW
Hubraum ccm	1896
Motortyp	R4 Zylinder Diesel

BMW 535i

Das flinkste „Pferd" im Stall der litauischen Polizei dürfte dieser 211 PS starke und 235 km/h schnelle BMW sein. Von Null auf 100 km/h vergehen nur 7,7 Sekunden. Trotz dieser unbestreitbaren Vorteile werden heute vermehrt kostengünstigere Fahrzeuge vom Beschaffungsamt geordert. Wie in den meisten europäischen Staaten regiert der Rotstift auch in Litauen, wenn es um die Wagenbeschaffung geht.

Modell	BMW 535i
Baujahr	1992
PS/kW	211 PS/155 kW
Hubraum ccm	3430
Motortyp	R6 Zylinder Benzin

Kia Carens 16V

Noch eine Seltenheit bei europäischen Polizeien sind die Fahrzeuge des koreanischen Herstellers Kia. Etwa 500 000 Kias werden pro Jahr mit ständig steigenden Zuwachsraten weltweit verkauft. Im litauischen Marijampole wird der Verkehr mit diesem etwas älteren Kia-Modell überwacht. Die neuen Modelle Kia Carens sind kompakte Vans.

Modell	Kia Carens 16V
Baujahr	1998
PS/kW	124 PS/91 kW
Hubraum ccm	1840
Motortyp	R4 Zylinder Benzin

Mitsubishi Pajero Sport TD

Für alle Witterungsbedingungen gerüstet, vertraut die litauische Polizei auf robuste Offroader, wie diesen Pajero Sport, der aus dem älteren L200 Pick up weiterentwickelt wurde. Ein echtes Erfolgsmodell, besonders in den USA. Sein Vorteil beim Polizeieinsatz ist der voluminöse Laderaum mit fünf zusätzlichen voll nutzbaren Sitzen und dem zuschaltbaren Allradantrieb.

Modell	Mitsubishi Pajero Sport TD
Baujahr	2004
PS/kW	133 PS/98 kW
Hubraum ccm	2477
Motortyp	R4 Zylinder Diesel

VW Transporter 1.9 TDI

Dank der Zugehörigkeit zur Europäischen Union fließen reichlich Subventionsgelder zur litauischen Polizei. Das Geld ist gut angelegt, denn immer noch blüht der Schmuggel von Zigaretten, Medikamenten und verschobenen Luxuswagen mit gravierenden Unfallschäden. Sie werden aufgemöbelt und als wenig gebrauchte Youngtimer weiterverkauft. Unser Bild zeigt einen VW Transporter der vierten Generation, der als Mehrzwecktransporter eingesetzt wird.

Modell	VW Transporter 1.9 TDI
Baujahr	2000
PS/kW	104 PS/77 kW
Hubraum ccm	1896
Motortyp	R4 Zylinder Diesel

Großbritannien

Das britische Polizeiwesen gilt als Vorbild für alle angelsächsischen Länder und den Großteil der ehemaligen Kolonien. Im Fuhrpark der Metropolitan Police in London wurden schon vor 1900 motorisierte doppelsitzige Dreiräder des französischen Herstellers Léon Bollée erprobt, die dann ihren Weg in die USA, Kanada, aber auch nach Australien und Indien fanden. Eine bunte Mischung aus völlig unterschiedlichen Polizeiwagen wurde vor dem Zweiten Weltkrieg eingesetzt: spartanisch ausgestattete Austin Seven-Kleinwagen neben bequemen Talbot Tourer, und im Kontrast schlanke MG TA Midget-Cabriolets hinter bulligen Bentley-Sportwagen. Beste Stütze aller englischen Polizeieinheiten waren die schwarzen Wolseley-Limousinen, die bis in die 50er-Jahre hinein als Standardstreifenwagen der Verkehrspolizei dienten.

Eine Erfindung der Metropolitan Police ist das Fahrertraining. Die ersten Lehrgänge für die Fahrer der schnellen Streifenwagen wurden schon 1947 gegen alle skeptischen Stimmen veranstaltet. Mit immer schnelleren Einsatzfahrzeugen, wie die Daimler SP 250 oder die Jaguar MK2 waren einige Polizisten ohne Fahrerlehrgang glatt überfordert, denn so mancher Gangster-Boss ließ sich in den ersten Jahren nach dem Zweiten Weltkrieg von professionellen Rennfahrern chauffieren. Heute gehören Fahrerlehrgänge für Sicherheitskräfte und Polizei zur allgemeinen Ausbildung.

Unter dem Druck immer höherer Anschaffungs- und Unterhaltskosten der bislang eingesetzten großen Limousinen und Sportwagen wurden 1962 etwa 1000 kompakte Morris Minors und Ford Anglia-Kleinwagen in Dienst gestellt. Als „Panda cars" gingen sie wegen ihrer weiß-schwarzen Lackierung in die britische Polizeigeschichte ein. Statt 210 PS standen nun weniger als 50 PS für die Verfolgungsjagd zur Verfügung, dafür konnten für den gleichen Anschaffungspreis fünf Wagen die Verfolgung aufnehmen. Mit dieser Entscheidung gelang dem preiswerten Standardstreifenwagen der Durchbruch, nicht nur auf der Insel, sondern fast überall auf der Welt.

Halsbrecherische Verfolgungsjagden gehören heute fast der Vergangenheit an, obwohl die britische Polizei neben den Standardstreifenwagen von Ford und Vauxhall über einige ausgewiesene und neutrale Supersportwagen verfügt, die auf der Rennstrecke eine gute Figur abgeben würden.

Viel ernster ist die permanente Gefahr von Terroranschlägen durch Extremisten. Mit einer konsequenten Videoüberwachung aller Flughäfen, Bahnhöfe und Brennpunkten in den Städten sowie dem automatischen Scanning von Fahrzeug-Kennzeichen und Personendaten wird versucht, potenzielle Täter zu entlarven. Hier gilt die britische Polizei wiederum als Vorbild für andere Länder. Die Fahrzeuge der heutigen Polizei stammen in erster Linie aus den Produktionen von Ford und Vauxhall, dem britischen Pendant von Opel.

Mercedes-Benz Sprinter 416 CDI

Großbritannien versucht die latente Terrorgefahr mithilfe von Videokameras in den Griff zu bekommen. Hier wird in einer stark belebten Durchgangsstraße von Liverpool jede Fahrzeugnummer gescannt und überprüft. Neben diesen ausgewiesenen Video-Überwachungswagen sind auch zivile Fahrzeuge mit ähnlicher Ausrüstung im ganzen Land unterwegs.

Modell	Mercedes-Sprinter 416 CDI
Baujahr	2006
PS/kW	158 PS/116 kW
Hubraum ccm	2686
Motortyp	R5

Peugeot Expert 2.0 HDI

Noch vor 20 Jahren begnügte sich die britische Polizei mit einheitlich weißen oder schwarzen Wagen. Heute setzt man auf die Signalwirkung starker Farben, wie hier in Liverpool, mit diesem gelben Peugeot-Streifenwagen, der wie alle Streifenwagen mit zwei Polizeibeamten besetzt ist.

Modell	Peugeot Expert 2.0 HDI
Baujahr	2005
PS/kW	108 PS/80 kW
Hubraum ccm	1997
Motortyp	R4

Ford Focus 2.0

Einer der bewährtesten Polizeiwagen Großbritanniens ist der kompakte Ford Focus, ideal für den innerstädtischen Einsatz. Auf Schnellstraßen eignet er sich weniger, hier ist der deutlich geräumigere und komfortablere Ford Mondeo klar die Nummer eins. Unser Foto entstand im Dezember 2006 in Liverpool.

Modell	Ford Focus 2.0
Baujahr	2005
PS/kW	145 PS/107 kW
Hubraum ccm	1999
Motortyp	R4

DAF-LF45

Ganz dezent werden hier in Liverpool Straftäter in ein Gefängnis gebracht. Schusssichere Scheiben machen den Einsatzbereich deutlich, auch der gesamte Kasten ist gepanzert. Scherzhafte Bezeichnung bei den Polizisten: Black Maria. Die nur schwach gesicherten alten Gefangenentransporter auf Busbasis wurden verschrottet oder verkauft.

Modell	DAF-LF45
Baujahr	2005
PS/kW	185 PS/136 kW
Hubraum ccm	5900
Motortyp	R6

Saab 9-3 Sport Combi

Einer der besten Autobahn-Streifenwagen ist der Saab Sport Combi. Technisch verwandt mit dem Opel Vectra, erfreut der Saab Sport Combi mit dem Drehmoment eines starken 2,8-Liter-Turbobenziners seine Mannschaft in Liverpool mit besten Fahreigenschaften und hohem Komfort. Im Vergleich zum ebenfalls benutzten Ford Mondeo-Kombi fällt der Laderaum allerdings knapp aus.

Modell	Saab 9-3 Sport Combi
Baujahr	2005
PS/kW	250 PS/184 kW
Hubraum ccm	2792
Motortyp	R6

Vauxhall Zafira Club 1.9 CDTi

Dieser unscheinbare Polizeiwagen wird für administrative Polizeiaufgaben in Manchester eingesetzt. Technisch ist der Vauxhall Zafira nahezu identisch mit dem Opel Zafira. Seit einigen Monaten werden auch mit Erdgas betriebene Vauxhall Zafira im englischen Polizeidienst getestet.

Modell	Vauxhall Zafira Club 1.9 CDTi
Baujahr	2006
PS/kW	150 PS/110 kW
Hubraum ccm	1910
Motortyp	2198

Vauxhall Astra 1.8

Auf schneller Kontrollfahrt durch Manchester – hier ist der agile Vauxhall Astra in seinem Element. Soziale Probleme und steigende Arbeitslosigkeit unter den Jugendlichen gestalten die Polizeiarbeit immer schwieriger, denn Übergriffe auf die Beamten sind fast an der Tagesordnung.

Modell	Vauxhall Astra 1.8
Baujahr	2004
PS/kW	140 PS/103 kW
Hubraum ccm	1796
Motortyp	R4

Vauxhall Astra CDTi

Die „Verkehrsmoral" lässt insbesondere in Großstädten spürbar nach. Hier parkt ein roter Pkw im Zentrum von Manchester auf dem Bürgersteig und versperrt Müttern mit Kinderwagen den Durchgang. Dumm gelaufen – keine fünf Minuten später schnappte sich der Streifendienst diesen Rüpel.

Modell	Vauxhall Astra CDTi
Baujahr	2006
PS/kW	150 PS/110 kW
Hubraum ccm	1910
Motortyp	R4

Ford Transit 100-T260

Freie Öffnungszeiten locken Kleinkriminelle, die auf übermüdetes Personal setzen, zum Ladendiebstahl in die Kaufhäuser. Besonders am Samstagabend häufen sich die Vorfälle. Der Abtransport zur Wache erfolgt dann im Kastenwagen. In Polizeikreisen werden diese Transporter mit dem bekannt trockenen britischen Humor als „Saturday Night Specials" tituliert.

Modell	Ford Transit 100-T260
Baujahr	2004
PS/kW	137 PS/101 kW
Hubraum ccm	2402
Motortyp	R4 TDE

Ford Transit 90-T350

Das Schutzgitter an der Frontscheibe zeigt den Einsatzbereich dieses Wagens der Stadtpolizei von Greater Manchester. Unzufriedene oder gelangweilte Jugendliche zetteln am Wochenende Schlägereien an, reißen Pflastersteine aus dem Boden und werfen sie auf die Polizisten und ihre Fahrzeuge. Hier kann das Schutzgitter das Gröbste abwenden.

Modell	Ford Transit 90-T350
Baujahr	2004
PS/kW	116 PS/85 kW
Hubraum ccm	2402
Motortyp	R4 TDE

Ford Transit 90-T330

Bei diesem langen Ford Transit mit Hochdach handelt es sich um ein Mehrzweckfahrzeug der städtischen Polizei von Greater Manchester. Mal wird dieser Wagen als Transporter für temporäre Absperrungen oder Beleuchtungsanlagen benutzt, dann wieder als Gefangenentransporter für Kleinkriminelle, der große Lüfter auf dem Dach sogt für Frischluft. Im Gegensatz zu anderen Herstellern erledigt Ford die Montage der Zellen in Eigenregie.

Modell	Ford Transit 90-T330
Baujahr	2005
PS/kW	125 PS/92 kW
Hubraum ccm	2402
Motortyp	R4 TDE

Peugeot 406 HDI

Die British Transport Police kontrolliert mit größter Sorgfalt alle stark frequentierten Bahnhöfe, Flughäfen, Kaianlagen für Fähren und Frachtschiffe. Seit den Terroranschlägen von London werden selbst Bahntickets von Reisenden kontrolliert – ohne Ticket kein Zutritt zum Bahnsteig. Zudem wird die Video-Überwachung mit Scanning-Einrichtungen flächendeckend ausgebaut. Dieser Peugeot 406 dient als Kontrollfahrzeug am Bahnhof von Manchester.

Modell	Peugeot 406 HDI
Baujahr	2003
PS/kW	136 PS/100 kW
Hubraum ccm	1997
Motortyp	R4

Ford Transit FT 280 2.0 TDE

Diskreter Gefangenentransport in Greater Manchester. Trotz der latenten Terrorgefahr zeigt die britische Polizei in dieser schwierigen Zeit im Herbst 2006 absolute Professionalität, vermeidet jede Hektik auf Flughäfen und Bahnhöfen, und führt die nötigen Kontrollen, auch von Fotografen, freundlich durch.

Modell	Ford Transit FT 280 2.0 TDE
Baujahr	2000
PS/kW	86 PS/63 kW
Hubraum ccm	1998
Motortyp	R4

Jaguar XJ-S

Im sehenswerten Greater Manchester Police Museum wird dieser schöne Jaguar-Zwölfzylinder gehütet. Von 1975 an gingen nur wenige dieser 2x2-Coupés in den Polizeidienst, denn die Anschaffungs- und Wartungskosten sind ungleich höher als bei den Standardmodellen. Mit einer Höchstgeschwindigkeit von über 250 km/h war dies der wohl schnellste Polizeiwagen im Königreich.

Modell	Jaguar XJ-S
Baujahr	1975
PS/kW	285 PS/210 kW
Hubraum ccm	5343
Motortyp	V12

Range Rover 4.6 HSE

Einer der weltbesten Polizeiwagen ist nach wie vor der mit permanentem Allradantrieb ausgerüstete Range Rover. Unser Bild zeigt ein Modell aus dem Greater Manchester Police Museum. Der 190 km/h schnelle Wagen wurde hauptsächlich bei Autobahn-Kontrollfahrten eingesetzt. Nicht weniger als sieben Blaulichter sorgen für den gewünschten Effekt.

Modell	Range Rover 4.6 HSE
Baujahr	1995
PS/kW	226 PS/166 kW
Hubraum ccm	4552
Motortyp	V8

LDV Convoy 2.4 DTi

Die britische Polizei bemüht sich redlich, alle heimischen Hersteller möglichst gleichberechtigt bei der Fahrzeugbestellung zu berücksichtigen. LDV ist ein mittelständischer Produzent von Kastenwagen und Transportern aus Birmingham. Sein LDV Convoy wird bei der britischen Transportpolizei als universeller Mehrzwecktransporter eingesetzt – Gefangenentransporte inbegriffen, wie am kleinen Seitenfenster im Zellenabteil zu erkennen ist.

Modell	LDV Convoy 2.4 DTi
Baujahr	2002
PS/kW	90 PS/66 kW
Hubraum ccm	2400
Motortyp	R4

Mercedes-Benz Sprinter 311 CDI

Auch bei der britischen Polizei kommen immer häufiger die spurtstarken und dennoch sparsamen, 150 km/h schnellen Mercedes Sprinter zum Einsatz. Im Gegensatz zu deutschen Polizeieinheiten werden auf der Insel nicht die kurzen Kombimodelle, sondern die langen Kastenwagen bevorzugt. Unser Bild zeigt ein Mehrzweckfahrzeug für bis zu sechs Beamte mit voller Ausrüstung für Demonstrationen, Massenschlägereien und dergleichen.

Modell	Mercedes-Benz Sprinter 311 CDI
Baujahr	2006
PS/kW	109 PS/80 kW
Hubraum ccm	2148
Motortyp	R4

Ford Transit FT 300 4x4

Kampf gegen den Alkoholmissbrauch. Wie kein anderes Land in Europa setzt die britische Regierung auf die Video-Überwachung. Dieser „hochbeinige" Aufnahmewagen mit 4x4-Antrieb stand in der Fußgängerzone von Manchester. Wer hier mit Alkohol in der Hand erwischt wird, zahlt mindestens 500 Pfund Strafe, also etwa 750 Euro.

Modell	Ford Transit FT 300 4x4
Baujahr	2000
PS/kW	86 PS/63 kW
Hubraum ccm	1998
Motortyp	R4

Peugeot 406 2.1 TDI

Die überregionale britische Transportpolizei setzt auf verschieden starke Dieselmodelle von Peugeot, die als Versuchsträger für andere Dienststellen genutzt werden. Auch bei den reflektierenden Klebefolien sieht man den Fortschritt auf diesem Gebiet. Nicht zuletzt werden jetzt batterieschonende LED-Leuchtmittel in die auf dem Dach montierte „light bar" eingebaut.

Modell	Peugeot 406 2.1 TDI
Baujahr	2004
PS/kW	109 PS/80 kW
Hubraum ccm	2088
Motortyp	R4 TDI

Jaguar XJ6-S Type Police

Die feinen Limousinen von Jaguar waren im britischen Polizeidienst immer etwas Besonderes. Dieser S-Typ von 1999 konnte bei einer Spitzengeschwindigkeit von gut 230 km/h relativ mühelos mit den schnellsten britischen Sportwagen mithalten. Durch den allgemeinen Sparzwang der öffentlichen Hand wurden fast alle klassischen Jaguar-Polizeiwagen nach und nach ausgemustert und gegen weniger teure Limousinen und Kombis von Volvo und Ford ausgetauscht.

Modell	Jaguar XJ6-S Type Police
Baujahr	1999
PS/kW	241 PS/177 kW
Hubraum ccm	3980
Motortyp	R6

Jaguar MK2-S Type

Im Vergleich zum eher sportlich und knapp gestalteten MK2 wurde der S-Typ deutlich geräumiger geformt. So fiel der Kofferraum üppiger aus, und auch die Kopffreiheit auf den Hintersitzen nahm zu – gewichtige Argumente für die Zusatzausrüstung, ohne die kein Polizeiwagen auskommt. Darüber hinaus spendierte Jaguar seinem S-Typ die komfortable Einzelradaufhängung an allen vier Rädern und den stärkeren 3,8-Liter-Motor.

Modell	Jaguar MK2-S Type
Baujahr	1967
PS/kW	220 PS/162 kW
Hubraum ccm	3781
Motortyp	R6

Jaguar MK2

Wohl die berühmteste Jaguar-Limousine ist der MK2. Das 1966 aufgenommene Bild zeigt eine zufriedene Polizistin, die gerade ein wichtiges Diplom erhielt. Sie bestand den anspruchsvollsten Fahrertest der britischen Polizei, den „advanced driving test", und durfte nun mit ihrem 190 km/h schnellen Jaguar MK2 Verkehrssünder jagen. Nur wenigen Polizistinnen war diese Auszeichnung vergönnt.

Modell	Jaguar MK2
Baujahr	1966
PS/kW	210 PS/154 kW
Hubraum ccm	3442
Motortyp	R6

Jaguar MK-V

In den ersten Jahren nach dem Zweiten Weltkrieg musste zuerst die Produktion der Vorkriegswagen wieder anlaufen, damit frisches Geld in die Firmenkasse floss. Unser Foto zeigt den Jaguar MK-V von 1949 im Polizeieinsatz der Metropolitan Police von London. Eine auffällige Polizeibeschriftung galt damals noch als unschöner Akt.

Modell	Jaguar MK-V
Baujahr	1949
PS/kW	75 PS/55 kW
Hubraum ccm	2580
Motortyp	R6

Jaguar XJ6-2

Kaum ein anderer Polizeiwagen konnte 1969 dem berühmten XJ6-2 mit seinem kraftvollen 4,2-Liter-Motor das Wasser reichen. Seine Fahrer liebten diesen 204 km/h schnellen Wagen, aber die Buchhalter bekamen rote Köpfe bei den laufenden Kosten. In den 70er-Jahren übernahmen die noch geräumigeren und preiswerteren Volvo 144-Kombis die Stelle der von ihren Fahrern hoch geschätzten Limousinen von Jaguar.

Modell	Jaguar XJ6-2
Baujahr	1969 bis 1999
PS/kW	265 PS/195 kW
Hubraum ccm	4200
Motortyp	R6

Ford Lotus MK11

1968, als dieses Foto entstand, war die britische Polizei noch mit einer Vielzahl von Einsatzwagen ausgestattet, die vom Winzling Austin Mini Cooper S über den bulligen Rover V8 bis hin zu den innovativen Citroen ID 19-Modellen reichte. Der bieder aussehende Ford Lotus MK11 bewährte sich letzten Endes am besten und überzeugte durch seine Höchstgeschwindigkeit von 175 km/h und Zuverlässigkeit. Über eine Million Wagen dieses Typs wurden hergestellt.

Modell	Ford Lotus MK11
Baujahr	1968
PS/kW	88 PS/65 kW
Hubraum ccm	1498
Motortyp	R4

Ford Consul 2.8

Als bemerkenswert solider Highway Patrol-Streifenwagen entpuppte sich der behäbig wirkende Ford Consul mit seinem kraftvollen 2,8-Liter-V6-Motor. Auch in deutschen, belgischen und niederländischen Polizeidienststellen wurde dieses bislang größte europäische Ford-Modell als Ford Granada mit der Drei-Liter-Maschine viele Jahre lang genutzt. Der Ford Consul war das Nachfolgemodell des Ford Zephyr und Ford Zodiac.

Modell	Ford Consul 2.8
Baujahr	1973
PS/kW	130 PS/96 kW
Hubraum ccm	2792
Motortyp	V6

Ford Capri 2.8i

Kaum ein anderes 2x2-Sportcoupé erregte in den 80er-Jahren die Gemüter der jugendlichen Fans so sehr wie die Ford Capri-Modelle: viel Leistung für relativ wenig Geld. Hinzu kam eine bemerkenswerte Zuverlässigkeit des neuen Einspritzmotors, damals ein echtes Novum. Die britische Polizei setzte den 210 km/h schnellen Capri als Highway Patrol-Fahrzeug bis in die 90er-Jahre ein.

Modell	Ford Capri 2.8i
Baujahr	1983
PS/kW	160 PS/118 kW
Hubraum ccm	2792
Motortyp	V6

Ford Transit 4x4 Police

Im britischen Polizeidienst gehören die geräumigen Ford Transit-Modelle bis heute zum Standardinventar jeder Polizeieinheit. Weniger bekannt sind bei uns auf dem Festland die 4x4-Ausführungen mit Allradantrieb. Unser Bild zeigt eine Erprobungsfahrt des 1988 vorgestellten Typs, der schon bald mit einem stärkeren Motor von 110 PS nachgerüstet wurde.

Modell	Ford Transit 4x4
Baujahr	1988
PS/kW	88 PS/65 kW
Hubraum ccm	2180
Motortyp	R4

Ford Sierra Cosworth 4x4

Die berühmte Motorenschmiede Cosworth ist mit weit über 100 Grand-Prix-Siegen nach wie vor Spitzenreiter in diesem schwierigen Metier. Für den Ford-Konzern griff man 1991 in die Trickkiste und zauberte diesen 240 km/h schnellen Streifenwagen mit Allradantrieb und Turbolader auf die Straße. Von Null auf 100 km/h vergehen nur 6,9 Sekunden. Eine tolle Leistung für damalige Zeiten.

Modell	Ford Sierra Cosworth 4x4
Baujahr	1991
PS/kW	220 PS/162 kW
Hubraum ccm	1994
Motortyp	R4

Ford Mondeo V6 ECE

Als legitimer Nachfolger des erfolgreichen Ford Sierra wurde der Ford Mondeo 1993 in den Polizeidienst übernommen. Unser Foto zeigt einen Mondeo der Norfolk Police bei einer Geschwindigkeitskontrolle. Fast überall in Europa sind heute die komfortablen Mondeos die am häufigsten genutzten Streifenwagen. Günstige Anschaffungs- und Wartungskosten sowie gute Fahrleistungen schlagen bei diesem Erfolgsmodell zu Buche.

Modell	Ford Mondeo V6 ECE
Baujahr	1993
PS/kW	170 PS/125 kW
Hubraum ccm	2544
Motortyp	V6

Ford Granada Scorpio 24V

Dieser Ford Granada Scorpio aus dem Jahr 1985 ist in den Farben der Northumbria Police lackiert. Im Schnitt werden die Streifenwagen auf der Insel nach etwa 300 000 Kilometern ausgemustert. Auf gut besuchten Auktionen kommen sie zur Versteigerung oder werden im großen Stil nach Osteuropa verkauft. Einige gut erhaltene Wagen dienen auch als Ersatzteillager.

Modell	Ford Granada Scorpio 24V
Baujahr	1985
PS/kW	196 PS/143 kW
Hubraum ccm	2935
Motortyp	V6

Ford Escort RS-Cosworth

Einer der erfolgreichsten Rallyewagen der Welt war in den 90er-Jahren der Ford Escort RS. Unser Foto zeigt das 250 km/h schnelle Serienmodell in den Farben der Northumbria Police von 1994: kompromisslos sportliches Fahrverhalten mit Allradantrieb und 220 PS starkem Turbomotor.

Modell	Ford Escort RS-Cosworth
Baujahr	1994
PS/kW	220 PS/162 kW
Hubraum ccm	1994
Motortyp	R4

Ford Transit FT 1000

Diese Aufnahme entstand 1970 in Gibraltar und zeigt einen der ersten Ford Transit-Kombis, die 1968 vorgestellt wurden. Damals begnügte man sich noch mit 60 PS. Was für den Polizeidienst und das Handwerk in erster Linie zählte, war das für damalige Zeiten enorme Ladevolumen und der günstige Preis. Seit dieser Zeit mauserte sich der Ford Transit zu einem sehr respektablen Polizeiwagen, der nahezu auf allen Erdteilen vertreten ist.

Modell	Ford Transit FT 1000
Baujahr	1969
PS/kW	60 PS/44 kW
Hubraum ccm	1498
Motortyp	R4

Mitsubishi Shogun 3.2 TD

Einer der meistverkauften und besten Offroader ist der Mitsubishi Pajero, der in Großbritannien als Mitsubishi Shogun angeboten wird. In den USA ist der Pajero als Montero auf dem Markt, die Liste ließe sich noch beträchtlich erweitern. Technisch gesehen ist der Aufbau nahezu identisch, dafür gibt es gravierende Unterschiede bei der Motorisierung. Hier werden je nach Land unterschiedlich starke Motoren zwischen 160 PS und 218 PS eingebaut. Unser Foto zeigt einen attraktiven Kommandowagen der Leicester Police mit heruntergeklapptem Lichtmast.

Modell	Mitsubishi Shogun 3.2 TD
Baujahr	2004
PS/kW	160 PS/118 kW
Hubraum ccm	3200
Motortyp	R4 Zylinder

Daimler Landaulette Straight Eight

Hochspannung für alle Sicherheitskräfte: Königin Elizabeth II und ihr Gemahl Prinz Philip Duke of Edinburgh verlassen die Westminster Abbey – ein Staatsakt aus dem Jahr 1953. Als standesgemäße Staatskarosse dient ein mächtig anmutender Daimler, der vom königlichen Karosserieschneider Hooper eingekleidet wurde. Die passende „Garderobe" ist ein ganz seltener Landaulette, bei dem ein Teil der Dachfläche für den Kontakt zu den Bürgern geöffnet werden kann. Die Leistungsdaten des Achtzylinder-Reihenmotors wurden bislang unter Verschluss gehalten.

Modell	Daimler Landaulette Straight Eight
Baujahr	ca. 1946
PS/kW	ca. 140 PS/103 kW
Hubraum ccm	4500
Motortyp	R8

Aston Martin DB6

Die englischen Sportwagen von Aston Martin wurden nicht nur im berühmten Kassenschlager „Goldfinger" von James Bond 007 gefahren, auch im tatsächlichen Leben der britischen Geheimagenten wurden sie zu besonderen Anlässen zwischen 1965 und 1969 gebraucht. Jeder Aston Martin ist handgefertigt. Der DB6 war das stärkste Sechszylinder-Serienmodell mit stolzen 286 PS unter der Motorhaube. Mit einer Spitzengeschwindigkeit von über 250 km/h konnte dieses komfortable Sportcoupé mit den schnellsten italienischen Sportwagen konkurrieren.

Modell	Aston Martin DB6
Baujahr	1965
PS/kW	286 PS/210 kW
Hubraum ccm	3995
Motortyp	R6

Ford Focus 2.0 TDCi

Die Republik Irland setzt bei der Verkehrsüberwachung als Standardstreifenwagen den Ford Focus ein. Ford richtet sich nach den Wünschen der jeweiligen Polizeiorganisation und rüstet die Autos entsprechend um. Dazu gehören unter anderem mehr Leistung unter der Motorhaube und ein sportlich abgestimmtes Fahrwerk mit progressiver wirkenden Stoßdämpfern. Weitere Fahrzeuge im Stall der irischen Garda sind der Ford Mondeo, diverse Ford Transit-Typen sowie Geländewagen von Isuzu und Mitsubishi.

Modell	Ford Focus 2.0 TDCi
Baujahr	2003
PS/kW	136 PS/100 kW
Hubraum ccm	1997
Motortyp	R4 Zylinder Diesel

Niederlande

Mitte der 90er-Jahre wurde die bislang zweigeteilte niederländische Polizei zur einheitlichen Politie formiert. Für die überregionalen Aufgaben war vor dem Zusammenschluss die Rijkspolitie zuständig, die militärisch organisiert die Funktionen einer Staatspolizei einnahm. Dazu gehörte die Kontrolle der Autobahnen, Flughäfen und Schiffs- und Bahnanlagen. Ältere Reisende erinnern sich vielleicht noch an die Polizisten, die mit auffallend weiß-orange lackierten Cabriolets vom Typ Porsche 911 Carrera der niederländischen Rijkspolitie den Verkehr auf den neu gebauten Autobahnen beobachteten.
Die zweite Polizeiorganisation war vor 1994 die Gemeentepolitie (Gemeindepolizei) mit 148 Dienststellen, die den jeweiligen Bürgermeistern unterstand. Mit dem Zusammenschluss der Rijkspolitie und der Gemeentepolitie entstand die einheitliche Politie mit 25 Polizeiregionen.
Wie kaum ein anderes Land der EU verfügte die niederländische Polizei über ein breites Arsenal unterschiedlichster Motorräder und Autos, die nach Ende des Zweiten Weltkriegs angeschafft wurden. Blaue Harley-Davidson-Motorräder vom Typ WLC Liberator konkurrierten mit den britischen Matchless, den österreichischen Puch und den deutschen Maschinen von Horex und BMW. Auch einige Hundert Leichtmotorräder von DKW und Stada wurden als angemessenes Fortbewegungsmittel für die Gemeindepolizei geschätzt. Luftige Jeeps vom französischen Hersteller Hotchkiss-Brandt galten in den ersten Nachkriegsjahren als ideale Polizeifahrzeuge. Doch schon bald standen die neuen VW Transporter und der VW Käfer in den Zulassungszahlen bei der Polizei obenan.
Mit der damals noch sehr kleinen Firma Porsche kam die Rijkspolitie 1952 ins Geschäft. Die Besatzungen von zwölf neuen Porsche 356 Cabriolets sollten die Verkehrsteilnehmer zu entspannter Fahrweise erziehen. Nach Aussagen der Polizei klappte dieses Experiment durchaus. Nach der Ära der VW Käfer folgte ein weniger erfolgreiches Intermezzo mit Fiat 127-Kleinwagen, die sich als zu klein herausstellten und nur für den Innenstadtbereich geeignet waren. Nach dieser Erkenntnis wurden die Kompaktwagen Citroen GS und Volvo 343 angeschafft, der über das vom niederländischen Hersteller DAF entwickelte stufenlose Ziehkeilgetriebe verfügte. Auch zahlreiche amerikanische Pontiac Trans Am und Chevrolet Van dienten bei der Rijkspolitie.
Nach dem Zusammenschluss der beiden Polizeiorganisationen wurde eine weitgehende Standardisierung der neuen Politie beschlossen, die bis heute eingehalten wird. Einen fast lückenlosen Überblick aller Nachkriegsmodelle zeigt das attraktive „Nederlands Politie Museum" in Apeldoorn. Ein zweites nicht minder interessantes Polizeimuseum befindet sich in Buren. Das Museum der Koninklijke Marechaussee widmet sich der einstigen Militärpolizei und der Rijkspolitie.

Spyker C8

Einer der aufregendsten Sportwagen der letzten Jahr ist sicherlich der niederländische Spyker C8, der als Streifenwagen der Autobahnpolizei für beträchtliches Aufsehen sorgt. Mit einer Spitzengeschwindigkeit von 305 bis 320 km/h, je nach Motorisierung, zählt dieser Mittelmotor-Sportwagen mit Audi-V8-Motor und Spaceframe-Aluminium-Chassis zur absoluten Klasse der Supersportwagen. In der schwächsten Ausführung leistet der Audi-V8-Motor 405 PS, in der stärksten Twin-Turbo-Version 530 PS.

Modell	Spyker C8
Baujahr	2006
PS/kW	405 PS/298 kW
Hubraum ccm	4172
Motortyp	V8 Zylinder Benzin

VW Transporter 2.5 TDI

Innerhalb der Europäischen Union gilt die niederländische Politie als vorbildliche Institution, die schon 1994 alle bisherigen Polizeidienste zu einer starken einheitlichen Polizei, der Politie, bündelte. Auch bei der Fahrzeugbeschaffung setzt man auf fortschrittliche Typen wie den VW Transporter der fünften Generation, der hier in Amsterdam als Streifenwagen eingesetzt wird.

Modell	VW Transporter 2.5 TDI
Baujahr	2005
PS/kW	131 PS/96 kW
Hubraum ccm	2460
Motortyp	R5 Zylinder Diesel

Opel Zafira 1.9 CTDI

Am Hauptbahnhof von Amsterdam. Die Überwachung von Bahnhöfen ist eine wichtige Aufgabe der Politie, wo Kleinkriminelle und Drogenabhängige oft ihr Glück versuchen. Polizeipräsenz ist vonnöten, damit sich die Reisenden sicher fühlen können. Mit dem vielseitig nutzbaren Opel Zafira kann auch ein Polizeihund zum Einsatz gebracht werden – der Schrecken aller Kriminellen.

Modell	Opel Zafira 1.9 CTDI
Baujahr	2004
PS/kW	120 PS/88 kW
Hubraum ccm	1910
Motortyp	R4 Zylinder Diesel

VW Golf 2.0 FSI

Nach wie vor sind die VW Golf bei der niederländischen Polizei viel genutzte Standardstreifenwagen. Die Leistungsspanne der einzelnen Typen, die bei der Politie im Streifendienst fahren, reicht von 115 PS bis zu 170 PS. Unser Foto entstand im Sommer 2006 im attraktiven Zentrum von Amsterdam, wo es viele sogenannte B-Straßen gibt, die nur von Fahrzeugen unter 2,2 Meter Breite befahren werden dürfen.

Modell	VW Golf 2.0 FSI
Baujahr	2005
PS/kW	150 PS/110 kW
Hubraum ccm	1984
Motortyp	R4 Zylinder Benzin

Mercedes-Benz E Touring CDI 320

Weniger verbreitet als in Deutschland sind bei der niederländischen Politie die bewährten Touring-Modelle von Mercedes-Benz. Für die oft sehr engen Straßen entlang der Kanäle von Amsterdam eignen sich diese doch recht breiten und langen Kombis weniger gut. Ihr Revier sind die Schnellstraßen der Niederlande, die allesamt mit einer Geschwindigkeitsbegrenzung von maximal 120 km/h belegt sind.

Modell	Mercedes-Benz E Touring CDI 320
Baujahr	2004
PS/kW	224 PS/165 kW
Hubraum ccm	2987
Motortyp	V6 Zylinder Diesel

Mercedes-Benz 311 CDI

Kein anderer Transporter wird bei internationalen Polizeidiensten mehr gefahren als der agile Mercedes Sprinter. So auch in Amsterdam, wo dieses Foto im Sommer 2006 aufgenommen wurde. Es zeigt einen Gefangenentransporter, erkennbar an den Lüftern der einzelnen Zellen auf dem Dach.

Modell	Mercedes-Benz 311 CDI
Baujahr	2004
PS/kW	109 PS/80 kW
Hubraum ccm	2148
Motortyp	R4 Zylinder Diesel

Volvo FL6

Für Sondereinsätze verfügt die Politie über verschiedenste Einsatzfahrzeuge, so auch solche Abschlepp- und Bergewagen, gesichtet auf der Autobahn nach Brüssel. Die niederländische Polizei setzt in den Innenstädten bei Parkverstößen häufig Parkkrallen ein. Der Abtransport der Parksünder erfolgt dann mit diesen Abschleppwagen.

Modell	Volvo FL6
Baujahr	2003
PS/kW	180 PS/132 kW
Hubraum ccm	5480
Motortyp	R6 Zylinder Diesel

Renault Trafic 1.9 dCi

Als praktischer Mehrzweck- und Mannschaftswagen bewährt sich der Renault Trafic auch im niederländischen Polizeidienst. Der Trafic bietet durch seine größere Breite deutlich mehr Innenraum und Platz für die Ausrüstung als der schmalere VW- oder Mercedes-Benz Vito-Transporter.

Modell	Renault Trafic 1.9 dCi
Baujahr	2004
PS/kW	101 PS/74 kW
Hubraum ccm	1870
Motortyp	R4 Zylinder Diesel

Opel Astra Caravan 1.9 CDTI

Im Vergleich zu anderen Ländern gleicher Größe setzt die niederländische Politie auf eine Vielzahl unterschiedlicher Wagentypen, die im Streifendienst unterwegs sind. Je nach Einsatzzweck werden Benziner oder moderne, sparsame Dieselfahrzeuge mit einer Common-Rail-Direkteinspritzung verwendet.

Modell	Opel Astra Caravan 1.9 CDTI
Baujahr	2004
PS/kW	120 PS/88 kW
Hubraum ccm	1910
Motortyp	R4 Zylinder Diesel

Nissan Vanette Serena

Blaue Polizeiwagen der niederländischen Politie gehören zu Sondereinheiten, die bei Schwerverbrechen, zum Personenschutz oder zur Terrorbekämpfung benötigt werden. Der schon etwas in die Jahre gekommene Nissan Vanette Serena, der heute nicht mehr hergestellt wird, lief auch in Spanien vom Band.

Modell	Nissan Vanette Serena
Baujahr	1996
PS/kW	97 PS/71 kW
Hubraum ccm	1596
Motortyp	R4 Zylinder Benzin

Shorland MK3

Eine echte Rarität stellt dieses mit 5 bis 8 Millimeter starken Stahlplatten gepanzerte Sonderfahrzeug der Politie dar. Hersteller ist die Firma Short Brothers, Belfast, die ein verstärktes Land Rover-Fahrgestell für den Umbau verwendet. Von 1979 bis 1991 wurde sowohl dieser als auch vier weitere Wagen am Flugplatz Schiphol bei Amsterdam zur Flugfeldüberwachung eingesetzt. Heute „bewacht" er das sehr sehenswerte Nationale Polizeimuseum der Niederlande in Apeldoorn.

Modell	Shorland MK3
Baujahr	1979
PS/kW	95 PS/70 kW
Hubraum ccm	2580
Motortyp	R6 Zylinder Diesel

Mercedes-Benz 407D

Dieser leicht armierte Mannschaftsbus wurde fast 20 Jahre lang bei Großveranstaltungen, wie dem Motorrad-GP von Assen oder bei Fußball-Länderspielen eingesetzt. Zusätzliche Schutzgitter an den Scheiben erwiesen sich als notwendige Maßnahme gegen randalierende Fans. Eingebaut ist der Vorkammer-Dieselmotor OM 616.

Modell	Mercedes-Benz 407D
Baujahr	1982
PS/kW	72 PS/53 kW
Hubraum ccm	2399
Motortyp	R4 Zylinder Diesel

VW 1200

Eine breite Auswahl aller bisherigen niederländischen Polizeiwagen steht im Nationalen Polizeiwagen-Museum von Apeldoorn. Mit dabei sind diverse VW Käfer aus den 70er-Jahren. Allein bei der Rijkspolitie (Reichspolizei) standen 200 Wagen dieses Typs im täglichen Streifendienst.

Modell	VW 1200
Baujahr	1976
PS/kW	44 PS/32 kW
Hubraum ccm	1285
Motortyp	Boxer 4 Zylinder Benzin

Fiat 127

Als Nachfolger für den in die Jahre gekommenen VW Käfer übernahm die Rijkspolitie 1979 eine Flotte neuer Fiat 127, die aber schon 1981 von dem Volvo 343 abgelöst wurden. Für schnelle Verfolgungsfahrten war der kleine Fiat einfach zu lahm, hinzu kamen technische Probleme mit den Motoren. Auf dem Lichtbalken sind zwei Sirenen und ein Blaulicht montiert.

Modell	Fiat 127
Baujahr	1979
PS/kW	50 PS/35 kW
Hubraum ccm	1049
Motortyp	R4 Zylinder Benzin

BMW R60/R80

Zwischen 1946 und 1960 vertrauten sich die Polizisten der Rijkspolitie den unterschiedlichsten Motorrädern an: Harley-Davidson, Matchless, Puch, Horex und BMW. Letztendlich blieben die Bayern am Ball. Unser Foto zeigt eine BMW R60 mit Gläser-Verkleidung und einigen Bauteilen des späteren Modells R80. Die gleiche Maschine wurde auch im deutschen Polizeidienst zwischen 1969 und 1973 als R60/5 benutzt. Auffallend ist der zusätzliche Windschutz für groß geratene Polizisten.

Modell	BMW R60/R80
Baujahr	1970
PS/kW	40 PS/29 kW
Hubraum ccm	599
Motortyp	Boxer 2 Zylinder Benzin

Chevrolet K10 Scottsdale

Die sogenannten K-Wagen sind gepanzerte Fahrzeuge für den Sondereinsatz bei Demonstrationen, gewalttätigen Übergriffen oder sonstigen Unruheherden. Von 1988 bis 2002 fuhr dieser Furcht einflößende schwarze Geländewagen zahlreiche Einsätze. Im Gegensatz zu den amerikanischen Polizeiwagen mit V8-Motor ist hier ein relativ schwaches Sechszylinder-Triebwerk eingebaut.

Modell	Chevrolet K10 Scottsdale
Baujahr	1988
PS/kW	126 PS/93 kW
Hubraum ccm	2838
Motortyp	V6 Zylinder Benzin

VW Transporter T2a

Durch die ständig steigende Zahl von Verkehrstoten wegen überhöhter Geschwindigkeit war das Limit der Toleranz bei der niederländischen Regierung 1969 endgültig erreicht. Mit einer generellen Geschwindigkeitsbegrenzung auf Landstraßen und Autobahnen war es aber nicht getan. Die neuen Radarwagen von Multanova erschienen als geeignetes Mittel zur Verkehrserziehung, die in der Regel wohl nur über den eigenen Geldbeutel geht.

Modell	VW Transporter T2a
Baujahr	1969
PS/kW	47 PS/35 kW
Hubraum ccm	1584
Motortyp	Boxer 4 Zylinder Benzin

Porsche 356 C Cabriolet

Über 30 Jahre lang hielt die Liaison zwischen der Rijkspolitie und der Firma Porsche. Die Niederländer erhofften sich mit der Präsenz ihrer neuen Sportwagen auf den unfallträchtigen Autobahnen einen verkehrserzieherischen Effekt, und die Porsche-Manager einen nicht zu geringen Werbeerfolg für das damals noch sehr bescheidene Familienunternehmen. Zwölf 160 km/h schnelle 356 C Cabriolets wurden zur Freude der Polizisten ab 1960 in Dienst gestellt.

Modell	Porsche 356 C Cabriolet
Baujahr	1963
PS/kW	95 PS/70 kW
Hubraum ccm	1582
Motortyp	Boxer 4 Zylinder Benzin

Porsche 912 Targa

Mit einer strengen Auslese wurden die geeignetsten Fahrer für die Porsche-Streifenwagen ermittelt: Mindestalter 25 Jahre, verheiratet, mit wenigstens einem Kind, und nicht zuletzt eine bislang makellose Fahrpraxis mit langsameren Streifenwagen. Der Porsche 912 Targa Vierzylinder aus dem Polizeimuseum von Apeldoorn wurde von 1965 bis 1969 genutzt. Die durchschnittliche jährliche Kilometerleistung betrug 50 000 Kilometer.

Modell	Porsche 912 Targa
Baujahr	1965
PS/kW	90 PS/70 kW
Hubraum ccm	1582
Motortyp	Boxer 4 Zylinder Benzin

Porsche 911 Carrera 2 Cabriolet

Der letzte Porsche, der im Dienst der niederländischen Polizei stand, war dieser 911er Carrera 2 von 1993. 25 dieser Wagen wurden für den Polizeidienst geordert, und sie bewährten sich durchaus, aber die Anschaffungs- und Wartungskosten rissen tiefe Löcher in den Etat. Als 1994 die Zusammenlegung aller bisherigen Polizeidienste zur jetzigen Politie beschlossen wurde, kam das abrupte Ende dieser alten Partnerschaft.

Modell	Porsche 911 Carrera 2 Cabriolet
Baujahr	1993
PS/kW	250 PS/184 kW
Hubraum ccm	3600
Motortyp	Boxer 6 Zylinder Benzin

Mercedes-Benz A170

Als Schulungsfahrzeug für angehende Polizisten wird dieser Mercedes-Benz bei der Polizeiakademie in Apeldoorn bei Amsterdam eingesetzt. Die Dachorganisation aller 25 regionalen Polizeidienststellen ist die KLPD (Korps Landelijke Politiediensten). Hier wird u. a. auch über den Lehrplan aller Auszubildenden beraten und entschieden.

Modell	Mercedes-Benz A170
Baujahr	2005
PS/kW	116 PS/85 kW
Hubraum ccm	1699
Motortyp	R4 Zylinder Benzin

VW Transporter 2.5 TDI

Auch bei üblen Wetterbedingungen werden in den Niederlanden die nötigen Geschwindigkeitsmessungen durchgeführt, wie dieses Foto zeigt. Hier handelt es sich um eine besonders unfallgefährdete Landstraße, die sich von drei Spuren auf zwei Fahrspuren verengt, und so manchen Drängler noch zum Überholen animiert. Die Strafen sind etwa doppelt so hoch wie beispielsweise in Deutschland.

Modell	VW Transporter 2.5 TDI
Baujahr	2004
PS/kW	131 PS/96 kW
Hubraum ccm	2460
Motortyp	R5 Zylinder Benzin

VW Golf 1.4 FSI

Bei der niederländischen Politie sind keine verbeulten oder ramponierten Streifenwagen zu finden. Alles ist tipptopp in Schuss, so auch dieser VW Golf mit direkt einspritzendem Benzinmotor. Günstige Verbrauchswerte und mehr Drehmoment sind die wesentlichen Vorteile dieser Benziner. Das Foto zeigt ein Kontrollfahrzeug der Amsterdamer Politie.

Modell	VW Golf 1.4 FSI
Baujahr	2004
PS/kW	90 PS/66 kW
Hubraum ccm	1390
Motortyp	R4 Zylinder Benzin

Peugeot 306 2.0 V16

Die königliche Familie wird von einer Spezialeinheit der niederländischen Politie beschützt. Unser Foto zeigt einen Peugeot 306 dieser Brigade im Bereich des Amsterdamer Flughafens. Auf der Motorhaube steht die Kennzeichnung der Sondereinheit.

Modell	Peugeot 306 2.0 V16
Baujahr	2000
PS/kW	152 PS/112 kW
Hubraum ccm	1998
Motortyp	R4 Zylinder Benzin

Mercedes-Benz 300 GD

Seit 1991 bis heute fährt bei der niederländischen Politie eine Flotte von G-Modellen, die wahlweise mit Turbodiesel- oder Benzin-Einspritzmotoren bestellt wurden. Unser Foto zeigt einen GD mit Automatikgetriebe, aber auch Schaltgetriebe fanden hier Verwendung. Abgebildet ist ein Wagen der Verkehrspolizei.

Modell	Mercedes-Benz 300 GD
Baujahr	2000
PS/kW	136 PS/100 kW
Hubraum ccm	3449
Motortyp	R6 Zylinder Diesel

Belgien

Auch im Königreich Belgien fand im Januar 2001 die Zusammenlegung der bisherigen militärisch organisierten Gendarmerie mit den bürgerlichen Polizeieinheiten der Police Locale statt. Die neu gestaltete belgische Polizei wurde in zwei Ebenen gegliedert. Die Police Fédérale entspricht einer überregional operierenden Bundespolizei, die sich mit der Bekämpfung des Terrorismus, der organisierten Kriminalität, des Drogenhandels und der Wirtschaftsverbrechen beschäftigt. Für die Überwachung der Landesgrenzen, Bahnhöfe, Flughäfen und Schifffahrtshäfen ist sie ebenfalls zuständig. Ergänzt wird die Police Fédérale durch die Police Locale, die in 196 Bezirke aufgeteilt ist, und die polizeilichen Grundaufgaben zu erfüllen hat. Die enge Zusammenarbeit mit der Police Fédérale verläuft reibungslos, weil die Zuständigkeiten exakt definiert sind, und sich beide Seiten unterstützen.
Zwischen den Beneluxstaaten Belgien, Niederlande und Luxemburg bestehen langfristige Kooperationsabkommen, die auch gemeinsam durchgeführte Verkehrskontrollen mit einschließen. Grenzüberschreitende Festnahmen sind innerhalb der Beneluxstaaten keine Seltenheit. Mithilfe von Europol wird die Verfolgung von Tatverdächtigen europaweit koordiniert. Davon profitiert insbesondere die Bekämpfung des Terrorismus, die Drogenfahndung und die Aufklärung von Schwerverbrechen. Der immer intensivere Erfahrungsaustausch mit den deutschen Kollegen betrifft auch den Fuhrpark der belgischen Polizei. In der Vergangenheit wurden im belgischen und luxemburgischen Polizeidienst relativ viele amerikanische und schwedische Wagen eingesetzt. Heute erfolgt in Belgien eine nahezu einheitliche Standardisierung der Streifenwagen auf wenige zuverlässige und kostengünstige Modelle von Ford, Opel, VW und Daimler, die sich schon in den Niederlanden, Luxemburg und Deutschland durchsetzen konnten. Im Transporter-Bereich sind neben VW- und Mercedes-Benz-Transportern Fiat Ducato-Mannschaftswagen und gepanzerte Iveco-Fahrzeuge vertreten.
Wer sich für die Geschichte der belgischen Polizei und ihre bunt gemischte Fahrzeugpalette der letzten 50 Jahre besonders interessiert, sollte sich das liebevoll gestaltete Belgische Polizeimuseum in der Hauptstadt Brüssel nicht entgehen lassen. Ein Teil der nachfolgenden Aufnahmen entstand in diesem Museum.

Ford Mondeo 2.0 TDI

Die städtische Polizei von Montgomery führt mit diesem Ford Mondeo ihre Kontrollfahrten durch. Auch in Belgien erweist sich dieser sowohl preiswerte wie komfortable Mittelklassewagen als zuverlässiger Standardstreifenwagen. Es kommen verschieden starke Vier- und Sechszylinder-Motoren zum Einsatz. Die Spanne reicht von 145 PS bis zu 226 PS und einer Spitzengeschwindigkeit von 215 bis 250 km/h.

Modell	Ford Mondeo 2.0 TDI
Baujahr	2004
PS/kW	155 PS/114 kW
Hubraum ccm	2198
Motortyp	R4 Zylinder Diesel

Ford Focus Turnier 2.0 TDCi

In der Vergangenheit wurden bei den belgischen Polizeidiensten die unterschiedlichsten Wagentypen gefahren. Seit dem Zusammenschluss aller Dienste im Januar 2001 zur Police Fédérale erfolgt eine weitgehende Standardisierung, die Kosten spart. Der agile Ford Focus Turnier gehört zum „Inventar" der meisten lokalen Polizeistationen im ganzen Land.

Modell	Ford Focus Turnier 2.0 TDCi
Baujahr	2005
PS/kW	136 PS/100 kW
Hubraum ccm	1997
Motortyp	R4 Zylinder Diesel

Alfa Romeo 156 2.0 Twin Spark

Nach wie vor werden bei der belgischen Politie erstaunlich viele, gut gepflegte Alfa Romeo-Streifenwagen gefahren. Der Umstieg auf die eher nüchternen Ford-Modelle fällt wohl einigen Polizisten nicht so leicht. Die Aufnahme entstand im Herbst 2006 bei Brüssel.

Modell	Alfa Romeo 156 2.0 Twin Spark
Baujahr	2001
PS/kW	165 PS/121 kW
Hubraum ccm	1970
Motortyp	R4 Zylinder Benzin

Renault Clio 1.6

Als flinkes Polizeifahrzeug für den innerstädtischen Dienst wird der Renault Clio nicht nur bei der französischen Polizei gerne benutzt. Auch die belgische und spanische Polizei setzt den ausgereiften Clio jetzt vermehrt zu Kontrollfahrten ein.

Modell	Renault Clio 1.6
Baujahr	2005
PS/kW	88 PS/65 kW
Hubraum ccm	1598
Motortyp	R4 Zylinder Benzin

Peugeot 206

Bei diesem Peugeot ist noch die alte Lackierung aus den Zeiten vor dem im Jahr 2001 erfolgten Zusammenschluss der Polizeieinheiten zu sehen. Der blaue Streifen zeigt die Zugehörigkeit zur damaligen Gendarmerie, der Rijkswacht.

Modell	Peugeot 206
Baujahr	2000
PS/kW	75 PS/55 kW
Hubraum ccm	1361
Motortyp	R4 Zylinder Benzin

Peugeot 806

Auch seine Tage sind gezählt. Alle Streifenwagen mit dem alten Design werden nach und nach ausgemustert, denn es soll in der Öffentlichkeit ein einheitliches Bild der neuen Politie entstehen. Der Peugeot 806 ist eine Gemeinschaftsproduktion mit Fiat und Citroen als Gegenstück zum Ford Galaxy und VW Sharan.

Modell	Peugeot 806
Baujahr	2000
PS/kW	147 PS/108 kW
Hubraum ccm	1998
Motortyp	R4 Zylinder

VW Transporter 2.5 TDI

Bei diesem fast fabrikneuen VW Transporter der fünften Generation handelt es sich um einen Einsatzwagen, der bei der Sondereinheit Algemene Reserve stationiert ist. Hier werden auch schwere Kriminaldelikte verfolgt. Im Design der Wagen erkennt man die neue, frische Farbgebung.

Modell	VW Transporter 2.5 TDI
Baujahr	2006
PS/kW	174 PS/128 kW
Hubraum ccm	2460
Motortyp	R5 Zylinder Diesel

VW Transporter 1.9 TDI

Eine ganze Flotte gut erhaltener VW Transporter der vierten Generation wird in Belgien im Streifendienst und als Mehrzweckfahrzeug eingesetzt. Unser Foto zeigt einen Wagen der lokalen Polizei, erkennbar an den blauen Streifen ohne Rotanteil.

Modell	VW Transporter 1.9 TDI
Baujahr	2002
PS/kW	105 PS/77 kW
Hubraum ccm	1896
Motortyp	R4 Zylinder Diesel

Toyota Hiace

Viel Platz für relativ wenig Geld bietet der Toyota Hiace. Darüber hinaus wird seine Zuverlässigkeit auch bei der belgischen Politie geschätzt. Unser Bild zeigt den Toyota Hiace mit langem Radstand, der seit über zehn Jahren nahezu unverändert gebaut wird. Ein typischer Mannschafts- und Mehrzwecktransporter für den städtischen Polizeidienst.

Modell	Toyota Hiace
Baujahr	2001
PS/kW	102 PS/75 kW
Hubraum ccm	2494
Motortyp	R4 Zylinder Diesel

Iveco Turbo D

Bei diesem gepanzerten Sonderfahrzeug handelt es sich um einen geländetauglichen Kombi der Politie. Seine wesentlichen Vorteile gegenüber den sonst üblichen Transportern: kurzer Radstand ohne Überhänge, Allradantrieb mit Untersetzungsgetriebe, typische Merkmale eines Transporters, der fürs Militär und die Polizei entwickelt wurde.

Modell	Iveco Turbo D
Baujahr	2000
PS/kW	168 PS/124 kW
Hubraum ccm	4280
Motortyp	R6 Zylinder Diesel

Iveco Turbo D

Dieser schwarze Iveco wird als Mannschaftswagen von der Bereitschaftspolizei in Brüssel genutzt. Zum Einsatz bei gewalttätigen Demonstrationen oder Straßenschlachten eignet sich der armierte Iveco sehr gut. Darüber hinaus sollen auch Gefangenentransporte mit diesem Wagen durchgeführt werden, erklärte mir ein Polizist.

Modell	Iveco Turbo D
Baujahr	1999
PS/kW	168 PS/124 kW
Hubraum ccm	4280
Motortyp	R6 Zylinder Diesel

Peugeot 807 TDI

Eine der schnellsten Großraum-Limousinen ist der neue Peugeot 807, den die Brüsseler Polizei für besondere Kontrollaufgaben einsetzt. Zwei Motorvarianten stehen zur Wahl: ein V6-Drei-Liter-Motor mit 204 PS und einer Spitze von 205 km/h oder ein sparsamer Vierzylinder-Turbodiesel mit 128 PS und 180 km/h Höchstgeschwindigkeit. Meist wird der Turbodiesel im Polizeidienst vorgezogen, weil die Unterhaltskosten geringer sind.

Modell	Peugeot 807 TDI
Baujahr	2006
PS/kW	128 PS/94 kW
Hubraum ccm	2179
Motortyp	R4 Zylinder Diesel

Citroen AX

Ein relativ seltener Polizeiwagen ist dieser schon etwas betagte Citroen AX, der bei der belgischen Luftfahrtpolizei „angestellt" ist. Im Vergleich zu den Streifenwagen der Verkehrspolizei, die durchaus 40 000 bis 50 000 Kilometer pro Jahr zurücklegen, fällt die Kilometerleistung bei der Luftfahrtpolizei deutlich geringer aus. Hier sollen es etwa 10 000 Kilometer pro Jahr sein.

Modell	Citroen AX
Baujahr	1999
PS/kW	75 PS/55 kW
Hubraum ccm	1361
Motortyp	R4 Zylinder Benzin

Lancia Dedra 2.0

Im besonders attraktiven Brüsseler Polizeimuseum steht dieser 210 km/h schnelle Lancia Dedra der einstigen Brigade Spécial, die seit 2001 zur landesweit einheitlich formierten Politie gehört. Die Aufgaben sind die gleichen: Aufklärung und Bekämpfung der Schwerkriminalität und des Terrorismus.

Modell	Lancia Dedra 2.0
Baujahr	1996
PS/kW	139 PS/102 kW
Hubraum ccm	1995
Motortyp	R4 Zylinder Benzin

Pontiac Trans Sport

Weit über die Grenzen von Belgien hinaus wurden diese amerikanischen Pontiacs als ideale Großraum-Limousinen für den Streifendienst bezeichnet, deren Karosserie aus Fiberglas besteht. In der harten Praxis häuften sich die Getriebe- und Motorschäden durch zu hohe Öltemperaturen, die dem Automatikgetriebe und dem V6-Motor bei Autobahn-Kontrollfahrten kräftig zusetzten. Unser Foto zeigt einen Pontiac mit der alten Kennzeichnung aus den Jahren vor 2001 aus dem Brüsseler Polizeimuseum.

Modell	Pontiac Trans Sport
Baujahr	1998
PS/kW	184 PS/135 kW
Hubraum ccm	3350
Motortyp	V6 Zylinder Benzin

Volvo S40

Dieser Volvo S40 ist der einzige Polizeiwagen Belgiens mit einem roten Signallicht auf dem Lichtbalken. Volvo entwickelte zusammen mit Mitsubishi dieses kompakte Mittelklassemodell, das 1995 vorgestellt wurde. Im belgischen Streifendienst blieb der Wagen im alten Design der städtischen Polizei eine Randerscheinung.

Modell	Volvo S40
Baujahr	1996
PS/kW	137 PS/101 kW
Hubraum ccm	1948
Motortyp	R4 Zylinder Benzin

Harley-Davidson WLC Liberator

Fast 50 Jahre lang galten die schweren Maschinen von Harley-Davidson nicht nur für die amerikanische Polizei als ideale Motorräder. Auch in Belgien fuhren die Schutzmänner mit den blauen Harleys lange Jahre Streife. Einige Motorräder aus der belgischen Truppe kamen auf über 300 000 Kilometer ohne Motorwechsel.

Modell	Harley-Davidson WLC Liberator
Baujahr	1944
PS/kW	23 PS/17 kW
Hubraum ccm	743
Motortyp	V2 Zylinder Benzin

Fiat Ducato

Auch in Belgien gab es schon gewalttätige Demonstrationen, die die Polizei in Atem hielten. Bei solchen Anlässen werden Mannschaftswagen mit Schutzgittern und doppelt gesicherten Seitenscheiben gegen Steinwürfe benötigt. Unser Foto zeigt einen älteren Fiat Ducato, der heute im Brüsseler Polizeimuseum begutachtet werden kann.

Modell	Fiat Ducato
Baujahr	1995
PS/kW	110 PS/81 kW
Hubraum ccm	2994
Motortyp	R4 Zylinder Diesel

Bedford TK 860

Über viele Jahre bezog die belgische Gendarmerie Lastwagen aus England. Wichtigster Lieferant war die Firma Bedford, eine Tochtergesellschaft von General Motors. Unser Foto zeigt einen Kommandowagen der einstigen Gendarmerie mit Kastenaufbau, der von einem Perkins-Dieselmotor angetrieben wird.

Modell	Bedford TK 860
Baujahr	1965
PS/kW	160 PS/118 kW
Hubraum ccm	4890
Motortyp	R6 Zylinder Diesel

Sankey AT

Als gepanzertes Sonderfahrzeug kam dieser neunsitzige Mannschaftswagen bei der militärisch durchorganisierten ehemaligen Gendarmerie der Rijkswacht zum Einsatz. Wichtigste Aufgabe war die Sicherung von Flugplätzen und anderen sensiblen Bereichen. Heute wartet dieses seltene Fahrzeug auf seine Restauration im nationalen Polizeimuseum von Brüssel.

Modell	Sankey AT
Baujahr	1985
PS/kW	120 PS/88 kW
Hubraum ccm	4000
Motortyp	R6 Zylinder Benzin

Renault R4

Mehr als 30 Jahre lang, von 1961 bis 1992, lief der überaus praktische Renault R4 in Frankreich vom Band. Bei der belgischen Gemeindepolizei wurde der R4 bis zur Jahrtausendwende noch reichlich gefahren, weil damals kein vergleichbarer Wagen günstiger im Unterhalt und vielseitiger beim Personen- und Materialtransport war. Heute steht er im Polizeimuseum von Brüssel.

Modell	Renault R4
Baujahr	1991
PS/kW	34 PS/25 kW
Hubraum ccm	956
Motortyp	R4 Zylinder Benzin

MAN 9.1 Wasserwerfer

Im Herbst 1969 präsentierte MAN den ersten Kurzhauber-Lastwagen mit komplett hochklappbarer Wagenfront (Vorbau). Dies bot eine gewaltige Erleichterung für Servicearbeiten, denn selbst die Kotflügel wurden nach oben geschwenkt. Für die belgische Gendarmerie kamen verschiedene Wagen zum Einsatz. Das Foto zeigt einen Wasserwerfer, der bei Demonstrationen eingesetzt wurde, aber auch zur Wasserversorgung bei Notfällen nützlich war.

Modell	MAN 9.1 Wasserwerfer
Baujahr	1970
PS/kW	156 PS/115 kW
Hubraum ccm	7030
Motortyp	R6 Zylinder Diesel

Citroen Visa

Deutlich kräftiger motorisiert als der Renault R4 erfreute der neue Citroen Visa ab 1978 die belgische Polizei. Der rote Streifen zeigt die Zugehörigkeit zur Verkehrsabteilung der damaligen Gendarmerie. Bei der Diensthunde-Staffel kam der Citroen Visa ebenfalls zum Einsatz. Gewöhnungsbedürftig: In einigen Überseeregionen Frankreichs wurde der Visa auch als Gefangenentransporter benutzt.

Modell	Citroen Visa
Baujahr	1980
PS/kW	50 PS/37 kW
Hubraum ccm	1124
Motortyp	R4 Zylinder Benzin

Suzuki Samurai SJ 413

Aus dem Inventar des belgischen Königshauses stammt dieser bescheidene Suzuki-Geländewagen, der hier im Brüsseler Polizeimuseum ausgestellt wird. Für diskrete Kontrollfahrten inner- und außerhalb des weiträumigen königlichen Anwesens war dieser kompakte Allradler gerade recht.

Modell	Suzuki Samurai SJ 413
Baujahr	1993
PS/kW	58 PS/43 kW
Hubraum ccm	657
Motortyp	R3 Zylinder Benzin

Range Rover V8

Im Vergleich mit anderen großen Geländewagen war der Range Rover immer schon eine Klasse für sich. Wenn es sein musste, konnten mit diesem Fahrzeug 200 km/h erreicht werden. Bei der belgischen Gendarmerie wurden zahlreiche Range Rover in den 90er-Jahren mit deutlich unterschiedlicher Leistung gefahren. Die schwächsten Exemplare hatten 136 PS unter der Haube, die stärksten einen drehmomentstarken V8-Motor mit 225 PS.

Modell	Range Rover V8
Baujahr	1992
PS/kW	190 PS/140 kW
Hubraum ccm	3947
Motortyp	V8 Zylinder Benzin

Hyundai Tucson V6

In Belgien gewinnen die Autos von Hyundai immer größere Marktanteile hinzu. Gute Qualität zu günstigen Einkaufsbedingungen lassen auch die Polizei nicht kalt. Mit dem Hyundai Tucson steht ein interessanter Streifenwagen zur Verfügung, den es sowohl mit Front- als auch mit Allradantrieb gibt. Die belgische Polizei wählte den stärksten Allradler mit V6-Motor. Darüber hinaus wird auch eine Ausführung mit Turbodiesel-Vierzylinder-Reihenmotor getestet.

Modell	Hyundai Tucson V6
Baujahr	2006
PS/kW	173 PS/127 kW
Hubraum ccm	2657
Motortyp	V6 Zylinder Benzin

Luxemburg

Das Großherzogtum Luxemburg wurde in seiner langen Vergangenheit oft zum Spielball wechselnder Machtverhältnisse in Europa. Nach Ende des Zweiten Weltkriegs, als der Spuk der letzten Besatzung durch deutsche Truppen beendet war, trat Frieden ein. 1949 beschloss das Großherzogtum, der NATO beizutreten, seit 1957 ist es Mitglied der Europäischen Gemeinschaft. Im Januar 2000 formierte sich die Polizei neu. Der Zusammenschluss zwischen der staatlichen Gendarmerie und der bürgerlichen Polizei zur Police Grand-Ducale ist gelungen, denn statt zweier getrennter Verwaltungen können nun die Aufgaben von einer Zentrale aus koordiniert werden. Heute gilt die Police Grand-Ducale als eine der renommiertesten Polizeiorganisationen in Europa.

Luxemburg hat sich nicht nur zu einem gewichtigen Standort vieler internationaler Banken entwickelt, hier befindet sich auch der Sitz des Europäischen Gerichtshofs. So herrscht in der Hauptstadt Luxemburg mit seinen rund 77 300 Einwohnern ein ständiges Kommen und Gehen von Politikern und Wirtschaftsführern. Für die Police Grand-Ducale bedeuten diese offiziellen Besuche einen hohen personellen Einsatz mit Verkehrs- und Ehreneskorten, die von einer 25 bis 30 Mann starken Motorradstaffel mit den neuesten BMW-Maschinen wahrgenommen wird. Im starken Fuhrpark der Polizei dominieren die aktuellen Fahrzeuge von BMW, Ford und VW. Auch französische Wagen von Renault, Citroen oder Peugeot sind reichlich vertreten.

Großzügig ausgebaute Autobahnen und Landstraßen verleiten immer zu hohem Tempo und riskanten Überholmanövern. Da in Luxemburg das Benzin deutlich preiswerter als in den Nachbarländern verkauft wird, fällt auch bei manchem ausländischen Besucher trotz der Geschwindigkeitsbegrenzungen die Hemmschwelle zum Benzinsparen. Übermäßiger Alkoholkonsum ist ein zusätzliches Problem im Straßenverkehr, und daraus ergibt sich dann eine unfallträchtige Konstellation, auf die die Police Grand-Ducale mit einer bemerkenswerten Aktion reagiert. Seit dem 1. Februar 2007 kündigt die Police Grand-Ducale via Internet auf ihrer Homepage alle geplanten mobilen Radar- oder Verkehrskontrollen schon einen Tag vor der Aktion mit Ort und Zeitraum an. So erhofft sich die Polizei eine Reduzierung der Unfälle und mehr Vernunft bei den Fahrern. In einem weiteren Punkt wartet die Police Grand-Ducale mit einer Überraschung im Internet auf. Minutiös werden die Verkehrsübertretungen veröffentlicht. Hier ein Beispiel aus dem Zeitraum Januar bis September 2006: 17 601 gebührenpflichtige Verkehrsübertretungen wurden festgehalten bei einem Ausländeranteil von 4840 Fahrern. Die „Bestenliste" führen 1617 Belgier vor 1505 Franzosen und 1297 Deutschen an. Aber auch 45 Portugiesen, 33 Italiener, 29 Polen, 18 Österreicher und 13 Schweizer wurden zur Kasse gebeten. Ertappte Fahrer aus 42 verschiedenen Nationen hält diese ungewöhnliche Statistik fest. 9082 Mal wurde die maximal erlaubte Geschwindigkeit nicht eingehalten und 793 Mal wurden Stoppschilder ignoriert. Die Liste könnte hier noch beliebig verlängert werden. Fakt ist, dass die Police Grand-Ducale eine sinnvolle und auch interessante Öffentlichkeitsarbeit betreibt, die in anderen EU-Ländern Schule machen sollte.

BMW R 1150 RT

Mit dem derzeit wohl besten Motorrad für den anspruchsvollen Streifendienst ist die Police Grand-Ducale ausgestattet. Herausragend ist das innovative Integralbremssystem mit Bremskraftverstärker und Bremskraftregler, ein vollwertiges ABS. Die polizeispezifische Zusatzausstattung für die gut 200 km/h schnelle Maschine beinhaltet einen geeichten Tachometer, Zusatzventilator für den Ölkühler, zwei vordere und eine hintere teleskopierbare blaue Blitzkennleuchte, eine Sirene und die Sturzbügel.

Modell	BMW R 1150 RT
Baujahr	2006
PS/kW	95 PS/70 kW
Hubraum ccm	1130
Motortyp	Boxer 2 Zylinder Benzin

BMW 530

Innerhalb der europäischen Polizeien herrscht ein reger Erfahrungsaustausch über die Vor- und Nachteile diverser Automodelle, die für den Streifendienst geeignet erscheinen. Einer der beliebtesten Wagen für den Streifendienst auf Autobahnen ist der BMW der 5er-Baureihe, die mit dem Sechszylinder-Benzinmotor mindestens 245 km/h schnell sind. Der orange-rote Streifen ist der Autobahnpolizei in Luxemburg vorbehalten.

Modell	BMW 530
Baujahr	2002
PS/kW	218 PS/160 kW
Hubraum ccm	2497
Motortyp	R6 Zylinder Benzin

Ford Transit

Zur Aufrechterhaltung der öffentlichen Ordnung benötigt die Police Grand-Ducale diesen Ford Transit-Kommandowagen. Gewalttätige Demonstrationen oder Naturkatastrophen sind im Großherzogtum Luxemburg eher Fremdworte. Dennoch muss die seit dem 31. Mai 1999 zur landesweiten einheitlichen Police Grand-Ducale zusammengelegte Gendarmerie und Polizei für alle Eventualitäten gerüstet sein. Dieser Transporter ist mit einem Automatikgetriebe ausgestattet und bietet Platz für vier Personen und eine umfangreiche Ausrüstung.

Modell	Ford Transit
Baujahr	2004
PS/kW	125 PS/92 kW
Hubraum ccm	2402
Motortyp	R4 Zylinder Diesel

Ford Transit 125 T330

Auch als achtsitziger Mannschaftstransporter wird der Ford Transit in Luxemburg gerne gefahren. Mit einer Höchstgeschwindigkeit von über 140 km/h ist die Truppe flott auf Autobahnen unterwegs. Zusätzlichen Komfort bietet das Automatikgetriebe.

Modell	Ford Transit 125 T330
Baujahr	2004
PS/kW	125 PS/92 kW
Hubraum ccm	2402
Motortyp	R4 Zylinder Diesel

Toyota RAV4 2.0 TD

Das landschaftlich sehr reizvolle Luxemburg verfolgt Umweltsünder mit der nötigen Härte. Der Gewässerschutz ist eine der vordringlichen Aufgaben, die eine Spezialeinheit besonders im Auge hat. Mit dem geländegängigen Toyota RAV4 meistern die Polizisten diese schwierige Aufgabe, die viel detektivisches Fachwissen erfordert.

Modell	Toyota RAV4 2.0 TD
Baujahr	2001
PS/kW	116 PS/85 kW
Hubraum ccm	1995
Motortyp	R4 Zylinder Diesel

Audi A6 Quattro

Mit dem Audi A6 Quattro besitzt die Police Grand-Ducale einen der agilsten Streifenwagen, die es derzeit auf dem Markt gibt. 220 km/h fährt der Allradler aus Ingolstadt fast mühelos dank seinem 193 PS starken Sechszylinder-Benzinmotor und dem Automatikgetriebe, mit dem dieser Streifenwagen ausgerüstet ist. Ohne Lichtbalken auf dem Dach ist dieser Wagen nach Werksangaben 231 km/h schnell.

Modell	Audi A6 Quattro
Baujahr	2004
PS/kW	193 PS/142 kW
Hubraum ccm	2771
Motortyp	V6 Zylinder Benzin

Daihatsu Feroza

Für Überwachungsaufgaben im Naturschutz wird dieser Geländewagen von Daihatsu gebraucht. Auch ausländische Touristen wurden in den vergangen Jahren erwischt, als sie Altöl und andere umweltzerstörende Abfälle in Luxemburgs Wäldern „entsorgten".

Modell	Daihatsu Feroza
Baujahr	1995
PS/kW	95 PS/70 kW
Hubraum ccm	1590
Motortyp	R4 Zylinder Benzin

VW Passat W8 UCPR

Für die Automobilhersteller bedeutet der Streifenwagendienst auf Autobahnen der absolute Härtetest für neu entwickelte Antriebseinheiten. Zum gegenseitigen Nutzen stellt die Industrie den wichtigsten Polizeidiensten Testwagen zur Verfügung, die sich erheblich vom bisherigen Serienmodell unterscheiden. Dieser VW Passat mit Allradantrieb ist mit einem neuen Achtzylinder-Benzinmotor ausgerüstet, der eine Höchstgeschwindigkeit von 260 km/h ermöglicht. Ein echter Wolf im Schafspelz.

Modell	VW Passat W8 UCPR
Baujahr	2006
PS/kW	275 PS/202 kW
Hubraum ccm	3999
Motortyp	V8 Zylinder Benzin

Peugeot 406 3.0 24V

Der orange-rote Streifen weist diesen 235 km/h schnellen Peugeot als Standardstreifenwagen für die Autobahnen aus. Im Gegensatz zu den deutlich schwächer motorisierten städtischen Streifenwagen vom gleichen Basis-Typ ist dieser „Renner" mit einem 200 PS starken V6-Benzinmotor ausgerüstet.

Modell	Peugeot 406 3.0 24V
Baujahr	2000
PS/kW	200 PS/147 kW
Hubraum ccm	2963
Motortyp	V6 Zylinder Benzin

Subaru Forester 2.0

Ohne ihre Hundestaffel würde die Drogenfahndung fast auf verlorenem Posten stehen. Die wohl anerkannt besten Drogenhunde kommen aus dem luxemburgisch-belgischen Raum. Als „Belgische Schäferhunde" werden sie in vielen Ländern täglich eingesetzt. Unser Foto zeigt einen Diensthunde-Transporter mit separatem Heckbereich, der mit Sichtblenden versehen wurde. Allradantrieb ist bei allen Modellen von Subaru Standard.

Modell	Subaru Forester 2.0
Baujahr	2002
PS/kW	158 PS/116 kW
Hubraum ccm	1994
Motortyp	Boxer 4 Zylinder Benzin

Ford Sierra Cosworth RS

Die Motorenschmiede Cosworth der Formel 1 entwickelte für Ford Anfang der 80er-Jahre einen Renn- und Rallyewagen mit Turbolader-Motor, der unzählige große Erfolge einfuhr. In der kaum gezähmten Serienausführung war der Sierra Cosworth ein echter Hammer, erst recht als Streifenwagen der Gendarmerie. Auf den neuen Autobahnen von Luxemburg sorgte der 240 km/h schnelle Sierra Cosworth für einige Aufregung, nur reinrassige Sportwagen kamen da noch mit. Von Null auf 100 km/h vergingen nur 6,8 Sekunden, und dies vor über 20 Jahren.

Modell	Ford Sierra Cosworth RS
Baujahr	1987
PS/kW	204 PS/150 kW
Hubraum ccm	1994
Motortyp	R4 Zylinder Benzin

VW Transporter Syncro

Der letzte VW Transporter mit wassergekühltem Heckmotor war der T3. Unser Foto zeigt einen Streifenwagen der luxemburgischen Polizei von 1985. Der Allrad angetriebene Wagen zeigt noch das alte Design der lokalen Polizei vor dem Zusammenschluss mit der Gendarmerie als heutige Police Grand-Ducale.

Modell	VW Transporter Syncro
Baujahr	1985
PS/kW	112 PS/82 kW
Hubraum ccm	2109
Motortyp	Boxer 4 Zylinder Benzin

Peugeot 403

Ein Blick zurück in die Vergangenheit. Von 1956 bis 1966 lief bei Peugeot der Liebling aller Großfamilien und Handwerker vom Band: der legendäre 403, gezeichnet vom berühmten Designer Pininfarina. Erstmals konnten bis zu sieben Personen darin auf Reisen gehen. Bei der luxemburgischen Polizei war der überaus genügsame Franzose ein idealer Streifenwagen für die neuen Schnellstraßen, die damals entstanden. Mit voller Beladung waren knapp 120 km/h das Höchste der Gefühle.

Modell	Peugeot 403
Baujahr	1960
PS/kW	53 PS/39 kW
Hubraum ccm	1816
Motortyp	R4 Zylinder Benzin

Chevrolet Bel Air

Wir nehmen einmal an, dass nur der Chef 1956 diesen prächtigen Straßenkreuzer fahren durfte. General Motors rüstete den Bel Air serienmäßig mit einer Klimaanlage und dem Sechszylinder-Reihenmotor aus. Mit dem stärksten Achtzylinder-Motor mit 225 PS lief das gute Stück 165 km/h – damals eine Wahnsinnsgeschwindigkeit. Der Aufpreis zum Sechszylinder betrug nur 304 Dollar.

Modell	Chevrolet Bel Air
Baujahr	1956
PS/kW	205 PS/151 kW
Hubraum ccm	5280
Motortyp	V8 Zylinder Benzin

Dodge WC

In den ersten Nachkriegsjahren war die luxemburgische Polizei froh über jedes Fahrzeug, das den Krieg überstanden hatte. Über eine halbe Million Laster dieses bewährten Typs wurden in den Kriegsjahren hergestellt, der auch bei der belgischen und französischen Armee zum Einsatz kam. Aus diesem Fundus stammte ursprünglich unser Veteran mit Sechszylinder-Benzinmotor, der dann in den luxemburgischen Polizeidienst übernommen wurde.

Modell	Dodge WC
Baujahr	ca. 1944
PS/kW	92 PS/68 kW
Hubraum ccm	3773
Motortyp	R6 Zylinder Benzin

Saurer Zellenwagen

Im Zweiten Weltkrieg überfiel die deutsche Wehrmacht Luxemburg und übernahm alle noch vorhandenen Polizeifahrzeuge, die nach Berlin überstellt werden mussten. Darunter fiel dieser Saurer-Gefangenentransporter (Zellenwagen) von 1934. Die weiteren Fahrzeuge waren drei Plymouth-, zwei Chevrolet-, zwei De Soto- und ein Fiat Torpedo-Streifenwagen sowie zwei weitere Kleinlastwagen von Saurer und Oldsmobile.

Modell	Saurer Zellenwagen
Baujahr	1934
PS/kW	65 PS/48 kW
Hubraum ccm	4014
Motortyp	R6 Zylinder Benzin

GMC Zellenwagen

Noch steckte die Technik der Lastwagen in den Kinderschuhen, aber für die Überstellung der Häftlinge reichte dieser Gefangenentransporter von 1914 allemal. Gebremst wurde damals noch bei den meisten Personen- und fast allen Lastwagen nur mit den Hinterrädern. Vorderradbremsen könnten eine akute Schleudergefahr bewirken, so wurde befürchtet. Angetrieben wurde die Hinterachse über zwei Ketten, die jeden Tag geschmiert werden mussten.

Modell	GMC Zellenwagen
Baujahr	1914
PS/kW	36 PS/26 kW
Hubraum ccm	3600
Motortyp	R4 Zylinder Benzin

Ford Bronco

Nicht nur bei den Sheriffs in den USA wurde der Ford Bronco als adäquater Streifenwagen für schwieriges Gelände angesehen. Auch in Luxemburg überzeugte dieser Großraum-Geländewagen durch seine Kraftentfaltung im Hängerbetrieb oder bei voller Beladung. Obendrein fuhr das gute Stück locker 175 km/h und war damit deutlich schneller als die europäischen Geländewagen der damaligen Zeit.

Modell	Ford Bronco
Baujahr	1987
PS/kW	190 PS/142 kW
Hubraum ccm	5766
Motortyp	V8 Zylinder Benzin

Renault Master dCi 120

Einer der meistverkauften Transporter Europas ist der Renault Master, der nahezu baugleich auch als Opel Movano vom selben Band rollt. Bei der luxemburgischen Polizei wird dieser wendige Fronttriebler als Kontrollfahrzeug für die Verkehrsüberwachung gerne eingesetzt.

Modell	Renault Master dCi 120
Baujahr	2003
PS/kW	114 PS/84 kW
Hubraum ccm	2463
Motortyp	R4 Zylinder Diesel

Mercedes-Benz Sprinter 414C

Auf Wunsch von Rettungsdiensten und der Polizei wird der Mercedes Sprinter auch mit einem Vierzylinder-Benzinmotor ausgeliefert. Der Vorteil gegenüber den sparsameren, aber deutlich lauteren Dieselmodellen sind die spontanen Starteigenschaften auch bei bitterer Kälte und die bessere Beschleunigung, verbunden mit der höheren Spitzengeschwindigkeit von knapp 170 km/h.

Unser Foto zeigt einen Mannschaftswagen mit Zwillingsbereifung.

Modell	Mercedes-Benz Sprinter 414C
Baujahr	2004
PS/kW	143 PS/105 kW
Hubraum ccm	2295
Motortyp	R4 Zylinder Benzin

Ford Mondeo 3.0 V6

Am Hauptbahnhof von Luxemburg wartet dieser Ford Mondeo-Streifenwagen auf seinen nächsten Einsatz. Vorbildlich ist die Zusammenarbeit zwischen den Polizeiorganisationen der Nachbarländer Belgien, Frankreich, den Niederlanden und Deutschland. Der Datenabgleich funktioniert in der Regel einwandfrei. Gemeinsame Personen- und Fahrzeugkontrollen fördern die Zusammenarbeit und finden immer wieder statt.

Modell	Ford Mondeo 3.0 V6
Baujahr	2004
PS/kW	204 PS/150 kW
Hubraum ccm	2967
Motortyp	V6 Zylinder Benzin

VW Golf 1.9 TDI

Mit dem Schengener Abkommen wurde der Waren- und Personenverkehr zwischen den Mitgliedsstaaten der EU grundlegend reformiert und sehr vereinfacht. Dennoch, oder gerade weil die offenen Grenzen zu mehr illegalen Handlungen verführen können, ist die luxemburgische Grenzpolizei und der Zoll ständig präsent, wie hier am internationalen Flughafen.

Modell	VW Golf 1.9 TDI
Baujahr	2001
PS/kW	90 PS/66 kW
Hubraum ccm	1896
Motortyp	R4 Zylinder Diesel

Toyota RAV 4

Ein perfekter Einsatzwagen ist dieser Diensthunde-Transporter der Police Grand-Ducale. Im Vergleich zu europäischen Herstellern sind die japanischen Marktführer immer noch eine Randerscheinung im Polizeidienst. Der 180 km/h schnelle RAV 4 verbindet den nötigen Allradantrieb mit gutem Fahrkomfort und hoher Zuverlässigkeit.

Modell	Toyota RAV 4
Baujahr	2004
PS/kW	116 PS/85 kW
Hubraum ccm	1995
Motortyp	R4 Zylinder Benzin

Yamaha XT

Luxemburg besteht aus einer sehr abwechslungsreichen Topografie, die von mittelhohen Bergen über ausgedehnte Wälder bis zu sanften Hügeln reicht. Hier kommt außerhalb der asphaltierten Straßen eine handliche Enduro-Maschine besser zurecht als eine schwere Tourenmaschine. Im kombinierten Offroad-Straßeneinsatz ist diese schon etwas ältere Enduro der Police Rurale (Landpolizei) das passende Motorrad.

Modell	Yamaha XT
Baujahr	1990
PS/kW	44 PS/32 kW
Hubraum ccm	596
Motortyp	1 Zylinder Benzin

VW Passat V6 FSI

Als Standardstreifenwagen der Police Grand-Ducale werden auch V6-Modelle mit Benzin-Direkteinspritzung im städtischen Polizeidienst gefahren. Hier lauern 250 PS unter der aerodynamisch geschickt gestalteten Motorhaube, Spitze 246 km/h.

Modell	VW Passat V6 FSI
Baujahr	2004
PS/kW	250 PS/184 kW
Hubraum ccm	3189
Motortyp	V6 Zylinder Benzin

VW Transporter 2.5 TDI

Zur Unfallaufnahme und Dokumentation bei Verbrechen wird dieser VW Transporter der vierten Generation genutzt, der als Sicherungswagen gleichermaßen geeignet ist. Auf dem Dach ist eine stabile Plattform zu erkennen, die dem Fotografen festen Stand und gute Übersicht bietet.

Modell	VW Transporter 2.5 TDI
Baujahr	2002
PS/kW	130 PS/96 kW
Hubraum ccm	2460
Motortyp	R5 Zylinder Diesel

Deutschland

Die großen politischen Veränderungen zu Beginn der 90er-Jahre durch die Wiedervereinigung der beiden jahrzehntelang voneinander getrennten deutschen Staaten zu einem gemeinsamen Deutschland gingen auch an der bundesdeutschen Polizei nicht spurlos vorüber. Zunächst wurden 1990, nach der Wiedervereinigung Deutschlands, Hunderte Polizeifahrzeuge der westdeutschen Landespolizeien in die neuen Bundesländer der ehemaligen DDR gebracht. Sie verstärkten die Fuhrparks der neu gegründeten Landespolizeien, die bis dahin ausschließlich über Fahrzeuge der aufgelösten Deutschen Volkspolizei verfügten, denn sehr schnell wurde klar, dass die zum Teil betagten und zu schwach motorisierten Polizei-Streifenwagen von Wartburg, Lada oder Wolga den neuen Herausforderungen nicht mehr gewachsen waren. Mit einem Wartburg-Streifenwagen war die Verfolgung eines Bankräubers in einem durchschnittlich motorisierten VW Golf aussichtslos. Innerhalb weniger Jahre wurden die Fahrzeugflotten der neuen Bundesländer mit Tausenden moderner Polizeifahrzeuge komplett erneuert.
In den 90er-Jahren gehörten noch Limousinen der Typen Opel Vectra, Ford Mondeo oder VW Passat zu den meistgefahrenen Streifenwagenmodellen in Deutschland. Inzwischen werden die Fahrzeuge mit immer mehr Technik ausgestattet und die Lademöglichkeiten einer herkömmlichen Limousine sind aufgrund umfangreicher Streifenausrüstungen schnell erschöpft. Dies führt dazu, dass in den letzten Jahren mehrheitlich Kombifahrzeuge und Vans als Streifenwagen eingesetzt werden. VW Passat Kombi, T-Modelle der Mercedes-Benz C-Klasse, VW Transporter und Mercedes-Benz Vito gehören heute zu bevorzugten Streifenwagen der deutschen Polizei.

Befand sich früher auf dem Dach eines Streifenwagens ein Blaulicht und gelegentlich ein Lautsprecher, so haben Sondersignalanlagen heute eine ganze Reihe von Funktionen. In einer modernen Signalanlage befinden sich unter anderem zwei Blaulichter, Signalhorn, Außenlautsprecher, zusätzliche Warnblinkanlagen, Arbeitsscheinwerfer, blinkende Schrifttafeln „Stop Polizei" und „Bitte folgen", ein rotes Blitzlicht und ein spezieller Heulton zum Stoppen von Fahrzeugen, eine Halterung für „Stau"-Schilder sowie Steckverbindungen zum Aufsetzen eines zusätzlichen Stabblaulichts. Der Ausbau neuer Streifenwagen erfolgt meist in Abteilungen für Sonderwagenbau der Automobilhersteller.
Neben der Ausrüstung hat sich auch das äußere Erscheinungsbild der Polizei-Streifenwagen geändert. Waren die Fahrzeuge bis in die 70er-Jahre meist in Tannengrün und/oder Weiß lackiert, so wechselte man Mitte der 70er-Jahre auf Fahrzeuge in weißer Lackierung und minzgrünen Karosserieflächen. Sonderfahrzeuge wurden komplett in Minzgrün oder Weiß lackiert. Um den Wiederverkaufswert ausgesonderter Streifenwagen zu erhöhen, wurden Streifenwagen in den letzten Jahren verstärkt mit silberner Lackierung beschafft. Die grünen Farbflächen wurden durch strapazierfähige und witterungsbeständige Folien aufgebracht. Mit der schrittweisen Einführung einer komplett neuen, blauen Polizeiuniform werden auch neue Fahrzeuge verstärkt mit blauen Farbfolien ausgestattet. Die Modernisierung im Innenraum der Streifenwagen geht ebenfalls voran. Digitalfunk, Ortungssysteme und Kameraanlagen, PC-Arbeitsplätze, moderne Bedienfelder für alle Dachaufbauten, Waffenkoffer und vieles mehr machen neue Streifenwagen zu modernen fahrbaren Arbeitsplätzen der Polizei.

Amphi-Ranger 2800 SR

Als Polizei-Schwimmwagen verwendete die Wasserschutzpolizei in Hessen mehrere Fahrzeuge des Typs Amphi-Ranger 2800 SR. Er galt während seiner Einsatzzeit als einer der vielseitigsten Geländewagen der Welt, da er auf der Straße, als Geländewagen und als echtes Wasserfahrzeug benutzt werden konnte. Diese Eigenschaften machten ihn zu einem idealen Dienstwagen für die Aufgaben der Wasserschutzpolizei. Rund 100 Amphi-Ranger wurden von 1982 bis 1995 bei der Firma RMA in Kehl am Rhein hergestellt. Eine Konstruktion von Hans Trippel.

Modell	Amphi-Ranger 2800 SR
Baujahr	1987
PS/kW	145 PS/107 kW
Hubraum ccm	2933
Motortyp	V6 Zylinder Benzin

BMW 501

Die großen BMW-Limousinen gehörten zu den schwersten deutschen Streifenwagen der 50er- und 60er-Jahre. Nach der Serieneinstellung des 501 im Jahr 1958, wurden bis 1964 noch 51 Einzelanfertigungen des BMW 501 für deutsche Behörden gebaut. Hierzu gehört auch dieses Fahrzeug, das als Streifenwagen der Polizei München fuhr und heutzutage im Deutschen Polizeioldtimer-Museum in Marburg steht.

Modell	BMW 501
Baujahr	1962
PS/kW	72 PS/53 kW
Hubraum ccm	2077
Motortyp	R6 Zylinder Benzin

BMW Isetta 250

Die BMW Isetta, als Knutschkugel weltweit bekannt geworden, fand auch als Polizei-Dienstwagen und kostengünstiges Fortbewegungsmittel bei der deutschen Polizei Verwendung. Als überdachtes und wetterfestes Fahrzeug diente sie dem Schutzmann und seiner Reiseschreibmaschine bei Ermittlungen auf dem flachen Land. Die Isetta war die Alternative zum Dienstfahrrad oder Motorrad, zumal man sie mit dem Motorradführerschein fahren durfte.

Modell	BMW Isetta 250
Baujahr	1961
PS/kW	12 PS/9 kW
Hubraum ccm	245
Motortyp	1 Zylinder Viertakt

BMW 2000

Bei der Polizei in München und der bayerischen Autobahnpolizei wurde der BMW 2000 in den 60er-Jahren eingesetzt. Er war einer der ersten deutschen Streifenwagen dieser Zeit mit Automatikgetriebe. Eine deutliche Erleichterung auf Streifenfahrten im Großstadtverkehr.

Modell	BMW 2000
Baujahr	1966
PS/kW	100 PS/74 kW
Hubraum ccm	1990
Motortyp	R4 Zylinder Benzin

BMW 520i

In den 80er-Jahren waren die Fahrzeuge der BMW-Baureihe E28 hauptsächlich bei den deutschen Polizeibehörden in Bayern und Hamburg als Streifenwagen eingesetzt. Dieser Wagen gehörte zum Polizeipräsidium Hamburg und wurde später im Originalzustand an das Blaulichtmuseum in Sachsen-Anhalt übergeben.

Modell	BMW 520i
Baujahr	1983
PS/kW	122 PS/90 kW
Hubraum ccm	1990
Motortyp	R6 Zylinder Benzin

BMW 318i

Der BMW 318i/Modellreihe E30 war in den 80er- und 90er-Jahren als wirtschaftliche Limousine der unteren Mittelklasse häufig bei deutschen Polizeibehörden anzutreffen. Dieser Polizei-Streifenwagen, der sich im Fuhrpark des Polizeipräsidiums München befand, wurde 1999 außer Dienst gestellt und anschließend an die Sammlung des Deutschen Polizeioldtimer-Museums in Marburg übergeben.

Modell	BMW 318i
Baujahr	1989
PS/kW	113 PS/83 kW
Hubraum ccm	1799
Motortyp	R4 Zylinder Benzin

BMW 525 td Touring

Diese BMW-Modelle der Baureihe E39 gehören seit 2002 als Streifenwagen mit umfangreicher Sonderausstattung zum Fuhrpark der Polizei Hessen. Im Heck des Fahrzeugs befindet sich eine Transportbox für Diensthunde, die mit einer zusätzlichen Belüftungsanlage ausgestattet ist. Somit können die Hunde auch bei heißen Temperaturen mit auf Streife genommen werden.

Modell	BMW 525 td Touring
Baujahr	2002
PS/kW	163 PS/120 kW
Hubraum ccm	2497
Motortyp	R6 Zylinder Diesel

Citroen 2CV

Für eine positive Öffentlichkeitsarbeit und bei größeren Veranstaltungen mit viel Publikum nutzt die Polizei auch solche untypischen Fahrzeuge als Polizei-Schaufahrzeug. Diese „Ente" wurde im Deutschen Polizeioldtimer-Museum in Marburg aufgebaut und in Polizeifarben umlackiert. Sie kommt beim Publikum bestens an, und die Kinder sind begeistert.

Modell	Citroen 2CV
Baujahr	1987
PS/kW	27 PS/20 kW
Hubraum ccm	597
Motortyp	Boxer 2 Zylinder Benzin

BMW 525 d Touring

Die aktuelle BMW 5er-Baureihe wird bereits seit 2005 bei der Bundespolizei und mehreren deutschen Landespolizeien als Streifenwagen eingesetzt. Insbesondere das Touring-Modell mit umfangreicher polizeilicher Zusatzausrüstung und der modernen Sondersignalanlage RTK 6 wird für alle Aufgaben des Streifendienstes verwendet.

Modell	BMW 525 d Touring (E61)
Baujahr	2005
PS/kW	163 PS/120 kW
Hubraum ccm	2497
Motortyp	R6 Zylinder Diesel

DKW Munga F91/4

Der leichte Geländewagen DKW Munga wurde im Zeitraum 1957 bis 1968 produziert und bei den Einheiten der Bereitschaftspolizei und des Bundesgrenzschutzes (BGS) als Führungsfahrzeug, Streifenwagen und für die Fahrausbildung eingesetzt. Munga ist die Kurzform für Mehrzweck-Universal-Geländewagen mit Allradantrieb. Dieser Munga befindet sich in der historischen Fahrzeugsammlung der Bundespolizei, dem ehemaligen BGS.

Modell	DKW Munga F91/4
Baujahr	1962
PS/kW	40 PS/29 kW
Hubraum ccm	900
Motortyp	R3 Zylinder Zweitakt

Fiat 500

Noch ein Sympathieträger für die Öffentlichkeitsarbeit der Polizei. Selbst der siebenfache Formel-1-Weltmeister Michael Schumacher ließ sich mit dem „Fiacedes" bei einer Großveranstaltung in den Saal chauffieren. Aufgebaut wurde das Fantasiemobil vom Polizei-Motorsport-Club Marburg.

Modell	Fiat 500
Baujahr	1972
PS/kW	18 PS/13 kW
Hubraum ccm	594
Motortyp	R2 Zylinder Benzin

Fiat Ducato 2.0

Um Polizeieinheiten bei Großeinsätzen vor Ort leiten zu können, verfügt die Bereitschaftspolizei der deutschen Bundesländer über solche Befehlskraftwagen auf Basis des Fiat Ducato. Die Fahrzeuge sind mit EDV-Arbeitsplätzen, mehreren Funkgeräten und weiterer Technik für die Einsatzleitung ausgestattet. Dieser Befehlskraftwagen gehört zur Bereitschaftspolizei im hessischen Lich.

Modell	Fiat Ducato 2.0
Baujahr	1998
PS/kW	128 PS/94 kW
Hubraum ccm	1998
Motortyp	R4 Zylinder Benzin

Ford Sierra 2.0

Ein eher seltener Streifenwagen war diese Ford Sierra-Limousine im Fuhrpark der Polizei Rheinland-Pfalz mit Standort Koblenz. Von 1989 bis 1999 wurde dieser Sierra viel genutzt. Heute steht er im Deutschen Polizeioldtimer-Museum in Marburg.

Modell	Ford Sierra 2.0
Baujahr	1989
PS/kW	120 PS/88 kW
Hubraum ccm	1998
Motortyp	R4 Zylinder Benzin

Ford Consul 2.3 Turnier

Die Polizei Hamburg nutzte in den 70er-Jahren diese großen und geräumigen Ford-Kombifahrzeuge und Limousinen als Streifenwagen. Erstmals waren die Wagen mit der zu dieser Zeit neuartigen Signalanlage Hella RTK 3 ausgerüstet. Sie beinhaltet Martinshorn, Außenlautsprecher und Blaulicht in einem Dachaufbau. Sie wird von einem Bedienfeld im Armaturenbrett zentral gesteuert.

Modell	Ford Consul 2.3 Turnier
Baujahr	ca. 1974
PS/kW	108 PS/79 kW
Hubraum ccm	2293
Motortyp	V6 Zylinder Benzin

Ford Scorpio 2.0i Turnier

Der Bundesgrenzschutz, heute die Bundespolizei, und die Bereitschaftspolizei der deutschen Länder setzten diese geräumigen Kombifahrzeuge als Streifen- und Führungsfahrzeuge der Einheitsführer ein. Der Ford Scorpio Turnier der zweiten Generation ist mit Funk, Sondersignalanlage und polizeitypischer Innenausstattung für die tägliche Polizeiarbeit ausgerüstet. Er bietet ausreichend Platz für die umfangreiche Einsatzausrüstung bei Demonstrationen und anderen Großeinsätzen.

Modell	Ford Scorpio 2.0i Turnier
Baujahr	1993
PS/kW	116 PS/85 kW
Hubraum ccm	1998
Motortyp	R4 Zylinder Benzin

Ford Transit 125 T330

Bundespolizei und Bereitschaftspolizei der deutschen Bundesländer sind mit dem polizeiintern als Polizei-Halbgruppenwagen bezeichneten Ford Transit ausgestattet. Mit Funk, Sondersignalanlage und speziell auf die Polizeiarbeit abgestimmter Inneneinrichtung bietet das Fahrzeug Platz für sieben Personen plus Einsatzausrüstung.

Modell	Ford Transit 125 T330
Baujahr	2002
PS/kW	125 PS/92 kW
Hubraum ccm	2402
Motortyp	R4 Zylinder Diesel

Ford Transit 115 T350

Eines des neuesten Fahrzeuge im Fuhrpark der Bundespolizei und der Bereitschaftspolizei ist dieser Ford Transit mit Hochdach. Die Bearbeitungsfahrzeuge sind mit modernster Bürokommunikationstechnik, zwei EDV-Arbeitsplätzen, mehreren Funkgeräten und anderer Zusatzausrüstung für die mobile Polizeiarbeit bei Großeinsätzen ausgestattet.

Modell	Ford Transit 115 T350
Baujahr	2005
PS/kW	125 PS/92 kW
Hubraum ccm	2402
Motortyp	R4 Zylinder Diesel

Hanomag AL 28 4x4

Die geländegängigen Hanomag AL 28 wurden in den Fernmeldeeinheiten der deutschen Polizei als Fernmeldeaufbaukraftwagen eingesetzt. Im Aufbau befanden sich Kabeltrommeln, Steckmasten, Feldtelefone und alle anderen Geräte zum Bau einer Telefonanlage. Im geschlossenen Aufbau konnte eine kleine Telefonvermittlung errichtet werden – ein Schmuckstück des Deutschen Polizeioldtimer-Museums in Marburg.

Modell	Hanomag AL 28 4x4
Baujahr	1971
PS/kW	70 PS/51 kW
Hubraum ccm	2708
Motortyp	R4 Zylinder Diesel

Hanomag AL 28

Bei Demonstrationen, Sportereignissen oder in Katastrophenfällen benötigt die Polizei Lautsprecherfahrzeuge, um Menschenmengen ansprechen und informieren zu können. Dieser Hanomag wurde hierfür mit einer leistungsstarken, schwenkbaren Lautsprecheranlage ausgerüstet und bis in die 80er-Jahre bei der hessischen Bereitschaftspolizei als Lautsprecherwagen eingesetzt.

Modell	Hanomag AL 28
Baujahr	1968
PS/kW	70 PS/51 kW
Hubraum ccm	2708
Motortyp	R4 Zylinder Diesel

Hanomag AL 28

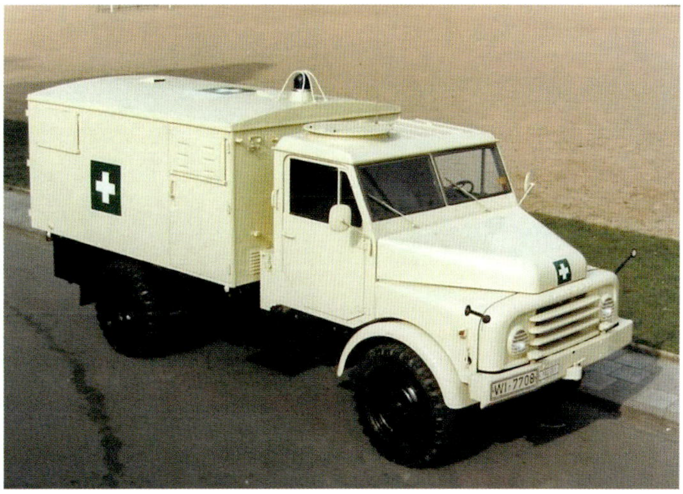

Die Einheiten der Bereitschaftspolizei und des Bundesgrenzschutzes, heute die Bundespolizei, verfügen über eigene Sanitätsdienste. Um die Sanitätsstationen der Polizei mobil einrichten zu können, werden neben Kranken- und Notarztwagen auch Transportfahrzeuge, sogenannte Sanitätsgerätewagen benötigt. Dieser Hanomag wurde in den 60er-Jahren als Krankenwagen für die Polizei eingesetzt und zuletzt für den Transport medizinischer Geräte genutzt.

Modell	Hanomag AL 28
Baujahr	1966
PS/kW	70 PS/51 kW
Hubraum ccm	2708
Motortyp	R4 Zylinder Diesel

Borgward B 2000 A/Büssing

Fernmeldebaukraftwagen der Polizei. Der Borgward B 2000 A lief von 1955 bis 1961 bei Borgward in Bremen vom Band. Nach dem Konkurs der Borgward-Werke produzierte Büssing diesen Typ von 1962 bis 1968 in Lizenz unverändert weiter. Der leichte Lkw mit Allradantrieb wurde mit speziellem Gerät zum Bau von Fernmeldeanlagen und Feldtelefonanlagen ausgerüstet. Mit dieser Anlage konnten die Einheiten der Bereitschaftspolizei und des Bundesgrenzschutzes unabhängige Telekommunikationsnetze aufbauen.

Modell	Borgward B 2000 A
Baujahr	1961
PS/kW	80 PS/59 kW
Hubraum ccm	2337
Motortyp	R6 Zylinder Benzin

Kässbohrer-Setra S 213 RL

Großer Mannschaftskraftwagen: Für den Transport größerer Mannschaften oder Polizeiorchester nutzen die Polizeibehörden solche Busse. Ausgestattet mit Blaulichtanlage, Martinshorn, Funk und Waffenschränken sind sie für polizeiliche Aufgaben einsetzbar.

Modell	Kässbohrer-Setra S 213 RL
Baujahr	1986
PS/kW	280 PS/206 kW
Hubraum ccm	14 517
Motortyp	V8 Zylinder Diesel

Land Rover Discovery 2.5 tdi

Der Land Rover Discovery wird von der Bundespolizei und der Bereitschaftspolizei als Streifen- und Führungsfahrzeug gefahren. Haupteinsatzgebiet sind die Technischen Einheiten, wo er als Zugfahrzeug für Spezialanhänger und andere Aufgaben dient. Neben der polizeilichen Sonderausstattung verfügt der Wagen über eine Vorbauseilwinde.

Modell	Land Rover Discovery 2.5 tdi
Baujahr	2000
PS/kW	139 PS/102 kW
Hubraum ccm	2495
Motortyp	R6 Zylinder Diesel

Magirus Deutz Jupiter 178 D 6x6

Dieser Flugfeldtankwagen gehörte seit den 60er-Jahren zur Polizeihubschrauberstaffel Hessen. Mit ihm wurden die Einsatzhubschrauber auf dem Flugfeld versorgt. Aufgrund der guten Geländetauglichkeit war auch die Betankung in schwierigem Gelände möglich. Das Fahrzeug ist mit einem luftgekühlten Wirbelkammer-Dieselmotor von KHD ausgerüstet.

Modell	Magirus Deutz Jupiter 178 D 6x6
Baujahr	1966
PS/kW	178 PS/131 kW
Hubraum ccm	12 667
Motortyp	V8 Zylinder Diesel

MAN 630 L2A

Dieser schwere geländegängige Lkw, ein Taucherbasisfahrzeug, gehörte bis zum Jahr 2000 zur Bereitschaftspolizei in Hessen. Als Basisfahrzeug für Tauchergruppen hatte er eine Unterdruckkammer, Taucherausrüstungen, eine Dusche und alle anderen Ausrüstungen für Taucheinsätze an Bord.

Modell	MAN 630 L2A
Baujahr	1966
PS/kW	130 PS/96 kW
Hubraum ccm	8250
Motortyp	R6 Zylinder Diesel

MAN 19.322

Zum Schutz von Geld- und anderen Werttransportern werden solche Begleitschutzfahrzeuge eingesetzt. Das gepanzerte Sonderfahrzeug, das Platz für neun Personen inklusive Fahrer bietet, ist mit diversen Schutzeinrichtungen versehen. Im Ernstfall kann aus dem geschützten Fahrzeugaufbau durch Schießluken gefeuert und somit ein Überfall abgewehrt werden.

Modell	MAN 19.322
Baujahr	1992
PS/kW	322 PS/237 kW
Hubraum ccm	9973
Motortyp	R6 Zylinder Diesel

MAN-VW 8.150

Dieser Tauchergerätewagen wird von der Tauchergruppe der hessischen Bereitschaftspolizei in Wiesbaden genutzt. Der allradgetriebene Lkw ermöglicht auch den Einsatz und Transport des Tauchgeräts an schwer zugängliche Gewässer. Das Fahrzeug stand ursprünglich im Dienst des BGS (heute Bundespolizei) und ist daher dunkelgrün lackiert.

Modell	MAN-VW 8.150
Baujahr	1989
PS/kW	150 PS/110 kW
Hubraum ccm	6823
Motortyp	R6 Zylinder Diesel

Benz 3CN

Ein historischer Polizei-Mannschaftswagen: Bereits in den 20er-Jahren lieferten die Benz-Automobilwerke in Gaggenau zahlreiche Mannschaftswagen und Sonderfahrzeuge für die deutsche Polizei. Der offene Mannschaftswagen verfügte über zwei Sitzbänke für die Besatzung und eine Alarmglocke am Führerhaus.

Modell	Benz 3CN
Baujahr	1926
PS/kW	55 PS/40 kW
Hubraum ccm	8140
Motortyp	R4 Zylinder Benzin

Erhardt 17/19

Ein historischer Schutzpolizei-Sonderwagen: Ab 1919 erhielt die deutsche Polizei solche Fahrzeuge der Erhardt-Automobilwerke aus Zella-Mehlis in Thüringen. Mit Straßenpanzerwagen sollte die Polizei gegen bewaffnete Umsturzversuche politischer Extremisten vorgehen. Der gepanzerte Aufbau mit drehbaren Waffentürmen bot Platz für sieben Personen und war mit drei Maschinengewehren, mehreren Maschinenpistolen und Handfeuerwaffen ausgerüstet.

Modell	Erhardt 17/19
Baujahr	ca. 1919
PS/kW	80 PS/59 kW
Hubraum ccm	8500
Motortyp	R4 Zylinder Benzin

Mercedes-Benz 170 V

Zu Beginn der 50er-Jahre setzte die Polizei Hessen diesen Mercedes-Benz 170 V mit Sonderkarosserie als Funkstreifenwagen ein. Die fünftürigen Pkws boten im Heck Platz für die damals noch sehr sperrigen Funkgeräte und weitere polizeiliche Sonderausrüstung. Hinzu kam eine Alarmsirene auf dem linken Kotflügel und ein beleuchtetes Polizei-Schild auf dem Dach.

Modell	Mercedes-Benz 170 V
Baujahr	ca. 1950
PS/kW	45 PS/33 kW
Hubraum ccm	1767
Motortyp	R4 Zylinder Benzin

Daimler-Knight 16/45

Nur wenige reiche Städte befassten sich vor dem Ersten Weltkrieg ernsthaft mit der Frage, ob die neuen Automobile sich für den Polizeidienst eignen würden. Deutsche Schutzmänner fuhren Rad, oder sie bewegten sich auf Schusters Rappen im Revier. Ab 1920, als dieses Foto entstand, veränderte sich die Situation grundlegend. Die Firmen Daimler und Benz lieferten alltagstaugliche Mannschaftswagen an die Polizei, die sich nun rasch durchsetzten. Wegen der vermuteten Schleudergefahr wurden noch fast alle kommerziellen Fahrzeuge nur mit Hinterradbremsen ausgerüstet. Schneller als 60 km/h fuhren damals nur wenige Chauffeure.

Modell	Daimler-Knight 16/45
Baujahr	ca. 1920
PS/kW	45 PS/33 kW
Hubraum ccm	4080
Motortyp	R4 Zylinder Benzin

Mercedes-Benz LD2

Mehr Polizisten braucht das Land. Anfang der 30er-Jahre durfte sich Daimler-Benz als wichtigster Lieferant für mittelschwere Lastwagen betrachten, die für den Materialtransport bei der Polizei nötig waren. Bei den Personenwagen bekam die Firma Wanderer eher den Zuschlag. Unser historisches Foto zeigt die Übernahme der neuen Laster im badischen Gaggenau/Schwarzwald vor der „Fernfahrt" in den hohen Norden Deutschlands.

Modell	Mercedes-Benz LD2
Baujahr	ca. 1930
PS/kW	100 PS/74 kW
Hubraum ccm	7794
Motortyp	R6 Zylinder Benzin

Mercedes-Benz LoS 2000

Ende der 30er-Jahre wurden in Europa fast alle großen Lastwagen mit Dieselmotoren angetrieben. Bei der Polizei und Feuerwehr jedoch setzte man nach wie vor auf die weniger kälteempfindlichen Benziner, die schneller einsatzbereit waren. Der Mercedes-Benz LoS 2000 entwickelte sich mit seinem genügsamen Vierzylinder-Vergasermotor zum Bestseller für den Polizeidienst – siehe den Polizei-Mannschaftswagen auf unserem Foto – sowie für die Feuerwehr, die Ambulanzdienste und das Heer.

Modell	Mercedes-Benz LoS 2000
Baujahr	ca. 1938
PS/kW	55 PS/40 kW
Hubraum ccm	3770
Motortyp	R4 Zylinder Benzin

Horch 400

Im Dezember 1926 stellten die Horch-Werke in Zwickau ihren neuen Achtzylinder-Reihenmotor vor, der schon bald als Inbegriff höchster Laufruhe und Zuverlässigkeit galt. Nicht nur in Luxuslimousinen und Sportwagen wurde dieser Motor eingebaut, sondern auch in den Horch 400-Mannschaftswagen für die Polizei, von dem 950 Stück zwischen 1930 und 1931 hergestellt wurden. Unser Foto zeigt das letzte Exemplar dieses Polizei-Mannschaftswagens im besonders sehenswerten August Horch Museum in Zwickau.

Modell	Horch 400
Baujahr	1930
PS/kW	80 PS/59 kW
Hubraum ccm	3950
Motortyp	R8 Zylinder Benzin

Horch 350

Vor dem Zweiten Weltkrieg war Horch Marktführer in der Luxusklasse. Bei Horch galt schon immer die Devise: Ein gutes Automobil muss stark und zuverlässig sein. Höchstleistung war nicht gefragt, dafür Laufruhe und Fahrkomfort. Horch war der erste und einzige Automobilhersteller in Deutschland, der ausschließlich Achtzylinder-Wagen herstellte. Paul Daimler, Sohn von Gottlieb Daimler, entwarf 1926 den ersten Horch Achtzylinder-Motor mit zuerst 60 PS und drei Liter Hubraum. Unser Foto zeigt einen neunsitzigen Polizei-Mannschaftswagen der preußischen Polizei. Die Karosserie fertigte die Firma Schumann in Werdau auf dem langen Fahrgestell des Horch 350.

Modell	Horch 350
Baujahr	1929
PS/kW	75 PS/55 kW
Hubraum ccm	3500
Motortyp	R8 Zylinder Benzin

Wanderer W24

Am 29. Juni 1932 fusionierten die vier Hersteller Horch/Zwickau, Audi/Zwickau, Wanderer/Chemnitz und die Zschopauer Motorenwerke zur Auto Union AG. Als Markenzeichen wurden die vier Ringe kreiert. Bei den Länderpolizeien waren die solide aufgebauten Wanderer W24 Cabriolets die meistgenutzten Streifenwagen der 30er-Jahre. 22 500 W24 wurden insgesamt hergestellt, deren Produktionszeit lief von 1937 bis 1940. In der Schweiz wurden die Wanderer-Automobile als Martini verkauft. Unser Foto ist eine historische Originalaufnahme aus dem August Horch Museum in Zwickau.

Modell	Wanderer W24
Baujahr	ca. 1938
PS/kW	42 PS/31 kW
Hubraum ccm	1767
Motortyp	R4 Zylinder Benzin

Wanderer W40 Phaeton

Mit dem Wanderer W40 bekamen die Führungskräfte der Polizei und des Heeres ein repräsentatives Fahrzeug mit einem soliden Sechszylinder-Reihenmotor geboten. Zwischen 1936 und 1937 wurden 4075 Wagen dieses Typs in verschiedenen Karosserie-Varianten hergestellt. 100 km/h schnell lief dieser Phaeton bei einem Spritverbrauch von 12 bis 14 Liter, was zur damaligen Zeit als bescheiden galt. Wanderer warb mit folgendem Spruch für seine neuen Wagen: „Behaglich wie im eigenen Heim fühlen Sie sich in der neuen Wanderer Limousine".

Modell	Wanderer W40 Phaeton
Baujahr	1936
PS/kW	40 PS/29 kW
Hubraum ccm	1949
Motortyp	R6 Zylinder Benzin

Wanderer W11 2.5

Als KFZ 12 ging der Wanderer W11 in die Geschichte der Wehrmacht und der Polizei ein. Die Chronisten streiten sich über die tatsächlichen Stückzahlen, die von 1933 bis 1936 produziert wurden, zwischen 2844 und 6984 sollen es gewesen sein. Eingebaut war ein Sechszylinder-Reihenmotor, der über ein unsynchronisiertes AGN8-Viergang-Getriebe die Kraft auf die Hinterachse brachte. Eine Differenzialsperre minderte den Schlupf der Antriebsräder, als größerer und stärkerer Typ folgte der W11 mit Drei-Liter-Motor.

Modell	Wanderer W11 2.5
Baujahr	ca. 1933
PS/kW	50 PS/37 kW
Hubraum ccm	2541
Motortyp	R6 Zylinder Benzin

Wanderer W11 3.0

Dieses Fahrzeug wurde sowohl beim Heer wie bei Polizeieinheiten (als Polizei-Führungsfahrzeug) vor und während des Zweiten Weltkriegs eingesetzt. Mit zehn PS mehr Leistung und deutlich mehr Drehmoment wartete der überarbeitete W11 von 1937 auf. Auf dem verlängerten Fahrgestell fanden nun sechs Personen einen luftigen Platz. Die Maximalgeschwindigkeit betrug 85 km/h, der Spritverbrauch lag bei 17 Liter pro 100 Kilometer. 4333 W11 3.0 sollen die Werkshallen in Chemnitz verlassen haben. Die meisten gingen beim Russland-Feldzug verloren.

Modell	Wanderer W11 3.0
Baujahr	ca. 1937
PS/kW	60 PS/44 kW
Hubraum ccm	2969
Motortyp	R6 Zylinder Benzin

Maybach W5

In den 20er- und bis Mitte der 30er-Jahre galten die Marken Horch und Maybach als die exklusivsten deutschen Hersteller von Repräsentationswagen. Dann holte Daimler-Benz kräftig auf. Das historische Foto zeigt Reichsaußenminister Gustav Stresemann in seinem von der Ravensburger Firma Spohn eingekleideten Maybach W5. Zwei stramme Polizisten beschützen den einstigen Reichskanzler von 1923 und späteren Friedensnobelpreisträger (1926) aus erhöhter Position im Heck des Wagens.

Modell	Maybach W5
Baujahr	ca. 1926
PS/kW	120 PS/88 kW
Hubraum ccm	6980
Motortyp	R6 Zylinder Benzin

Mercedes-Benz 770 Spezial

Mit diesem „Großen Mercedes“ hielt Deutschlands Diktator Adolf Hitler seine Paraden ab. Unter Führung der Gestapo wurde die Staatskarosse gefahren und gepflegt. Nach dem verlorenen Krieg ging dieser Wagen ins französische Nationalmuseum über. Der größte Mercedes-Typ aller Zeiten wurde zwischen 1930 und 1938 in nur wenigen Exemplaren verkauft und meist mit einer Karosserie nach den Wünschen der wohl situierten Kunden versehen. Wahlweise gab es den Achtzylinder-Reihenmotor mit und ohne Kompressor.

Modell	Mercedes-Benz 770 Spezial
Baujahr	ca. 1935
PS/kW	150–200 PS/110–147 kW
Hubraum ccm	7655
Motortyp	R8 Zylinder Benzin

VW T82 Kübelwagen

Im September 1940 lief die Produktion der VW Kübelwagen an. Bei Kriegsende standen 51 000 Kübelwagen und 15 000 Schwimmwagen (Typ 162) im Dienst des Heeres. Bei der Polizei und diversen Behörden kamen 1000 weitere Kübelwagen zum Einsatz, von denen die ersten mit der 995-ccm-Maschine ausgeliefert wurden. Im März 1943 folgte der stärkere 1134-ccm-Vierzylinder-Motor. Ferdinand Porsche entwickelt auf den Kübelwagen-Typ noch eine Allradversion, die allerdings nur in wenigen Exemplaren gebaut wurde.

Modell	VW T82 Kübelwagen
Baujahr	ab 1940
PS/kW	25 PS/18 kW
Hubraum ccm	1134
Motortyp	Boxer 4 Zylinder Benzin

VW Käfer 1300

Über drei Jahrzehnte war der VW Käfer der meistgenutzte Polizei-Streifenwagen Deutschlands. Einfache Technik und Ausstattung machten ihn zu einem sehr günstigen und daher weit verbreiteten Dienstwagen der Polizei. Dieser Käfer mit Blaulicht, Martinshorn, Außenlautsprecher und Funk, der sich heute im Polizeioldtimer-Museum Marburg befindet, war ein typischer Streifenwagen der Polizei Hessen.

Modell	VW Käfer 1300
Baujahr	1967
PS/kW	40 PS/29 kW
Hubraum ccm	1276
Motortyp	Boxer 4 Zylinder

VW Kombi T1

Als mobile Verkehrsschule setzte die hessische Polizei in den frühen 50er-Jahren diesen VW T1 als Verkehrserziehungswagen ein. Durch ein Faltschiebedach installierte man eine Filmkamera, stellte Leinwand und Lautsprecher auf und konnte so auf jedem Schulhof Kindern das richtige Verhalten im Verkehr mittels Lehrfilmen zeigen.

Modell	VW Kombi T1
Baujahr	ca. 1953
PS/kW	25 PS/18 kW
Hubraum ccm	1134
Motortyp	Boxer 4 Zylinder

DKW F91 Polizei

Deutschland befand sich Mitte der 50er-Jahre in der angenehmen Situation, dass es stetig aufwärts ging. Steigender Wohlstand bedeutete auch für die Polizei in Bayern neue Streifenwagen vom Typ DKW F91 und F94. Vorn erkennt man den Serientyp F91, die weiteren Fahrzeuge sind ausschließlich für die Polizei gefertigte Cabriolets F94 mit verlängertem Heck. Hier war Platz für die voluminöse Zusatzbatterie und die neue Kurzwellen-Funkanlage von Telefunken.

Modell	DKW F91 Polizei
Baujahr	1957
PS/kW	34 PS/25 kW
Hubraum ccm	896
Motortyp	R3 Zylinder

DKW Schnelllaster Typ 30

Als im Jahr 1949 bei der Auto Union GmbH in Ingolstadt wieder die ersten DKW-Wagen aus der Montagehalle rollten, waren es nicht die schon vor dem Zweiten Weltkrieg bekannten Personenwagen vom Typ Meisterklasse, sondern dieser schnittige Kombi, der als DKW Schnelllaster Aufregendes bot. Genau der richtige Kleinlaster zur damaligen Zeit: ungewöhnlich geräumig dank vorn liegendem Zweitaktmotor und anspruchslos in der Wartung. Bei diesem Unfallaufnahmewagen standen eine komplette Büroeinrichtung und alle Sicherungsgeräte für die Unfallaufnahme zur Verfügung. Bis 1965 liefen in Ingolstadt und im spanischen Vitoria über 170 000 DKW Schnelllaster vom Band, die von 20 PS bis 40 PS unterschiedlich stark motorisiert waren.

Modell	DKW Schnelllaster Typ 30
Baujahr	1953
PS/kW	30 PS/22 kW
Hubraum ccm	792
Motortyp	R2 Zylinder Benzin

DKW F94 Polizei

Mit neuen Behördenfahrzeugen konnten in der Nachkriegszeit gute Geschäfte abgewickelt werden. DKW ließ nichts unversucht, ein gutes Stück von diesem Kuchen abzubekommen. Selbst einschneidende Veränderungen an der Karosserie nahm DKW für einen Großauftrag der Polizei in Kauf. So wurde die zweitürige F91-Limousine zum deutlich geräumigeren Cabriolet F94 umgebaut. Auf Wunsch der Polizei standen nun vier Türen zum schnellen Ausstieg zur Verfügung. Nicht zuletzt wurde das gesamte Heckteil gegenüber dem Serienmodell deutlich verlängert.

Modell	DKW F94 Polizei
Baujahr	1957
PS/kW	34 PS/25 kW
Hubraum ccm	896
Motortyp	R3 Zylinder

DKW F93 3=6

DKW blieb konsequent seiner Linie treu und präsentierte in den 50er-Jahren zu jedem Automobil-Salon neue, formal sehr ansprechend gestylte Wagen, die sich deutlich von den oft klobigen Mitbewerbern abhoben. Weniger positiv wirkte sich das Festhalten an den Zweitaktmotoren aus, deren Auspuffgase im Stadtverkehr strenge Düfte von sich gaben. Unser Foto zeigt eines der letzten DKW-Modelle, die im Streifendienst der Polizei in Bayern noch Ende der 50er-Jahre eingesetzt wurden. Mit dem Kürzel 3=6 sollte gezeigt werden, dass der neue Dreizylinder-Zweitaktmotor so laufruhig arbeiten würde wie ein Sechszylinder-Viertaktmotor.

Modell	DKW F93 3=6
Baujahr	1957
PS/kW	40 PS/29 kW
Hubraum ccm	896
Motortyp	R3 Zylinder

DKW Munga F91

Mit dem Aufbau der neuen Bundeswehr war ein leichter Geländewagen gefragt, der auch bei der Polizei und dem Bundesgrenzschutz eingesetzt werden sollte. Der DKW Munga gewann die Ausschreibung gegen die Geländewagen von Porsche und Goliath. Unser Foto zeigt den sechssitzigen Munga einer Spezialeinheit der Polizei mit hohem Planenverdeck, außerdem gab es neben einer achtsitzigen Ausführung diverse Sondermodelle für Ambulanzen etc. Erst 1968 lief die Produktion des Zweitakters aus.

Modell	DKW Munga F91
Baujahr	ca. 1965
PS/kW	44 PS/32 kW
Hubraum ccm	980
Motortyp	R3 Zylinder

DKW Junior

Als anspruchsloser Streifenwagen ging der VW Käfer bei der Polizei aller Bundesländer unbeirrt seinen Weg. Störfeuer kam nur kurz von diesem „kleinen" DKW Junior, der ab 1959 für Diskussionen in den Dienststuben sorgte. Tatsächlich war der DKW Junior spürbar geräumiger und mit seinem Frontantrieb deutlich sicherer im Fahrverhalten als der VW Käfer, der als sogenannte „Heckschleuder" galt. 1963 rollten die letzten DKW Junior vom Band. Bei der Polizei nahm der DKW Junior nur eine ganz bescheidene Nebenrolle in Düsseldorf und Ingolstadt ein.

Modell	DKW Junior
Baujahr	1959
PS/kW	34 PS/25 kW
Hubraum ccm	796
Motortyp	R3 Zylinder

Mercedes-Benz 220 OTP

Die Daimler-Benz-Werke hatten schon immer ein offenes Ohr für die Belange der Polizei. So wurde dieses elegante Cabriolet kurz nach Produktionsbeginn im Jahr 1951 an die Polizei Baden-Württemberg als Polizei-Führungsfahrzeug ausgeliefert. Die interne Bezeichnung lautete 220 OTP. Zur gleichen Zeit fuhr der Rest der Länderpolizeien weniger elegante und deutlich schwächere Wagen. Sorgen bereiteten nur der Opel Kapitän, im Volksmund als „Gangsterlimousine" bezeichnet, und der BMW 501 mit dem schönen Spitznamen „Barockengel".

Modell	Mercedes-Benz 220 OTP
Baujahr	1951
PS/kW	80 PS/59 kW
Hubraum ccm	2195
Motortyp	R6 Zylinder Benzin

Mercedes-Benz 220 SE (W128)

Eine der qualitativ besten Mercedes-Limousinen wurde 1958 der Polizei vorgestellt. Der Mercedes 220 SE verfügte über eine Benzineinspritzung. Mit 115 PS lief der Sechszylinder gut 160 km/h schnell, somit ein idealer Funkstreifenwagen für die Verkehrsüberwachung auf Autobahnen. Zwei Motorkameras der Marke Robot erkennt man oberhalb der Windschutzscheibe. Die eine lichtet den geeichten Tachografen auf dem rechten Kotflügel ab, die andere hält zeitgleich den Verkehrssünder auf Kleinbildformat fest.

Modell	Mercedes-Benz 220 SE (W128)
Baujahr	1958
PS/kW	115 PS/85 kW
Hubraum ccm	2195
Motortyp	R6 Zylinder Benzin

Mercedes-Benz 220 SE (W111/3)

Anfang der 60er-Jahre gelang Daimler-Benz mit dem völlig neu geformten Mercedes-Benz 220 SE ein großer Wurf. Mit diesem 172 km/h schnellen Typ wurde die Rallye Monte Carlo gewonnen und die heiß umkämpfte Europameisterschaft für Tourenwagen. Er war der erste Großserienwagen mit vorderen Scheibenbremsen. Bei den Stuttgarter Polizisten galt es als besondere Auszeichnung, wenn ein 220er „Heckflosse" gefahren werden durfte. Das Foto zeigt eine der damals noch sehr leger gehandhabten Verkehrskontrollen auf der Autobahn von Leonberg nach Heilbronn.

Modell	Mercedes-Benz 220 SE (W111/3)
Baujahr	1962
PS/kW	120 PS/88 kW
Hubraum ccm	2195
Motortyp	R6 Zylinder Benzin

Mercedes-Benz OP-321-H

„Einmal im Leben möchte ich einen Mercedes fahren", dieser Wunsch konnte 1963 leicht erfüllt werden. Die baden-württembergischen Strafanstalten ließen ihre Klientel mit diesem Gefangenentransporter zur Haftanstalt befördern. Basis ist die mittlere Frontlenker-Baureihe, die von 1954 bis 1969 in großen Stückzahlen vom Band lief.

Modell	Mercedes-Benz OP-321-H
Baujahr	1963
PS/kW	100 PS/74 kW
Hubraum ccm	4580
Motortyp	R6 Zylinder Diesel

Opel Blitz 1.75t

Mit der runderneuerten Opel Blitz-Baureihe bekam die deutsche Polizei ab 1952 ein überaus praktisches Transportmittel für Mensch und Material geboten. Im Wageninneren standen im Polizei-Mannschaftswagen drei quer liegende Sitzbänke für zwölf Polizisten zur Verfügung, die im Stil einer Gartenbank ohne jegliche Polsterung gefertigt waren. Holzklasse pur. Unter den Sitzen und in separaten Kästen wurde die polizeispezifische Ausrüstung verstaut. Spitzname: „Barock-Blitz".

Modell	Opel Blitz 1.75t
Baujahr	1952
PS/kW	62 PS/46 kW
Hubraum ccm	2473
Motortyp	R6 Zylinder Benzin

Opel Olympia P1

Zu einem Bestseller entwickelte sich der Opel P1 Mitte der 50er-Jahre auch als Polizei-Streifenwagen. Ganz im Stil eines verkleinerten amerikanischen Straßenkreuzers gestylt, bot selbst das gezeigte Sparmodell „Olympia" butterweichen Fahrkomfort – kein Vergleich zum VW Käfer. Im Innenraum wurden die Polizisten mit einer Dreigang-Lenkradschaltung und einem Flachband-Tachometer verwöhnt. Die Krönung war die üppige Panorama-Windschutzscheibe. 125 km/h schnell lief dieser „deutsche Amerikaner".

Modell	Opel Olympia P1
Baujahr	1958
PS/kW	45 PS/33 kW
Hubraum ccm	1488
Motortyp	R4 Zylinder Benzin

Opel Rekord P2

Im Sommer 1960 wurden bei der Polizei Hessen die ersten neuen Opel-Mittelklassewagen vom Typ P2 als Polizei-Streifenwagen ausgeliefert. Nun stand eine viertürige Limousine für Kontrollfahrten zur Verfügung, die mit einem aufgebohrten 1,7-Liter-Motor ausgerüstet war. Der Basismotor wurde schon 1938 im ersten Opel Olympia vorgestellt. Mit einer Höchstgeschwindigkeit von 130 km/h zählte der neue P2 1960 zu den schnellen Mittelklasse-Limousinen.

Modell	Opel Rekord P2
Baujahr	1960
PS/kW	55 PS/40 kW
Hubraum ccm	1680
Motortyp	R4 Zylinder Benzin

Peugeot 403

Traditionell wurden und werden im Saarland bevorzugt französische Polizeifahrzeuge eingesetzt. Den Anfang bildete der Peugeot 403 von 1956, der bis 1966 verkauft wurde und als bodenständig solider Wagen galt. Das berühmte Designstudio von Pininfarina entwarf die Karosserie. Ausgerüstet ist dieser 403 mit Benzinmotor. Parallel dazu wurden 1816 ccm große Dieselmotoren angeboten. Im Bild ein Funkstreifenwagen.

Modell	Peugeot 403
Baujahr	ca. 1958
PS/kW	48 PS/35 kW
Hubraum ccm	1468
Motortyp	R4 Zylinder Benzin

Peugeot 204

Bei dieser historischen Gruppenaufnahme der Saarbrücker Verkehrspolizei erkennt man die langjährige Verbundenheit zum französischen Hersteller Peugeot. Die beiden äußeren Streifenwagen sind 160 km/h schnelle Peugeot 404E, dem stärksten Nachfolgemodell des 403. In der Mitte posieren zwei neue Peugeot 204, die ersten Frontantriebswagen von Peugeot. Zusätzliches Highlight waren die vorderen Scheibenbremsen, die bis dahin nur in Oberklassewagen Verwendung fanden.

Modell	Peugeot 204
Baujahr	ca. 1964
PS/kW	59 PS/43 kW
Hubraum ccm	1130
Motortyp	R4 Zylinder Benzin

Mercedes-Benz L3500

Von 1953 bis 1996 bildete dieser Fernmeldebetriebsbus zusammen mit einem Bereitschaftskraftwagen die Technische Einheit einer mobilen Fernmeldeleitstelle der Polizei Hessen. Er ist mit Tonaufzeichnungs- und Rundfunkempfangsgeräten, einer Fernschreibestelle, Lautsprecheranlagen sowie mehreren Funkgeräten ausgestattet. Die Polizei konnte so an jedem Ort im Land eigene Kommunikationsnetze aufbauen. Im Handy-Zeitalter überholt, steht der L3500 nun im Deutschen Polizeioldtimer-Museum Marburg.

Modell	Mercedes-Benz L3500
Baujahr	1952
PS/kW	90 PS/66 kW
Hubraum ccm	4580
Motortyp	R4 Zylinder

Mercedes-Benz 323

Von 1963 bis 1995 gehörte dieses Fahrzeug zur mobilen Fernmeldeleitstelle der Polizei Hessen. Der Bereitschaftskraftwagen diente als Besprechungsraum und Büro. Er war zusätzlich mit einem Funktisch ausgerüstet und ergänzte ein zweites Fahrzeug, den Fernmeldebetriebsbus, zur Technischen Einheit Fernmeldeleitstelle. Beide Fahrzeuge stehen heute komplett erhalten im Deutschen Polizeioldtimer-Museum Marburg. Den Karosserieaufbau lieferte die Firma Berger.

Modell	Mercedes-Benz 323
Baujahr	1963
PS/kW	100 PS/74 kW
Hubraum ccm	4985
Motortyp	R6 Zylinder Diesel

Mercedes-Benz Unimog U34

Die meisten großen Polizeipräsidien verfügen über eigene Fahrzeugwerkstätten und Abschleppwagen für defekte Einsatzwagen oder den Transport von Fahrzeugen zur Spurensicherung. Das Polizeipräsidium Frankfurt am Main setzte in den 60er-Jahren diesen Hubkraftwagen als Abschleppfahrzeug ein. Den Aufbau lieferte die Firma Ruthmann.

Modell	Mercedes-Benz Unimog U34
Baujahr	ca. 1957
PS/kW	34 PS/25 kW
Hubraum ccm	1767
Motortyp	R4 Zylinder Diesel

Opel Kapitän PL 2.6

Die großen Opel-Limousinen nutzte die Polizei in Städten wie Frankfurt am Main und Nürnberg. Sie dienten als Streifenwagen (Bild) oder Dienstwagen der Polizeiführer. Durch das große Schiebedach konnten Verkehrsregelungen durchgeführt werden. Dieser Opel Kapitän ist heute rekonstruiert und restauriert im Polizeioldtimer-Museum Marburg zu bewundern.

Modell	Opel Kapitän PL 2.6
Baujahr	1960
PS/kW	90 PS/66 kW
Hubraum ccm	2586
Motortyp	R6 Zylinder

Mercedes-Benz 170 S

Einer der besten Polizei-Streifenwagen der 50er-Jahre war der Mercedes-Benz 170 V. Aus diesem Typ wurde der 170 S weiterentwickelt. Mit mehr Komfort, mehr Motorleistung und deutlich teurer als sein Vorgänger fand dieser erste S-Klasse-Wagen mit zahlreichen Karosserievarianten auch bei der deutschen Polizei Einzug. Unser Foto zeigt einen Streifenwagen der Polizei von Württemberg mit einem Sonderaufbau für sechs Personen. Auch geschlossene Funkwagen und fünfsitzige Limousinen für die „oberen Etagen" wurden bei der Stuttgarter Polizei damals gerne gefahren.

Modell	Mercedes-Benz 170 S
Baujahr	1953
PS/kW	75 PS/55 kW
Hubraum ccm	1767
Motortyp	R4 Zylinder Benzin

Mercedes-Benz 300 d

Unter den Fittichen der baden-württembergischen Polizei verlässt hier der jordanische König Hussain II. mit seinem Gastgeber Bundeskanzler Kurt Georg Kiesinger 1966 den Flugplatz Stuttgart-Echterdingen. Keine andere deutsche Staatslimousine erreichte bis heute so große Popularität wie dieser „Adenauer-Mercedes". Alles was Rang und Namen in Deutschland hatte, ließ sich bei besonderen Anlässen aus dem Fundus von Daimler den passenden 300er vorfahren – gegen harte DM versteht sich.

Modell	Mercedes-Benz 300 d
Baujahr	ca. 1961
PS/kW	160 PS/118 kW
Hubraum ccm	2996
Motortyp	R6 Zylinder Benzin

Opel Rekord B

Der Rekord B wurde nur von 1965 bis 1966 produziert, daher gelangten nur wenige Modelle in den Fuhrpark der Polizei. Ausgerüstet mit Blaulicht, Martinshorn, Außenlautsprecher und Funk waren sowohl zwei- als auch viertürige Modelle als Polizei-Streifenwagen eingesetzt.

Modell	Opel Rekord B
Baujahr	1966
PS/kW	75 PS/55 kW
Hubraum ccm	1679
Motortyp	R4 Zylinder Benzin

Opel Rekord P1

Der noble Mittelklassewagen Opel P1 war auch als Streifenwagen bei den Polizisten sehr beliebt. Mit Blaulicht, Martinshorn, Funk und einem geräumigen Kofferraum für die Gerätschaften zur Unfallaufnahme war er die eindeutig bessere Alternative zum meistgenutzten VW Käfer. Dieser P1 steht nun im Deutschen Polizeioldtimer-Museum Marburg.

Modell	Opel Rekord P1
Baujahr	1958
PS/kW	45 PS/33 kW
Hubraum ccm	1477
Motortyp	R4 Zylinder Benzin

Mercedes-Benz Unimog S 404/1

Ab 1963 setzte die saarländische Polizei diesen geländegängigen Unimog als Polizei-Funkkraftwagen ein. Im Kofferaufbau befand sich eine leistungsstarke UKW-Funkanlage mit zwei Teleskop-Funkmasten am Heck. Hiermit konnte man über längere Distanzen Funkverbindungen herstellen. Das Fahrzeug ist zusätzlich mit einer Frontseilwinde ausgestattet.

Modell	Mercedes-Benz Unimog S 404/1
Baujahr	1963
PS/kW	82 PS/60 kW
Hubraum ccm	2181
Motortyp	R6 Zylinder Diesel

Büssing SW II (4x4)

Geschützter Sonderwagen: Ab den 60er-Jahren kamen diese Polizei-Sonderwagen II (SW II) beim Bundesgrenzschutz, heute Bundespolizei, und bei der Bereitschaftspolizei in über 200 Exemplaren zum Einsatz. Die voll gepanzerte Karosserie verfügt über einen drehbaren Waffenturm für automatische Waffen mit angebautem Absperrgitter, Räumschild oder Rammkeil. Die SW II wurden hauptsächlich bei gefährlichen Einsätzen gegen Straftäter oder Schutzaufgaben genutzt.

Modell	Büssing SW II (4x4)
Baujahr	1966
PS/kW	161 PS/118 kW
Hubraum ccm	5208
Motortyp	V8 Zylinder Diesel

NSU Prinz 4

In den 50er-Jahren waren die Neckarsulmer Motorradwerke NSU der Welt größter Motorradhersteller. Als zweites Standbein entwarfen die Schwaben ab 1957 leichtgewichtige Kompaktwagen, die alle über einen qualitativ hochwertigen, luftgekühlten Zwei- oder Vierzylinder-Viertaktmotor verfügten. Mit dem NSU 1200 TT wurden unzählige Renn- und Rallyeerfolge von Privatfahrern errungen. Unser Foto zeigt einen der ersten NSU Prinz 4-Streifenwagen der Heilbronner Polizei.

Modell	NSU Prinz 4
Baujahr	1962
PS/kW	30 PS/22 kW
Hubraum ccm	598
Motortyp	R2 Zylinder Benzin

NSU Typ 110

Mit dem NSU Typ 110 brachte NSU 1965 einen deutlich größeren Bruder des kleinen Prinz 4 auf den Markt. Nun stand für die Polizeiarbeit – wie bei diesem Polizei-Streifenwagen – ein vorderer Kofferraum zur Verfügung, der um Längen größer war als beim VW Käfer. Im Heck schnurrte ein drehfreudiger, luftgekühlter Viertaktmotor, der eine Spitzengeschwindigkeit von etwa 150 km/h ermöglichte. Bis 1973 wurde dieser populäre Typ 110 gebaut. NSU entwickelte die ersten Autos mit Wankel-Rotationsmotor, wie den berühmten NSU R80. VW übernahm 1969 das finanziell zu schwache Unternehmen.

Modell	NSU Typ 110
Baujahr	ca. 1965
PS/kW	60 PS/44 kW
Hubraum ccm	1177
Motortyp	R4 Zylinder Benzin

Opel Kadett B

Seit den 70er-Jahren werden bei der deutschen Polizei verstärkt Streifenwagen mit Automatikgetriebe angeschafft. Gerade in den Städten ist es eine Erleichterung, wenn der Fahrer sich mehr auf die Umgebung konzentrieren kann, als auf die Schaltung des Wagens zu achten. Die Polizei in Marburg setzte einen Opel Kadett B mit Automatikgetriebe als Streifenwagen ein.

Modell	Opel Kadett B
Baujahr	1971
PS/kW	55 PS/44 kW
Hubraum ccm	1089
Motortyp	R4 Zylinder

VW Kombi T2

Unzählige Varianten des VW T2 nutzte die deutsche Polizei für vielfältigste Aufgaben. Die meisten waren als Streifenwagen oder Mannschaftswagen eingesetzt. Dieses Fahrzeug ist mit Blaulicht, Martinshorn, Funk und Geräteschubladen im Heck ausgerüstet. Es ist komplett erhalten im Deutschen Polizeioldtimer-Museum Marburg zu besichtigen.

Modell	VW Kombi T2
Baujahr	1968
PS/kW	47 PS/35 kW
Hubraum ccm	1570
Motortyp	Boxer 4 Zylinder

Opel Blitz 330-6

Für die Leitung von Polizeieinsätzen vor Ort setzte die Berliner Polizei lange Jahre diesen Befehlskraftwagen Opel Blitz ein. Im Sonderaufbau sind Funkanlagen, eine Lautsprecheranlage und Arbeitsplätze für Büroarbeiten der Polizeiführer eingebaut. Für die Videoaufnahmen dient eine Dachplattform.

Modell	Opel Blitz 330-6
Baujahr	1974
PS/kW	80 PS/59 kW
Hubraum ccm	2717
Motortyp	R6 Zylinder

Mercedes-Benz 1113 WaWe4

Diese WaWe4 mit 4000 Liter Tankinhalt waren bei der Bereitschaftspolizei der deutschen Länder und beim Bundesgrenzschutz (heute Bundespolizei) seit den 70er-Jahren als Polizei-Wasserwerfer 4000 im Einsatz. Hauptaufgabe dieser Fahrzeuge ist der Einsatz gegen gewalttätige Menschenmengen bei Demonstrationen oder sonstigen Unruhen. Auch zur Unterstützung bei Großbränden, aber auch zur Trinkwasserversorgung bei Katastrophen werden die Wasserwerfer der Polizei eingesetzt. Den Aufbau lieferte die Firma Metz.

Modell	Mercedes-Benz 1113
Baujahr	1974
PS/kW	130 PS/96 kW
Hubraum ccm	5878
Motortyp	R6 Zylinder Diesel

Mercedes-Benz LPK 1624/36

Geschützter Polizei-Wasserwerfer 69: Die gewalttätigen Studentenunruhen Ende der 60er-Jahre zwangen die Berliner Polizei zur Anschaffung eines stark geschützten Wasserwerfer-Typs mit gepanzerter Fahrzeugkabine. Die Besatzung bestand aus fünf Personen. Der Tank fasst 4500 Liter Wasser, das mit einem 55 PS starken Pumpenmotor durch zwei Strahlrohre verspritzt werden kann.

Modell	Mercedes-Benz LPK 1624/36
Baujahr	1972
PS/kW	240 PS/176 kW
Hubraum ccm	10 495
Motortyp	R6 Zylinder Diesel

Opel Rekord D Caravan

Die große Ladefläche galt als bester Pluspunkt für diesen Polizei-Streifenwagen, der bei der Polizei Rheinland Pfalz Verwendung fand. Auch als Hundetransporter oder Gerätefahrzeug der Verkehrsdienste wurde dieser Typ eingesetzt. Unser Opel Rekord D-Streifenwagen ist mit einer Sondersignalanlage RTK 1, eine kombinierte Anlage aus Blaulicht, Außenlautsprecher und Funk, ausgerüstet.

Modell	Opel Rekord D Caravan
Baujahr	1974
PS/kW	75 PS/55 kW
Hubraum ccm	1875
Motortyp	R4 Zylinder Benzin

Opel Rekord D

Die Polizei Hessen nutzte den Opel Rekord D als Polizei-Streifenwagen in Städten und für den Autobahndienst. Er war eines der ersten Modelle, die ab Mitte der 70er-Jahre in den einheitlichen deutschen Polizeifarben Minzgrün und Weiß lackiert wurden.

Modell	Opel Rekord D
Baujahr	1974
PS/kW	97 PS/71 kW
Hubraum ccm	1900
Motortyp	R4 Zylinder Benzin

VW 412

Streifen- und Führungsfahrzeug der Bereitschaftspolizei. Ab 1972 nutzte man den VW 412 oft als Dienstwagen der Einheitsführer. Er ist mit einem Funkgerät und einer Sondersignalanlage Hella RTK 1 ausgerüstet. Dieser Wagen gehörte bis 1982 zur Bereitschaftspolizei in Rheinland-Pfalz, nun steht er im Deutschen Polizeioldtimer-Museum Marburg. Der VW 412 war das letzte Personenwagen-Modell von VW mit Luftkühlung und Heckmotor.

Modell	VW 412
Baujahr	1973
PS/kW	80 PS/59 kW
Hubraum ccm	1698
Motortyp	Boxer 4 Zylinder

Thyssen SW UR 416

Geschützter Polizei-Sonderwagen: Mehrere deutsche Polizeibehörden setzten seit den 70er-Jahren diese gepanzerten Sonderwagen für Spezialkommandos (SEK) ein. Mit einem angebauten Räumschild konnte man Straßenbarrikaden beseitigen, aus der um 360 Grad drehbaren Beobachtungskuppel mit Maschinenpistolen gefeuert werden. Dieser UR 416 gehörte bis 1996 zum Fuhrpark der Polizei Bremen, jetzt bereichert er das Deutsche Polizeioldtimer-Museum Marburg. Das Fahrgestell entstand bei Daimler-Benz, der Aufbau bei Thyssen.

Modell	Thyssen SW UR 416
Baujahr	1977
PS/kW	110 PS/81 kW
Hubraum ccm	5670
Motortyp	R6 Zylinder Diesel

Thyssen TM 170 SW 4

Geschützter Polizei-Sonderwagen 4: Der gepanzerte Sonderwagen 4 ist eine Spezialentwicklung für die deutsche Polizei. Die gepanzerte Karosserie bietet Platz für neun Personen. Das Fahrzeug ist mit Räumschild oder Absperrgitter, einer schwenkbaren Lafette für automatische Waffen und einer starken Seilwinde vielseitig verwendbar. Der SW 4 bietet gute Straßen- und Geländeeigenschaften, er wird bei der Bereitschaftspolizei und der Bundespolizei eingesetzt. Fahrgestell von Daimler-Benz, Aufbau von Thyssen.

Modell	Thyssen TM 170
Baujahr	1987
PS/kW	168 PS/125 kW
Hubraum ccm	5638
Motortyp	R6 Zylinder Diesel

Peugeot 305 GRD

Eine Ausnahme im polizeilichen Fuhrpark bildet die Polizei Saarland, da sie bisher als einzige deutsche Landespolizei verstärkt französische Personenwagen als Dienstwagen in ihren Fuhrpark integriert hat. Dieser Peugeot 305 GRD ist mit Automatikgetriebe ausgerüstet, er war bis 1999 als universell verwendbarer Polizei-Streifenwagen im Saarland eingesetzt.

Modell	Peugeot 305 GRD
Baujahr	1986
PS/kW	64 PS/47 kW
Hubraum ccm	1891
Motortyp	R4 Zylinder Diesel

Porsche 911 S

Anfang der 80er-Jahre setzte die Polizei Baden-Württemberg einige Porsche 911 S bei der Autobahnpolizei als Polizei-Streifenwagen ein. Intensiv kontrolliert wurden die besonders unfallträchtigen Strecken zwischen Karlsruhe und Freiburg sowie zwischen Karlsruhe und dem Leonberger Kreuz. Mit einer Höchstgeschwindigkeit von gut 225 km/h waren die 911 S für die Verfolgung und Kontrolle von Autobahnrasern bestens geeignet.

Modell	Porsche 911 S
Baujahr	ca. 1982
PS/kW	150 PS/110 kW
Hubraum ccm	2687
Motortyp	Boxer 6 Zylinder

Porsche 924

Dieser rekonstruierte Porsche 924-Polizei-Streifenwagen steht heute im Deutschen Polizeioldtimer-Museum in Marburg. Ende der 70er-Jahre testeten mehrere deutsche Landespolizeien diesen Porsche im Autobahndienst, doch nur die Polizei Nordrhein-Westfalen kaufte einige 924er als Streifenwagen für die Autobahnpolizei. In Zusammenarbeit mit dem VW-Konzern wurde der 924er entwickelt. So ist der eingebaute Vierzylinder-Motor ein von Porsche modifizierter und verbesserter Audi 100-Motor.

Modell	Porsche 924
Baujahr	1982
PS/kW	125 PS/92 kW
Hubraum ccm	1960
Motortyp	R4 Zylinder

VW Passat (32B)

Die Stufenheckvariante des VW Passat wurde zuerst als VW Santana vermarktet. Letztlich fand dieser Typ weder auf dem privaten Automarkt noch als Behördenfahrzeug großes Interesse. Nur etwa 90 Exemplare dieses Polizei-Streifenwagens setzte die Polizei Hessen Ende der 80er-Jahre ein.

Modell	VW Passat (32B)
Baujahr	1988
PS/kW	90 PS/66 kW
Hubraum ccm	1760
Motortyp	R4 Zylinder Benzin

Mercedes-Benz 280 E

Die Mercedes-Benz-Baureihe W 123 war bei der deutschen Polizei häufig im Einsatz. Der 280 E wurde unter anderem bei der Autobahnpolizei in Baden-Württemberg viel gefahren. Seine Spitzengeschwindigkeit lag bei 200 km/h, mit dem Automatikgetriebe vergingen von Null auf 100 km/h nur elf Sekunden. Der freistehende Dachlautsprecher lässt sich um 360 Grad drehen.

Modell	Mercedes-Benz 280 E
Baujahr	1988
PS/kW	185 PS/136 kW
Hubraum ccm	2746
Motortyp	R6 Zylinder Benzin

Mercedes-Benz 280 GE SW3

Geschützter Polizei-Sonderwagen 3: Auf Basis des Mercedes G-Modells entwickelte Daimler-Benz dieses Spezialfahrzeug für Polizeiaufgaben. Der Wagen ist voll gepanzert sowie mit verschiedenen passiven und aktiven Sicherheitssystemen, Funk- und Kommunikationstechnik ausgerüstet. Er besitzt eine drehbare Dachlafette für automatische Waffen und weitere Einrichtungen zur Verteidigung. Einsatzgebiete sind die Aufgaben der Sondereinsatzkommandos (SEK) sowie Begleit- und Objektschutzmaßnahmen.

Modell	Mercedes-Benz 280 GE SW3
Baujahr	1988
PS/kW	156 PS/115 kW
Hubraum ccm	2717
Motortyp	R6 Zylinder Benzin

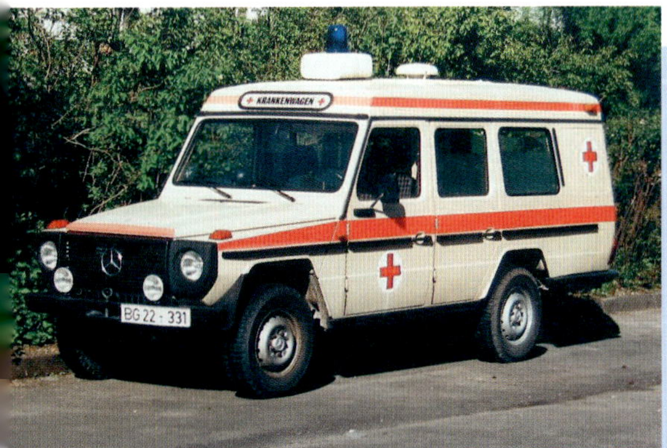

Mercedes-Benz 230 G

Die Sanitätsdienste der Bundespolizei verfügen unter anderem über solche Krankenwagen auf Basis des Mercedes G. Die geländetauglichen Fahrzeuge, ausgerüstet mit einer Krankentrage, ermöglichen eine Bergung Verletzter auch abseits der Straße. Den Sonderaufbau lieferte die Firma Binz.

Modell	Mercedes-Benz 230 G
Baujahr	1984
PS/kW	125 PS/92 kW
Hubraum ccm	2298
Motortyp	R4 Zylinder Benzin

Mercedes-Benz 420 SE (W126)

Geschützter Sonderwagen: Diese voll gepanzerten Mercedes-Limousinen der S-Klasse verwendeten deutsche Polizeibehörden für den Begleitschutz von Werttransporten sowie Aufgaben im Personen- und Objektschutz. Die Fahrzeuge sind mit mehreren Sicherungssystemen, Ortungs- und Funkanlagen und Schießscharten zur Selbstverteidigung ausgerüstet. Von 1991 bis 2003 war dieser Sonderwagen bei der Polizei Hamburg im Dienst.

Modell	Mercedes-Benz 420 SE (W126)
Baujahr	1991
PS/kW	225 PS/165 kW
Hubraum ccm	4196
Motortyp	V8 Zylinder Benzin

Mercedes-Benz 310

Für den Transport von bis zu neun Polizeibeamten samt Einsatzausrüstung wurde dieser Polizei-Gruppenwagen bei der Polizei Thüringen eingesetzt. Vergitterte Scheinwerfer und stoßsichere Scheiben gehörten zur Sonderausstattung und dienten bei gewalttätigen Demonstrationen als Schutz gegen Steinwürfe und sonstige Angriffe.

Modell	Mercedes-Benz 310
Baujahr	1991
PS/kW	95 PS/70 kW
Hubraum ccm	2276
Motortyp	R4 Zylinder Benzin

Mercedes-Benz 508 D

Die Bundespolizei und die Bereitschaftspolizei der deutschen Länder verfügen über solche Instandsetzungskraftwagen – fahrbare Werkstätten für die Reparatur von Kraftfahrzeugen und anderem technischem Gerät. Sie werden bei Großeinsätzen mitgeführt und dienen zur Behebung kleinerer Schäden vor Ort.

Modell	Mercedes-Benz 508 D
Baujahr	1986
PS/kW	85 PS/62 kW
Hubraum ccm	3758
Motortyp	R4 Zylinder Diesel

Mercedes-Benz 508 D

Die Polizei-Gruppenwagen der Berliner Polizei sind traditionell besonders stark geschützt. Bei gewalttätigen Demonstrationen sind in Berlin eine Rundumvergitterung und ein Rammschutz häufig erforderlich. Auch die Inneneinrichtung mit zwei längs zur Fahrbahn ausgerichteten Sitzbänken für Mannschaften, ist seit den 20er-Jahren in Berlin vorgeschrieben. Polizeiintern wurden diese Fahrzeuge „Berliner Wanne" getauft.

Modell	Mercedes-Benz 508 D
Baujahr	1985
PS/kW	85 PS/63 kW
Hubraum ccm	3758
Motortyp	R4 Zylinder Diesel

Mercedes-Benz 508 D

Diese Abteilungsbefehlskraftwagen sind seit Anfang der 80er-Jahre bei der Bereitschaftspolizei im Einsatz. Sie dienen einem Abteilungsstab (Führungsgruppe für mehrere Polizeihundertschaften) als mobile Befehlsstelle. Die Dachplattform ist für Foto- oder Videoaufnahmen vorgesehen. Dieses Fahrzeug gehört der hessischen Bereitschaftspolizeiabteilung in Lich.

Modell	Mercedes-Benz 508 D
Baujahr	1983
PS/kW	85 PS/63 kW
Hubraum ccm	3758
Motortyp	R4 Zylinder Diesel

Mercedes-Benz 1017 A

Die Bundespolizei verwendet dieses Landebasiskraftfahrzeug zum Betanken ihrer Hubschrauber bei der Bundespolizei-Fliegerstaffel Mitte in Fuldatal bei Kassel. Der Tank fasst 5000 Liter Kerosin. Die leicht geländegängigen Tankwagen können zur Betankung der Hubschrauber auch im freien Gelände eingesetzt werden.

Modell	Mercedes-Benz 1017 A
Baujahr	1986
PS/kW	173 PS/127 kW
Hubraum ccm	5636
Motortyp	R6 Zylinder Diesel

Mercedes-Benz 1017 A

Für alle polizeilichen Transportaufgaben nutzt die Polizei solche Lkws mit Ladebordwand. Dieses Fahrzeug, das in Lich stationiert ist, gehört zur Bereitschaftspolizei in Hessen.

Modell	Mercedes-Benz 1017 A
Baujahr	1989
PS/kW	171 PS/127 kW
Hubraum ccm	5636
Motortyp	R6 Zylinder Diesel

Mercedes-Benz 1017 A

Dieser Gruppen- und Gerätekraftwagen gehört zur Technischen Einsatzeinheit der Berliner Polizei. Das Fahrzeug bietet Platz für bis zu acht Personen und ist mit Bergungsgerät, Werkzeugen und vielen anderen Hilfsmitteln an Bord ausgerüstet. Die Polizei benötigt diese Fahrzeuge für Einsätze, bei denen technisches Spezialgerät erforderlich ist. Hierzu zählen unter anderem gewaltsame Wohnungsöffnungen oder das Beseitigen von Straßensperren.

Modell	Mercedes-Benz 1017 A
Baujahr	1986
PS/kW	169 PS/124 kW
Hubraum ccm	5636
Motortyp	R6 Zylinder Diesel

Mercedes-Benz 2628 WaWe 9 AK 6x6

Die deutschen Polizeibehörden verfügen über mehr als 100 dieser Polizei-Wasserwerfer WaWe 9. Sie sind mit einem 9000 Liter fassenden Wassertank und einem Zusatztank für Reizgas ausgestattet. Die beiden ausfahrbaren und voll schwenkbaren Wasserkanonen erreichen eine Wurfweite von 65 Metern. Eine starke Lautsprecheranlage, Zielscheinwerfer, Kameraüberwachung, Wasserabwehrdüsen unter dem Fahrzeug und die geschützte Karosserie machen den WaWe 9 zu einem starken Einsatzmittel bei gewalttätigen Ausschreitungen.

Modell	Mercedes-Benz 2628 WaWe 9 AK 6x6
Baujahr	1984
PS/kW	280 PS/206 kW
Hubraum ccm	14 517
Motortyp	V8 Zylinder Diesel

Mercedes-Benz Unimog U 2450 L

Die Bundespolizei setzt diese modernen Flugfeldlöschfahrzeuge auf den Flugbasen ihrer Fliegerstaffeln ein. Mit dem an der Fahrzeugfront installierten horizontal und vertikal schwenkbaren Strahlrohr können die Tanklöschfahrzeuge bei Bränden oder Notlandungen schnell eingreifen. Die Firma Ziegler erledigte den Aufbau.

Modell	Mercedes-Benz Unimog U 2450 L
Baujahr	1993
PS/kW	240 PS/177 kW
Hubraum ccm	5958
Motortyp	V6 Zylinder Diesel

Mercedes-Benz 711 D

Dieser Befehlskraftwagen auf Basis des Mercedes 711 D wird beim Polizeipräsidium Mittelhessen genutzt. Der Sonderaufbau bietet mehr Raum für moderne Bürotechnik, EDV-Arbeitsplätze, Lautsprecher- und Funkanlagen. Das Fahrzeug dient den Polizeiführern als Kommunikationsbasis zur Einsatzleitung vor Ort.

Modell	Mercedes-Benz 711 D
Baujahr	1992
PS/kW	116 PS/85 kW
Hubraum ccm	3972
Motortyp	R4 Zylinder Diesel

Mercedes-Benz Actros 1843

Im Bild ein Polizei-Infomobil: Diesen schweren Sattelzug setzt die Polizei Baden-Württemberg als mobile Beratungsstelle ein, die landesweit für Präventions-Veranstaltungen genutzt wird. Im Auflieger befindet sich die komplette polizeiliche Ausstattung.

Modell	Mercedes-Benz Actros 1843
Baujahr	2001
PS/kW	430 PS/316 kW
Hubraum ccm	12 098
Motortyp	V6 Zylinder Diesel

Mercedes-Benz E 220 CDI

Der Wechsel der Polizeifarben von grün auf blau ist auch bei der Polizei Hamburg in vollem Gange. So wurden neue Streifenwagen der überarbeiteten Mercedes E-Klasse bereits in silber-blau eingeführt. Im Hintergrund sind ältere Einsatzfahrzeuge mit der bisherigen minzgrünen Polizeifarbe zu erkennen.

Modell	Mercedes-Benz E 220 CDI
Baujahr	2003
PS/kW	150 PS/110 kW
Hubraum ccm	2148
Motortyp	R4 Zylinder Diesel

Mercedes-Benz E 270 CDI (W210)

Die Polizei Baden-Württemberg führte ab 2002 eine moderne Fahrzeugflotte von Streifenwagen ein. Erstmals wurden die Streifenwagen nicht gekauft, sondern geleast und nach zwei Jahren komplett ausgetauscht. Für den Autobahndienst leaste man diese Mercedes E 270 CDI. Nach Ablauf des Leasings werden die grünen Farbfolien und die Sonderausrüstungen entfernt. So können sie als „normale" Limousinen wieder verkauft werden.

Modell	Mercedes-Benz E 270 CDI (W210)
Baujahr	2002
PS/kW	170 PS/125 kW
Hubraum ccm	2685
Motortyp	R5 Zylinder Diesel

Mercedes-Benz Vito

Diesen Fahrzeugtyp setzt die Polizei Hessen als Streifenwagen (Bild), Halbgruppenwagen, zu Unfallaufnahmen und weiteren Aufgaben ein. Zur umfangreichen Sonderausstattung gehört auch die Sondersignalanlage RTK 6, bei der, erstmals in Deutschland, ein zusätzlicher Signalton oder Yelp-Ton eingebaut ist. Dieser ertönt beim Aufleuchten des Signals „Stop Polizei", mit dem Fahrzeuge angehalten werden.

Modell	Mercedes-Benz Vito
Baujahr	2005
PS/kW	109 PS/80 kW
Hubraum ccm	2148
Motortyp	R4 Zylinder Diesel

Mitsubishi Pajero V60

Führungsfahrzeug der Bundespolizei: Als Dienstwagen der Einheitsführer oder geländegängiger Streifenwagen setzt die Bundespolizei diese geräumigen Mitsubishi Pajero ein. Ausgerüstet mit einem modernen Sondersignalbalken, Funk und polizeilicher Inneneinrichtung ist er für alle Aufgaben des Streifendienstes geeignet.

Modell	Mitsubishi Pajero V60
Baujahr	2003
PS/kW	184 PS/135 kW
Hubraum ccm	3194
Motortyp	R6 Zylinder Diesel

Auwärter Neoplan

Großer Gefangenentransporter der Polizei: Wenn eine größere Zahl festgenommener Personen bei Demonstrationen oder Sportveranstaltungen abtransportiert werden muss, fährt die Polizei mit solchen großen Gefangenentransportern vor. Dieses Fahrzeug basiert auf einem Omnibus-Fahrgestell der Firma Auwärter/Neoplan, im Sonderaufbau befinden sich Einzel- und Sammelzellen für 27 Gefangene. Das Fahrzeug gehörte bis 2004 zum Fuhrpark der Polizei Hessen.

Modell	Auwärter Neoplan
Baujahr	1994
PS/kW	290 PS/213 kW
Hubraum ccm	9570
Motortyp	V6 Zylinder Diesel

Opel Vectra C 1.9 CDTI

Die Polizei Hessen setzt seit 2005 den neuen Opel Vectra C als Polizei-Streifenwagen ein. Die auf dem Dach montierte Sondersignalanlage RTK 6 beinhaltet zwei Blaulichter, Martinshorn, Außenlautsprecher, Arbeitsscheinwerfer, optische Signale „Stop Polizei" und „Bitte folgen", einen Anhaltesignalton sowie ein zusätzliches rotes Blitzlicht. Zur weiteren Ausstattung gehören die Funkanlage und eine Überwachungskamera.

Modell	Opel Vectra C 1.9 CDTI
Baujahr	2005
PS/kW	150 PS/110 kW
Hubraum ccm	1910
Motortyp	R4 Zylinder Diesel

Opel Frontera 2.2

Für Streifenfahrten in schwierigem Gelände und als Zugfahrzeug für Pferdeanhänger oder Boote verfügt die Polizei Hessen über diese Geländewagen von Opel. Die Polizei-Streifenwagen sind mit Funk, einer modernen Sondersignalanlage und polizeilicher Innenausstattung versehen.

Modell	Opel Frontera 2.2
Baujahr	2004
PS/kW	120 PS/88 kW
Hubraum ccm	2171
Motortyp	R4 Zylinder Diesel

Opel Omega B 2.5 TD Caravan

Diesen Opel Omega mit Spezialaufbau setzt die Autobahnpolizei Münster in Nordrhein-Westfalen als Absicherungsfahrzeug ein. Es besitzt zwei Blaulichtbalken auf dem Dach und dazwischen ein großes, aufklappbares Leuchtschild zur Warnung vor Verkehrsunfällen und anderen Gefahrenstellen auf Autobahnen. Weiterhin verfügt der Wagen über eine auffällige Pfeiloptik, damit er bei schlechter Sicht frühzeitig erkennbar ist.

Modell	Opel Omega B 2.5 TD Caravan
Baujahr	2000
PS/kW	131 PS/96 kW
Hubraum ccm	2497
Motortyp	R6 Zylinder Diesel

Porsche 911 3.6 Coupe

Sportwagen wie der Porsche 911 werden vereinzelt als schnelle Polizei-Streifenwagen bei der Autobahnpolizei eingesetzt. Dieses Fahrzeug ist 1996 anlässlich des „1 000 000. Porsche" an die Autobahnpolizei Baden-Württemberg in Stuttgart übergeben worden. Mit über 275 km/h gehörte er zu den schnellsten Streifenwagen Deutschlands. Heute steht dieser Porsche im neuen Porsche-Museum in Stuttgart-Zuffenhausen.

Modell	Porsche 911 3.6 Coupe
Baujahr	1996
PS/kW	286 PS/210 kW
Hubraum ccm	3600
Motortyp	Boxer 6 Zylinder

Smart Fortwo

Als Fahrzeug für Öffentlichkeitsarbeit oder Kurierdienste setzt die Polizei Hamburg diesen Smart als Dienstwagen ein. In den neuen Polizeifarben silber-blau, mit einem Hella OWS-Blaulichtbalken und Funk ist er als kleines, fahrbares Aushängeschild für die Polizei der Hansestadt oft unterwegs. Auch in Portugal und Italien werden einige Smart-Mobile in den Großstädten zu Streifenfahrten verwendet.

Modell	Smart Fortwo
Baujahr	2001
PS/kW	45 PS/33 kW
Hubraum ccm	599
Motortyp	R3 Zylinder Benzin

VW Golf III

Als Streifenwagen der Wasserschutzpolizei in Stralsund in Mecklenburg-Vorpommern dient dieser VW Golf III. Die Wasserschutzpolizei benötigt Streifenwagen, da sie neben der Überwachung von Wasserstraßen auch an Land für Kontrollen von Hafenanlagen und Schiffen zuständig ist. In Sportboothäfen oder Marinas häufen sich seit Öffnung der Grenzen die Diebstähle von Bootszubehör und Freizeitbooten deutlich.

Modell	VW Golf III
Baujahr	1995
PS/kW	75 PS/55 kW
Hubraum ccm	1598
Motortyp	R4 Zylinder

VW Passat Variant 1.9 TDI

Der VW Passat Variant ist der zurzeit meistgefahrene Streifenwagen bei der deutschen Polizei. Ausgerüstet mit Sondersignalanlage, Funk und polizeilicher Inneneinrichtung ist er ein ideales Einsatzfahrzeug für den alltäglichen Streifendienst. Dieser Wagen gehört der Polizei des Landes Brandenburg.

Modell	VW Passat Variant 1.9 TDI
Baujahr	2003
PS/kW	131 PS/96 kW
Hubraum ccm	1896
Motortyp	R4 Zylinder Diesel

Opel Vectra C 2.2 DTI

Seit 2002 ist der Opel Vectra C Standardstreifenwagen der Polizei Hessen. Mit einer Sondersignalanlage RTK 4, Funkgerät und weiteren technischen Änderungen ist er für die Aufgaben des Streifendienstes ausgestattet. Mit Einführung des Vectra C stellte die Polizei Hessen ihren Fuhrpark von der Karosseriefarbe Weiß auf Silber um. Hauptgrund ist der höhere Wiederverkaufswert nach Aussonderung der Fahrzeuge.

Modell	Opel Vectra C 2.2 DTI
Baujahr	2002
PS/kW	125 PS/92 kW
Hubraum ccm	2172
Motortyp	R4 Zylinder Diesel

Opel Zafira 1.9 CDTI

Der vielseitig nutzbare Opel Zafira Kompakt-Van findet in einigen Bundesländern als geräumiger Streifenwagen für den Verkehrsdienst oder auch als Diensthunde-Transporter, wie auf diesem Foto zu sehen, Verwendung. Bei der Motorisierung reicht die Spanne der Polizeifahrzeuge vom relativ leistungsschwachen CNG-Erdgasantrieb mit 94 PS bis zum 240 PS starken Benziner. Im Streifendienst wird meist der 120 PS starke und sparsame CDTI-Motor mit Partikelfilter gefahren.

Modell	Opel Zafira 1.9 CDTI
Baujahr	2005
PS/kW	120 PS/88 kW
Hubraum ccm	1910
Motortyp	R4 Zylinder Diesel

Peugeot 406 HDI

Peugeot war 2004 der erste europäische Hersteller, der fast alle Dieselfahrzeuge mit Rußpartikelfilter und Katalysator anbot. Ein mutiger Schritt in die richtige Richtung auch für die saarländische Polizei, die eine neue Flotte Streifenwagen vom Typ Peugeot 406 HDI damit ausrüsten ließ. Der aerodynamisch sauber gestylte 406 wurde von Pininfarina gezeichnet und kann mit einer Höchstgeschwindigkeit von 230 km/h aufwarten.

Modell	Peugeot 406 HDI
Baujahr	2004
PS/kW	204 PS/150 kW
Hubraum ccm	2721
Motortyp	V6 Zylinder Diesel

Fiat Ducato 2.8 JTD

Polizei-Halbgruppenwagen bei der Bremer Polizei. Einer der meistgefahrenen Kleinbusse bei den europäischen Polizeiorganisationen ist der Fiat Ducato, der vor gut 25 Jahren vorgestellt wurde. In Deutschland bevorzugt man bei den Landespolizeien traditionell deutsche Fabrikate, die von VW, Daimler oder Ford stammen. Entsprechend schwierig gestaltet sich der Vertrieb hierzulande. Der Fiat Ducato kann auf Wunsch mit Allradantrieb, Mehrstoffmotor Gas-Benzin oder auch mit Elektroantrieb geordert werden. Letzterer wird in Rom und weiteren Großstädten Italiens bei Smogalarm und Fahrverboten aus den Garagen geholt.

Modell	Fiat Ducato 2.8 JTD
Baujahr	2003
PS/kW	110 PS/81 kW
Hubraum ccm	2286
Motortyp	R4 Zylinder Diesel

Toyota Avensis 2.2 Clean Power

Prototyp-Streifenwagen: Im Auftrag der Landespolizeien, der Bundespolizei oder auch der Hersteller werden von spezialisierten Firmen, wie der Firma Intax, Serienwagen so umgebaut, dass sie sich für den jeweiligen Einsatzbereich eignen. Unser Bild zeigt eine neue Avensis Mittelklasse-Limousine von Toyota, die für eine Präsentation vorgesehen war. Dieser Toyota Avensis blieb bislang ein Einzelstück.

Modell	Toyota Avensis 2.2 Clean Power
Baujahr	2006
PS/kW	177 PS/130 kW
Hubraum ccm	2231
Motortyp	R4 Zylinder Diesel

Toyota RAV4

Einer der weltweit meistverkauften SUV mit permanentem Allradantrieb ist der Toyota RAV4. Für den Toyota spricht die anerkannt solide Verarbeitung, guter Fahrkomfort, auch bei voller Beladung, und durchaus akzeptable Geländeeigenschaften. Im Herbst 2006 wurden vier Testwagen als Polizei-Streifenwagen an die Landespolizei Schleswig-Holstein ausgeliefert. Die Firma Intax erledigte die polizeispezifischen Änderungen.

Modell	Toyota RAV4 2.2
Baujahr	2006
PS/kW	177 PS/130 kW
Hubraum ccm	2231
Motortyp	R4 Zylinder Diesel

Citroen Jumper HDI

Moderne Kleintransporter wie der Citroen Jumper lassen sich heute fast so agil fahren wie eine ausgewachsene Kombi-Limousine. Als Halbgruppen-Transporter oder Mehrzweckfahrzeug sind die bis zu 170 km/h schnellen Kleintransporter bei der deutschen Polizei fest etabliert. Citroen entwickelte 2004 zusammen mit der Firma Intax einen multifunktionalen Transporter, der sich in wenigen Minuten vom achtsitzigen Bus mit abgetrenntem Ladeabteil in ein Konferenz-Mobil umbauen lässt. Ohne Sitze ist dieser Jumper ein simpler Transporter mit großer Ladefläche.

Modell	Citroen Jumper HDI
Baujahr	2004
PS/kW	146 PS/107 kW
Hubraum ccm	2800
Motortyp	R4 Zylinder Diesel

Die Polizeiarbeit wird immer vielschichtiger. Entsprechend gefragt sind neue Ideen, wie das multifunktionale Polizeifahrzeug in Zukunft aussehen soll. Der Citroen Jumper-Prototyp bietet vielseitige Umbaumöglichkeiten in wenigen Minuten.

Citroen C5 2.2 HDI

Prototyp-Streifenwagen: Mit seiner hydropneumatischen Federung ist der komfortable Citroen C5 in der Lage, sich den unterschiedlichsten Belastungen entsprechend anzupassen. Die Niveauregulierung namens Hydractive 3 ist eine Spezialität von Citroen, erstmals angewandt beim legendären Citroen DS 19/21, der „Göttin". Der gezeigte Streifenwagen C5 ist ein Prototyp der Firma Intax. In Frankreich fährt die Polizei einige Hundert Citroen C5 im Streifendienst, hierzulande blieb es bei diesem interessanten Einzelexemplar.

Modell	Citroen C5 2.2 HDI
Baujahr	2005
PS/kW	136 PS/98 kW
Hubraum ccm	2179
Motortyp	R4 Zylinder Diesel

Mercedes-Benz Unimog U5000

Polizeiliches Berge-Räumgerät: Diese modernen Einsatzfahrzeuge gehören mit Ladeschaufel, Ladekran, Seilwinde und weiterer Ausrüstung zu den Technischen Einheiten der Bereitschaftspolizei. Sie werden bei Naturkatastrophen, zur Beseitigung von Straßenbarrikaden oder beim Aufbau von Notunterkünften eingesetzt.

Modell	Mercedes-Benz Unimog U5000
Baujahr	2004
PS/kW	218 PS/160 kW
Hubraum ccm	4801
Motortyp	R4 Zylinder Diesel

Mercedes-Benz Atego 1225

Bei Großereignissen und Naturkatastrophen benötigt die Bereitschaftspolizei von Schleswig-Holstein umfangreiche Gerätschaften, die zur raschen Hilfe erforderlich sind. Dazu gehören Taucher, die in diesem Mercedes-Benz Atego ihre Basis eingerichtet haben. Ausgerüstet sind diese Taucherbasisfahrzeuge auch mit einer Unterdruckkammer.

Modell	Mercedes-Benz Atego 1225
Baujahr	2005
PS/kW	231 PS/170 kW
Hubraum ccm	6374
Motortyp	R6 Zylinder Diesel

Mercedes-Benz O-303

Großer Mannschaftstransporter: Der bislang erfolgreichste Bus in der über hundertjährigen Geschichte des Stuttgarter Unternehmens ist der O-303, von dem fast 40 000 Exemplare verkauft wurden. Bei zahlreichen Landespolizeien wird der O-303 immer noch als Transportfahrzeug für größere Polizeieinheiten oder Musikkapellen genutzt, wie hier in Schleswig-Holstein. Der O-303 war der erste Bus in Großserie mit elektronischer Antischlupfregelung ABS.

Modell	Mercedes-Benz O-303
Baujahr	ca. 1985
PS/kW	192 PS/141 kW
Hubraum ccm	5675
Motortyp	R6 Zylinder Diesel

Mercedes-Benz 1222

Für größere Transportaufgaben benötigt die Polizei Pritschenwagen wie diesen Polizei-Lastkraftwagen. Hier handelt es sich um einen Mercedes-Laster der „neuen Generation 80", die über schwarze „Kiemenbleche" an der Wagenfront verfügen. Transportiert werden zum Beispiel Absperrgitter für größere Veranstaltungen, Demonstrationen oder auch Sportereignisse.

Modell	Mercedes-Benz 1222
Baujahr	ca. 1985
PS/kW	216 PS/159 kW
Hubraum ccm	10 960
Motortyp	V6 Zylinder Diesel

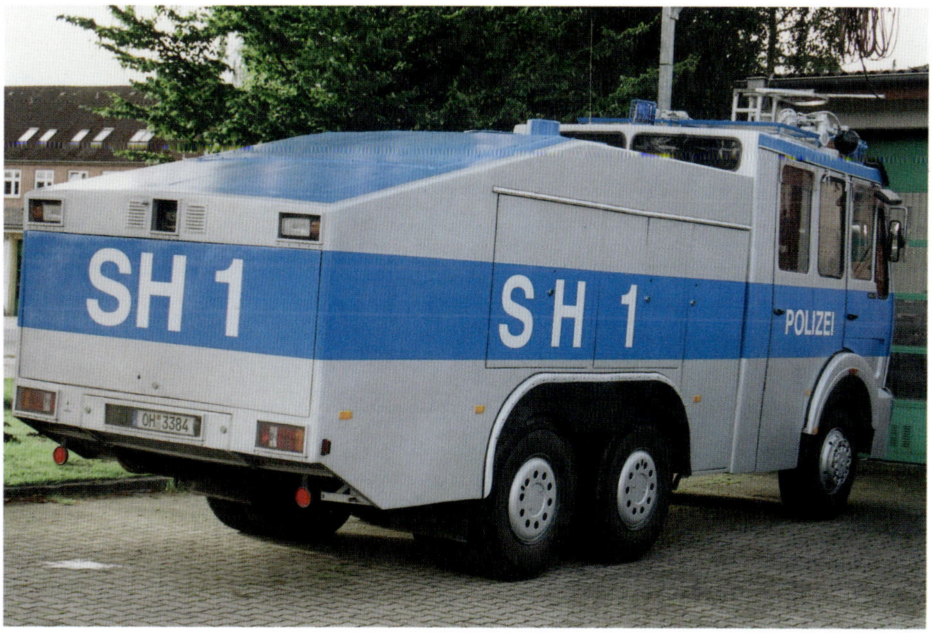

Mercedes-Benz 2628-B

Bei der Bereitschaftspolizei Eutin in Schleswig-Holstein ist dieser imposante Polizei-Wasserwerfer mit Allradantrieb stationiert, der sich schon in den neuen Farben blau-silber präsentiert. Die technische Ausstattung lieferte der Feuerwehr-Ausrüster Ziegler. Mit einem Wasservorrat von 9000 Litern plus einem Zusatztank mit Reizgas ist dieser Wasserwerfer der größte seiner Art in Deutschland.

Modell	Mercedes-Benz 2628-B
Baujahr	2004
PS/kW	280 PS/206 kW
Hubraum ccm	14 517
Motortyp	V8 Zylinder Diesel

VW Transporter T4

Diensthunde-Transporter: In der Polizeischule von Eutin in Schleswig-Holstein wird dieser VW Kombi als Zugwagen für den Transport der Polizeihunde gebraucht. Das Wohlbefinden der Vierbeiner ist absolut vorrangig, denn ein missmutig aufgelegter oder gar kranker Hund ist nicht in der Lage, Drogen oder Sprengstoffe aufzuspüren.

Modell	VW Transporter T4
Baujahr	ca. 1995
PS/kW	90 PS/66 kW
Hubraum ccm	1896
Motortyp	R4 Zylinder Diesel

Frische Luft ist für alle Polizeihunde wichtig, sonst verlieren sie den motivierenden Spaß an ihrem Job. Sie spüren versteckte Drogen und Sprengstoffe aus Freude am Suchen zielsicher auf.

VW Buggy

Für Kontrollfahrten direkt am sandigen Ostseeufer wird dieser VW Buggy von der Bereitschaftspolizei Eutin bei Bedarf eingesetzt. Vorbild ist die US-amerikanische Polizei, die im kalifornischen Pismo Beach und anderen besonders sandigen Regionen neben den Quads immer noch VW Buggys mit dicken Hinterreifen einsetzt, die im Sand nicht einsinken. Eingebaut ist ein leicht getunter, luftgekühlter VW-Boxermotor.

Modell	VW Buggy
Baujahr	ca. 1980
PS/kW	65 PS/48 kW
Hubraum ccm	1500
Motortyp	Boxer 4 Zylinder Benzin

VW Transporter 1.9 TDI

Nach wie vor ist der VW Transporter wohl der beliebteste Polizei-Streifenwagen im Kleinbus-Format. Bei diesem Typ handelt es sich um einen Transporter der vierten Generation (T4) mit Hella-Sondersignalanlage und zwei zusätzlichen blauen Signallichtern im Kühlergrill. Im abgetrennten Heckteil wird bei Bedarf eine Hundebox untergebracht.

Modell	VW Transporter 1.9 TDI
Baujahr	ca. 2000
PS/kW	90 PS/66 kW
Hubraum ccm	1896
Motortyp	R4 Zylinder Diesel

Ford Scorpio Turnier 3.0

Bei der Bereitschaftspolizei des Landes Schleswig-Holstein wurde dieser relativ seltene Ford Scorpio Turnier der ersten Generation seit dem Beginn der 90er-Jahre gefahren. Die Aufnahme des Polizei-Streifenwagens entstand im Herbst 2006 in Eutin. Auch beim damaligen Bundesgrenzschutz fand der komfortable und sehr geräumige Ford eine Aufgabe als Streifen- und Führungsfahrzeug.

Modell	Ford Scorpio Turnier 3.0
Baujahr	ca. 1991
PS/kW	145 PS/107 kW
Hubraum ccm	2935
Motortyp	V6 Zylinder Benzin

VW Kübelwagen Typ 181

Die unverwüstlichen VW Kübelwagen vom Typ 181 wurden zwischen 1969 und 1979 beim Bundesgrenzschutz, der Bereitschaftspolizei und bei der Militärpolizei der Bundeswehr gefahren. Heutzutage dient dieser tipptopp restaurierte Oldie von der Landespolizeischule der Bereitschaftspolizei Eutin zu Ausbildungszwecken.

Modell	VW 181
Baujahr	ca. 1975
PS/kW	44 PS/32 kW
Hubraum ccm	1493
Motortyp	Boxer 4 Zylinder Benzin

Thyssen TM 170 SW 4

Geschützter Sonderwagen der Bundespolizei: Am Flughafen von Stuttgart werden zu besonderen Anlässen auch gepanzerte Sonderwagen der Bundespolizei gezeigt, die bei bewaffneten terroristischen Angriffen oder Geiselnahmen in wenigen Sekunden einsatzbereit sind. Die Höchstgeschwindigkeit des allradgetriebenen Fahrzeugs beträgt 100 km/h, die Watfähigkeit 120 Zentimeter und die Steigfähigkeit 80 Prozent. Ein Fahrgestell des Mercedes-Benz Unimog ist die Basis für diesen Neunsitzer.

Modell	Thyssen TM 170
Baujahr	1988
PS/kW	168 PS/124 kW
Hubraum ccm	5638
Motortyp	R6 Zylinder

Land Rover Discovery 4.0

Streifen- und Führungsfahrzeug der Bundespolizei. Die Bundespolizei ist auch für die Sicherheit in den deutschen Bahnhöfen zuständig. In den weiträumigen Bahnanlagen ist die Überwachung durch Videoanlagen fast lückenlos. Im Außenbereich kann dieser 170 km/h schnelle Offroader in wenigen Minuten den Einsatzort am Stuttgarter Hauptbahnhof erreichen.

Modell	Land Rover Discovery 4.0
Baujahr	ca. 2000
PS/kW	182 PS/134 kW
Hubraum ccm	3947
Motortyp	V8 Zylinder Benzin

Mercedes-Benz Vito 2.0 CDI

In Baden-Württemberg, dem Heimatland von Daimler-Benz, fährt die Landes- und Bundespolizei auch die aktuellen Mercedes-Modelle als Streifenwagen. Beim Tag der offenen Tür auf dem Flughafen Stuttgart wurde im Sommer 2006 der neueste Vito gezeigt, der im ehemaligen DKW-Werk in Vitoria in Spanien vom Band rollt. Der neue Vito bietet deutlich mehr Platz und Komfort als das Vorgängermodell und ist zudem um gut 15 Prozent spritsparender. Ein wichtiges Argument im Schwabenland.

Modell	Mercedes-Benz Vito 2.0 CDI
Baujahr	2006
PS/kW	109 PS/80 kW
Hubraum ccm	2148
Motortyp	R4 Zylinder Diesel

Mercedes-Benz Vito 112 CDI

Diensthunde-Transporter der Bundespolizei. Der kleine Lüfter im Heck des Wagens lässt den Einsatzbereich dieses Mercedes Vito der ersten Generation erkennen. Im Hintergrund ist der denkmalgeschützte Kopfbahnhof von Stuttgart, der Landeshauptstadt von Baden-Württemberg, zu sehen. In den ersten Vitos wurde erstmals bei einem Mercedes wie beim VW Transporter ein Frontantrieb eingebaut, der aber für einen deutlich erhöhten Reifenverschleiß sorgte.

Modell	Mercedes-Benz Vito 112 CDI
Baujahr	2000
PS/kW	122 PS/90 kW
Hubraum ccm	2148
Motortyp	R4 Zylinder Diesel

VW Transporter Syncro T5

Führungs- und Streifenwagen der Bundespolizei. In Abstimmung mit den technischen Abteilungen der Bundes- und Landespolizeien entwickeln die Hersteller ständig neue Modelle, die im Testbetrieb bei der Polizei erprobt werden. So gibt es beim VW Kombi der fünften Generation Polizeifahrzeuge mit einem 3,2-Liter-Sechszylinder-Benzinmotor, der 235 PS stark ist, oder ein sparsames Dieselaggregat mit 174 PS und Sechsganggetriebe: Spitzengeschwindigkeit deutlich über 200 km/h.

Modell	VW Transporter Syncro T5
Baujahr	2006
PS/kW	131 PS/96 kW
Hubraum ccm	2460
Motortyp	R5 Zylinder Diesel

VW Kombi 1.9 TDI

Neutraler Funkstreifenwagen: Für polizeitaktische Sonderaufgaben ist dieser neutral lackierte VW Kombi in Stuttgart unterwegs, dessen vier Blaulichter und der Lautsprecher demontierbar sind. Im Heck des Wagens ist eine Hundebox mit Dachlüfter untergebracht.

Modell	VW Kombi 1.9 TDI
Baujahr	ca. 2001
PS/kW	105 PS/77 kW
Hubraum ccm	1896
Motortyp	R4 Zylinder Diesel

VW LT31 2.5 TDI

In der etwa 650 000 Einwohner zählenden baden-württembergischen Landeshauptstadt Stuttgart geht es bei Großveranstaltungen wie zum Beispiel der Fußballweltmeisterschaft 2006 deutlich ruhiger zu als in der Millionenstadt Berlin. Dennoch rückt die Bereitschaftspolizei in Stuttgart mit einer Flotte dieser Bereitschaftspolizei-Gruppentransporter an, die mit einem mittelhohen Dach und einer Hella-Sondersignalanlage ausgerüstet sind. Ein Teil der Wagen verfügt über Allradantrieb.

Modell	VW LT31 2.5 TDI
Baujahr	2005
PS/kW	109 PS/80 kW
Hubraum ccm	2461
Motortyp	R5 Zylinder Diesel

BMW R1150 RT

Seit über 30 Jahren setzt die Polizei Baden-Württemberg konsequent auf Motorräder der Marke BMW. Unser Foto zeigt ein stark besuchtes Fest, bei dem der „Ritt" auf einem echten Polizeimotorrad ein tolles Erlebnis für die Kinder ist. Bei der edel gestylten silber-blauen „Lackierung" besteht die blaue Farbe aus Folienmaterial, das sich abziehen lässt. Beim Weiterverkauf der über 16 000 Euro teuren Maschine werden so bessere Preise erzielt.

Modell	BMW R1150 RT
Baujahr	2006
PS/kW	110 PS/81 kW
Hubraum ccm	1150
Motortyp	Boxer 2 Zylinder Benzin

BMW R1100 RT

Derzeit besteht für die deutsche Polizei keine echte Alternative zu den immer wieder verbesserten BMW-Maschinen mit dem Zweizylinder-Boxermotor, dessen Grundkonstruktion auf das Jahr 1923 zurückreicht. Unser Foto zeigt die Motorradstaffel des Polizeipräsidiums München vor einem neuen Einsatz. Das in der Neigung verstellbare Windschild bietet optimalen Wind- und Wetterschutz für unterschiedliche Körpergrößen.

Modell	BMW R1100 RT
Baujahr	2005
PS/kW	90 PS/66 kW
Hubraum ccm	1085
Motortyp	Boxer 2 Zylinder Benzin

BMW R67

Nur das kleine Polizei-Schild auf dem vorderen Kotflügel zeigt die Herkunft dieser Beiwagenmaschine aus den 50er-Jahren an. Bei der Münchner Polizei erfüllte diese BMW die Aufgabe der heutigen Funkstreifenwagen. Im Vergleich zur Solomaschine, der BMW R51 mit 494 ccm Hubraum, bekam die R67 600 ccm und zwei zusätzliche PS spendiert. Unter guten Bedingungen schaffte das Gespann 100 km/h. Der Beiwagen stammt von der Firma Steib.

Modell	BMW R67
Baujahr	ca. 1954
PS/kW	26 PS/19 kW
Hubraum ccm	600
Motortyp	Boxer 2 Zylinder Benzin

Heinkel Tourist 103 A1

Zwischen 1954 und 1959 wurden insgesamt über 100 000 Heinkel Tourist-Motorroller verkauft. Auch bei der Polizei Baden-Württemberg wurden die besonders zuverlässigen Roller mit ihrem fast unverwüstlichen Viertaktmotor (OHV, also mit obenliegenden Ventilen) noch lange Jahre in ländlichen Gegenden genutzt. Der Roller bot deutlich mehr Wetterschutz gegenüber einem Motorrad, außerdem einen Kofferraum für alle Utensilien, die ein Schutzmann so benötigt.

Modell	Heinkel Tourist 103 A1
Baujahr	ca. 1962
PS/kW	9,2 PS/6,7 kW
Hubraum ccm	175
Motortyp	1 Zylinder Benzin

BMW R26

Für den Schutzmann auf dem Dorf bedeutete die Einzylinder-BMW R26 in den 50er-Jahren ein echter Fortschritt. Dienstfahrten zu den oft weit auseinander liegenden Gehöften gestalteten sich damit erheblich komfortabler als per Fahrrad oder Moped. Die R26 besaß nun ein sogenanntes Vollschwingen-Fahrwerk mit vorderer Telegabel und hinteren Stoßdämpfern.

Modell	BMW R26
Baujahr	ca. 1956
PS/kW	15 PS/11 kW
Hubraum ccm	247
Motortyp	1 Zylinder Benzin

BMW R50 Spezial

Akrobatik auf dem Polizeimotorrad. Sowohl im Osten wie im Westen Deutschlands bildeten sich in den ersten Nachkriegsjahren Motorsportgruppen, die sich schon bald zu absoluten Publikumslieblingen bei großen Polizeifesten entwickelten. Sechs Polizisten auf einer BMW, das war in den 60er-Jahren eine tolle Leistung, aber erst der Anfang: Im Juni 1998 fuhr der 64-jährige Polizeihauptkommissar a.D. Georg Franke mit 50 Polizisten/innen von der Motorsportgruppe Berlin zu einem neuen Weltrekord. 50 Personen auf einer BMW R67/2, da bleibt einem glatt die Spucke weg.

Modell	BMW R50 Spezial
Baujahr	ca. 1965
PS/kW	26 PS/19 kW
Hubraum ccm	494
Motortyp	Boxer 2 Zylinder Benzin

BMW R69 S

Von 1960 bis 1969 war diese R69 S das absolute Spitzenmodell auf dem deutschen Markt. Als schnelles Polizeimotorrad des Polizeipräsidiums München wurde die weiße R69 S zu einem attraktiven Werbeträger für die Bayerischen Motorenwerke (BMW).

Modell	BMW R69 S
Baujahr	1964
PS/kW	42 PS/31 kW
Hubraum ccm	594
Motortyp	2 Zylinder Boxer Benzin

BMW R35

Eine absolute Rarität ist diese bestens erhaltene BMW R35 mit Einzylinder-Viertaktmotor, die im Zweiten Weltkrieg als überaus zuverlässiges Transportmittel den Meldeeinheiten diente. Nach dem verlorenen Krieg wurde im ehemaligen BMW-Motorradwerk in Eisenach/DDR dieser Typ wieder neu aufgelegt, zuerst als BMW R35, dann – nach Einspruch von BMW München – bis 1955 als EMW R35. Bei der Volkspolizei und auch bei der Polizei in Polen wurden diese soliden Viertakter noch bis in die 70er-Jahre hinein gefahren.

Modell	BMW R35
Baujahr	ca. 1947
PS/kW	14 PS/10 kW
Hubraum ccm	342
Motortyp	1 Zylinder Benzin

BMW R50 S

Mit einer wahrlich zirkusreifen Pyramide, bestehend aus neun Motorrädern und 73 Personen, begeisterte die Motorsportgruppe der Polizei Berlin ihr Publikum. In einer TV-Sendung von „Wetten, dass" wurde dieser einmalige Rekord noch einmal deutlich mit 83 Personen auf neun Motorräder übertroffen.

Modell	BMW R50 S
Baujahr	ca. 1962
PS/kW	35 PS/26 kW
Hubraum ccm	494
Motortyp	Boxer 2 Zylinder Benzin

BMW R60/2 Spezial

Die kleinste BMW der Welt ist dieser Kraftzwerg, die Karsten Kube von der Motorsportgruppe der Berliner Polizei entwarf und realisierte. Sie entstand aus Teilen einer BMW R60/2 und einer R50/5. Der 120 km/h schnelle Winzling begeistert das Publikum bei großen Polizeifesten und anderen Veranstaltungen.

Modell	BMW R60/2 Spezial
Baujahr	ca. 1980
PS/kW	30 PS/22 kW
Hubraum ccm	594
Motortyp	Boxer 2 Zylinder Benzin

BMW R60

Die klassischen Beiwagenmaschinen für die Polizei waren die BMW R60 bis R69, die von 1960 bis 1969 verkauft wurden. Im Gespannbetrieb wurde der größere 600-ccm-Motor eingebaut, während die Solomaschinen den 500er-Motor bekamen. Das Foto zeigt ein tipptopp restauriertes BMW-Gespann der Berliner Polizei. Für den passenden Seitenwagen, auch Boot genannt, sorgte die Firma Steib.

Modell	BMW R60
Baujahr	ca. 1968
PS/kW	30 PS/22 kW
Hubraum ccm	594
Motortyp	Boxer 2 Zylinder Benzin

DKW RT 350 S

Vor 1930 war DKW einige Jahre lang der größte Motorradhersteller der Welt. Unzählige Rennsiege konnte der Zweitakt-Spezialist aus Zschopau damals erringen. Auch die Polizei war bei DKW stets ein guter Kunde. Die letzte DKW-Maschine war diese wohlgeformte RT 350 S für die Polizei in Bayern und Baden-Württemberg. 1958 stellte DKW die gesamte Motorradproduktion mangels adäquater Nachfrage ein.

Modell	DKW RT 350 S
Baujahr	ca. 1956
PS/kW	18,5 PS/13,6 kW
Hubraum ccm	348
Motortyp	R2 Zylinder Benzin

Mercedes-Benz 170 V

Die ersten Nachkriegswagen mit dem Stern waren die Mercedes-Benz Typ 170, die es mit Vergaser (170 V) oder Dieselmotor (170 D) für anfänglich 6200 Reichsmark zu kaufen gab. Unser Foto zeigt drei vergnügte Polizisten, die sich Anfang der 50er-Jahre glücklich schätzen konnten, einen Mercedes mit „Ganzstahl-Karosserie" (Werbeaussage von damals) fahren zu dürfen. Die Spitzengeschwindigkeit betrug laut Werksangabe 108 km/h.

Modell	Mercedes-Benz 170 V
Baujahr	ca. 1949
PS/kW	38 PS/28 kW
Hubraum ccm	1697
Motortyp	R4 Zylinder Benzin

VW Standard

In den ersten Jahren nach dem Zweiten Weltkrieg fuhr die Mehrzahl aller Polizisten Fahrrad oder Motorrad. Als die Besatzungsmächte wieder eine zweckorientierte Automobilproduktion gestatteten, wurden in erster Linie Krankenwagen, kleine Lieferwagen und auch Polizeiwagen gebaut. So entwickelte die Firma Hebmüller zusammen mit VW diesen spartanisch ausgestatteten Streifenwagen, der den Landespolizeien zugeteilt wurde.

Modell	VW Standard
Baujahr	1949
PS/kW	25 PS/18 kW
Hubraum ccm	1131
Motortyp	Boxer 4 Zylinder Benzin

Hanomag L 28

Auch von der bayerischen Landespolizei wurden einige dieser auffälligen Lautsprecherwagen von Hanomag in den 50er-Jahren gekauft und bei Demonstrationen oder sportlichen Großveranstaltungen eingesetzt. Bei diesem Bus mit einer Nutzlast von 2,5 Tonnen handelt es sich nicht um die Allradausführung, die meist beim Bundesgrenzschutz Verwendung fand, sondern um die normale Ausführung mit Hinterradantrieb. Eingebaut ist ein Vorkammer-Dieselmotor (D 28 LA).

Modell	Hanomag L 28
Baujahr	ca. 1953
PS/kW	65 PS/48 kW
Hubraum ccm	2799
Motortyp	R4 Zylinder Diesel

Mercedes-Benz L319 D

Mit einer wahren Batterie von sieben kräftigen Lautsprechern ist dieser Einsatzwagen der Münchner Polizei als Lautsprecherwagen ausgerüstet. Bei gewalttätigen Demonstrationen wurden Schutzgitter und schlagsichere Scheiben für den Fahrer benötigt. Basisfahrzeug ist der Mercedes-Kastenwagen mit Seitenscheiben. Von dieser sehr erfolgreichen, ersten Mercedes-Benz Transporter-Baureihe wurden zwischen 1956 und 1968 über 120 000 Stück verkauft. Je nach Bundesland und Baujahr wurden Vergasermodelle mit 80 PS oder sparsame Diesel mit 45 bis 55 PS an die Polizei ausgeliefert.

Modell	Mercedes-Benz L319 D
Baujahr	ca. 1960
PS/kW	55 PS/40 kW
Hubraum ccm	1998
Motortyp	R4 Zylinder Diesel

Opel Blitz 1.9T

In den 50er- und 60er-Jahren galten die Opel Blitz als besonders komfortable Kleinlastwagen, die mit einer Vielzahl von Aus- und Umbauten bestellt werden konnten. Dieser weiße Opel Blitz der Münchner Verkehrspolizei war als Unfallaufnahmewagen solch eine Spezialanfertigung. Unter der amerikanisch anmutenden Motorhaube arbeitete ein 2,5 Liter großer, laufruhiger Sechszylinder-Vergasermotor aus der Opel Kapitän-Baureihe.

Modell	Opel Blitz 1.9T
Baujahr	ca. 1962
PS/kW	70 PS/51 kW
Hubraum ccm	2605
Motortyp	R6 Zylinder Benzin

Mercedes-Benz L408

Im Bild ein Polizei-Pferdetransporter. In unwegsamem Gelände oder großen Parkanlagen ist die berittene Polizei Motorfahrzeugen deutlich überlegen. Nicht zuletzt sorgen die Ordnungshüter mit ihren Pferden bei ausufernden Demos für Respekt und Ordnung. In diesem rustikal anmutenden Pferdetransporter der Polizei Bayern aus den 60er-Jahren fanden jeweils zwei Polizeipferde Platz.

Modell	Mercedes-Benz L408
Baujahr	ca. 1965
PS/kW	80 PS/59 kW
Hubraum ccm	1897
Motortyp	R4 Zylinder Benzin

VW Bus T1

Ein Radarwagen der Militärpolizei: Anfang der 60er-Jahre fielen Fahrzeuge der Bundeswehr im Straßenverkehr und auf Truppenübungsplätzen häufig durch all zu forsches Tempo auf. Als wirksames Mittel gegen Temposünder schaffte sich die Bundeswehr 1964 einige der damals neuen VW T1-Radarwagen an, die für Ordnung an der Heimatfront sorgen sollten. Zivile Fahrzeuge blieben von diesem Aktionismus verschont.

Modell	VW Bus T1
Baujahr	1964
PS/kW	42 PS/31 kW
Hubraum ccm	1493
Motortyp	Boxer 4 Zylinder

VW Kombi T1

In den 50er-Jahren war jede Polizeistation noch froh über diesen vielseitig nutzbaren Halbgruppen-Transporter, der lediglich 30 PS auf die Hinterachse brachte. Nur abwärts ging es schneller als 95 km/h. 1959 galten eine hintere Stoßstange und vordere Ausstellfenster beim VW Kombi schon als Luxus, und noch war ein Winker im Seitenholm untergebracht. Erst 1960 konnten VW Bus-Fahrer mit einem Blinker den Fahrbahnwechsel anzeigen. Dafür verwöhnte das voll synchronisierte Vierganggetriebe technisch weniger begabte Fahrer.

Modell	VW Kombi T1
Baujahr	1959
PS/kW	30 PS/22 kW
Hubraum ccm	1192
Motortyp	Boxer 4 Zylinder Benzin

Trippel Eurocar

Polizeitaugliche Schwimmwagen sind eine Rarität. Der erfahrenste Konstrukteur auf diesem Gebiet war Hans Trippel, der für die deutsche Wehrmacht und die Polizei im Zweiten Weltkrieg Schwimmwagen mit Opel Kapitän-Motor entwickelte. Nach dem Krieg erblickte 1959 der Trippel Eurocar das Licht der Öffentlichkeit, in den ein Vierzylinder-Austin-Motor eingebaut war.

Modell	Trippel Eurocar
Baujahr	1959
PS/kW	48 PS/35 kW
Hubraum ccm	1098
Motortyp	R4 Zylinder Benzin

Mercedes-Benz LM 5000

Die ersten Schwerlastwagen aus den Nachkriegsjahren sind heute begehrte Sammlerstücke. Dieser optimal restaurierte LM 5000 aus dem Werk Gaggenau ist ein Feuerlösch-Polizeiwagen von 1950 aus Münster im Schwarzwald. Der überaus genügsame Vorkammer-Dieselmotor der Baureihe 67/4 wurde von anfänglich 112 PS auf schließlich 125 PS im Jahr 1954 gesteigert. In diesem Wagen ist allerdings noch der 112-PS-Reihenmotor eingebaut.

Modell	Mercedes-Benz LM 5000
Baujahr	1950
PS/kW	112 PS/82 kW
Hubraum ccm	7270
Motortyp	R6 Zylinder Diesel

Opel Olympia

Ohne polizeiliche „Kriegsbemalung", nur mit einer roten Kelle „bewaffnet", rückten die Polizisten vom Marburger Polizeirevier in den 50er-Jahren den Verkehrssündern auf die Pelle. Der mit reichlich Chrom verzierte Opel Olympia galt als Statussymbol gut situierter Bürger und auch der Polizei Hessen. Dieser perfekt restaurierte Polizei-Streifenwagen bildete vor vielen Jahren den Grundstock für das Deutsche Polizeioldtimer-Museum in Marburg.

Modell	Opel Olympia
Baujahr	1950
PS/kW	37 PS/27 kW
Hubraum ccm	1488
Motortyp	R4 Zylinder Benzin

BMW R60/5

Vor über 30 Jahren galt diese BMW R60 als absolutes Super-Bike für die europäische Polizei. Besonders gefiel die „wetterfeste" Verkleidung mit der futuristisch geformten Windschutzscheibe der Firma Gläser. Erste Versuche im Windkanal ergaben eine um 11 km/h höhere Endgeschwindigkeit von 168 km/h gegenüber dem unverkleideten Modell, das gleichfalls im Polizeidienst zwischen 1969 und 1973 eingesetzt wurde.

Modell	BMW R60/5
Baujahr	ca. 1970
PS/kW	40 PS/29 kW
Hubraum ccm	599
Motortyp	Boxer 2 Zylinder Benzin

BMW R65

Ohne adäquate Vollverkleidung fährt heute kein Polizist mehr Streife. Anfang der 80er-Jahre zählte diese BMW R65 zu den revolutionären Konstruktionen. Im Windkanal entworfen, jagten nun sportlich ambitionierte Schutzmänner Verkehrssünder auf zwei und vier Rädern. Das Foto entstand auf der ehemaligen Solitude-Rennstrecke bei Stuttgart. Hier wurden bis 1963 Motorrad- und Formel-1-Weltmeisterschaftsläufe veranstaltet, die bis zu 435 000 Zuschauer anlockten.

Modell	BMW R65
Baujahr	ca. 1980
PS/kW	45 PS/33 kW
Hubraum ccm	649
Motortyp	Boxer 2 Zylinder Benzin

BMW 1800

Von 1963 bis 1971 gehörte der BMW 1800 in die Reihe der besonders sportlichen Mittelklassewagen, den sich nur wohlhabende Dienststellen „leisten" konnten. Die Münchner Polizei kam in diesen Genuss, wie das Foto zeigt. Bei Rallyes und Tourenwagenrennen räumte der 1800er die Pokale ab, sehr zum Verdruss der Stuttgarter Kollegen mit dem Stern.

Modell	BMW 1800
Baujahr	ca. 1965
PS/kW	110 PS/81 kW
Hubraum ccm	1766
Motortyp	R4 Zylinder Benzin

VW Golf 1.5L

1974 wurde der neue VW Golf als Nachfolger des in die Jahre gekommenen VW Käfer vorgestellt. Vom Start weg eroberte sich die kompakte Limousine auch die Sympathie vieler europäischer Polizeiorganisationen. Als flinker Standardstreifenwagen für die Stadt war der Golf der ersten Generation nicht zu schlagen. Unser Foto zeigt den stark verbesserten Golf II, der 1982 seinen Vorgänger ablöste.

Modell	VW Golf 1.5L
Baujahr	1982
PS/kW	70 PS/51 kW
Hubraum ccm	1457
Motortyp	R4 Zylinder Benzin

VW Passat 1.8 CL

Im Frühjahr 1988 stellte das Volkswagen-Werk seine neue Mittelklasse-Limousine, den VW Passat CL, der Öffentlichkeit vor. Deutlich größer als der VW Golf der dritten Generation erfüllt der Passat der zweiten Generation fast perfekt die Wünsche der Länderpolizeien. Noch besser gefiel die Kombiausführung mit stark vergrößertem Laderaum. Unterschiedlich starke Motorisierungen kamen bei der Polizei zum Einsatz, die Spanne reichte von 90 PS bis 174 PS.

Modell	VW Passat 1.8 CL
Baujahr	1989
PS/kW	90 PS/66 kW
Hubraum ccm	1781
Motortyp	R4 Zylinder Benzin

VW Kombi LT 31

Nicht ganz so erfolgreich wie der VW Transporter fand die größere LT-Baureihe Einzug bei der deutschen Polizei. Unser Foto zeigt einen VW Kombi LT 31 mit einem zulässigen Gesamtgewicht von 3,2 Tonnen aus dem Jahr 1989. Als Fahrzeug der Einsatzleitung oder zur Unfallaufnahme, aber auch als Halbgruppen-Fahrzeug und Transporter kam der LT seit 1975 zum Einsatz. Eingebaut war ein Sechszylinder-Dieselmotor mit Turboaufladung.

Modell	VW Kombi LT 31
Baujahr	1989
PS/kW	102 PS/75 kW
Hubraum ccm	2384
Motortyp	R6 Zylinder Diesel

Opel Vectra GL

Als Standardstreifenwagen der Polizei von Nordrhein-Westfalen, Hessen und weiteren Bundesländern löste der neue Opel Vectra von 1988 den etwas pummeligen Opel Ascona ab, der relativ selten bei der Polizei Verwendung fand. Im Vergleich zum Opel Ascona war der Vectra der ersten Generation, unser Foto, deutlich strömungsgünstiger gestaltet und damit schneller und auch sparsamer bei Autobahn-Kontrollfahrten.

Modell	Opel Vectra GL
Baujahr	1989
PS/kW	90 PS/66 kW
Hubraum ccm	1796
Motortyp	R4 Zylinder Benzin

VW Bus Syncro 4x4 T3

In Zusammenarbeit mit dem Bundesgrenzschutz, der Bereitschaftspolizei, der Bundeswehr und anderen Organisation entwickelte das VW-Werk mit dem österreichischen Allrad-Spezialisten Steyr Magma den Syncro 4x4. Unser Foto zeigt eine Erprobungsfahrt für den Bundesgrenzschutz 1988. Über eine lastabhängige Viscose-Silikon-Kupplung wird der Vorderradantrieb automatisch zugeschaltet – ein sowohl preiswertes wie auch bewährtes Antriebssystem, das sich inzwischen millionenfach bei verschiedenen VW-Transportern bewährte.

Modell	VW Bus Syncro 4x4 T3
Baujahr	1988
PS/kW	112 PS/82 kW
Hubraum ccm	2109
Motortyp	Boxer 4 Zylinder Benzin

Mercedes-Benz 500 SEL

Als leicht oder stark armierte Sonderfahrzeuge kamen zahlreiche Modelle der Mercedes-Benz S-Klasse seit den 80er-Jahren zum Einsatz. Stichhaltige Gründe für die teure Umrüstung gab es genügend, denn die Terroristen der RAF sprengten zahlreiche ungepanzerte Mercedes-Limousinen mit hochrangigen Wirtschaftsführern in die Luft, wobei auch viele Polizisten ihr Leben verloren. Wegen des Mehrgewichts der Panzerung wurden die meisten 250 km/h schnellen Limousinen der S-Klasse im Staatsschutz mit stärkeren Motoren ausgerüstet.

Modell	Mercedes-Benz 500 SEL
Baujahr	1991
PS/kW	326 PS/240 kW
Hubraum ccm	4973
Motortyp	V8 Zylinder Benzin

BMW 525i

Als 225 km/h schneller Autobahn-Streifenwagen der Augsburger Verkehrspolizei wurde dieser BMW 525i Ende der 80er-Jahre in Dienst gestellt. Neu war damals die Sondersignalanlage mit Leuchtband-Anzeige. Die ersten BMW der 5er-Reihe wurden schon 1974 vorgestellt. Bis heute ist die Popularität dieser gehobenen Mittelklassewagen auch bei der Polizei ungebrochen.

Modell	BMW 525i
Baujahr	ca. 1990
PS/kW	192 PS/141 kW
Hubraum ccm	2494
Motortyp	R6 Zylinder Benzin

Ford Galaxy 2.0

Als flinker Standardstreifenwagen konnte sich der geräumige Ford Galaxy-Minivan gegen die VW Passat Variant-Modelle nicht durchsetzen. Dafür übernahm der Bundesgrenzschutz, heute die Bundespolizei, eine größere Flotte dieser praktischen Vans. Die Aufnahme entstand am Flughafen von Stuttgart. Der Galaxy ist eine gemeinsame Entwicklung von Ford, VW und Seat und wird seit 1995 in recht großen Stückzahlen in Palmela in Portugal gefertigt.

Modell	Ford Galaxy 2.0
Baujahr	ca. 1998
PS/kW	116 PS/85 kW
Hubraum ccm	1998
Motortyp	R4 Zylinder Benzin

VW Transporter Syncro T4

Trotz der stark gelockerten Einreisebestimmungen innerhalb der EU finden nach wie vor sowohl diskrete als auch deutlich sichtbare Fahrzeug- und Personenkontrollen an „sensiblen" Grenzstationen statt. Die Bundespolizei benötigt für diese wichtige Aufgabe geländegängige Fahrzeuge wie den bewährten VW Transporter mit Allradantrieb. Die Aufnahme entstand im Herbst 2006 an der deutsch-polnischen Grenze.

Modell	VW Transporter Syncro T4
Baujahr	ca. 2002
PS/kW	90 PS/66 kW
Hubraum ccm	1896
Motortyp	R4 Zylinder Diesel

Mercedes-Benz 711D Kombi

Wie hier bei der Bundespolizei in Frankfurt werden größere Polizei-Mannschaftswagen fast täglich gebraucht. Die Polizei stützt sich dabei auf solide Fahrzeuge deutscher Hersteller, bei denen keine Probleme mit der Ersatzteilversorgung zu erwarten sind.

Modell	Mercedes-Benz 711D Kombi
Baujahr	ca. 2000
PS/kW	109 PS/80 kW
Hubraum ccm	2148
Motortyp	R4 Zylinder Diesel

Mercedes-Benz C220 CDI-T

Einer der populärsten Streifenwagen der Polizei Baden-Württemberg war dieses 192 km/h schnelle Touring-Modell, das zwischen Ende 2000 und Ende 2002 an die Polizei übergeben wurde. Neu war der Leasing-Vertrag zwischen dem Hersteller und der Polizei. Statt der üblichen weiß-grünen Lackierung wurde nun eine silberne Grundfarbe mit grüner abziehbarer Folie kombiniert. Nach 40 000 Kilometer Laufstrecke konnten die Fahrzeuge mit der neutralen silbernen Lackierung weiterverkauft werden. Heute steht dieser Wagen im neuen Daimler-Museum in Stuttgart-Untertürkheim.

Modell	Mercedes-Benz C220 CDI-T
Baujahr	2000
PS/kW	125 PS/92 kW
Hubraum ccm	2148
Motortyp	R4 Zylinder Diesel

Audi A4 Avant 1.9 TDI

Als Diensthunde-Transporter wird dieser 194 km/h schnelle Audi bei der Polizei in Ingolstadt eingesetzt. Das Foto entstand im Frühjahr 2007. Schon bald wurde das Fahrzeug gegen einen neuen Audi mit geänderter silberner Grundfarbe ersetzt. Auch das Design des grünen Seitenstreifens erfuhr eine Änderung. Der Audi A4 ist der Bestseller im breit aufgestellten Audi-Programm.

Modell	Audi A4 Avant 1.9 TDI
Baujahr	ca. 2001
PS/kW	115 PS/85 kW
Hubraum ccm	1896
Motortyp	R4 Zylinder Diesel

Audi A4 Avant 1.9 TDI

Dieser Funkstreifenwagen der Verkehrspolizei von Ingolstadt ist schon in der neuen Farbgebung der bayerischen Polizeiwagen silber-grün lackiert. Die schmalen Reflexionsstreifen an den Wagenseiten und am Heck sorgen im Licht von Scheinwerfern für deutlich mehr Erkennbarkeit.

Modell	Audi A4 Avant 1.9 TDI
Baujahr	2003
PS/kW	115 PS/85 kW
Hubraum ccm	1896
Motortyp	R4 Zylinder Diesel

Audi A6

Für Einsätze schneller Streifenwagen bei der Polizei Bayern wurden Ende der 90er-Jahre einige Audi A6 Mittelklasse-Limousinen übernommen. Letztlich boten die deutlich preiswerteren Audi A4 Avant-Kombis mehr Laderaum und fast identische Fahrleistung bei deutlich geringerem Spritverbrauch. Dieser Audi A6 ist noch in der alten Farbgebung weiß-grün lackiert und dürfte in der nächsten Zeit ausgemustert worden sein. Das Foto entstand im Januar 2007. Bei der Polizei kamen sowohl Benzin- als auch Dieselmotoren beim A6-Modell zum Einsatz.

Modell	Audi A6
Baujahr	1998
PS/kW	174 PS/128 kW
Hubraum ccm	2771
Motortyp	V6 Zylinder Benzin

BMW C1

Das ungewöhnlichste Polizeimotorrad dürfte diese BMW C1 sein. BMW wollte mit diesem Fahrzeug die Vorteile des Motorrollers mit der Sicherheit einer Limousine verbinden. Letztlich scheiterte das Projekt schon nach vier Jahren mangels Nachfrage. Die C1 darf ohne Helm gefahren werden. Zwei unterschiedlich starke Motoren wurden angeboten, zuerst ein Einzylinder-Viertakter mit 125 ccm, dann ein stärkerer 200er-Viertakter von Aprilia mit geregeltem Katalysator und Benzineinspritzung. Die C1 wird in München und Hamburg im Polizeidienst verwendet.

Modell	BMW C1
Baujahr	ca. 2001
PS/kW	15 PS/11 kW
Hubraum ccm	125
Motortyp	1 Zylinder Benzin

Mini One

Der kleinste Funkstreifenwagen Münchens ist dieser Mini One. Wo immer dieser hübsche Kleinwagen auftaucht, genießt er die Sympathie der Passanten. Auch in London fahren nun einige Mini Cooper Streife.

Modell	Mini One
Baujahr	2005
PS/kW	90 PS/66 kW
Hubraum ccm	1598
Motortyp	R4 Zylinder Benzin

BMW 320D Touring

Die neuesten Funkstreifenwagen der Polizei München sind für die BMW-Werke ein wichtiger Werbefaktor. Der Aufmerksamkeitswert ist ihnen gewiss, denn wohl jeder Verkehrsteilnehmer beachtet sie. Mit dem BMW 320D Touring gelang BMW das Kunststück, die bewährten Audi A4 Avant etwas in den Hintergrund zu rücken.

Modell	BMW 320D Touring
Baujahr	2006
PS/kW	163 PS/120 kW
Hubraum ccm	1995
Motortyp	R4 Zylinder Diesel

Mercedes-Benz E280 CDI-T

Das Land Brandenburg verfügt über ein sehr modernes Autobahnnetz, das zum Schnellfahren verleiten kann. Unfälle bleiben da nicht aus. Entsprechend stark motorisiert sind die Streifenwagen der Autobahnpolizei, die auffällige Verkehrssünder stellen muss. Gut 230 km/h schnell ist dieses Touring-Modell mit Turbodiesel-Common-Rail-Motor. Das teleskopierbare Blaulicht erhöht die Sicherheit bei Staugefahr deutlich.

Modell	Mercedes-Benz E280 CDI-T
Baujahr	2006
PS/kW	190 PS/140 kW
Hubraum ccm	2987
Motortyp	V6 Zylinder Diesel

Mercedes Bcnz E200 NGT

Mit Erdgas fährt dieser Streifenwagen der Polizei Brandenburg. Basis ist ein Vierzylinder-Benzinmotor mit Kompressor. Auch im Polizeidienst nimmt der Anteil der NGT Erdgas-Fahrzeuge ständig zu, denn die Treibstoffkosten halbieren sich fast im Vergleich zum Superbenzin. Zudem ist die Umweltbelastung dieser neuartigen Fahrzeuge eindeutig geringer als bei herkömmlichen Benzinern oder Diesel-Fahrzeugen.

Modell	Mercedes-Benz E200 NGT
Baujahr	2005
PS/kW	163 PS/120 kW
Hubraum ccm	1796
Motortyp	R4 Zylinder NGT

Opel Corsa 1.3 DCTI Easy

Der kompakteste Funkstreifenwagen bei der Polizei Brandenburg ist dieser Opel Corsa. Das Land Brandenburg war neben Hamburg das erste Bundesland, das die neue Farbgebung silber-blau einführte. Aus heutiger Sicht ein voller Erfolg. Das Erscheinungsbild der deutschen Polizei gewinnt dadurch in der Öffentlichkeit.

Modell	Opel Corsa 1.3 DCTI Easy
Baujahr	2004
PS/kW	70 PS/51 kW
Hubraum ccm	1248
Motortyp	R4 Zylinder Diesel

Citroen Jumper 2.8 HDI

Als mobile Polizeiwache und Mehrzweckfahrzeug verkehrt dieser Citroen Jumper im Land Brandenburg. Eine clevere Idee, denn als Basis dient ein nur leicht modifizierter Camping-Bus, der in den Anschaffungskosten weit preiswerter ist als ein Spezialfahrzeug. Dank der entsprechenden Isolierung eines Wohnmobils und der eingebauten Standheizung verliert selbst der eisigste Winter seine Tücken.

Modell	Citroen Jumper 2.8 HDI
Baujahr	2005
PS/kW	146 PS/107 kW
Hubraum ccm	2800
Motortyp	R4 Zylinder Diesel

Setra S416 GT-HD

Als Großer Mannschaftskraftwagen wird dieser neue Reisebus bei der Polizei Brandenburg intern bezeichnet. In der Praxis dient er zum Transport von größeren Mannschaften, aber auch – wie hier auf dem Bild zu sehen – als geräumiges Transportmittel für das Polizeiorchester. Bis zu 55 Personen finden einen komfortablen Sitzplatz.

Modell	Setra S416 GT-HD
Baujahr	2004
PS/kW	422 PS/310 kW
Hubraum ccm	11 946
Motortyp	V6 Zylinder Diesel

Mercedes-Benz 311 CDI

Immer noch sterben Kinder im Verkehr oder werden Opfer von Gewaltverbrechen. In Zusammenarbeit mit Kinderpsychologen werden in allen Bundesländern Lehrpläne zur kindgerechten Verkehrserziehung und Prävention aufgestellt, die von speziell geschulten Polizisten umgesetzt werden. Die Polizei Brandenburg setzt diesen fast neutral lackierten Transporter ein, der in der Region Elbe/Elster die Kindergärten betreut.

Modell	Mercedes-Benz 311 CDI
Baujahr	2004
PS/kW	109 PS/80 kW
Hubraum ccm	2148
Motortyp	R4 Zylinder Diesel

MAN 14-224

Dieser Lastwagen von MAN gehört zur Technischen Einheit der Polizei Brandenburg. Vielfältige Transportaufgaben lassen sich damit durchführen. Auf der Ladefläche wird gerade ein Multicar M26 von 1995 verladen. An seiner rechten Wagenseite erkennt man das Wappen der Landespolizei.

Modell	MAN 14-224
Baujahr	1997
PS/kW	220 PS/162 kW
Hubraum ccm	6871
Motortyp	R6 Zylinder Diesel

Mercedes-Benz 311 CDI

„Die Polizei, Dein Freund und Helfer" – auch für eine TV-Produktion. Für einen Film aus der Serie Tatort wurde dieser Mercedes-Befehlskraftwagen von der Brandenburger Polizei mit der Aufschrift „Kriminal Polizei" versehen. Ein netter Gag, der im täglichen Leben leider nicht vorkommt, denkt sich wohl mancher kleine Gauner.

Modell	Mercedes-Benz 311 CDI
Baujahr	2004
PS/kW	109 PS/80 kW
Hubraum ccm	2148
Motortyp	R4 Zylinder Diesel

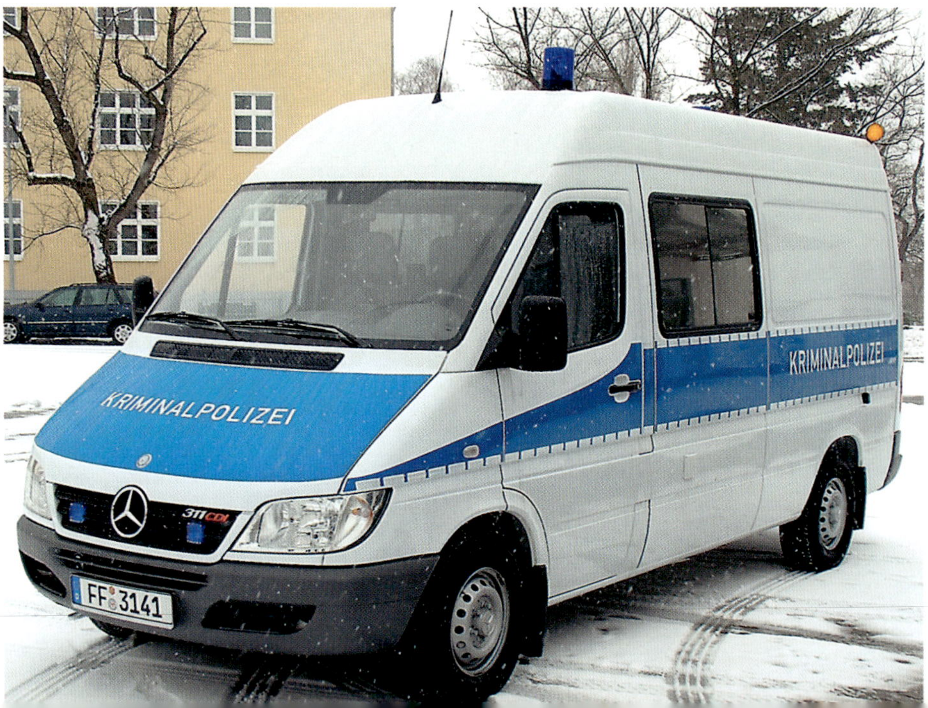

DDR

Aus westdeutscher Sicht bestand vor der Wiedervereinigung im Jahr 1990 der Fuhrpark der Deutschen Volkspolizei und der Volkspolizei-Bereitschaften nur aus ganz wenigen Fahrzeugtypen wie dem Wartburg, dem Trabant-„Plastikbomber" und dem Barkas-Kleinbus. Tatsächlich fanden über 40 verschiedene Autotypen Verwendung bei der Polizei der Deutschen Demokratischen Republik – wie die nachfolgenden Fotos zeigen. Selbst intime Kenner der deutschen Automobil-Szene geraten ins Grübeln, wenn sie auf die Geländewagen P2 und P3 der einstigen Luxuswagen-Marke Horch angesprochen werden. Auf der Basis des P2M entwickelten die Zwickauer sogar einen Schwimmwagen für die Polizei und die Volksarmee. Im Westen Deutschlands kaum bekannt sind die meist Allrad angetriebenen Lastwagen für die Volkspolizei und die Volksarmee, die in den ganzen Ostblock verkauft wurden und auch in China, Angola oder Kuba heiß begehrt waren. Die Granit 27, IFA H6, Robur LO 2002A und der unverwüstliche IFA W50 sind heute fast völlig aus dem Straßenbild der einstigen DDR verschwunden. Auch bei der Polizei wurden sie nur wenige Monate nach der Wiedervereinigung still und heimlich entsorgt – trotz ihrer unbestreitbaren Qualitäten, vielleicht mehr aus ideologischen Gründen. Nicht zuletzt wurden viele russische Fahrzeuge wie der GAZ Wolga M-21, der GAZ 67 oder die Lada 210-Limousinen und Lada Niva-Geländewagen bei der Volkspolizei reichlich eingesetzt. Heute fährt die Polizei in den neuen Bundesländern überwiegend die neuesten Fahrzeuge von VW, Mercedes-Benz oder BMW. So rasch verschwindet die Erinnerung an die Vergangenheit.

Granit 27/Streifenwagen 10

Ab 1950 begann man im Automobilwerk Phänomen in Zittau/Sachsen mit der Produktion des Vorkriegsmodells Granit 27 in leicht modifizierter Form. Die Deutsche Volkspolizei setzte den Granit 27 mit offener Karosserie unter der Bezeichnung Streifenwagen 10 bis in die 60er-Jahre ein. Er bot Platz für zehn Personen und diente unter anderem als Streifenwagen oder Zugfahrzeug für Granatwerfer.

Modell	Granit 27
Baujahr	ca. 1951
PS/kW	50 PS/37 kW
Hubraum ccm	992
Motortyp	R4 Zylinder Benzin

Barkas B 1000

Kontrollfahrzeug Verkehrspolizei: Ab 1961 gehörte der Kleintransporter Barkas B 1000 zum Straßenbild der DDR und war seit 1963 auch fester Bestandteil im Fuhrpark der Volkspolizei. Die Kontrollfahrzeuge der Verkehrspolizei waren mit Blinkleuchten, Verkehrszeichen, Geräteschränken, einer Schreibmaschine und einem kleinen Arbeitstisch zur Protokollaufnahme ausgestattet. Äußeres Erkennungszeichen war die rote Bauchbinde.

Modell	Barkas B 1000
Baujahr	ca. 1981
PS/kW	55 PS/41 kW
Hubraum ccm	3000
Motortyp	R3 Zylinder Zweitakt

Barkas B 1000

Nach der Wiedervereinigung Deutschlands wurden viele Einsatzfahrzeuge der aufgelösten Volkspolizei in die neuen Länderpolizeien übernommen. Man lackierte sie in den bundeseinheitlichen Farben Minzgrün/Weiß und setzte sie weiterhin für Verkehrsunfallaufnahmen oder als Kontrollfahrzeuge ein. Dieser Polizei-Streifenwagen wurde erhalten und steht heute im Blaulichtmuseum Beuster in Sachsen-Anhalt.

Modell	Barkas B 1000
Baujahr	ca. 1984
PS/kW	55 PS/41 kW
Hubraum ccm	3000
Motortyp	R3 Zylinder Zweitakt

Barkas B 1000

Krankenwagen der Volkspolizei: Die geschlossenen Einheiten in den Volkspolizei-Bereitschaften hatten einen eigenen Sanitätsdienst. Dieser Barkas B 1000 ist ein typischer Sanitätskraftwagen der Volkspolizei. Blaulichter wurden in der DDR erst ab den 70er-Jahren auf Krankenwagen montiert. Bis dahin waren diese Fahrzeuge ausschließlich mit blinkenden Rotkreuzzeichen nach vorn und hinten und einer zusätzlichen Rotkreuzfahne auf dem Dach kenntlich gemacht.

Modell	Barkas B 1000
Baujahr	1974
PS/kW	55 PS/41 kW
Hubraum ccm	3000
Motortyp	R3 Zylinder Zweitakt

Barkas B 1000

Verkehrsunfallbereitschaftswagen (VUB): Mit dem Barkas-VUB-Fahrzeug konnte die Verkehrspolizei einen Verkehrsunfall am Unfallort optimal bearbeiten. Im Fahrzeugheck befindet sich ein kleiner Tisch für Schreibarbeiten, Einbauschränke für Verkehrszeichen, Formulare und alles andere, was an einer Unfallstelle benötigt wird. Die hölzerne Plattform auf dem hinteren Fahrzeugdach ist über eine kleine Leiter erreichbar. Von dort aus kann die Unfallstelle fotografiert werden.

Modell	Barkas B 1000
Baujahr	ca. 1985
PS/kW	55 PS/41 kW
Hubraum ccm	3000
Motortyp	R3 Zylinder Zweitakt

Barkas B 1000

Fahrzeug der Kriminaltechnik: Wenn am Ort eines Verbrechens Fingerspuren gesichert, Fotos vom Tatort gemacht werden oder die Lage eines Opfers und der Tatwaffe vermessen werden mussten, so nutzte die Volkspolizei die Möglichkeiten der Kriminaltechnik. Alle dafür erforderlichen Geräte und Techniken wurden in den Einbauschränken eines solchen Barkas verstaut und waren so jederzeit mobil einsetzbar. Auch dieses Fahrzeug besitzt eine hölzerne Dachplattform zum Fotografieren.

Modell	Barkas B 1000
Baujahr	ca. 1976
PS/kW	55 PS/41 kW
Hubraum ccm	3000
Motortyp	R3 Zylinder Zweitakt

Barkas B 1000

Für den Transport von Gefangenen nutzte die Volkspolizei häufig solche Barkas B 1000 mit Sonderaufbau. Um Gefangenentransporte möglichst unauffällig ablaufen zu lassen, waren diese Gefangenentransporter dezent grau lackiert und nicht durch Polizeilackierung oder Blaulicht erkennbar. Im Kofferaufbau befinden sich zwei kleine Einzelzellen und eine Sammelzelle für vier bis sechs Gefangene. Es gibt keine Zellenfenster.

Modell	Barkas B 1000
Baujahr	1987
PS/kW	55 PS/41 kW
Hubraum ccm	3000
Motortyp	R3 Zylinder Zweitakt

IFA H6/ADK 6.3

Kran- und Bergungsfahrzeug der Volkspolizei: Ein eher ungewöhnliches Polizeifahrzeug war dieser Autokran auf Basis des mittleren Lkw H6 aus DDR-Produktion (1952–1957). Die Bezeichnung ADK 6.3 weist auf die Hubkraft von 6,3 Tonnen hin. Geschlossene Einheiten der Volkspolizei-Bereitschaften kamen in der DDR gelegentlich bei öffentlichen Bauprojekten wie Sportanlagen u. Ä. zum Einsatz. Daher verfügte die Volkspolizei über solche bautechnischen Fahrzeuge.

Modell	IFA H6/ADK 6.3
Baujahr	ca. 1956
PS/kW	120 PS/88 kW
Hubraum ccm	9036
Motortyp	R6 Zylinder Diesel

IFA F9 E Kübelwagen

Der IFA F9 E Kübelwagen ist ein zwischen 1950 und 1953 in vereinfachter Bauweise produzierter leicht geländegängiger Streifenwagen für die Deutsche Volkspolizei. Basis für alle F9-Modelle war eine Vorkriegsentwicklung der Firma DKW. Auf der gleichen Vorkriegsentwicklung basierte in der Bundesrepublik der DKW Sonderklasse 3=6 F91, welcher als viertüriges Cabriolet bei der westdeutschen Polizei eingesetzt wurde.

Modell	IFA F9 E Kübel
Baujahr	ca. 1951
PS/kW	28 PS/21 kW
Hubraum ccm	896
Motortyp	R3 Zylinder Zweitakt

IFA G 5

Wasserwerfer SK-2 der Volkspolizei: Die ersten und gleichzeitig auch letzten Wasserwerfer aus DDR-Produktion waren die monströs wirkenden Fahrzeuge auf Basis eines IFA G 5-Fahrgestells. Polizeiintern nannte man diese Wasserwerfer Sonderkraftfahrzeug 2 (SK-2). Die SK-2 haben eine horizontal bewegliche Wasserkanone im 360 Grad drehbaren Turm. Traurige Berühmtheit erlangten diese Fahrzeuge, als sie das Brandenburger Tor beim Mauerbau in Berlin absperrten.

Modell	IFA G 5 SK-2
Baujahr	1960
PS/kW	120 PS/89 kW
Hubraum ccm	9000
Motortyp	R6 Zylinder Diesel

IFA G 5

Werkstattwagen der Volkspolizei: Diese geländegängigen Lkws wurden bei der Volkspolizei seit den 50er-Jahren mit verschiedensten Aufbauten eingesetzt. Für die Instandsetzung von Fahrzeugen und anderen Geräten verfügten die Volkspolizei-Bereitschaften über solche Werkstattwagen. Im Kofferaufbau befand sich eine komplette Werkstatt, um Fahrzeugreparaturen vor Ort durchführen zu können.

Modell	IFA G 5
Baujahr	ca. 1962
PS/kW	120 PS/88 kW
Hubraum ccm	9840
Motortyp	R6 Zylinder Diesel

EMW 340-2

Streifenwagen der Volkspolizei: Im Eisenacher Motorenwerk EMW startete 1948 die Nachkriegsproduktion mit dem leicht weiterentwickelten BMW 326 aus dem Jahr 1936. Diese großen und eleganten Pkws erhielten die Bezeichnung EMW 340. Mit dem leistungsfähigen Sechszylinder-Motor erreichte der EMW eine Höchstgeschwindigkeit von 120 km/h. Die Fahrzeuge gehörten zu den ersten neuen Funkstreifenwagen der Deutschen Volkspolizei in der DDR.

Modell	EMW 340-2
Baujahr	1953
PS/kW	57 PS/42 kW
Hubraum ccm	1971
Motortyp	R6 Zylinder

Ford Eifel

Dienstwagen der Volkspolizei: Nach Ende des Zweiten Weltkriegs mangelte es auch der neu gegründeten Deutschen Volkspolizei an Einsatzfahrzeugen. Es wurde alles genutzt, was an Fahrzeugen aus der Vorkriegszeit noch einsetzbar war. So kam auch dieser Ford Eifel als Einsatzwagen in den Fuhrpark der Volkspolizei. In den ersten Jahren nach 1945 waren die Fahrzeuge der Volkspolizei oft schwarz lackiert. Die einheitliche oliv-beigefarbene Zweifarbenlackierung wurde erst zu Beginn der 60er-Jahre in der ganzen DDR eingeführt.

Modell	Ford Eifel
Baujahr	1937
PS/kW	34 PS/27 kW
Hubraum ccm	1157
Motortyp	R4 Zylinder

IFA W50

Gefangenentransporter: Der IFA W50 war zweifelsfrei der mittlere Standard-Lkw in der DDR. Von 1967 bis 1990 nutzte die Volkspolizei den W50 unter anderem als größeren Gefangenentransporter. Hierbei gab es zwei Varianten. Einen Großzellenwagen (GZW) für 32 Gefangene und zusätzlichen drei Einzelzellen sowie den Spezialzellenwagen (SZW) für 15 Gefangene und vier zusätzlichen Einzelzellen.

Modell	IFA W50
Baujahr	ca. 1985
PS/kW	125 PS/92 kW
Hubraum ccm	6560
Motortyp	R4 Zylinder Diesel

IFA W50 LA/A

Der IFA W50 LA/A ist die Allradvariante dieser Lkw-Baureihe. Aufgrund guter Geländetauglichkeit war der W50 LA/A in großer Zahl bei den Einheiten der Volkspolizei-Bereitschaft als Mannschaftswagen eingesetzt. Die Stahlkonstruktion unter dem Führerhaus dient zur Aufnahme eines großen aufklappbaren Absperrgitters für Straßensperrungen. Der große Arbeitsscheinwerfer wurde für Nachteinsätze gebraucht.

Modell	IFA W50 LA/A
Baujahr	1986
PS/kW	125 PS/92 kW
Hubraum ccm	6560
Motortyp	R4 Zylinder Diesel

Robur LO 2002A

Schnellkommandowagen der Volkspolizei: Der leichte Lkw Robur LO (L = Lastkraftwagen, O = Ottomotor) war bis 1990 bei der Deutschen Volkspolizei im Einsatz. Als Schnellkommandowagen oder auch MTW-S gehörte er zu allen Dienststellen der Schutzpolizei. Der beheizbare Pritschenaufbau bot Platz für zwölf Personen und einen Diensthund.

Modell	Robur LO 2002A
Baujahr	1986
PS/kW	75 PS/55 kW
Hubraum ccm	3345
Motortyp	R4 Zylinder

Robur LO 2002A

Rundfunk-Kinowagen der Volkspolizei waren bei der Volkspolizei für verschiedenste Aufgaben vorgesehen. Man konnte mit der leistungsstarken Lautsprecheranlage die Bevölkerung in Katastrophenfällen informieren sowie bei Präventions- und Propagandaveranstaltungen, Radio- und Fernsehsendungen übertragen. Im Kofferaufbau befindet sich hierzu umfangreiche Übertragungstechnik.

Modell	Robur LO 2002A
Baujahr	1988
PS/kW	75 PS/55 kW
Hubraum ccm	3345
Motortyp	R4 Zylinder

Robur LO 2002A

Nach der Wiedervereinigung Deutschlands 1990 verteilte man die Fahrzeuge der aufgelösten Deutschen Volkspolizei an die neu gegründeten Länderpolizeien. Auch dieser Polizei-Mannschaftswagen wurde ins bundeseinheitliche Minzgrün umlackiert. Der auf dem Führerhaus montierte Such- und Arbeitsscheinwerfer konnte durch den Beifahrer aus der Dachluke heraus manuell bedient werden.

Modell	Robur LO 2002A
Baujahr	1985
PS/kW	75 PS/55 kW
Hubraum ccm	3345
Motortyp	R4 Zylinder

P2M/Geländewagen

Mit dem Geländewagen P2M begann ab 1956 die Produktion des ersten serienreifen Geländewagens in der DDR. Hergestellt im Horch-Automobilwerk in Zwickau in Sachsen war er dank seines leistungsstarken Motors und der sehr guten Straßen- und Geländetauglichkeit bei den geschlossenen Einheiten der Volkspolizei sehr beliebt.

Modell	P2M
Baujahr	ca. 1957
PS/kW	65 PS/48 kW
Hubraum ccm	2407
Motortyp	R6 Zylinder

P3/Geländewagen

Ab 1961 setzte die Volkspolizei den Geländewagen P3 ein. Er übertraf nochmals die sehr gute Straßen- und Geländetauglichkeit des Vorgangers P2M. Bis zu acht Personen oder Spezialausrüstung fanden im P3 Platz: Ein optimaler Geländewagen für die Volkspolizei. Aufgrund politischen Druckes der Sowjetunion stellte man die P3-Produktion ein. Nun mussten russische Geländewagen importiert werden.

Modell	P3
Baujahr	ca. 1962
PS/kW	75 PS/55 kW
Hubraum ccm	2407
Motortyp	R6 Zylinder

P2S/Schwimmwagen

Eine echte Rarität ist der Schwimmwagen P2S. Auf Basis des Geländewagens P2M entwickelt, kamen ab 1955 die ersten P2S zur Erprobung in die Einheiten der Volkspolizei und der Nationalen Volksarmee. Sie sollten beispielsweise als Streifen- und Einsatzfahrzeuge bei Flutkatastrophen eingesetzt werden. Materialknappheit und hohe Kosten verhinderten die Serienproduktion. Es wurden weniger als 20 Fahrzeuge gebaut.

Modell	P2S
Baujahr	1955
PS/kW	37 PS/27 kW
Hubraum ccm	2407
Motortyp	R6 Zylinder

Sachsenring Trabant Kübelwagen

Streifenwagen der Volkspolizei-Bereitschaften: Seit 1964 wurde der Sachsenring Trabant P 601-A, die Kübelwagen-Variante des Trabi, als leicht geländegängiges Fahrzeug bei Armee, Grenztruppen und Volkspolizei der DDR eingesetzt. Bei den Volkspolizei-Bereitschaften stand der Trabant Kübelwagen als wichtiger Führungs- und Streifenwagen zur Verfügung.

Modell	Sachsenring Trabant P 601-A
Baujahr	1985
PS/kW	26 PS/19 kW
Hubraum ccm	594
Motortyp	R3 Zylinder Zweitakt

Star 29 Hydromil

Wasserwerfer auf Basis des polnischen Lkws Star 29 kamen in den 70er-Jahren zum Fuhrpark der Volkspolizei. Seine Wasserwerfertechnik besteht im Wesentlichen aus einem 4100-Liter-Wassertank, einem zusätzlichen Pumpenmotor, dem 360 Grad drehbaren Werferturm mit einer vertikal schwenkbaren Wasserkanone und zwei unter dem Fahrzeug angebrachten schwenkbaren Abwehrsprühdüsen.

Modell	Star 29 Hydromil
Baujahr	1976
PS/kW	105 PS/77 kW
Hubraum ccm	4676
Motortyp	R6 Zylinder

BA-64/Panzerspähwagen

Zu den ersten gepanzerten Fahrzeugen der Volkspolizei zählten in den 50er-Jahren diese sowjetischen Panzerspähwagen BA-64. Die Fahrzeuge basieren auf dem russischen Geländewagen GAZ 67 und waren mit einem MG ausgerüstet. In den Einheiten der Kasernierten Volkspolizei (KVP), dem Vorläufer der NVA, wurden sie neben anderen Panzerfahrzeugen für paramilitärische Aufgaben bereitgehalten.

Modell	BA-64
Baujahr	1942
PS/kW	54 PS/40 kW
Hubraum ccm	3280
Motortyp	R4 Zylinder

GAZ Wolga M-21

Der russische Wolga M-21, ab 1956 im Automobilwerk GAZ produziert, wurde bis in die 70er-Jahre in der DDR als Streifenwagen der Volkspolizei eingesetzt. Die Limousine bot ausreichend Platz für die Besatzung und deren Streifenausrüstung. Sowohl Konstruktionsunterlagen als auch Fertigungsanlagen wurden im Zweiten Weltkrieg bei Opel in Deutschland erbeutet. Daher auch die Ähnlichkeit zum Opel Kapitän der 50er-Jahre.

Modell	GAZ Wolga M-21
Baujahr	1961
PS/kW	63 PS/46 kW
Hubraum ccm	2445
Motortyp	R4 Zylinder

GAZ Wolga M-24

Als großer und repräsentativer Streifenwagen war die russische Limousine Wolga M-24 bei der Volkspolizei eingesetzt. Sie waren bevorzugt in größeren Städten anzutreffen. Aufgrund des hohen Kraftstoffverbrauchs wurde der Wolga M-24 in den 80er-Jahren durch Lada-Streifenwagen ersetzt.

Modell	GAZ Wolga M-24
Baujahr	1979
PS/kW	95 PS/70 kW
Hubraum ccm	2445
Motortyp	R4 Zylinder

Wartburg 311

Streifenwagen der Volkspolizei: Seit 1956 im Automobilwerk Eisenach gebaut, war der 311 das erste Fahrzeug, das die Bezeichnung „Wartburg" trug. Da der Dreizylinder-Zweitaktmotor bei niedrigen Drehzahlen unruhig lief, war der 311 für langsame Streifenfahrten der Schutzpolizei kaum geeignet. Er fand daher fast ausschließlich als Einsatzfahrzeug der Verkehrspolizei Verwendung.

Modell	Wartburg 311
Baujahr	1963
PS/kW	45 PS/33 kW
Hubraum ccm	900
Motortyp	R3 Zylinder Zweitakt

Wartburg 353

Die Wartburg 353-Limousine war bis zuletzt einer der Standardstreifenwagen bei der Deutschen Volkspolizei. Nicht nur der Fahrzeugtyp, sondern auch die Ausstattung entsprach dem landesweit einheitlichen Ausrüstungsstandard für Streifenwagen. Dazu gehörte die Signalbrücke auf dem Dach, der Arbeitsscheinwerfer, Nebelscheinwerfer und auch die Lackierung.

Modell	Wartburg 353
Baujahr	1982
PS/kW	50 PS/37 kW
Hubraum ccm	992
Motortyp	R3 Zylinder Zweitakt

Wartburg 353 Tourist

Der Wartburg Tourist, die Kombiversion des Wartburg, wurde eher selten als Streifenwagen der Volkspolizei eingesetzt. Mit einem optischen Anhaltesignalgeber an der hinteren Dachkante wurde er meist für Verkehrskontrollen auf Autobahnen gebraucht.

Modell	Wartburg 353 Tourist
Baujahr	1974
PS/kW	50 PS/37 kW
Hubraum ccm	992
Motortyp	R3 Zylinder Zweitakt

Wartburg 353 W

Streifenwagen der Volkspolizei: Der Wartburg 353 W wurde ab 1985 produziert und unterschied sich vom Vorgängermodell äußerlich durch geänderte Frontscheinwerfer und Kühlergrill. Die Wartburg-Pkws wurden hauptsächlich bei der Verkehrspolizei eingesetzt. Zur Streifenausrüstung gehörten Nebelleuchten, Ausrüstung zur Sicherung und Aufnahme von Unfällen und zur Verkehrsregelung.

Modell	Wartburg 353 W
Baujahr	1986
PS/kW	50 PS/37 kW
Hubraum ccm	992
Motortyp	R3 Zylinder Zweitakt

Wartburg 1.3

Streifenwagen der Volkspolizei: 1989 bis 1991 wurde der Wartburg 1.3 als letztes Wartburg-Modell in Eisenach produziert. Er verfügte über einen in Lizenz gebauten 1,3-Liter-VW-Motor. Mit der deutschen Wiedervereinigung endete auch die Beschaffung von Wartburg-Streifenwagen für die Polizeibehörden. Nur noch sehr wenige Exemplare des 140 km/h schnellen Wartburg 1.3 kamen zur Volkspolizei. Ab 1990 standen fast nur noch westdeutsche Pkws auf der Orderliste der neuen Bundesländer.

Modell	Wartburg 1.3
Baujahr	1989
PS/kW	58 PS/43 kW
Hubraum ccm	1298
Motortyp	R4 Zylinder

Wartburg 353

Mit der Wiedervereinigung Deutschlands 1990 wurde die Deutsche Volkspolizei der DDR aufgelöst. Ausrüstung und Fahrzeuge verteilte man auf die neuen Länderpolizeien. Nach westdeutschem Vorbild umlackiert, setzte man sie noch wenige Jahre ein, um sie dann durch neue, leistungsstärkere Fahrzeuge zu ersetzen. Im Bild ein Polizei-Streifenwagen.

Modell	Wartburg 353
Baujahr	1977
PS/kW	50 PS/37 kW
Hubraum ccm	992
Motortyp	R3 Zylinder Zweitakt

Lada 2101

Der Lada 2101 diente in den 80er-Jahren als Standardstreifenwagen der Volkspolizei. Während die Verkehrspolizei hauptsächlich Wartburg-Streifenwagen einsetzte, benutzte die Schutzpolizei meistens solche Lada-Streifenwagen. Zur polizeilichen Sonderausstattung gehörte der Signalbalken mit Blaulichtern und Signalhörnern, Suchscheinwerfer, ein Funkgerät und Sicherungsmaterial für Unfallstellen.

Modell	Lada 2101
Baujahr	1986
PS/kW	60 PS/44 kW
Hubraum ccm	1198
Motortyp	R4 Zylinder

Lada 2103

Der Lada 2103 gehörte, wie auch der leistungsschwächere 2101, zu den Standardstreifenwagen der Deutschen Volkspolizei. In den 70er-Jahren häufig eingesetzt, wurde er aus Kostengründen in den 80er-Jahren immer mehr durch den Lada 2101 ersetzt. Dieser Lada 2103 wurde im Blaulichtmuseum Beuster original erhalten. Die Höchstgeschwindigkeit des Lada 2103 beträgt 150 km/h.

Modell	Lada 2103
Baujahr	1980
PS/kW	75 PS/55 kW
Hubraum ccm	1452
Motortyp	R4 Zylinder

Lada 2106

Protokollfahrzeug der Volkspolizei: Bei der Begleitung hochrangiger Mitglieder der DDR-Regierung setzte die Volkspolizei vereinzelt solche Protokollfahrzeuge ein. Vorweg fuhr ein Fahrzeug mit weißen Rundumleuchten als Hinweis auf eine nachfolgende Kolonne. Das nächste Fahrzeug hatte eine blaue und eine rote Rundumleuchte. Dies bedeutete, dass der Querverkehr anhalten musste. Am Ende der Kolonne folgte ein weiteres Fahrzeug mit einer blauen und einer grünen Leuchte, um den Verkehr wieder freizugeben.

Modell	Lada 2106
Baujahr	ca. 1986
PS/kW	80 PS/59 kW
Hubraum ccm	1568
Motortyp	R4 Zylinder

Lada Niva 1600

Geländewagen der Volkspolizei: Seit 1976 wird der Lada Niva weitgehend unverändert produziert. Die Volkspolizei setzte ihn als geländegängigen Streifenwagen bevorzugt in bergigen Regionen wie dem Thüringer Wald, im Harz oder dem Erzgebirge ein. Dieser Niva steht heute nun im Blaulichtmuseum Beuster in Sachsen-Anhalt.

Modell	Lada Niva 1600
Baujahr	1985
PS/kW	60 PS/44 kW
Hubraum ccm	1568
Motortyp	R4 Zylinder

MZ ETZ 250

Funkkrad der Volkspolizei: In den 80er-Jahren führte die Deutsche Volkspolizei dieses speziell für die Volkspolizei konzipierte Streifenmotorrad ein. Hergestellt in den Motorradwerken Zschopau (MZ), dem bis 1989 größten Motorradwerk Europas, war es in der gesamten Volkspolizei weit verbreitet. Im Kasten hinter dem Fahrersitz ist das Funkgerät und ein nach hinten leuchtendes Signalschild „Stop Polizei" untergebracht.

Modell	MZ ETZ 250 F
Baujahr	1985
PS/kW	17 PS/12,5 kW
Hubraum ccm	243
Motortyp	1 Zylinder Zweitakt

Lada 2106

Streifenwagen der Militärpolizei der Roten Armee in der DDR. Die Truppen der Roten Armee in der DDR verfügten über eine Militärpolizei (MP). Mit diesen auffällig gestalteten Fahrzeugen, der sogenannten „Autoinspektion", überwachte man vor allem den Verkehr der russischen Armeefahrzeuge. Dieser original rekonstruierte MP-Streifenwagen steht heute im Blaulichtmuseum Beuster.

Modell	Lada 2106
Baujahr	ca. 1985
PS/kW	80 PS/59 kW
Hubraum ccm	1568
Motortyp	R4 Zylinder

Schweiz

In der Schweiz ist das Bundesamt für Polizei (Fedpol) für alle Belange der inneren Sicherheit zuständig. Schwerpunkte der Strafverfolgung sind die organisierte Kriminalität, aber auch Korruption, Geldwäsche oder die Bekämpfung des Terrorismus werden von der Fedpol analysiert und mit weitreichendsten Mitteln bekämpft. Die Fedpol verfügt über keine ausgewiesenen oder gekennzeichneten Fahrzeuge. Für alle sonstigen Aufgaben wie die Überwachung des Straßenverkehrs, aber auch für die Belange der Seepolizei und Spezialkräfte wie die Eliteeinheiten der SEK sind die insgesamt 26 Kantonspolizeien und die Stadt- oder Gemeindepolizeien zuständig. Im Rahmen der Verkehrsüberwachung gilt die Schweiz innerhalb von Europa als Vorbild für andere Staaten. Unter dem Motto: Das Beste ist gerade genug für den Streifendienst, wird in der ganzen Schweiz nicht an der falschen Stelle gespart. Jeder Kanton und alle Stadt- und Gemeindepolizeien entscheiden selbst über die am besten geeigneten Fahrzeuge und deren Ausrüstung. Seit etwa 15 Jahren zeichnet sich eine Standardisierung dennoch ab. In den ersten Nachkriegsjahren galten amerikanische Fahrzeuge als erste Wahl bei den wohlhabenden Kantonen, dann bekamen schwedische Volvos die Oberhand und auch der „unverwüstliche" VW Käfer krabbelte die Berge hoch. Heute sieht man auf den Autobahnen vornehmlich die aktuellen 5er-Modelle von BMW, einige Typen der Mercedes-Benz E-Klasse und Volvo V70. Allradantrieb ist bei fast allen schnellen Streifenwagen obligatorisch, und auch die sonstige Sicherheitsausrüstung entspricht dem neuesten Stand der Technik. Bei den Stadt- und Gemeindepolizeien sind viele VW Golf, VW Passat und T4/T5-Kombis „angestellt". Mercedes-Benz bietet mit dem Mercedes-Benz Sprinter den zurzeit meistgenutzten Transporter für die Unfallaufnahme und den Mannschaftstransport.

In der schönen Schweiz ist die Reduzierung der Umweltbelastung durch Autoabgase ein wichtiges Thema bei der Bevölkerung und der Polizei. So werden bei der Polizei nur noch Dieselfahrzeuge mit Katalysator und Partikelfilter in Dienst gestellt. Einige Fahrzeuge fahren im Dauerversuch mit Erdgas, und nicht zuletzt setzt die Kantonspolizei in Zürich jetzt vier Prius-Hybridwagen von Toyota bei Kontrollfahrten ein.

BMW 530d/xd Touring

Das Umweltbewusstsein ist bei den Schweizer Bürgern ausgeprägt, dem verschließt sich auch die Kantonspolizei von Zürich nicht. In den Fuhrpark der Patrouillenfahrzeuge mit Benzinmotoren reihen sich seit 2006 zum ersten Mal BMW Touring-Modelle mit Dieselmotor und Rußpartikelfilter. Der Filter gab den Ausschlag für den Kauf. Mit einem deutlich geringeren Spritverbrauch von durchschnittlich 8,5 Liter pro 100 Kilometer und einer längeren „Lebenszeit" der Antriebseinheit gegenüber den Benzinern wird gerechnet.

Modell	BMW 530d/xd Touring
Baujahr	2006
PS/kW	231 PS/170 kW
Hubraum ccm	2993
Motortyp	R6 Zylinder Diesel

BMW 530d/xd Touring

Mit diesem Foto von der Kantonspolizei Zürich wird gezeigt, dass auch „enttarnte" Zivilfahrzeuge ihre Aufgabe durchaus erfüllen können. Es gibt immer noch genügend Drängler und Raser, die weder Vernunft noch die Verkehrsgesetze im Kopf haben. Mit einer Höchstgeschwindigkeit von etwa 250 km/h sehen die Karten für die Verkehrsrowdys schlecht aus, dieser BMW hat letztendlich zumeist die Nase vorn.

Modell	BMW 530d/xd Touring
Baujahr	2006
PS/kW	231 PS/170 kW
Hubraum ccm	2993
Motortyp	R6 Zylinder Diesel

Volvo V70 AWD

Generationenwechsel bei der Fahrzeugflotte der Kantonspolizei in Zürich. 32 dieser Volvo V70 wurden zwischen 1998 und 2007 als Patrouillenfahrzeuge mit Allradantrieb eingesetzt, im Jahr 2007 waren noch zwei Wagen in Betrieb. Ausgemustert werden sie nach etwa 350 000 bis 400 000 Kilometern, bei den neuen Dieselfahrzeugen von BMW rechnet man mit einer Laufleistung von 500 000 Kilometern. 30 bis 40 Prozent der ausgemusterten Wagen dienen als Ersatzteillager, der Rest wird verschrottet oder an Angehörige der Kantonspolizei Zürich verkauft.

Modell	Volvo V70 AWD
Baujahr	ab 1998
PS/kW	240–265 PS/176–195 kW
Hubraum ccm	2521
Motortyp	R5 Zylinder Benzin

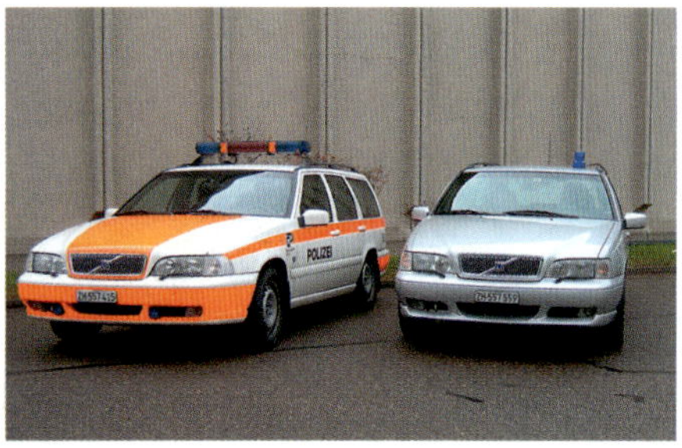

BMW R1150 RT

Trotz der oft schwierigen Wetter- und Verkehrsbedingungen setzt die Schweizer Polizei nach wie vor auf ihre Motorradstaffeln bei den Verkehrszügen. Auch im Winter wird gefahren, bei Tag und Nacht, wie auf unserem Foto von der Kantonspolizei Zürich zu sehen ist. Mit der BMW R1150 RT besitzt die Einheit das teuerste, aber wohl auch beste Polizeimotorrad, das es seit 2004 zu kaufen gibt. ABS und Sechsganggetriebe gehören bei BMW zur Standardausstattung.

Modell	BMW R1150 RT
Baujahr	2005
PS/kW	95 PS/70 kW
Hubraum ccm	1150
Motortyp	Boxer 2 Zylinder Benzin

Mercedes-Benz 2538 6x4

Als mobile Einsatzzentrale, kurz auch MEZ genannt, wird dieser Truck seit 1992 bei Großereignissen, wie zum Beispiel einem Flugzeugabsturz, benötigt. Im Inneren können vier Arbeitsplätze eingerichtet werden. Um den Raum während des Einsatzes zu vergrößern, besteht die Möglichkeit, links seitlich einen etwa 1,5 Meter breiten Büroteil auszufahren. Die Stromversorgung erfolgt über einen Generator mit Dieselantrieb, der Sat-TV, PCs, Funk, Telefon und weitere Elektronik mit Energie beliefert. Für fünf bis sechs Stunden arbeitet die mobile Einsatzzentrale völlig autark. Mittels eines Versorgungsfahrzeugs ist es kein Problem, die MEZ auch für einen tagelangen Betrieb mit dem nötigen Treibstoff zu versorgen.

Modell	Mercedes-Benz 2538 6x4
Baujahr	1992
PS/kW	375 PS/276 kW
Hubraum ccm	14 620
Motortyp	V8 Zylinder Diesel

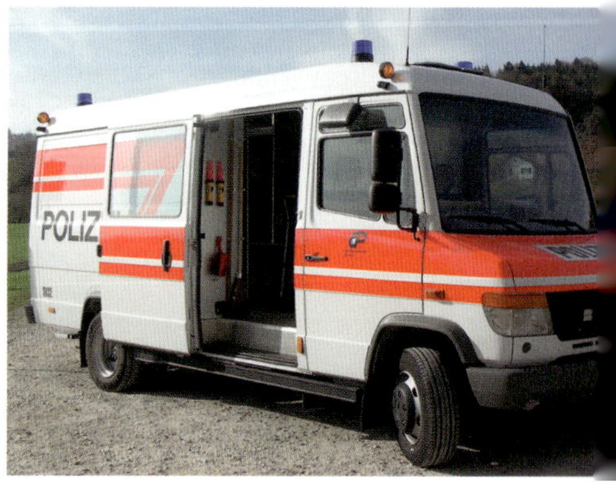

Mercedes-Benz 815D

Bei jedem der fünf Stützpunkte der Verkehrspolizei des Kantons Zürich wartet ein Signalisationsfahrzeug dieses Typs auf seinen nächsten Einsatz. 7,5 Tonnen beträgt das Wagengewicht, einschließlich der umfangreichen Ausrüstung.

Modell	Mercedes-Benz 815D
Baujahr	2002
PS/kW	150 PS/110 kW
Hubraum ccm	4250
Motortyp	R6 Zylinder Benzin

Toyota Land Cruiser 300 TDI

Zwischen 2001 und 2005 bekam die Kantonspolizei Zürich neun Land Cruiser-Geländewagen von Toyota zugeteilt, die vorwiegend bei der Flughafen-Sicherungspolizei verwendet werden. Je ein Wagen wird als Patrouillenfahrzeug oder als Zugfahrzeug für Hänger an den jeweiligen Verkehrsstützpunkten eingesetzt.

Modell	Toyota Land Cruiser 300 TDI
Baujahr	2004
PS/kW	163 PS/120 kW
Hubraum ccm	2982
Motortyp	R4 Zylinder Diesel

Volvo 850 T5

Zwischen 1995 und 1998 verfügte die Kantonspolizei Zürich über fünf Volvo 850 T5, die als Patrouillenfahrzeuge auch bei schlechtesten Straßenverhältnissen im Winter unterwegs waren. Dabei stellte sich heraus, dass der Frontantrieb mit schwerer Zuladung an seine Grenzen stieß, die Kraft konnte nicht auf den Boden gebracht werden. Etwa 300 Kilogramm Material schleppt jeder Patrouillenwagen mit sich, dies beeinflusst natürlich die Fahreigenschaften.

Modell	Volvo 850 T5
Baujahr	1996
PS/kW	225 PS/165 kW
Hubraum ccm	2319
Motortyp	R5 Zylinder Benzin

Mercedes-Benz Unimog U1700L

Von 1985 bis 1998 war dieser Unimog als Tunnel-Pikettfahrzeug, kurz TuPiFa genannt, im Einsatz. Mit dem Unimog wurden zahlreiche liegen gebliebene Fahrzeuge in Tunnels abgeborgen. Mit der jeweils vorn und hinten montierten Seilwinde war die Polizei in der Lage, Pannenfahrzeuge auf eine zusätzliche „Brille" zu ziehen, um den schnellen Abtransport zu ermöglichen. Das Wagengewicht beträgt stolze 12,3 Tonnen für den Allradler mit Turbolader-Sechszylinder-Motor. Den Aufbau erledigte die Firma Robert Aebi in Regensdorf/Schweiz.

Modell	Mercedes-Benz Unimog U1700L
Baujahr	1985
PS/kW	170 PS/125 kW
Hubraum ccm	5675
Motortyp	R6 Zylinder Diesel

Mercedes-Benz Actros 3340 AK 6x6

Zwei dieser mächtigen Wasserwerfer mit Allradantrieb besitzt die Kantonspolizei Zürich seit 1999, genannt „Jumbo 1 + 2". Sie werden bei Demonstrationen und schweren Krawallen, sofern es nötig ist, eingesetzt. Darüber hinaus können Wasserwerfer bei Katastropheneinsätzen als Trinkwasser-Versorgungswagen nützlich sein, das Fassungsvermögen beträgt 9000 Liter. Als Hersteller wurde die deutsche Firma Ziegler gewonnen, einer der erfahrensten Feuerwehrausrüster. Hersteller der Wendestrahlrohre und Frontstrahlrohre ist die Firma Albach.

Modell	Mercedes-Benz Actros 3340 AK 6x6
Baujahr	1999
PS/kW	394 PS/290 kW
Hubraum ccm	15 828
Motortyp	V8 Zylinder Diesel

Opel Omega Caravan

Mit seinem überaus geräumigen Kofferraum und den komfortablen Fahreigenschaften konnte sich der Opel Omega Caravan auch bei der Schweizer Polizei etablieren. Die ersten Exemplare wurden schon 1996 in Dienst gestellt, die letzten 2002. Von dieser Gruppe sind bis heute noch einige Fahrzeuge auf den Autobahnen unterwegs. Neben den offiziellen Wagen, in der Schweiz werden sie als angeschriebene Fahrzeuge bezeichnet, sind auch zivile Opel Omega-Limousinen und -Kombis bei der Verkehrspolizei in Betrieb.

Modell	Opel Omega Caravan
Baujahr	ca. 2000
PS/kW	218 PS/160 kW
Hubraum ccm	3200
Motortyp	V6 Zylinder Benzin

BMW 530i Touring

Patrouillenfahrzeuge der Verkehrspolizei legen erstaunliche Kilometerleistungen zurück, 500 Kilometer pro Tag sind keine Seltenheit. Hier spielt der Benzinverbrauch eine wichtige Rolle. Da in der Schweiz ein generelles Tempolimit von maximal 130 km/h herrscht, pendelt sich der durchschnittliche Benzinverbrauch bei diesem rund 245 km/h schnellen Wagen auf 10,5 Liter pro 100 Kilometer ein. Seit 2003 sind diese BMW Touring-Modelle im Einsatz.

Modell	BMW 530i Touring
Baujahr	2003
PS/kW	231 PS/170 kW
Hubraum ccm	2997
Motortyp	R6 Zylinder Benzin

BMW 535i

Mitte der 90er-Jahre war dieser 5er-BMW das schnellste Pferd im Stall der Kantonspolizei Zürich, sieht man von einigen zivilen Fahrzeugen ab, die aus polizeitaktischen Gründen nicht genannt werden. Zwischen 1992 und 1996 wurde dieser Typ von BMW verwendet. Der Kollege auf dem Polizeimotorrad fährt eine BMW R80 T, die zwischen 1988 und 1994 zum Einsatz kam.

Modell	BMW 535i
Baujahr	1992
PS/kW	218 PS/160 kW
Hubraum ccm	3430
Motortyp	R6 Zylinder Benzin

Volvo 144

Sehr zur Freude aller Oldtimer-Liebhaber pflegt die Kantonspolizei Zürich immer noch einen der „unverwüstlichen" Volvo 144. Der muntere Schwede war zwischen 1964 und 1979 das Rückgrat bei der Verkehrspolizei. Nicht weniger berühmt ist die Ju 52. Die Schweiz besitzt die größte noch flugtaugliche Ju 52-Staffel weltweit. Zu feierlichen Anlässen wird der schmucke Volvo aus der Garage geholt und mit den damals aktuellen Uniformen präsentiert.

Modell	Volvo 144
Baujahr	ca. 1970
PS/kW	80 PS/58 kW
Hubraum ccm	1780
Motortyp	R4 Zylinder Benzin

Porsche 356B Cabriolet

Ab Juli 1958 sahen chronische Schnellfahrer plötzlich im Rückspiegel ihres Wagens diesen weißen Porsche formatfüllend auftauchen. Da war es schon zu spät für eine plausible Ausrede. Insgesamt kamen vier Wagen zum Einsatz. Im März 1977 wurde der letzte Porsche bei der Kantonspolizei in Zürich ausgemustert.

Modell	Porsche 356B Cabriolet
Baujahr	ca. 1958
PS/kW	90 PS/66 kW
Hubraum ccm	1582
Motortyp	Boxer 4 Zylinder Benzin

VW Käfer 1200

Mitte der 50er-Jahre eroberten sich die VW Käfer dank hoher Zuverlässigkeit und relativ geringer Anschaffungs- und Wartungskosten die Herzen der scharf kalkulierenden Finanzexperten bei der Polizei. 1956 übernahm die Kantonspolizei in Zürich die ersten vier Exemplare, und schon bald vermehrte sich die Spezies ganz wie in der Natur rapide. Im Bürgerjargon wurden die auffälligen schwarz-weißen Käfer als „Weiße Maus" bezeichnet. Sympathisch ist dieses Gefährt allemal, und deshalb wird ein letztes Exemplar bei besonderen Anlässen aus dem verdienten Ruhestand geholt.

Modell	VW Käfer 1200
Baujahr	1956
PS/kW	34 PS/25 kW
Hubraum ccm	1192
Motortyp	Boxer 4 Zylinder Benzin

Land Rover II

Zur Unfallaufnahme und für Bergemaßnahmen wurde dieses Land Rover-Pikettfahrzeug zehn Jahre lang genutzt. Der erste Einsatz erfolgte schon 1959. Zur damaligen Zeit erschien der nur 59 PS starke Vierzylinder-Benzinmotor als ausreichend kräftig. In Verbindung mit dem Untersetzungsgetriebe stand im Ernstfall genügend Kraft zur Verfügung, um havarierte Wagen abzubergen oder fast unpassierbare Wege zu meistern.

Modell	Land Rover II
Baujahr	1959
PS/kW	59 PS/43 kW
Hubraum ccm	2300
Motortyp	R4 Zylinder Benzin

Saurer CR-1D

Die ersten Lastwagen nach dem Zweiten Weltkrieg waren Vorkriegsmodelle, die mit einfachsten Mitteln modernisiert wurden. Unser historisches Foto zeigt einen Schweizer Saurer-Laster mit Spezialaufbau, der ab 1946 zum Transport von Gefangenen bei der Kantonspolizei in Zürich eingesetzt wurde. Saurer war vor dem Ersten Weltkrieg der größte Lastwagenhersteller der Welt.

Modell	Saurer CR-1D
Baujahr	1946
PS/kW	65 PS/48 kW
Hubraum ccm	4580
Motortyp	R6 Zylinder Diesel

BMW R60

Anfang der 50er-Jahre konnte die Schweizer Polizei unter mehr als zwanzig verschiedenen Herstellern das passende Motorrad auswählen. Ernsthafte Konkurrenten zu BMW waren natürlich die englischen Maschinen von Triumph, BSA, Norton und die Universal aus der Schweiz. In Deutschland liefen die Horex, NSU und DKW in großen Stückzahlen vom Band. Letztlich behielt die BMW R60 die Nase vorn, sie wurde von 1952 bis 1969 emsig bei der Kantonspolizei Zürich gefahren.

Modell	BMW R60
Baujahr	1952
PS/kW	33 PS/24 kW
Hubraum ccm	598
Motortyp	Boxer 2 Zylinder Benzin

Toyota Prius 1.5L

Wohl kein anderes Auto sorgt derzeit für mehr Gesprächsstoff als die Hybrid-Limousine von Toyota. Bei der Kantonspolizei Zürich ist seit 2004 ein Testwagen im Einsatz, und Ende 2006 wurden drei weitere Wagen übernommen. Auch in den USA fährt die städtische Polizei immer häufiger mit diesem Wagen Streife. Mit dem Hybridantrieb wird etwa 50 Prozent Benzin eingespart. Der Elektromotor leistet 50 kW, der Benzinmotor kommt auf 78 PS.

Modell	Toyota Prius 1.5L
Baujahr	2006
PS/kW	78 PS/57 kW
Hubraum ccm	1496
Motortyp	R4 Zylinder Benzin + E-Motor

Toyota Land Cruiser 300 TDI

Für den Katastropheneinsatz und bei Großereignissen wird dieser Hänger benötigt. Zugfahrzeug ist der bewährte Toyota Land Cruiser mit Allradantrieb und Untersetzungsgetriebe. Im Hänger, der beladen 1,6 Tonnen wiegt, befinden sich Rettungsgerätschaften und Material zur Absicherung. Zwei dieser Hänger stehen seit 1993 bei der Kantonspolizei in Zürich bereit.

Modell	Toyota Land Cruiser 300 TDI
Baujahr	2004
PS/kW	163 PS/120 kW
Hubraum ccm	2982
Motortyp	R4 Zylinder Benzin

BMW 530i Touring

In jedem Einsatzwagen der Verkehrspolizei ist viel Signalisationsmaterial mit einem Gewicht von 290 bis 300 Kilogramm verstaut. Die gesamte Nutzlast beträgt 600 Kilogramm. Das Foto zeigt nur einen Teil der Ausrüstung. So ist es unumgänglich, dass Patrouillenfahrzeuge über eine gewisse Größe verfügen müssen, da die schwere Beladung die Fahreigenschaften nicht wesentlich verschlechtern darf. Härtere Stoßdämpfer, erstklassige Hochgeschwindigkeitsreifen und meist auch Allradantrieb erfüllen diese Aufgabe.

Modell	BMW 530i Touring
Baujahr	2003
PS/kW	231 PS/170 kW
Hubraum ccm	2997
Motortyp	R6 Zylinder Benzin

Volvo V70 AWD

Im Gegensatz zu fast allen anderen europäischen Polizeiorganisationen stellte uns die Kantonspolizei Zürich freundlicherweise auch einige Fotos ihrer zivilen, oder wie man in der Schweiz sagt, neutralen Patrouillenwagen zur Verfügung. Notorische Verkehrssünder sollten beim Anblick dieses Fotos bedenken, dass je nach Land zwischen 30 und 50 Prozent aller Polizeiwagen mit neutraler Kennzeichnung den Verkehr beobachten. Geschwindigkeits-Übertretungen werden in der Schweiz ungleich härter bestraft als beispielsweise in Deutschland. Die Höhe der Strafe richtet sich unter anderem auch nach dem Einkommen des Verkehrssünders.

Modell	Volvo V70 AWD
Baujahr	2005
PS/kW	265 PS/195 kW
Hubraum ccm	2521
Motortyp	R5 Zylinder Benzin

Mowag Piranha

Auf der Basis des Mercedes-Benz Unimog und Wagen anderer Hersteller entstand bei der Schweizer Firma Mowag eine Serie gepanzerter Sonderfahrzeuge für die Polizei. Bei Spezialaufgaben, z. B. der Flugfeldüberwachung, Flugzeugentführungen und Geiselnahmen oder bei bewaffneten Übergriffen wie Terroranschlägen, kommen sie zum Einsatz. Bis zu neun voll ausgerüstete Grenadiere finden darin Platz. Unser Foto zeigt eine Spezialeinheit der Kantonspolizei Zürich bei einer Übung. Mit einer speziellen Abseilvorrichtung können gleichzeitig vier Grenadiere abgeseilt werden. Zwei Helikopter, einer davon mit Nachtflugeinrichtung, werden bei Bedarf eingesetzt.

Modell	Mowag Piranha
Baujahr	1983
PS/kW	170 PS/125 kW
Hubraum ccm	5200
Motortyp	R6 Zylinder Diesel

Renault Espace

Bei der Kantonspolizei Nidwalden ist dieser Renault Espace-Minivan beheimatet. Renault war in Europa der erste Hersteller, der schon 1984 das Konzept einer komfortablen Großraum-Limousine mit variablem Laderaum entwickelte. Im Polizeidienst ist der Espace dennoch eine seltene Erscheinung, weil die Beschaffungs- und Wartungskosten höher sind als bei einer vergleichbaren Kombi-Limousine, die in großen Stückzahlen bestellt werden.

Modell	Renault Espace
Baujahr	2004
PS/kW	241 PS/177 kW
Hubraum ccm	3498
Motortyp	V6 Zylinder Benzin

Mercedes-Benz E Touring

Als bis zu 250 km/h schnelle Patrouillenwagen werden die Modelle der Mercedes E-Klasse bei den süddeutschen Autobahnpolizeien gerne gefahren. Im Nachbarland Schweiz fährt die Kantonspolizei von Nidwalden mit Stützpunkt in Stans bei Luzern einige E-Klasse Touring-Modelle mit unterschiedlicher Leistung. E-Modelle mit Siebenstufen-Automatik und Allradantrieb sind ebenfalls im Einsatz.

Modell	Mercedes-Benz E Touring
Baujahr	2005
PS/kW	272 PS/200 kW
Hubraum ccm	3498
Motortyp	V6 Zylinder Benzin

Mercedes-Benz Sprinter 316 CDI

Fast jedem Unfall folgt ein kilometerlanger Stau. Eine zügige Unfallaufnahme durch die Verkehrspolizei ist deshalb wichtiger denn je. In der ganzen Schweiz bewähren sich die relativ schlanken Mercedes Sprinter, die meist in der Allrad-Ausführung mit ESP (elektronisches Stabilitätsprogramm) geordert werden. Die Stadtpolizei von Zürich verfügt zudem über Sprinter mit konventionellem Hinterradantrieb.

Modell	Mercedes-Benz Sprinter 316 CDI
Baujahr	2004
PS/kW	158 PS/115 kW
Hubraum ccm	2686
Motortyp	R4 Zylinder Diesel

Mercedes-Benz Sprinter 316 CDI

Bei der Seitenansicht erkennt man die unterschiedliche Ausrüstung der beiden Sprinter-Modelle. Unser Foto zeigt einen Wagen der Verkehrsabteilung im Kanton Nidwalden. In der mittellangen Ausführung wird dieser 150 km/h schnelle Einsatzwagen, der mit einer stabilen Plattform aus Aluminium für die Foto- und Video-Dokumentation ausgerüstet ist, zur Unfallaufnahme benötigt.

Modell	Mercedes-Benz Sprinter 316 CDI
Baujahr	2005
PS/kW	158 PS/115 kW
Hubraum ccm	2686
Motortyp	R4 Zylinder Diesel

VW Transporter Kombi

Zehn Jahre alte VW Transporter sind im europäischen Polizeidienst keine Seltenheit. Das spricht für die Qualität dieser Modelle, wie hier bei der Stadtpolizei von Zürich. Im Vergleich zu den Autobahn-Patrouillenwagen legen die Stadtfahrzeuge nicht einmal ein Drittel der durchschnittlichen Fahrstrecke pro Tag zurück, 100 Kilometer Tagesstrecke sind im Stadtverkehr schon die Obergrenze. Die beiden Fahrzeuge werden als Mehrzwecktransporter und zum Hundetransport eingesetzt.

Modell	VW Transporter Kombi
Baujahr	2000
PS/kW	116 PS/85 kW
Hubraum ccm	1984
Motortyp	R4 Zylinder Benzin

VW Golf Variant 1.6

In Rorschach am schönen Bodensee ist die Kantonspolizei mit diesem VW Golf Variant unterwegs. Bislang sind im Schweizer Polizeidienst fast ausschließlich Benziner in Betrieb, weil Dieselmotoren ohne Partikelfilter die Umwelt mehr belasten. Dieselkraftstoff ist in der Schweiz teurer als bleifreies Benzin. Die meisten VW Golf-Modelle werden im Schweizer Polizeidienst mit Allradantrieb 4Motion ausgeliefert.

Modell	VW Golf Variant 1.6
Baujahr	2004
PS/kW	102 PS/75 kW
Hubraum ccm	1595
Motortyp	R4 Zylinder Benzin

Volvo V70 Polar

Die historisch besonders attraktive Stadt Arbon liegt direkt am Bodensee. Hier fährt die Kantonspolizei Patrouille mit diesem Volvo V70 Polar, der mit Allradantrieb ausgerüstet ist, um auch die Berge direkt hinter der Stadt zu meistern. Obwohl jeder Kanton seine Fahrzeugtypen selbst ordern kann, wird auch in der Schweiz immer deutlicher eine Standardisierung der Wagenflotte angestrebt. Für ein neutrales Land ohne eigene Automobilproduktion stehen alle Türen bei den Herstellern offen.

Modell	Volvo V70 Polar
Baujahr	2004
PS/kW	240 PS/176 kW
Hubraum ccm	2521
Motortyp	R5 Zylinder Benzin

Toyota Tercel 4WD

Anfang der 90er-Jahre zählte der Toyota Tercel zu einem der ganz wenigen Kombis, die mit Allradantrieb und manuell sperrbarem Differenzial auf dem Markt waren. Bei der Kantonspolizei Bern wurde dieses Modell eingesetzt. Der Toyota Tercel entstammt der äußerst erfolgreichen Baureihe Toyota Corolla. Nur der VW Golf kommt auf ähnlich hohe Stückzahlen.

Modell	Toyota Tercel 4WD
Baujahr	1992
PS/kW	125 PS/92 kW
Hubraum ccm	1587
Motortyp	R4 Zylinder Benzin

Subaru Legacy

Mit dem Subaru Legacy verfügt die Kantonspolizei Graubünden über eine zuverlässige Kombi-Limousine mit permanentem Allradantrieb. Das Foto zeigt den Subaru im Winter 2006 an der kleinen Grenzstation von Martina nach einer anspruchsvollen Kontrollfahrt. Da das italienische Südtirol nur wenige Kilometer entfernt liegt, ist die Aufschrift zweisprachig. Jahrzehntelang war diese wetterexponierte Region ein Schmugglerparadies. Heute ist für die Nachbarn Italien, Österreich und die Schweiz eher die illegale Einwanderung ein Problem.

Modell	Subaru Legacy
Baujahr	2003
PS/kW	180 PS/132 kW
Hubraum ccm	1994
Motortyp	Boxer 4 Zylinder Benzin

Opel Vectra 2.0

In der Französischen Schweiz sind die rund 220 km/h schnellen Opel Vectra gerne auf der Autobahn Bern-Genf unterwegs. Das Foto, entstanden im Dezember 2006 in Lausanne, zeigt einen Benziner mit direkter Benzineinspritzung und Turboaufladung, dem Turbo-Ecotec-Motor. Auf dem Wagen nicht zu übersehen eine leistungsstarke Sondersignalanlage mit Leuchtschrift.

Modell	Opel Vectra 2.0
Baujahr	2005
PS/kW	175 PS/129 kW
Hubraum ccm	1998
Motortyp	R4 Zylinder Benzin

VW Transporter Syncro T4

Trotz der Aufschrift Gendarmerie ist dies kein französischer Polizeiwagen, sondern ein Schweizer Patrouillen- und Sicherungswagen mit Standort Nyon bei Genf. Die meisten deutschen VW Transporter fahren im Polizeidienst mit aufgeladenen Dieselmotoren, in der Schweiz hingegen werden nahezu alle VW Transporter mit Allradantrieb und Benzinmotoren ausgeliefert.

Modell	VW Transporter Syncro T4
Baujahr	2000
PS/kW	116 PS/85 kW
Hubraum ccm	1984
Motortyp	R4 Zylinder Benzin

BMW R60

1952, als dieses Foto entstand, war nicht BMW der größte Motorradproduzent der Welt, sondern die britische Marke BSA. BMW versorgte aber schon damals die Polizisten, wie hier bei der Kantonspolizei in St. Gallen, mit standfesten Maschinen mit Kardanantrieb, deren Wartungsarbeiten deutlich geringer ausfielen als bei der Konkurrenz, die auf Kettenantrieb setzte. Die üppige Vollverkleidung aus GFK war 1952 eine echte Novität bei der Verkehrspolizei. Funk und Versorgungsbatterie auf dem Rücksitzhalter konnten als neuester Stand der Technik bewundert werden.

Modell	BMW R60
Baujahr	1952
PS/kW	33 PS/24 kW
Hubraum ccm	598
Motortyp	Boxer 2 Zylinder Benzin

Universal

Bei der Kantonspolizei St. Gallen fuhren die Kollegen der Verkehrspolizei lange Jahre Motorräder der Marke Universal, wie diese Gruppenaufnahme von St. Gallen aus dem Jahr 1952 zeigt. Universal startete 1928 mit eigenständigen Motorrädern, die größtenteils mit JAP-Motoren zwischen 500 und 900 ccm ausgerüstet waren. Nach dem Zweiten Weltkrieg wurden zuerst seitengesteuerte V-Twins für die Polizei entwickelt. Das Vorbild von BMW und Zündapp animierte Universal, auch robuste Zweizylinder-Boxermotoren mit Kardanantrieb zu konstruieren, die das Foto zeigt. Hauptabnehmer waren Polizei und Behörden, doch letztlich war der Markt zu klein für die renommierte Schweizer Marke Universal. 1964 schlossen sich die Fabriktore für immer.

Modell	Universal
Baujahr	1952
PS/kW	25 PS/18 kW
Hubraum ccm	500
Motortyp	Boxer 2 Zylinder Benzin

Chevrolet Ecovan

Amerikanische Fahrzeuge standen bei der Schweizer Polizei lange Jahre hoch im Kurs. Im Vergleich zu den europäischen Kleinbussen boten die Vans aus Detroit deutlich mehr Leistung und Komfort durch das Automatikgetriebe und die Klimaanlage. Über den hohen Spritverbrauch der durstigen Achtzylinder-Benzinmotoren regte sich damals niemand auf. Unser Foto zeigt einen Chevy Ecovan von 1979 der Kantonspolizei St. Gallen, die ihn als Unfallaufnahmewagen nutzte.

Modell	Chevrolet Ecovan
Baujahr	1979
PS/kW	250 PS/184 kW
Hubraum ccm	5980
Motortyp	V8 Zylinder Benzin

Chevrolet Carryall

Vor über 40 Jahren wurden in der wohlhabenden Schweiz mehr amerikanische Wagen zugelassen als in Deutschland, wo amerikanische Fahrzeuge bis heute eher eine Außenseiterrolle spielen. Das Foto zeigt einen 1964er Chevrolet, der mit dem griffigen Namen Carryall, frei übersetzt „der packt alles rein", in großen Stückzahlen verkauft wurde. Er diente lange Jahre bei der Kantonspolizei St. Gallen als Unfallaufnahmewagen. Eingebaut war ein mächtiger V8-Benzinmotor mit 409 cubic inch.

Modell	Chevrolet Carryall
Baujahr	1964
PS/kW	230 PS/169 kW
Hubraum ccm	6703
Motortyp	V8 Zylinder Benzin

Volvo 123 GT

Als besonders langlebig und sportlich galten die 120er-Typen von Volvo, die zwischen 1954 und 1970 das Rückgrat der schwedischen Firma bildeten. Als potentester Typ galt der 123 GT, erkennbar an den beiden serienmäßigen Fernscheinwerfern auf der Stoßstange und dem teilverchromten Kühlergrill. Mit 100 PS unter der schweren Motorhaube und einer Höchstgeschwindigkeit von 170 km/h konnten die Einsatzwagen der Kantonspolizei St. Gallen chronische Verkehrssünder leichter stellen, denn die meisten Limousinen fuhren damals keine 160 km/h. Zwei Kleinbildkameras sind auf dem Armaturenbrett zur Beweisaufnahme montiert. Die eine fotografiert die Tachoangabe auf dem Kotflügel, die andere den zu kontrollierenden Fahrer.

Modell	Volvo 123 GT
Baujahr	ca. 1964
PS/kW	100 PS/74 kW
Hubraum ccm	1986
Motortyp	R4 Zylinder Benzin

Chevrolet Universal Sedan

Im März 1937 stellen sich die Polizisten der Kantonspolizei St. Gallen dem Fotografen. Ihr Automobil war ein geräumiger Chevrolet mit den damals sehr modernen Scheibenrädern. In dieser Zeit wurde die Geschwindigkeit oft noch per Augenschein geschätzt. Fortschrittliche Kantone verfügten aber schon über teure Stoppuhren, die vor Gericht die Beweislast trugen. 1937 forderten Ärzte eine allgemeine Verkehrserziehung in den Schulen, weil die Verkehrsdisziplin immer schlechter würde. 1941 wurde dieser aufsehenerregende Vorschlag in einigen Kantonen bewilligt.

Modell	Chevrolet Universal Sedan
Baujahr	1931
PS/kW	50 PS/37 kW
Hubraum ccm	3178
Motortyp	R6 Zylinder Benzin

BMW 530i Touring

Jeder Kanton entscheidet selbst über die Kennzeichnung seiner Einsatzfahrzeuge nach Abstimmung mit den jeweiligen Kommandanten. Vergleicht man zum Beispiel den BMW 530i Touring der Kantonspolizei von St. Gallen, unser Foto, mit dem gleichen Wagentyp der Kantonspolizei Zürich, fällt auf, dass die Züricher Kollegen eine fast durchgehend rote und die St. Gallener eine fast weiße Motorhaube zeigen.

Modell	BMW 530i Touring
Baujahr	2004
PS/kW	231 PS/170 kW
Hubraum ccm	2997
Motortyp	R6 Zylinder Benzin

VW Passat Variant 4Motion 2.5 TDI

Beschriftetes Patrouillenfahrzeug der Sicherheitspolizei (SIPO). Im Kanton Luzern werden diese deutlich gekennzeichneten Wagen für vielfältige Aufgaben tagtäglich gebraucht. Hier stehen auch Interventionseinsätze im gesamten Kantonsgebiet an, die ohne Allradantrieb bei winterlichen Bedingungen nicht ausgeführt werden könnten. Eine umfangreiche Spezialausrüstung wird ständig mitgeführt, die aus polizeitaktischen Gründen nicht genannt werden darf. Bei diesem Wagen handelt es sich um eine Spezialausführung für die Schweizer Polizei.

Modell	VW Passat Variant 4Motion 2.5 TDI
Baujahr	2006
PS/kW	175 PS/129 kW
Hubraum ccm	2496
Motortyp	R5 Zylinder Diesel

Ford MK III Zephir 6

Von einem der populärsten Streifenwagen der 60er-Jahre, dem englischen Ford Zephir 6, wurden allein 1962 über 1000 Wagen an die Polizei in Großbritannien ausgeliefert. Und auch bei der Berner Kantonspolizei war dieser komfortable Mittelklassewagen für die Verkehrspolizei geschätzt, wie das Foto zeigt. Wenn Not am Mann war, konnten drei Polizisten auf der vorderen Dreier-Sitzbank Platz nehmen – zu seiner Zeit ein Zeichen für Komfort und Luxus, heute undenkbar für einen schnellen Patrouillenwagen. Schon damals lief der MK III 160 km/h Spitze. Das analoge Handfunkgerät galt als neueste Errungenschaft der Funktechnik.

Modell	Ford MK III Zephir 6
Baujahr	ca. 1963
PS/kW	107 PS/79 kW
Hubraum ccm	2553
Motortyp	R6 Zylinder Benzin

Volvo V70 D5 AWD

Patrouillenfahrzeug des ständigen Präsenz- und Interventionsdienstes (SPID). Auch bei diesem 225 km/h schnellen Einsatzwagen der Kantonspolizei Luzern stehen besondere Interventionseinsätze im Vordergrund. Aber auch Ordnungsdienstfahrten werden damit durchgeführt und ebenso Einsätze mit Hundeführern zur Bekämpfung von Rauschgift- und Sprengstoffdelikten sowie anderer schwerwiegender Straftaten. Entsprechend umfangreich ist die Ausrüstung, die in diesem Fahrzeug mit Allradantrieb transportiert werden muss.

Modell	Volvo V70 D5 AWD
Baujahr	2005
PS/kW	185 PS/136 kW
Hubraum ccm	2401
Motortyp	R5 Zylinder Diesel

BMW 535d 3.0

Neutrales Patrouillenfahrzeug der Verkehrsfront VP Luzern. Freundlicherweise stellte uns die Kantonspolizei Luzern auch dieses Foto für unser Buch zur Verfügung. Es zeigt einen über 250 km/h schnellen „zivilen" Streifenwagen, dessen Besatzung im ganzen Kanton Luzern unterwegs ist und bei gravierenden Verkehrsübertretungen für entsprechende Maßnahmen sorgt. Ein Teil dieser zivilen Patrouillenwagen wird mit leistungsgesteigerten Motoren und entsprechenden Verbesserungen am Fahrwerk geordert. Fahrzeug- und Personendaten lassen sich über den mobilen Internetzugang während der Fahrt überprüfen.

Modell	BMW 535d 3.0
Baujahr	2006
PS/kW	272 PS/200 kW
Hubraum ccm	2993
Motortyp	R6 Zylinder Diesel

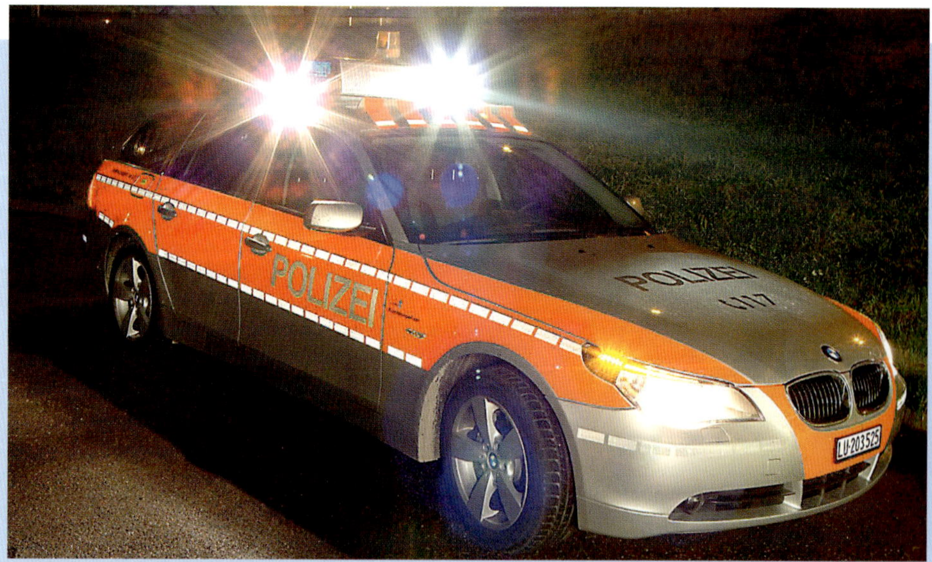

BMW 530d/xd Touring

Patrouillenfahrzeug der Verkehrsfront VP Luzern. Das Bild zeigt die neuen Arbeitsscheinwerfer, die in alle Richtungen positioniert werden können. Hier ein kurzer Überblick, wozu dieser neue 5er-BMW mit Allradantrieb bei der Kantonspolizei Luzern gebraucht wird: Erstangriff bei Verkehrsunfällen, Hilfeleistung und Rettungseinsatz, Begleitung von Ausnahmetransporten, Einsatzfahrzeug für Hundeführer, Interventionseinsätze auf dem gesamten Kantonsgebiet, Ordnungsdiensteinsätze. Diese Liste könnte noch deutlich verlängert werden, denn die Arbeit der Verkehrspolizei nimmt durch die steigende Verkehrsdichte immer mehr zu.

Modell	BMW 530d/xd Touring
Baujahr	2006
PS/kW	231 PS/170 kW
Hubraum ccm	2993
Motortyp	R6 Zylinder Diesel

Opel Zafira 1.8

Auch in der reichen Schweiz halten sich genügend Gauner auf, die brave Landsleute ausrauben. Aufklärung tut not. Den besten Rat bekommen die Bürger des Kantons Luzern über die Spezialisten des Einbruchdezernats. Damit die Hemmschwelle gegenüber den Beamten geringer ist, wurde dieser Opel Zafira entsprechend frisch gestylt, sehr zur Freude der Kinder.

Modell	Opel Zafira 1.8
Baujahr	2006
PS/kW	140 PS/103 kW
Hubraum ccm	1796
Motortyp	R4 Zylinder Benzin

Mercedes-Benz 311 CDI

Als 150 km/h schneller Transporter wird dieser Mercedes Sprinter bei der Kantonspolizei Luzern für den Ordnungsdienst eingesetzt. Bis zu 16 Polizisten können damit befördert werden. Bei gewalttätigen Demonstrationen werden die Scheiben vergittert, wie die Halterungen am Dach und der Motorhaube zeigen. Nicht zuletzt wird dieses Fahrzeug auch beim Abtransport von größeren Mengen Hanf genutzt, teilte uns die Kantonspolizei Luzern freundlicherweise mit – passend zur Wagenfarbe.

Modell	Mercedes-Benz 311 CDI
Baujahr	2004
PS/kW	109 PS/80 kW
Hubraum ccm	2148
Motortyp	R4 Zylinder Diesel

BMW F650 GS

Als unauffälliges Patrouillenmotorrad der Verkehrspolizei Luzern erweist sich diese BMW im dichten Straßenverkehr als „beste Waffe" gegen undisziplinierte Verkehrsteilnehmer. Entsprechend zielsicher können so Verkehrssünder belangt werden. Darüber hinaus wird diese Maschine als Begleit- oder Vorausfahrzeug bei größeren Sportveranstaltungen wie Radrennen oder Inliner-Wettbewerben im Kanton Luzern eingesetzt. Das GS-Modell ist – einmalig in dieser Viertakt-Einzylinderklasse – mit Benzineinspritzung, G-Kat und ABS-Bremssystem ausgerüstet.

Modell	BMW F650 GS
Baujahr	2001
PS/kW	50 PS/37 kW
Hubraum ccm	652
Motortyp	1 Zylinder Benzin

BMW X3 3.0

Patrouillenfahrzeug der Verkehrspolizei Front VP. Komfortabler als ein Land Rover Defender und stärker als ein Subaru Outback, das ist der neue BMW X3, mit dem die Verkehrspolizei des Kantons Luzern seit Ende 2006 Streife fährt. Der BMW X3 wird als SAV (Sport Activity Vehicle) mit permanentem Allradantrieb verkauft und immer häufiger bei internationalen Polizeiorganisationen eingesetzt.

Modell	BMW X3 3.0
Baujahr	2006
PS/kW	231 PS/170 kW
Hubraum ccm	2979
Motortyp	R6 Zylinder Benzin

Iveco 40-10W

Mobile Einsatzleitzentrale der Verkehrspolizei Front (VP) Luzern. Bei Geiselnahmen, Großdemonstrationen, aber auch bei wichtigen Großkontrollen auf dem gesamten Netz der Autobahnen wird dieser Iveco mit Allradantrieb eingesetzt. Basis ist eine voll isolierte Wohnmobilkabine, die über einen zusätzlichen Stromgenerator verfügt. Wie es sich für ein mobiles Büro heute gehört, ist die Kabine mit verschiedenen Computerarbeitsplätzen ausgestattet. Fax- und Telefonanschluss sowie Farbdrucker und weitere Hilfsmittel sorgen für eine lückenlose Dokumentation und Kommunikation zu anderen Dienststellen.

Die mobile Einsatzleitstelle. Eine verlässliche Kommunikation zu anderen Dienststellen beschleunigt alle polizeilichen Ermittlungen, die bei einem Großeinsatz nötig sind. Nicht weniger als acht verschiedene Funkgeräte, Handys und den Laptop mit mobilem Internetanschluss erkennt man auf diesem Foto der Kantonspolizei Luzern.

Modell	Iveco 40-10W
Baujahr	ca. 1998
PS/kW	116 PS/85 kW
Hubraum ccm	2499
Motortyp	R4 Zylinder Diesel

Penible Ordnung ist bei einem Einsatzwagen der Verkehrspolizei absolute Pflicht: Rechts befindet sich ein transportabler Stromgenerator, der das weiter vorn liegende „Büro" mit 220 Volt versorgt, auf der linken Seite ist das umfangreiche Material für die Sicherung der Unfallstelle platziert.

Mercedes-Benz 316 CDI

Unfalldienstfahrzeug der Verkehrspolizei Front (VP). Durch seinen Allradantrieb ist dieser geländegängige Mercedes Sprinter bei der Kantonspolizei Luzern in der Lage, auch in unwegsamem Gelände vor Ort zu sein. Ausgerüstet mit mobilem Computer, Funkausrüstung, Farbdruckern, Aufnahmeplattform, Arbeitsscheinwerfern und weiteren Spezialgeräten kann mit diesem Wagen die Unfallaufnahme wesentlich effizienter durchgeführt werden als mit weniger geräumigen Kleintransportern.

Modell	Mercedes-Benz 316 CDI
Baujahr	2005
PS/kW	156 PS/115 kW
Hubraum ccm	2686
Motortyp	R5 Zylinder Diesel

Österreich

Am 1. Juli 2005 erfolgte in Österreich die Zusammenlegung der bisherigen Bundesgendarmerie, dem Kriminalbeamtenkorps und des Bundessicherheitswachekorps zum Wachkörper Bundespolizei, die militärisch organisiert, als zivile Polizei dem Innenministerium unterstellt ist. Die neue österreichische Bundespolizei erfüllt die gleichen Aufgaben wie die Bundespolizeien in anderen EU-Ländern: die Sicherung der Grenzen, Gefahrenabwehr, Ermittlung von Strafdelikten, Ermittlungen bei schwerem Betrug, Diebstahl, Mord, Bekämpfung des organisierten Verbrechens und der Terrorbekämpfung und vieles andere mehr.

Vergleichbar mit der lokalen französischen Bürgerpolizei Police Municipale gibt es in Österreich die wichtige Gemeinde- oder Stadtpolizei, die vom Bürgermeister bestimmt werden kann. Mehrere Gemeinden können sich zu einer gemeinsamen Dienststelle verständigen, was in der Praxis seit über 100 Jahren bestens funktioniert. Durch die Bürgernähe der Gemeindepolizeien lassen sich mit den örtlich vertrauten Polizisten viele Probleme oder Streitfälle unkompliziert lösen. Die Personalstärke der Stadt- oder Gemeindepolizeien kann von einem einzelnen Polizisten bis zu über 40 Mann und Frau wie bei der bekannten Stadtpolizei Baden bei Wien betragen.

Mit der Gründung der österreichischen Bundespolizei im Juli 2005 änderte sich auch das Erscheinungsbild der Einsatzwagen und der Uniformen. Statt der bisherigen weißen Streifenwagen werden nun Fahrzeuge mit silberner Grundfarbe und blau-roten Applikationen gefahren. Vom neuen frischen Erscheinungsbild profitiert die neue Bundespolizei auf jeden Fall. Die älteren in Weiß lackierten Fahrzeuge werden sukzessive weiterverkauft oder verschrottet.

Im Fuhrpark aller österreichischen Dienststellen werden traditionell Fahrzeuge aus dem VW Konzern bevorzugt eingesetzt. Neben den bekannten Typen Golf Variant, Touran, Sharan und VW Transportern finden nun immer mehr Skoda Octavia II-Kombis Verwendung im Streifendienst. Ford ist mit dem Typ Mondeo III Traveller im Rennen und auch französische Kombi-Limousinen von Citroen und Renault sind bei einigen Dienststellen vertreten. Schnelle Kleintransporter von VW, Mercedes-Benz und Ford teilen sich brüderlich die Beförderung von Material und Mannschaften. Fürs Hochgebirge eignen sich nur Allrad angetriebene Geländewagen. Als heimischer Hersteller ist Steyr Puch mit den Mercedes-Benz G-Modellen präsent, aber auch Opel Frontera und Mitsubishi Pajero zeigen bei winterlichen Verhältnissen ihre Qualitäten.

Nach wie vor schätzt die österreichische Polizei zur Verkehrsüberwachung den Einsatz schneller Motorräder. Neben den bekannten BMW-Boxer-Modellen sind auch zahlreiche BMW K 1100 LT überwiegend in der Hauptstadt Wien auf den Straßen unterwegs. Honda steuert mit der Varadero XL und der Honda ST 1100 Pan European der Dominanz der Motorräder von BMW entgegen.

VW Transporter 2.5 TDI

Für die Überwachung von genehmigten Demonstrationen ist die Bundespolizei zuständig. Unser Foto zeigt einen Einsatz beim Stephansplatz in Wien im Januar 2007, wo gerade eine friedlich verlaufene Demo stattfand. Mit dem VW Transporter der fünften Generation verfügt die Bundespolizei über einen modernen Mehrzwecktransporter, der sich auch für Streifenfahrten bestens eignet. Der BPD bedient sich unterschiedlich starker Motorisierungen.

Modell	VW Transporter 2.5 TDI
Baujahr	2006
PS/kW	174 PS/128 kW
Hubraum ccm	2460
Motortyp	R5 Zylinder Diesel

Ford Transit 2.4 TD

Ein älterer Ford Transit-Mannschaftstransporter noch in der alten Farbgebung der Bundespolizei. Ab Ende 2007 schmückt die neue attraktive Farbgebung in silber-blau-rot alle Fahrzeuge der Bundespolizei. Bis dahin wurden die älteren Fahrzeuge noch genutzt, bevor sie aussortiert oder verkauft wurden. Die Aufnahme entstand im Januar 2007 beim Stephansdom in Wien.

Modell	Ford Transit 2.4 TD
Baujahr	2000
PS/kW	116 PS/85 kW
Hubraum ccm	2402
Motortyp	R4 Zylinder Diesel

Ford Galaxy TDI

Ein eher seltener Streifenwagen ist dieser Ford Galaxy TDI aus dem Wiener Stadtbereich. Seit 2003 bekamen die Wagen der Bundespolizei einen roten Umlaufstreifen spendiert. Das neue Design in silber-blau-rot ersetzt dieses Kennzeichen. Auf eine Umlackierung der älteren Fahrzeuge, wie bei diesem Ford Galaxy, wird aus Kostengründen verzichtet. Auch bei der deutschen Bundespolizei sind einige Ford Galaxy im Einsatz.

Modell	Ford Galaxy TDI
Baujahr	2003
PS/kW	90 PS/66 kW
Hubraum ccm	1896
Motortyp	R4 Zylinder Diesel

VW Golf Variant 1.9 TDI

Dieser Streifenwagen, auf dessen Lichtbalken ein zusätzliches weißes Blinklicht montiert ist, kontrolliert im neuen Design der Bundespolizei die Eingangsbereiche um den Schlosspark Schönbrunn in Wien. VW Golf und Skoda Octavia sind heute die wichtigsten und meistgebrauchten Standardstreifenwagen bei der Bundespolizei, die direkt dem Innenministerium unterstellt ist.

Modell	VW Golf Variant 1.9 TDI
Baujahr	2005
PS/kW	101 PS/74 kW
Hubraum ccm	1896
Motortyp	R4 Zylinder Diesel

VW Polo

Ein ganz seltener Kleinwagen im österreichischen Polizeidienst ist dieser VW Polo, der für Kontrollfahrten im Stadtbereich von Wien genutzt wird. Vielleicht sehen so ähnlich zukünftige Streifenwagen aus, wenn die Diskussion um spritsparende Fahrzeuge im öffentlichen Dienst noch mehr zunimmt. Für die Polizeiarbeit allerdings ist der Polo eindeutig zu klein geraten.

Modell	VW Polo
Baujahr	2001
PS/kW	54 PS/40 kW
Hubraum ccm	1198
Motortyp	R4 Zylinder Benzin

VW Transporter 1.9 TDI

Ein Großteil aller österreichischen Polizeifahrzeuge stammt aus dem VW-Werk. Wegen der Wirtschaftlichkeit muss sich jede Polizeiorganisation auf wenige anerkannt solide Hersteller konzentrieren. Nicht zu unterschätzen ist der Wiederverkaufswert von älteren VW-Transportern, die aus dem Polizeidienst ausscheiden.

Modell	VW Transporter 1.9 TDI
Baujahr	2000
PS/kW	86 PS/63 kW
Hubraum ccm	1896
Motortyp	R4 Zylinder Diesel

VW Touran 2.0 TDI

Deutlich mehr Kopffreiheit und Ladevolumen bietet der VW Touran im direkten Vergleich zum Basismodell, dem VW Golf V, auf den dieser Minivan aufgebaut ist. Seit 2003 steht der VW Touran auch im Fuhrpark der Bundespolizei. Unterschiedlich starke Motoren kommen hier zum Einsatz, unter anderem die neuen spritsparenden FSI-Benzinmotoren mit Direkteinspritzung.

Modell	VW Touran 2.0 TDI
Baujahr	2006
PS/kW	140 PS/103 kW
Hubraum ccm	1968
Motortyp	R4 Zylinder Diesel

Skoda Octavia

Im Ferienort Mellau/Vorarlberg ist dieser Skoda Octavia der Stadtpolizei stationiert. Dank hoher Qualität bei günstigen Anschaffungs- und Wartungskosten setzt sich der Skoda Octavia aus dem VW-Konzern auch bei den österreichischen Dienststellen immer mehr durch. Auf dem Lichtbalken ist ein zusätzlicher weißer Blink- und Suchscheinwerfer installiert.

Modell	Skoda Octavia
Baujahr	2004
PS/kW	105 PS/77 kW
Hubraum ccm	1896
Motortyp	R4 Zylinder Diesel

Nissan Pathfinder 2.5 TDI

Der Hochtannbergpass in Vorarlberg, einer der steilsten Pässe im ganzen Alpenraum, muss oft im Winter für Wochen gesperrt werden, weil die Fahrbahn unpassierbar ist. Hier verrichtet dieser Nissan Pathfinder-Geländewagen mit Allradantrieb seinen anspruchsvollen Dienst bei der Bundespolizei. Standort ist Warth.

Modell	Nissan Pathfinder 2.5 TDI
Baujahr	2005
PS/kW	174 PS/128 kW
Hubraum ccm	2488
Motortyp	R4 Zylinder Diesel

BMW X3

Schwertransporte werden in Österreich auch von diesen BMW X3-Wagen der Verkehrspolizei begleitet und abgesichert. Im Gegensatz zu den „echten" Geländewagen mit Untersetzungsgetriebe und zwei Differenzialsperren verfügt der BMW X3 SUV nur über eine elektronische Lamellenkupplung, die einen permanenten Allradantrieb ohne zusätzliche Untersetzung ermöglicht.

Modell	BMW X3
Baujahr	2005
PS/kW	218 PS/160 kW
Hubraum ccm	2993
Motortyp	R6 Zylinder Diesel

Ford Transit FT 280

Als universell einsetzbarer Polizeiwagen wird der sparsame und preisgünstige Ford Transit bei der Gemeindepolizei von Hohenems nahe der Grenze zu Liechtenstein gefahren. In Österreich sind insgesamt etwa 4500 Polizeiwagen und Polizeimotorräder fast täglich im Einsatz.

Modell	Ford Transit FT 280
Baujahr	2004
PS/kW	125 PS/92 kW
Hubraum ccm	1998
Motortyp	R4 Zylinder Diesel

BMW RT 80

Über 25 Dienstjahre hat diese BMW RT 80 auf dem Buckel, und sie läuft immer noch. Gibt es einen besseren Beweis für die Alltagstauglichkeit der Maschinen aus Bayern? Fotografiert wurde sie im Herbst 2006 bei der Gemeindepolizei von Götzis. Die RT 80 avancierte Anfang der 80er-Jahre wegen ihrer sinnvollen Vollverkleidung zu einer der begehrtesten Maschinen bei der Polizei.

Modell	BMW RT 80
Baujahr	1981
PS/kW	50 PS/37 kW
Hubraum ccm	798
Motortyp	Boxer 2 Zylinder Benzin

Opel Frontera 2.8 TD

Im Wander- und Skigebiet von Andelsbuch führen steile Nebenstraßen die Berge hoch. Hier macht ein Allrad angetriebener Geländewagen, wie der Opel Frontera, bei der Gemeindepolizei wirklich Sinn, wenn Not am Mann ist. Darüber hinaus wird dieser Offroader bei der Dokumentation von Verkehrsunfällen eingesetzt. Einen sicheren Standort für den Fotografen bietet die stabile Plattform auf dem Wagendach.

Modell	Opel Frontera 2.8 TD
Baujahr	1999
PS/kW	113 PS/83 kW
Hubraum ccm	2772
Motortyp	R4 Zylinder Diesel

VW Transporter Syncro 2.5 TDI

Bregenz am Bodensee liegt unmittelbar an der Grenze zu Deutschland und zur Schweiz. Hier wälzen sich während der Ferienmonate lange Blechlawinen am Seeufer entlang. Zur Verkehrsüberwachung werden verschiedene Streifenwagen eingesetzt, die nach kleineren Karambolagen den Verkehrsfluss durch geeignete Sicherungsmaßnahmen aufrechterhalten. Das nötige Inventar transportiert der VW-Bulli.

Modell	VW Transporter Syncro 2.5 TDI
Baujahr	2004
PS/kW	131 PS/96 kW
Hubraum ccm	2460
Motortyp	R5 Zylinder Diesel

Renault Mégane Break

Eine Rarität im österreichischen Polizeidienst, der Renault Mégane Break, wurde im Sommer 2006 bei der Stadtpolizei von Bregenz gesichtet. In Frankreich, Spanien und selbst in Portugal wird der flinke Franzose mit den sparsamen Turbodiesel-Common-Rail-Motoren gerne als Autobahn-Kontrollfahrzeug genutzt.

Modell	Renault Mégane Break
Baujahr	2004
PS/kW	150 PS/110 kW
Hubraum ccm	1995
Motortyp	R4 Zylinder Diesel

Ford FK 1000 Kombi

Vor über 50 Jahren konnte die Stadtpolizei von Baden bei Wien stolz auf ihre neuen Streifenwagen sein. Im Hintergrund parkt ein grüner Ford FK 1000, der zwischen 1953 und 1965 als Konkurrent zum VW Transporter entwickelt und über 250 000 Mal verkauft wurde. Mit seinem vorn liegenden wassergekühlten Motor bot er im Gegensatz zum VW-Bulli eine ebene, durchgehende Ladefläche. Nach der FK-Baureihe kam der deutlich größere Ford Transit auf den Markt.

Modell	Ford FK 1000 Kombi
Baujahr	1957
PS/kW	55 PS/40 kW
Hubraum ccm	1498
Motortyp	R4 Zylinder Benzin

VW Käfer 1200

Kontrollfahrt durch die Straßen von Baden bei Wien mit dem neuen VW Käfer. Die historische Aufnahme entstand Anfang der 60er-Jahre bei der Stadtpolizei. Von hinten nähert sich ein Peugeot 404, der zwischen 1960 und 1975 vom Band rollte. Anfang der 60er-Jahre befanden sich immer noch mehr Motorräder als Autos im Fuhrpark der Polizei. Der VW Käfer bedeutete eine enorme Komfortverbesserung für die Polizisten, nicht nur bei schlechtem Wetter.

Modell	VW Käfer 1200
Baujahr	ca. 1961
PS/kW	34 PS/25 kW
Hubraum ccm	1192
Motortyp	Boxer 4 Zylinder Benzin

Honda Varadero 1000

Eine besonders komfortable Reise-Enduro ist die Honda Varadero 1000 auf jeden Fall. Bei der österreichischen Stadtpolizei von Baden und der Bundespolizei wird die wassergekühlte Zweizylinder-Maschine auf kurvenreichen Landstraßen viel genutzt. Mit einem geregelten Kat, ABS-Bremssystem und weiteren technischen Feinheiten ist die Honda eine echte Alternative zu den deutlich teureren BMW-Maschinen.

Modell	Honda Varadero 1000
Baujahr	2006
PS/kW	94 PS/69 kW
Hubraum ccm	996
Motortyp	V2 Zylinder Benzin

Dodge WC

Nach Ende des Zweiten Weltkriegs überließen die Alliierten Streitkräfte der Stadtpolizei von Baden bei Wien einen ausgemusterten 1,5-Tonner aus ihrem reichhaltigen Wagenpark. Ein Geschenk des Himmels für die Stadtpolizei, die mit dem Armeelaster nun in der Lage war, sowohl Material als auch Gefangene befördern zu können. Hilfreich war der Vierradantrieb mit Untersetzungsgetriebe, der auch im tiefsten Winter schwierige Rettungs- und Bergeaktionen ermöglichte.

Modell	Dodge WC
Baujahr	ca. 1944
PS/kW	92 PS/68 kW
Hubraum ccm	3773
Motortyp	R6 Zylinder Benzin

Puch 250 SL

Polizeiarbeit in den 60er-Jahren. Vorn wartet eine österreichische Puch-Maschine, der Kleinwagen weiter hinten, ein gelber Steyr Puch 500, steht vor einem Ford Cortina, und der Fotograf hantiert mit der zweiäugigen Rolleiflex-Kamera. Bei der Stadtpolizei in Baden/Wien wurden zahlreiche Puch-Motorräder im Streifendienst gefahren, deren Maschinen damals mit Einzylinder-Zweitakt-Doppelkolben-Motor und Schalenrahmen ausgeliefert wurden.

Modell	Puch 250 SL
Baujahr	ca. 1962
PS/kW	12 PS/9 kW
Hubraum ccm	248
Motortyp	1 Zylinder Benzin

Polen

Die Republik Polen wird von sieben Nachbarländern umgeben: der Russischen Föderation, Litauen, Weißrussland, der Ukraine, Slowakei, Tschechien und Deutschland. Polens Grenzen umfassen 3582 Kilometer, entsprechend vielfältig sind die Aufgaben der polnischen Grenzpolizei. Sie ist direkt dem Militär untergeordnet und verfügt über ein umfangreiches Waffenarsenal. Seit Öffnung der Grenzen nimmt nicht nur der Transitverkehr, sondern auch die internationale Organisierte Kriminalität immer mehr zu.

Die Polizei muss sich diesen neuen Herausforderungen stellen. So wird die Ausrüstung fortlaufend modernisiert und auf EU-Standard gebracht. Bei den Fahrzeugen für die Polizei wird nicht gespart, wobei die Vielfalt der Wagentypen auffällt sowie der durchweg gute Zustand. Von Volkswagen stehen der VW Golf und VW Transporter auf den Polizeihöfen bereit, Opel ist hier mit seinen Opel Astra und Vectra gut im Geschäft und natürlich Skoda mit dem Octavia und Fabia. Die wichtige Zusammenarbeit mit den deutschen Kollegen von der Bundespolizei klappt in aller Regel tadellos, seitdem Polen ein wichtiges Mitglied der EU ist.

In keinem anderen EU-Land ereignen sich prozentual gesehen so viele tödliche Unfälle wie in Polen. Gegenüber Deutschland ist die Rate beispielsweise viermal so hoch! Gründe für diese schlimme Situation gibt es genügend. An erster Stelle ist die Disziplinlosigkeit vieler Autofahrer zu nennen, die Überholverbote ignorieren, Stoppstellen missachten oder bei Ortsdurchfahrten auf dem Gaspedal stehen bleiben. Nicht zuletzt entsprechen nur die wenigen neu gebauten Autobahnkilometer dem westeuropäischen Standard. Auf dem Land werden die Durchgangsstraßen mit Nachdruck ausgebaut. Dennoch sind fast alle Überlandstrecken völlig überlastet. Nicht zuletzt eine Folge der offenen Grenzen. Starker Lkw-Transit- und Kolonnenverkehr reizen natürlich auch zu riskanten Überholmanövern. Auf einen Nenner gebracht hat die Verkehrspolizei in Polen alle Hände voll zu tun, um den Straßenverkehr in geordnete Bahnen zu lenken.

Der Fuhrpark der Polizei kann sich sehen lassen. Die alten Warszawas oder Wolgas wurden verschrottet oder an die östlichen Landesnachbarn weiterverkauft. Nicht zuletzt dank der Unterstützung durch die EU befindet sich Polen auf einem bemerkenswerten Wachstumskurs und letztlich profitiert davon auch die Polizei mit einer zeitgemäßen Ausstattung.

Opel Vectra V6 Turbo

Nur etwa 15 Kilometer von der deutschen Grenze entfernt traf ich diese tipptopp ausgerüsteten polnischen Polizisten bei einer Tempokontrolle. Statt der vorgeschriebenen 40 km/h in einer Baustelle fuhren manche Autofahrer über 120 km/h schnell. Die Radarpistole liegt auf der Motorhaube. Mit ihrem 250 km/h schnellen Opel Vectra werden Temposünder problemlos gestellt, sollten sie das Weite suchen.

Modell	Opel Vectra V6 Turbo
Baujahr	2003
PS/kW	230 PS/169 kW
Hubraum ccm	2792
Motortyp	V6 Zylinder Benzin

Daewoo Lanos

Seit etwa einem Jahr werden die südkoreanischen Limousinen von Daewoo im deutschsprachigen Raum in leicht modifizierter Form als Chevrolet verkauft. Unser Bild zeigt einen freundlichen polnischen Polizisten in der Stadt Wroclaw, dem einstigen deutschen Breslau.

Modell	Daewoo Lanos
Baujahr	2005
PS/kW	94 PS/69 kW
Hubraum ccm	1399
Motortyp	R4 Zylinder Benzin

VW T4 Kombi

Als universell einsetzbarer Material- und Personentransporter wird dieser blaue, lange VW T4 Kombi benutzt. Er dient im polnischen Grajewo als Kommandofahrzeug, Funkstreifenwagen und auch als Gefangenentransporter für nicht allzu „schwere Jungs".

Modell	VW T4 Kombi
Baujahr	2001
PS/kW	104 PS/77 kW
Hubraum ccm	1896
Motortyp	R4 Zylinder Diesel

Opel Astra Caravan 1.9 CDTI

Auch in Polen werden immer häufiger Dieselmotoren in Polizeiwagen verwendet, wie bei diesem Streifenfahrzeug der Ortspolizei von Grajewo. Günstiger Spritverbrauch, hohe Zuverlässigkeit und nicht zuletzt ein höherer Wiederverkaufswert schlagen bei den Selbstzündern positiv zu Buche, klärte mich ein Polizist in fast fehlerfreiem Deutsch auf.

Modell	Opel Astra Caravan 1.9 CDTI
Baujahr	2002
PS/kW	120 PS/88 kW
Hubraum ccm	1910
Motortyp	R4 Zylinder Diesel

VW Jetta 1.8

In Polen wird der Abkömmling des VW Golf als VW Jetta verkauft, in anderen Ländern wiederum als Vento und Bora. Unterm Blech verbirgt sich solide VW-Technik, die für den Polizeieinsatz passt. In der Hauptstadt Warschau wurde der Streifenwagen beim Auftanken gesichtet.

Modell	VW Jetta 1.8
Baujahr	2002
PS/kW	90 PS/66 kW
Hubraum ccm	1781
Motortyp	R4 Zylinder Benzin

Ford Focus 2.0

Nicht nur auf Rallyepisten zeigt der agile Ford Focus sein Potenzial, das in ihm steckt, sondern auch beim Polizeieinsatz, wie hier in der Nähe der Hauptstadt Warschau. Der zwei Liter große Benziner geht deutlich über 200 km/h. Spurverbreiternde Leichtmetallfelgen und Niederquerschnittsreifen zeigen, dass bei diesem Streifenwagen an nichts gespart wurde.

Modell	Ford Focus 2.0
Baujahr	2005
PS/kW	145 PS/107 kW
Hubraum ccm	1999
Motortyp	R4 Zylinder Benzin

FSO Polonez Caro F658

Dieser polnische Streifenwagen ist ein Überbleibsel aus einer anderen Zeit, als Polen noch nicht zur EU gehörte. 1981 aus der Fabryka Samochodów Osobowych aus der Montagehalle gerollt, erfüllt er Ende 2006 in der Provinz immer noch seinen Dienstauftrag. Das Foto entstand bei Wielun, etwa 200 Kilometer südwestlich von Warschau.

Modell	FSO Polonez Caro F658
Baujahr	1981
PS/kW	82 PS/60 kW
Hubraum ccm	1481
Motortyp	R4 Zylinder Benzin

Opel Astra GSi 16V

Mit einer breiten Auswahl leistungsfähiger Mehrventil-Motoren kann Opel aufwarten: viel Leistung für relativ wenig Geld. Bei chronisch knappen Kassen ein wichtiges Argument. So fahren nicht nur in Polen viele Opel Astra Streife, auch in Deutschland sind beispielsweise über Tausend Polizeiwagen vom Typ Opel Astra und Opel Vectra unterwegs.

Modell	Opel Astra GSi 16V
Baujahr	2002
PS/kW	150 PS/110 kW
Hubraum ccm	1998
Motortyp	R4 Zylinder Benzin

Renault Mascott

Endgültig vorbei sind die alten Zeiten, als klapprige und längst nicht mehr verkehrssichere polnische Lastwagen die Straßen unsicher machten. In Polen wird jetzt streng kontrolliert, wie auch dieses Foto zeigt. Kann der Fahrer die richtigen Ladepapiere vorweisen? Ist der Laster auch nicht überladen? Wurden etwa die Tachoscheiben manipuliert? Beamte des Transportministeriums führen diese Kontrollen mit Polizeiunterstützung auf allen wichtigen Fernverkehrsstraßen durch.

Modell	Renault Mascott
Baujahr	2005
PS/kW	156 PS/115 kW
Hubraum ccm	2953
Motortyp	R4 Zylinder Benzin

Skoda Octavia Tour Combi

Begleitfahrzeug des Transportministeriums. Die Beamten haben Polizeigewalt, sind aber keine Polizisten im üblichen Sinn. Sie können Fahrzeuge vor Ort stilllegen, Geldstrafen verhängen, aber nicht die Sünder festnehmen. Dazu brauchen sie die Unterstützung der örtlichen Polizei.

Modell	Skoda Octavia Tour Combi
Baujahr	2004
PS/kW	102 PS/75 kW
Hubraum ccm	1595
Motortyp	R4 Zylinder Benzin

Land Rover Defender 110

An den Grenzen Polens sind diese weißen Land Rover Defender Station Wagon positioniert. Die Beamten erfüllen Zoll- und Polizeifunktionen in einer Person, erklärte mir ein Beamter. Technisch gesehen ist der lange Defender der Ur-Geländewagen aus den ersten Nachkriegsjahren. Sein permanenter Allradantrieb wühlt sich mit der zuschaltbaren Geländeuntersetzung und dem Mitteldifferenzial durch knietiefen Schlamm.

Modell	Land Rover Defender 110
Baujahr	2000
PS/kW	122 PS/90 kW
Hubraum ccm	2495
Motortyp	R5 Zylinder Diesel

Honda CB 250

Kein Monster-Bike mit 150 PS, sondern ein solides Polizeimotorrad mit nur 35 PS fährt dieser Polizist durch den Warschauer Feierabendverkehr. Alle zehn bis fünfzehn Minuten wird ein Verkehrssünder von ihm aus dem Verkehr gezogen.

Modell	Honda CB 250
Baujahr	1999
PS/kW	35 PS/26 kW
Hubraum ccm	248
Motortyp	R2 Zylinder Benzin

Skoda Fabia TDI

Bei der Grenzpolizei Polens vertraut man neben wesentlich stärkeren Wagen auch auf das kleinste Skoda-Modell, den Fabia mit Schrägheck. Im Gegensatz zu anderen Herstellern lässt Skoda ein Auslaufmodell zu sehr günstigen Konditionen noch weiter produzieren, und stellt parallel dazu die neue Modellreihe vor.

Modell	Skoda Fabia TDI
Baujahr	2006
PS/kW	100 PS/74 kW
Hubraum ccm	1896
Motortyp	R4 Zylinder Diesel

Skoda Octavia 2.0 FSI

Modernste Motoren aus der Entwicklungsabteilung von VW werden seit 2004 auch beim Skoda Octavia eingebaut. Die polnische Polizei setzt das Limousinen-Modell vermehrt bei Autobahn-Kontrollfahrten ein. Mit einer Spitzengeschwindigkeit von bis zu 212 km/h, bei erlaubten 130 km/h, kann dieser Streifenwagen Temposünder locker verfolgen.

Modell	Skoda Octavia 2.0 FSI
Baujahr	2004
PS/kW	150 PS/110 kW
Hubraum ccm	1984
Motortyp	R4 Zylinder Benzin

Ford Tourneo Connect

Noch ganz neu im polnischen Polizeidienst ist der praktische Ford Tourneo Connect mit einem überdurchschnittlich voluminösen Laderaum bei fünf Sitzplätzen. Das Foto entstand in Gorzów, dem ehemals deutschen Landsberg.

Modell	Ford Tourneo Connect
Baujahr	2006
PS/kW	90 PS/66 kW
Hubraum ccm	1753
Motortyp	R4 Zylinder Diesel

Ford Mondeo Turnier 2.0 TCDI

Überdurchschnittlich viel Laderaum und komfortable Fahreigenschaften bietet die Kombiausführung des Ford Mondeo. Ein relativ seltener Wagen im polnischen Fuhrpark der städtischen Polizei, denn die Konkurrenz mit Skoda an der Spitze lockt mit günstigen Konditionen beim Einkauf und bei der Wartung.

Modell	Ford Mondeo Turnier 2.0 TDCI
Baujahr	2001
PS/kW	130 PS/96 kW
Hubraum ccm	1998
Motortyp	R4 Zylinder Diesel

Skoda 1202

Wer zum ersten Mal diesen blauen Polizeiwagen am Straßenrand sieht, drückt ganz automatisch auf die Bremse. Tatsächlich handelt es sich hier um ein ausgemustertes Polizeifahrzeug aus den 60er-Jahren, das nun auf seine alten Tage wirkungsvoll zur Verkehrserziehung beiträgt.

Modell	Skoda 1202
Baujahr	1962
PS/kW	47 PS/35 kW
Hubraum ccm	1221
Motortyp	R4 Zylinder Benzin

VW Transporter TD

Wer im Heckabteil dieses VW-Bullis sitzt, hat ganz schlechte Karten! Ein typisch polnischer Mehrzweck-Kombi für den Gefangenentransport, aber auch bei Kriminaldelikten oder der Unfallaufnahme wird dieser Wagen in Szczecin, dem ehemals deutschen Stettin, eingesetzt.

Modell	VW Transporter TD
Baujahr	1997
PS/kW	90 PS/66 kW
Hubraum ccm	1781
Motortyp	R4 Zylinder Diesel

Hummer H2

Bei diesem brachial auftretenden Hummer handelt es sich nach Aussagen eines Tankwarts um ein verdecktes Fahrzeug der Polizei. Der Fahrer selbst gab vor, kein Wort Englisch oder Deutsch zu sprechen. Diskretion ist eben alles bei verdeckten Ermittlern.

Modell	Hummer H2
Baujahr	2004
PS/kW	325 PS/239 kW
Hubraum ccm	5967
Motortyp	V8 Zylinder Benzin

Tschechien

Bis 1992 bildete die heutige Tschechische Republik gemeinsam mit der Slowakei noch den Staatenbund Tschechoslowakei, der sich zum 1. Januar 1993 auflöste. Durch den Beitritt in die Europäische Union im Mai 2004 veränderten sich die politischen und wirtschaftlichen Verhältnisse in den beiden Staaten nachhaltig, auch für die Polizei.
Mit der Öffnung der Grenzen entwickelte sich Tschechiens Hauptstadt Prag für Touristen aus aller Welt zu einem attraktiven Reiseziel in Europa. Innerhalb von weniger als fünf Jahren wurden viele Straßenkilometer neu gebaut, die Infrastruktur kontinuierlich verbessert und der Wagenbestand bei der tschechischen Verkehrspolizei, auch mithilfe von EU-Geldern, fast komplett erneuert. Die Polizei ist auf den Straßen des Landes überwiegend mit neuen Streifenwagen von Skoda unterwegs. Hier dominieren die Modelle Fabia und Octavia. Als Glücksfall für beide Partner erwies sich der frühzeitige Einstieg von VW bei Skoda im Mai 1991.
Es ist nicht verwunderlich, dass in dieser kurzen Zeit die technische Ausstattung der Funkstreifenwagen noch nicht den Standard der wirtschaftlich führenden EU-Länder erreicht hat. Ein Datenabgleich zwischen den deutschen und tschechischen Dienststellen gestaltet sich manchmal noch schwierig, aber man ist auf dem besten Weg, auch dieses Manko zu beheben. Grenzüberschreitende Festnahmen dürften erst in einigen Jahren möglich sein, denn es wurde bislang noch kein Kooperationsabkommen zwischen Deutschland und Tschechien unterzeichnet.

Skoda Fabia 1.4

Seitdem Skoda im VW-Konzern eine bedeutende Rolle bei Umsatz und Gewinn spielt, profitiert auch die tschechische Polizei davon. Die alten Skodas mit Heckmotor vom Typ 110 wurden radikal ausgemustert und durch moderne Skoda-Typen wie den Fabia ersetzt. Das Foto zeigt einen Fabia mit Schrägheck bei der Stadtpolizei von Liberec.

Modell	Skoda Fabia 1.4
Baujahr	2002
PS/kW	75 PS/55 kW
Hubraum ccm	1390
Motortyp	R4 Zylinder Benzin

Ford Transit FT 350

Dieser ellenlange Großraum-Kastenwagentransporter ist bei der Flughafen-Polizei in Prag im Einsatz. Eine modern gestylte, windschnittige Sondersignalanlage fügt sich harmonisch an die Dachform an. Die zusätzliche Heckleuchte und zwei Frontleuchten komplettieren den 140 km/h schnellen Kastenwagen.

Modell	Ford Transit FT 350
Baujahr	2006
PS/kW	137 PS/101 kW
Hubraum ccm	2402
Motortyp	R4 Zylinder Diesel

Ford Ranger

Auch dieser wuchtige Ford Ranger zeigt den längst vollzogenen Wandel im ehemaligen Ostblock-Staat. Der amerikanische Ford Ranger ist mit Allradantrieb, Doppelkabine und Aircondition-Anlage ausgerüstet. Am Prager Flughafen ist die Hundestaffel-Einheit damit unterwegs, um den Drogenschmuggel zu bekämpfen.

Modell	Ford Ranger
Baujahr	2006
PS/kW	213 PS/157 kW
Hubraum ccm	4900
Motortyp	V8 Zylinder Benzin

Ford Transit Connect 1.8 TCDI

Mit dem Kleintransporter Ford Transit Connect landete Ford in den östlichen Ländern Europas einen Volltreffer. So auch bei der Polizei in Turnov. Preiswerte Anschaffungskosten und hoher Nutzwert durch seinen variablen Laderaum zeichnen diesen Wagen aus, der auch als Hundestaffel-Transporter im Polizeidienst gefällt.

Modell	Ford Transit Connect 1.8 TCDI
Baujahr	2006
PS/kW	90 PS/66 kW
Hubraum ccm	1753
Motortyp	R4 Zylinder Diesel

VW T5 Kombi 2.5 TDI

Über manche Unfälle können sich die Polizisten nur wundern. Ein Pkw schoss auf völlig freier und schnurgerader Autobahn bei Prag über den Fahrbahnrand hinaus und stürzte auf die darunter liegende Straße. Fahrer okay, Wagen stark beschädigt. Die Polizei war mit dem neuesten VW T5 in wenigen Minuten zur Stelle.

Modell	VW T5 Kombi 2.5 TDI
Baujahr	2006
PS/kW	131 PS/96 kW
Hubraum ccm	2460
Motortyp	R5 Zylinder Diesel

VW T4 Kombi 1.9 TDI

Vor dem Beitritt Tschechiens in die EU waren die Barkas-Kombis aus der DDR und der Skoda 1203-Bus die meistbenutzten Kleintransporter bei der tschechischen Polizei. Sie wurden radikal aus dem Verkehr gezogen und durch diese älteren VW Kombis ersetzt.

Modell	VW T4 Kombi 1.9 TDI
Baujahr	2000
PS/kW	86 PS/63 kW
Hubraum ccm	1896
Motortyp	R4 Zylinder Diesel

Ford Mondeo 2.5

Die tschechischen Autobahnen wurden dank der EU-Gelder auf den neuesten Stand gebracht. Hier rückt die Prager Polizei mit dem schnellen Ford Mondeo einem überladenen Lastwagen auf die Pelle. Abblendlicht ist in allen osteuropäischen Ländern auch am Tag Vorschrift.

Modell	Ford Mondeo 2.5
Baujahr	2004
PS/kW	170 PS/125 kW
Hubraum ccm	2544
Motortyp	V6 Zylinder Benzin

Skoda Fabia Combi 1.6

Ganz vereinzelt sieht man noch die ersten Fabia Combi-Typen von Skoda im Streifendienst – wie hier in Liberec. Der Skoda Fabia Typ 1 war der Nachfolger des Skoda Felicia, der bis Ende der 90er-Jahre ausgeliefert wurde. Bei diesem Fabia-Kombi ist aus Kostengründen das verlängerte Heckteil an das Limousinen-Mittelteil „angeklebt" worden. Praktisch für den Polizeibedarf, aber schlecht für das Styling.

Modell	Skoda Fabia Combi 1.6
Baujahr	1999
PS/kW	75 PS/55 kW
Hubraum ccm	1598
Motortyp	R4 Zylinder Benzin

Skoda Fabia Combi TDI

Hier sieht man den direkten Vergleich zwischen dem vorderen, neuen Skoda Fabia-Kombi mit harmonisch gestyltem Heckteil, und der alten Ausführung mit „angeklebtem" Hinterteil. Die Fertigungsqualität der neuen Skoda ist bei einem recht günstigen Preis sicherlich nicht schlecht. So rüsten immer mehr Polizeieinheiten im In- und Ausland ihre Streifenwagen-Einheiten damit aus.

Modell	Skoda Fabia Combi TDI
Baujahr	2004
PS/kW	100 PS/74 kW
Hubraum ccm	1896
Motortyp	R4 Zylinder Diesel

Slowakei

Einen bemerkenswerten wirtschaftlichen Aufschwung erlebt der Nachbar der Tschechischen Republik, die Republik Slowakei, die am 1. Januar 1993 ihre völlige Unabhängigkeit erlangte. Heute sind die Republiken Tschechien und Slowakei Teil der Europäischen Union und wichtige Mitglieder der NATO. Als Waffenschmiede des Warschauer Paktes lieferte die Slowakei in der Vergangenheit insbesondere Panzer und Geschütze bis nach Kuba. An diese Stelle rücken nun neue Automobilwerke von VW, Hyundai, Citroen und Peugeot, zahlreiche Zulieferbetriebe haben sich angeschlossen. Die Slowakei wird wegen der äußerst niedrigen Löhne und einer entgegenkommenden Steuerpolitik als Automobilstandort im Osten Europas geschätzt. Der Großteil der neuen Werke ist bei der Hauptstadt Bratislava oder in Trnava angesiedelt, nur eine knappe Autostunde von Wien entfernt. Im Akkord wurden neue Schnellstraßen und Autobahnen gebaut, denn ohne die passende Infrastruktur investiert kein Großunternehmen in einem ehemaligen Land des Ostblocks.

Für die Polizei brachen mit der rasanten Industrialisierung des Landes neue Zeiten an. Der ganze Fuhrpark wurde komplett erneuert. Selbst im hintersten Winkel der Republik wird man keine russischen GAZ-Polizeiwagen oder Ural-Mannschaftswagen mehr finden. Laptop und digitaler Funk sind in slowakischen Streifenwagen kaum vertreten, dafür funktioniert der Handy-Empfang reibungslos im ganzen Land, nachdem die deutsche Telekom das staatliche Fernmeldeunternehmen 2005 übernommen hat. Wagenaufbrüche und Diebstähle teurer Limousinen, bevorzugt Audi, BMW und Mercedes-Benz, sind immer noch ein Problem. Die Hintermänner verstecken sich zumeist in den weiter östlich liegenden Nachbarländern. Mit den österreichischen Nachbarn verläuft der Grenzverkehr in geregelten Bahnen. Bleibt die Slowakei ihren bisherigen Grundsätzen der freien Marktwirtschaft treu, wird der Aufschwung wohl noch Jahre anhalten, und auch die technische Ausstattung bei der Polizei dürfte davon profitieren.

Lada Niva

Ein echter Dauerläufer ist der Lada Niva, auch bei der slowakischen Polícia an der Grenzstation von Devínska Nová Ves, wo diese Aufnahme im Januar 2007 entstand. Seit über 30 Jahren wird der einfach aufgebaute Geländewagen in über 50 Länder exportiert und von zahlreichen Polizeiorganisationen benutzt. Der Lada Niva ist der preisgünstigste Geländewagen mit Allradantrieb auf dem westeuropäischen Markt.

Modell	Lada Niva
Baujahr	1996
PS/kW	75 PS/55 kW
Hubraum ccm	1569
Motortyp	R4 Zylinder Benzin

Skoda Fabia Combi 1.4

Die Mestská Polícia ist die lokale Stadtpolizei von Bratislava, der Hauptstadt der Slowakei. Bratislava liegt nur eine knappe Fahrstunde von Wien entfernt. Etwas im Schatten des größeren Tschechien stehend, entwickelt sich die Slowakei nun zu einem wirtschaftlich aufstrebenden Mitglied der EU. Auffallend viele slowakische Polizeiwagen fahren wie hier ohne fest montiertes Blau- bzw. Rotlicht Streife.

Modell	Skoda Fabia Combi 1.4
Baujahr	2005
PS/kW	75 PS/55 kW
Hubraum ccm	1390
Motortyp	R4 Zylinder Benzin

Skoda Fabia Combi 2.0

Dieser fast fabrikneue Skoda Fabia Combi wird im Kontrolldienst der Policanjny' Zbor gefahren, der überregionalen Polizei, vergleichbar beispielsweise mit der Bundespolizei in Deutschland. Dieser 195 km/h schnelle Streifenwagen ist kräftig motorisiert, aber auch bei diesem Fahrzeug vermisst man den Lichtbalken auf dem Wagendach.

Modell	Skoda Fabia Combi 2.0
Baujahr	2006
PS/kW	100 PS/74 kW
Hubraum ccm	1896
Motortyp	R4 Zylinder Diesel

Skoda Felicia 1.6

1999 übernahm VW die tschechische Traditionsfirma Skoda und fuhr gut damit. Heute steht Skoda als hochprofitables Unternehmen da. Unser Foto zeigt einen zwölf Jahre alten Skoda Felicia der Übergangsphase. Viel Skoda, wenig VW steckt in diesem Streifenwagen, der Ende der 80er-Jahre vom italienischen Stardesigner Bertone gezeichnet wurde.

Modell	Skoda Felicia 1.6
Baujahr	1995
PS/kW	75 PS/55 kW
Hubraum ccm	1598
Motortyp	R4 Zylinder Benzin

VW Golf GL

Schon etwas in die Jahre gekommen ist dieser VW Golf GL der Verkehrspolizei von Bratislava. Derzeit rüstet die slowakische Polizei die Flotte ihrer Streifenwagen auf neue Skoda Fabia- und Skoda Octavia-Modelle um, die älteren Semester werden auf Auktionen meistbietend verkauft. Die Mitgliedschaft in der EU lohnt sich auch für die slowakische Polizei.

Modell	VW Golf GL
Baujahr	1998
PS/kW	75 PS/55 kW
Hubraum ccm	1598
Motortyp	R4 Zylinder Benzin

Skoda Fabia 1.4 TDI

Die Skoda Fabia Kompakt-Limousine trifft man im slowakischen Polizeidienst weniger häufig an als die Kombi-Ausführung, die ungleich mehr Ladevolumen bietet als die Limousine. In der historisch reizvollen Altstadt von Bratislava wurde dieser Fabia im Januar 2007 aufgespürt.

Modell	Skoda Fabia 1.4 TDI
Baujahr	2004
PS/kW	80 PS/59 kW
Hubraum ccm	1422
Motortyp	R4 Zylinder Diesel

Tatra 2-603

Vor dem Zusammenbruch des Warschauer Paktes im Jahr 1991 ließen sich die politischen Führer der Tschechoslowakei mit dieser Tatra-Limousine von der Staatspolizei durch die heutige Tschechische Republik und die Slowakei chauffieren. Ein ungewöhnliches Auto aus technischer Sicht: luftgekühlter (!) Achtzylinder-Heckmotor in V90-Form, selbst tragende, stromlinienförmige Karosserie mit hinterer Pendelachse. 1975 eine Sensation im Osten Europas: Zweikreis-Scheibenbremsen an allen vier Rädern.

Modell	Tatra 2-603
Baujahr	1975
PS/kW	105 PS/77 kW
Hubraum ccm	2472
Motortyp	V8 Zylinder Benzin

Slowenien und Kroatien

Slowenien ist seit dem Jahr 1991 unabhängig und seit 2004 Mitglied der Europäischen Union. Das Nachbarland Kroatien strebt ebenfalls einen Beitritt zur EU an. Im Januar 2001 trat ein Polizeigesetz in Kroatien in Kraft, das zur Entmilitarisierung des Polizeiapparats führte. Heute stellt sich die kroatische Polizei als eine bürgernahe Polizei dar, die in ihrem äußeren Erscheinungsbild zivilen Charakter hat. Die relativ schlechte Bezahlung der Ordnungshüter sorgt für einen akuten Personalmangel bei besonders wichtigen Brigaden, wie der im Januar 2005 geschaffenen mobilen Grenzkontroll-Einheit. Sie soll illegale Grenzübertritte über die Adria und auf dem Landweg von Montenegro, Bosnien-Herzegowina und Serbien verhindern.

Kroatien gilt als „interessantes" Transitland für den Schmuggel von Drogen, Waffen, gestohlenen Fahrzeugen und dem Menschenhandel. Der vorderasiatische Drogenhandel in Richtung West- und Mitteleuropa wird meist über Kroatien abgewickelt. Die über 1000 Kilometer lange Küstenlinie und ebenso viele vorgelagerte Inseln erschweren die Kontrolle der kroatischen Grenzen enorm. Selbst der exakte Grenzverlauf zwischen Slowenien und Kroatien bedarf noch einer endgültigen Vereinbarung. Obwohl Kroatien mit über 20 Staaten Gegenabkommen zum Datenabgleich von Personen und Fahrzeugen unterzeichnet hat, bleibt der organisierte Drogenhandel das größte Problem für die kroatischen Grenzpolizisten. Nicht zuletzt erleben die kroatischen Beamten immer noch die Nachwehen der vergangenen Kriegsjahre. Hier blüht der Handel mit neuen und alten Handfeuerwaffen wie nirgendwo sonst in einem zukünftigen EU-Land, meinen Experten.

Wirtschaftlich kann von Slowenien und dem von den vergangenen Kriegen weit mehr betroffenen Kroatien zwischenzeitlich Positives vermeldet werden. Die zerschossenen Städte wie Dubrovnik oder das in Bosnien-Herzegowina gelegene Mostar wurden wieder zu alter Schönheit aufgebaut. Der Tourismus, als wichtigste Stütze der Konjunktur in diesen Ländern, wird wiederbelebt. Geblieben sind die vom restlichen Europa abweichenden und schärferen Gesetze für den Straßen- und Schiffsverkehr. Die kroatischen und slowenischen Verkehrskontrollen sind oft ein rotes Tuch für froh gelaunte Touristen, aber die Unfallstatistik spricht für die Notwendigkeit dieser Maßnahmen der Verkehrspolizei. In Kroatien verunglücken prozentual gerechnet dreimal so viele Verkehrsteilnehmer tödlich wie beispielsweise in Deutschland – und die Unfallstatistik in Slowenien sieht nicht viel besser aus.

Sowohl die kroatische als auch die slowenische Polizei haben sich der neuen Zeit angepasst. In den Jahren vor den Jugoslawienkriegen waren die Polizisten für ihre Streifenfahrten hauptsächlich mit VW Golf und serbischen Kleinwagen von Yugo motorisiert. Heute stehen im Fuhrpark beider Länder vorwiegend Autos von VW, Ford und Opel. Ihre technische Ausrüstung wird immer weiter verbessert und ausgebaut.

Citroen Jumper 2.2 HDI

In Slowenien erweckte dieser blaue Citroen Jumper unser Interesse. Fast baugleich mit dem Fiat Ducato wird dieser Transporter für schwierige Einsätze, wie bei Demonstrationen oder Unruhen, eingesetzt. Die vergitterten Fenster am Fahrzeug werden bei gewalttätigen Demonstrationen benötigt. An der Frontscheibe kann ebenfalls ein Schutzgitter befestigt werden.

Modell	Citroen Jumper 2.2 HDI
Baujahr	2004
PS/kW	100 PS/74 kW
Hubraum ccm	2179
Motortyp	R4 Zylinder Diesel

Renault Mégane Grand Tour

In Postojna ist dieser komfortable Renault Mégane als Streifenwagen unterwegs. Als direkter Konkurrent zu den bei den Polizeidiensten häufiger vertretenen Ford Mondeo, Opel Vectra oder VW Passat, hält der Renault wacker seine Stellung an der Grenze zu Kroatien.

Modell	Renault Mégane Grand Tour
Baujahr	2003
PS/kW	135 PS/99 kW
Hubraum ccm	1998
Motortyp	R4 Zylinder Diesel

Ford Focus Turnier

Acht verschiedene Motoren bietet Ford für seine erfolgreiche Focus-Baureihe an. Der recht geräumige Focus Turnier steht der Polizei in Slowenien als variabel einsetzbarer Streifenwagen zur Verfügung. Vom gleichen Typ gibt es im slowenischen Polizeidienst noch eine Autogas-Version und eine Ethanol-Ausführung mit dem neuen Flexifuel-Motor.

Modell	Ford Focus Turnier
Baujahr	2005
PS/kW	145 PS/107 kW
Hubraum ccm	1999
Motortyp	R4 Zylinder Benzin

VW Golf Variant

Die gebirgige Topografie Kroatiens fordert jeden Verkehrsteilnehmer. Extrem kurvenreiche Gebirge, dann wieder eine oft schnurgerade Küstenstraße, die viele zu gewagten Überholmanövern verführt, und dazwischen drängelnde Urlauberbusse und überladene Lastwagen. Das passende Gemisch für schwere Unfälle. In diesem Terrain ist der VW Golf-Kombi sicher das richtige Fahrzeug für die Verkehrsüberwachung.

Modell	VW Golf Variant
Baujahr	2002
PS/kW	116 PS/85 kW
Hubraum ccm	1984
Motortyp	R4 Zylinder Benzin

Citroen Berlingo 1.4

Bei der Stadtpolizei von Rijeka dient Citroens praktischer Kleintransporter als universelles Polizeifahrzeug für Besorgungsfahrten, zur Unfallaufnahme und Verkehrsüberwachung sowie für den Transport von Polizeihunden, am Lüfter auf dem Dach zu erkennen. Die deutlich sichtbaren Macken stören hier niemanden, das ist bei knappen öffentlichen Kassen alltäglich.

Modell	Citroen Berlingo 1.4
Baujahr	2000
PS/kW	75 PS/55 kW
Hubraum ccm	1360
Motortyp	R4 Zylinder Benzin

Fiat Punto 1.2

Nachdem der kleine, ehemals nur für den Regionalverkehr genutzte Flughafen von Rijeka nun auch für die internationalen „Billigflieger" geöffnet wurde, werden dort neue Fiat Punto-Polizeiwagen am Terminal positioniert. Fiats meistverkaufter Kompaktwagen ist im Polizeidienst nur mit einem einfachen Blaulicht und einer abziehbaren Folienbemalung ausgestattet. Der Weiterverkauf wird dadurch erleichtert.

Modell	Fiat Punto 1.2
Baujahr	2004
PS/kW	60 PS/44 kW
Hubraum ccm	1242
Motortyp	R4 Zylinder Benzin

Ford Focus 2.0

Mit diesem Ford Focus, dem seine Schnelligkeit äußerlich nicht anzusehen ist, ist nicht zu spaßen. Mit seinem kraftvollen Zwei-Liter-16-Ventilmotor läuft dieser agile Streifenwagen über 200 km/h. Auch einige 2,5-Liter-Fünfzylinder Ford Focus-Modelle mit 241 km/h Spitze sind in kroatischen Polizeidiensten vertreten.

Modell	Ford Focus 2.0
Baujahr	2006
PS/kW	145 PS/107 kW
Hubraum ccm	1999
Motortyp	R5 Zylinder Benzin

Skoda Fabia Tour

In Kroatien sieht man immer mehr Polizeiwagen von Skoda. Sehr günstige Einkaufspreise und solide Technik des VW-Konzerns öffnen die Türen zu den Beschaffungsämtern. Skoda baut die seit 1996 eingeführte Fabia-Bauserie weiter, und liefert parallel dazu den neuen Fabia aus.

Modell	Skoda Fabia Tour
Baujahr	2006
PS/kW	102 PS/75 kW
Hubraum ccm	1595
Motortyp	R4 Zylinder Benzin

Fiat Ducato 2.8 JTD

Europas meistverkaufter Transporter ist der Fiat Ducato. Beim Nachbarn Slowenien wurde dieser Mannschaftswagen in Lizenz gebaut. Der wendige Fronttriebler lässt sich besonders zügig auf kurvenreichen Straßen bewegen, dafür sorgt auch der zugkräftige 2,8-Liter-Turbomotor modernster Bauart.

Modell	Fiat Ducato 2.8 JTD
Baujahr	2005
PS/kW	128 PS/94 kW
Hubraum ccm	2800
Motortyp	R4 Zylinder Diesel

Fiat Ducato 4x4

Dieser ältere Fiat Ducato-Bus wurde mit Allradtechnik von Steyr Puch ausgestattet. Er dient für den Mannschaftstransport in den während des Winters oft tief verschneiten Gebirgsregionen. Die Bodenfreiheit wurde bei diesem geländegängigen Typ deutlich erhöht, sichtbar an den Radläufen.

Modell	Fiat Ducato 4x4
Baujahr	1995
PS/kW	84 PS/62 kW
Hubraum ccm	1997
Motortyp	R4 Zylinder Diesel

VW Golf GL

Nicht ganz so eng wie im Nachbarland Italien geht es beim Berufsverkehr in Rijeka zu, aber Fußgänger und Radfahrer sind ernsthaft auf Zebrastreifen und Überwegen gefährdet: Vortritt – Fehlanzeige. Hier kann die VW Golf Kompakt-Limousine bei der Verkehrspolizei ihre Vorteile voll ausspielen: spurtstark, wendig und unauffällig.

Modell	VW Golf GL
Baujahr	2002
PS/kW	90 PS/66 kW
Hubraum ccm	1781
Motortyp	R4 Zylinder Benzin

Opel Astra Caravan

Die Opel Astra-Baureihe ist Nachfolger der erfolgreichen Baureihe Opel Kadett, die bis 1992 ausgeliefert wurde. Im Polizeidienst Kroatiens trifft man den Astra-Kombi besonders häufig in den kleineren Küstenstädten an, wie hier in Novi Vinodolski. Ein praktischer, universell einsetzbarer Streifenwagen, der nichts krumm nimmt.

Modell	Opel Astra Caravan
Baujahr	1998
PS/kW	101 PS/74 kW
Hubraum ccm	1598
Motortyp	R4 Zylinder Benzin

VW Golf TAS

Schon die Beschriftung zeigt die Herkunft dieses kroatischen VW Golf, der in Serbien in Lizenz gefertigt wurde. Die Aufnahme entstand vor etwa 25 Jahren in Dubrovnik, als der furchtbare Krieg im ehemaligen Jugoslawien noch allen bevorstand. Bemerkenswert sind die vier schwarzen Signalhörner auf dem Dachträger.

Modell	VW Golf TAS
Baujahr	ca. 1978
PS/kW	60 PS/44 kW
Hubraum ccm	1277
Motortyp	R4 Zylinder Benzin

Zastava Yugo Koral 45

Vor 25 Jahren wurden die in Serbien gefertigten Yugo Koral sogar nach Deutschland exportiert. Zastava durfte in einem Lizenzabkommen mit Fiat diesen vom Fiat 127 abgeleiteten Typ nachbauen und ins Ausland exportieren. In den Jugoslawienkriegen wurden die Fabrikanlagen von Zastava weitgehend zerstört und bis heute nur in bescheidenem Umfang wieder aufgebaut.

Modell	Zastava Yugo Koral 45
Baujahr	ca. 1978
PS/kW	45 PS/33 kW
Hubraum ccm	903
Motortyp	R4 Zylinder Benzin

Audi A6 2.4

Mit Vollgas durch eine kroatische Kleinstadt. Als 227 km/h schnelles Begleitfahrzeug für eilige Politiker wird dieser Audi A6 in Kroatien gerne verwendet. Das Foto mit der sechs Wagen starken Kolonne entstand im Herbst 2006 in Senj.

Modell	Audi A6 2.4
Baujahr	2005
PS/kW	177 PS/130 kW
Hubraum ccm	2393
Motortyp	R6 Zylinder Benzin

Mercedes-Benz E 350

So mögen es wohl manche Politiker: mit Karacho durchs Dorf. Am liebsten mit einer feinen Mercedes-Limousine – wie hier in Kroatien mit der neuen E-Klasse oder einem noch komfortableren 7er von BMW dicht dahinter.

Modell	Mercedes-Benz E 350
Baujahr	2005
PS/kW	272 PS/200 kW
Hubraum ccm	3498
Motortyp	R6 Zylinder Benzin

Frankreich

Frankreichs Polizeikräfte sind in drei Divisionen aufgestellt. Die kasernierte Bereitschaftspolizei CRS (Compagnie Républicaine de Sécurité) kann als Elitetruppe der Nationalpolizei angesehen werden. Die Stützpunkte der CRS sind übers ganze Land verteilt und sorgen dort für Ruhe und Ordnung bei gewalttätigen Demonstrationen und Großereignissen von nationalem Interesse. Auch im Straßenverkehr führt die CRS Großkontrollen durch. Die Einsatzfahrzeuge der CRS sind in der Grundfarbe Weiß lackiert mit dem roten CRS-Signet. Die Gendarmerie Nationale ist ebenfalls militärisch organisiert und dem Verteidigungsministerium unterstellt. Blaue Einsatzwagen sind das besondere Kennzeichen der Gendarmerie Nationale. Eine bestens geschulte Spezialeinheit der Gendarmerie Nationale, die GIGN, ist für die Terrorabwehr zuständig. Schließlich gibt es noch die lokale Polizei (Police Municipale), die dem Bürgermeister der Stadt untersteht sowie die Police Nationale. Diese beiden zivilen Polizeiorganisationen erhalten ihre Aufgaben durch das Innenministerium und verfügen über weiße Polizeifahrzeuge mit der Aufschrift „Police Municipale" und meist auch dem Namen der Stadt.

Alle Polizeieinheiten sind bestens ausgebildet, die Ausrüstung der Spezialabteilung für die Terrorbekämpfung gilt in Europa als führend. Hier spielten die militärischen Strukturen eine dominierende Rolle bei der Bewaffnung. Selbst Raketenwerfer sollen im Arsenal dieser Spezialeinheiten vorhanden sein. Bei allen Einheiten der Polizei werden traditionell nahezu ausschließlich französische Wagen von Renault, Citroen und Peugeot gefahren. Alle Hersteller können der Polizei je nach Einsatzbereich Kleinwagen, Mittelklassewagen und bis zu bis 250 km/h schnelle Limousinen liefern. Zivile Polizeifahrzeuge für die Verkehrsüberwachung kommen auch von BMW, Seat und anderen Firmen.

Frankreich hat eine deutlich geringere Besiedlungsdichte als beispielsweise Deutschland oder die Niederlande. Entsprechend „leer" sind die Straßen in der Provinz. Hier führt die Gendarmerie Nationale mit ihren blauen BMW-Motorrädern an Sonn- und Feiertagen oft Personen- und Verkehrskontrollen durch, denn Alkohol am Steuer ist in Frankreich einer der häufigsten Unfallverursacher. Vor 20 Jahren galt die französische Provinz noch als ideales Terrain für selbsternannte Rennfahrer. Mit Vollgas durch die französischen Seealpen, das konnten sich Rallye Monte Carlo-Fans häufig nicht verkneifen. Oft trieb einen der Polizist vom Dorf zu noch schnellerer Fahrt an. Alles Schnee von gestern. Heute gibt es null Toleranz bei Geschwindigkeitsmessungen. Wer mit 53 statt 50 km/h durch eine Ortschaft fährt, wird schon bestraft. Die zehn Prozent-Toleranzgrenze wie in Deutschland gibt es in Frankreich nicht. Gar nicht selten wird an zwei dicht hintereinanderstehenden Positionen im Abstand von 500 Metern zwei Mal geblitzt, denn als Wiederholungstäter bezahlt man nicht das zweifache, sondern das dreifache der Strafgebühr. Der Erziehungseffekt hält dann wohl länger an, meinen die Unfallexperten der Polizei.

Renault Mégane Coupé

Traditionell setzen die französischen Polizeieinheiten überwiegend auf ihre landeseigenen Hersteller wie Renault, Peugeot und Citroen. Unser Foto zeigt ein Renault Mégane Coupé der Stadtpolizei von Paris. Ausländische Marken sind offiziell kaum vertreten, doch ein Teil der Sondereinheiten setzt ganz gezielt besonders kräftig motorisierte deutsche und italienische Limousinen als zivile Fahrzeuge für den Personenschutz ein.

Modell	Renault Mégane Coupé
Baujahr	2003
PS/kW	135 PS/99 kW
Hubraum ccm	1998
Motortyp	R4 Zylinder Benzin

Citroen Xsara Picasso

Die lokale Police Municipale (Gemeindepolizei) von Beaulieu bei Nizza fährt diesen flott gestylten Citroen Xsara Picasso im Streifendienst. Beim Typ Picasso wird ein leicht verlängertes Chassis verwendet, das dem Innenraum und damit der reichhaltigen Ausrüstung der Polizisten zugute kommt.

Modell	Citroen Xsara Picasso
Baujahr	2006
PS/kW	136 PS/100 kW
Hubraum ccm	1997
Motortyp	R4 Zylinder Diesel

Ford Mondeo 2.5 V6

Als neues sogenanntes „Weltauto" stellte Ford 1993 die Mittelklasse-Limousine Mondeo vor. Daraus entwickelte sich im Lauf der Jahre ein anerkanntes Polizeifahrzeug, das in fast ganz Europa genutzt wird, so auch in Frankreich bei der Stadtpolizei von Paris.

Modell	Ford Mondeo 2.5 V6
Baujahr	2005
PS/kW	170 PS/125 kW
Hubraum ccm	2495
Motortyp	V6 Zylinder Benzin

Citroen Jumper 2.8 HDI

Bei der Station der Autobahnpolizei von Metz wird dieser Citroen Jumper der CRS (Compagnie Républicaine de Sécurité) sowohl als Unfall-Aufnahmewagen wie auch als Sicherungswagen für Schwersttransporte eingesetzt. Die Firma Durisotti ist für die Zusatzausrüstung verantwortlich.

Modell	Citroen Jumper 2.8 HDI
Baujahr	2004
PS/kW	128 PS/94 kW
Hubraum ccm	2800
Motortyp	R4 Zylinder Diesel

Renault Trafic dCi 100

Als schneller Mannschaftsbus eignet sich der aerodynamisch hervorragend geformte Renault Trafic ideal für die nationale Polizei, die CRS. Die Aufnahme entstand im Sommer 2006 in Metz. Im Vergleich zu einem VW T5-Bus ist der Trafic deutlich geräumiger und nicht so groß wie der Citroen Jumper. Also das richtige Mittelmaß für den gemischten Autobahn- und Stadtverkehr.

Modell	Renault Trafic dCi 100
Baujahr	2006
PS/kW	101 PS/74 kW
Hubraum ccm	1870
Motortyp	R4 Zylinder Diesel

Renault Trafic T1000

Dieses Foto von 1990 zeigt den optischen Wandel, der bei der französischen Polizei inzwischen vollzogen wurde. Statt der frischen Farbgebung von heute ein schlichtes Weiß mit der Kennzeichnung Police. Auch im Fahrzeugbau wurden die Weichen neu gestellt. Der Renault Trafic galt damals als absolut fortschrittlicher Kombi, der bei allen Polizeieinheiten geschätzt war.

Modell	Renault Trafic T1000
Baujahr	1989
PS/kW	98 PS/72 kW
Hubraum ccm	2460
Motortyp	R4 Zylinder Diesel

Renault Trafic

Einen schon legendären Ruf besitzt dieser erste Renault Trafic bei der französischen Gendarmerie – ein Foto aus den 70er-Jahren. Letztlich war dieser Renault-Kombi fast 30 Jahre lang das französische Pendant zum VW-Bulli oder zu den ersten Kleintransportern von Ford. Sein größter Vorteil: der fahrsichere Frontantrieb.

Modell	Renault Trafic
Baujahr	1968
PS/kW	65 PS/48 kW
Hubraum ccm	1580
Motortyp	R4 Zylinder Diesel

Renault R4

Über 30 Jahre lang rollte der fast schon genial konzipierte Renault R4 bis 1992 vom Fließband. Nahezu alle erfolgreichen Hersteller von Kleinwagen nahmen sich den R4 als Vorbild: vier bequeme Sitze, ein absolut variabler Kofferraum mit Heckklappe und ein unproblematisches Fahrverhalten in Verbindung mit dem Frontantrieb. Wohl alle französischen Polizisten der 60er- bis 90er-Jahre fuhren damit schon Streife.

Modell	Renault R4
Baujahr	1970
PS/kW	34 PS/25 kW
Hubraum ccm	956
Motortyp	R4 Zylinder Benzin

Citroen CX

Eine Rarität. 1975 kämpfte Citroen mit sinkenden Verkaufszahlen auf breiter Front, auch bei der Gendarmerie. Als Retter in der Not sollte der Citroen CX herhalten. Letztlich wurde dieser Typ nur zwischen 1975 und 1977 verkauft, dann war Schluss. Pluspunkte konnte der CX beim Fahrkomfort bieten. Hier sorgte das hydropneumatische Fahrwerk für nur „leichten Seegang" auf holprigsten Kopfsteinpflastern. Negativ fiel der rau laufende alte Vierzylinder-Motor auf.

Modell	Citroen CX
Baujahr	1975
PS/kW	102 PS/75 kW
Hubraum ccm	1981
Motortyp	R4 Zylinder Benzin

Renault 4 CV

Von 1947 bis 1961 lief die Pariser Polizei mit ihren putzigen 4 CV zur Hochform auf. Als „Cremeschnittchen" bezeichnet, wurde der viersitzige Kleinwagen mit dem wassergekühlten Heckmotor leistungsmäßig oft unterschätzt, dabei lief der 4 CV in der Sportversion bereits deutlich über 135 km/h. Zwecks schnellerem Zugriff auf Flüchtende verzichtete man bei einem Teil der Polizeiwagenflotte auf feste Seitenscheiben, wie auf diesem Foto zu sehen.

Modell	Renault 4 CV
Baujahr	1955
PS/kW	32 PS/24 kW
Hubraum ccm	760
Motortyp	R4 Zylinder Benzin

Renault 5 Alpine

Vor gut 25 Jahren bestaunte man einen 175 km/h schnellen Kompaktwagen als echtes Sportgerät. So schnell fuhr dieser von Alpine getunte R5 in der Vorserien-Ausführung. Der Kraftzwerg der französischen Verkehrspolizei sorgte für gehörig Aufregung bei Rasern und Verkehrssündern. Deutlich erkennbar die Kleinbildkamera auf dem Armaturenbrett zwecks scharfer Beweisfotos.

Modell	Renault 5 Alpine
Baujahr	1980
PS/kW	93 PS/68 kW
Hubraum ccm	1397
Motortyp	R4 Zylinder Benzin

Renault 5 GTL 1.4

Der Renault 5 mauserte sich in seinen verschiedenen Leistungsstufen auch bei der französischen Polizei seit 1972 zu einem Dauerbrenner. Unser Foto zeigt einen GTL mit Katalysator und Einspritzmotor von 1989 als Streifenwagen bei der Pariser Verkehrspolizei mit kleinem tropfenförmigem Blaulicht und hinteren Sicherungsleuchten.

Modell	Renault 5 GTL 1.4
Baujahr	1989
PS/kW	60 PS/44 kW
Hubraum ccm	1397
Motortyp	R4 Zylinder Benzin

Renault 5 Turbo

Hinter diesem harmlosen Namen verbirgt sich ein echter Wolf im Schafspelz: Zweisitzer mit 200 PS starkem Mittelmotor und Turboaufladung. Spitze gut 220 km/h, von Null auf 100 km/h in 6,5 Sekunden. Einige Spezialeinheiten der Polizei, siehe Foto, wurden damit zwischen 1979 und 1986 ausgerüstet. Ursprünglich war der Renault 5 Turbo als Homologationsfahrzeug für die Rallye-Weltmeisterschaft gedacht.

Modell	Renault 5 Turbo
Baujahr	1982
PS/kW	200 PS/147 kW
Hubraum ccm	1397
Motortyp	R4 Zylinder Benzin

Peugeot 309 1.8D

Ein beliebter Standardstreifenwagen der französischen Polizei. 1986 rollten die ersten Peugeot 309 zum Polizeidienst. Technisch handelte es sich um das Fahrwerk des kleineren Peugeot 205 mit verlängertem Heck. Ausgewogene Fahreigenschaften und drehmomentstarke, sehr sparsame Dieselmotoren waren damals sehr gefragt.

Modell	Peugeot 309 1.8D
Baujahr	1988
PS/kW	78 PS/57 kW
Hubraum ccm	1769
Motortyp	R4 Zylinder Diesel

Auverland

Die französische Gendarmerie untersteht direkt dem Verteidigungsministerium und ist unter anderem für die Sicherheit auf Flugplätzen, wie hier in Le Bourget, zuständig. Im Fuhrpark befinden sich auch geländegängige Wagen, wie dieser Auverland, der mit bis zu 160 PS starken Turbodieselmotoren ausgerüstet werden kann.

Modell	Auverland
Baujahr	1990
PS/kW	120 PS/88 kW
Hubraum ccm	2498
Motortyp	R4 Zylinder Diesel

Renault T35 D

Ein Kommandofahrzeug der militärisch aufgestellten CRS, Compagnie Républicaine de Sécurité, die über Spezialeinheiten verfügt. Das Foto wurde 1990 bei der Pariser Air Show aufgenommen. Deutlich ist im Heck die Halterung für den Lichtmast erkennbar sowie die Kamera-Plattform auf dem Dach. Diese Kommandowagen werden auch heute noch für Spezialeinsätze benutzt.

Modell	Renault T35 D
Baujahr	1990
PS/kW	150 PS/110 kW
Hubraum ccm	3480
Motortyp	R4 Zylinder Diesel

Renault 11 TL

Keinen sehr durchschlagenden Erfolg konnte Renault mit dem Typ 11 TL verbuchen, weder bei der Polizei, noch bei der Bevölkerung. Letztlich unterschied er sich nur wenig vom Renault 9, der deutlich preiswerter angeboten wurde. Dem Renault 11 fehlte das Pfiffige, oder eine technische Innovation, wofür Renault sonst immer stand und auch heute noch steht.

Modell	Renault 11 TL
Baujahr	1984
PS/kW	68 PS/50 kW
Hubraum ccm	1397
Motortyp	R4 Zylinder Benzin

Renault 18 Turbo

Die ersten Renault 18 wurden 1978 an die französischen Polizeieinheiten ausgeliefert. Damals galten Turbolader-Motoren noch als sehr defektanfällige Spielereien. Renault sah dies anders, die Firma dominierte schon bald in der Formel-1-Weltmeisterschaft mit Turbolader-Motoren und ebnete sich mit Erfolg den Einstieg ins Serienwagen-Geschäft.

Nicht zuletzt sorgte die Polizei mit diesem R18 Turbo für Aufsehen. Im Hintergrund ist das Cockpit der Concorde zu sehen.

Modell	Renault 18 Turbo
Baujahr	1982
PS/kW	110 PS/81 kW
Hubraum ccm	1565
Motortyp	R4 Zylinder Benzin

Renault 21 Nevada D

Mit dem Modell Nevada traf Renault bei vielen Großfamilien und auch der Polizei ins Schwarze. Bis zu sieben Personen fanden in dem ultralangen Kombi auf drei Sitzreihen Platz. Die Verkehrspolizei begnügte sich mit zwei Sitzreihen und einem Kofferraum, der endlich Platz für eine umfangreiche Ausrüstung bot, die bei Absperrungen unbedingt notwendig ist.

Modell	Renault 21 Nevada D
Baujahr	1983
PS/kW	88 PS/66 kW
Hubraum ccm	2068
Motortyp	R4 Zylinder Diesel

Peugeot 206 TD

Ganz unauffällig absolviert dieser Peugeot 206 in Straßburg eine Dienstfahrt. Kein Blaulicht ziert das Dach, nur die seitliche Kennzeichnung drückt seine Herkunft aus: Gendarmerie Nationale, Frankreichs älteste Polizeiorganisation, deren Vorgänger schon anno 1540 die Verkehrswege im Auftrag des Königs bewachten.

Modell	Peugeot 206 TD
Baujahr	2005
PS/kW	109 PS/80 kW
Hubraum ccm	1560
Motortyp	R4 Zylinder Diesel

Renault Trafic T1100 D

Nach wie vor ist dieser blaue Trafic der meistgefahrene Kombi-Bus bei der Gendarmerie Frankreichs. Auch in den Übersee-Departements wie der Insel Réunion im Indischen Ozean oder den Inseln Martinique und Guadeloupe in der Karibik wird fast ausschließlich der robuste Trafic als Mehrzwecktransporter gefahren.

Modell	Renault Trafic T1100 D
Baujahr	2000
PS/kW	110 PS/81 kW
Hubraum ccm	2460
Motortyp	R4 Zylinder Diesel

BMW RT 1150 P

BMW ist mit seinen bewährten Tourenmaschinen nach wie vor der wichtigste Lieferant für die französische Polizei CRS. BMW richtet sich nach den Wünschen der Brigade. Unser Bild zeigt einen Polizisten vor der nächsten Kontrollfahrt im Depot von Metz. Ein harter Job, der bei Wind und Wetter ausgeführt wird, denn gerade dann werden die Beamten am meisten gebraucht.

Modell	BMW RT 1150 P
Baujahr	2004
PS/kW	110 PS/81 kW
Hubraum ccm	1150
Motortyp	Boxer 2 Zylinder Benzin

MBX 80 P

In den oft verstopften Innenstädten vertraut die französische Police Municipale immer häufiger auf wendige Motorroller, die auch im Unterhalt kein Loch in die Gemeindekasse reißen. Unser Foto, das mitten im Winter an der Côte d'Azur aufgenommen wurde, zeigt zwei Verkehrspolizisten in Nizza.

Modell	MBX 80 P
Baujahr	2001
PS/kW	5,6 PS/4,1 kW
Hubraum ccm	78
Motortyp	1 Zylinder Benzin

Ford Transit Bus

Ein solcher Mannschaftstransporter Ford Transit – wie hier bei der Gendarmerie von Straßburg – ist in Frankreich eher selten anzutreffen. Selbst die Kennzeichnung als Fahrzeug der Gendarmerie fehlt hier, aber die blaue Uniform der beiden Polizisten signalisiert die Zugehörigkeit zur nationalen Gendarmerie-Einheit.

Modell	Ford Transit Bus
Baujahr	1999
PS/kW	90 PS/66 kW
Hubraum ccm	2480
Motortyp	R4 Zylinder Diesel

Ford Transit 125 T280

Nachdem Ford Anfang 2000 seine Transit-Baureihe komplett erneuerte, setzt die französische CRS auch in Paris, wo dieses Foto im Herbst 2006 entstand, wieder vermehrt neue Ford Transit-Wagen ein. Dieser Mannschaftstransporter ist mit einem automatisierten Durashift EST-Schaltgetriebe ausgerüstet. Ideal für den Stadtverkehr.

Modell	Ford Transit 125 T280
Baujahr	2005
PS/kW	125 PS/92 kW
Hubraum ccm	2402
Motortyp	R4 Zylinder Diesel

Citroen Jumper 2.8 HDI

Mit drei verschiedenen Dachaufbauten und ebenso vielen Aufbaulängen hat sich der Citroen Jumper als einer der erfolgreichsten Transporter in ganz Europa etabliert. Auch bei der französischen Verkehrspolizei wird der Citroen, wie hier als Sicherungsfahrzeug für Gefahrengut-Transporte, gerne eingesetzt.

Modell	Citroen Jumper 2.8 HDI
Baujahr	2005
PS/kW	128 PS/94 kW
Hubraum ccm	2800
Motortyp	R4 Zylinder Diesel

Renault 21 Nevada

Einer der beliebtesten Polizeiwagen Frankreichs war der ungewöhnlich geräumige Renault 21 Nevada, der schon 1986 auf dem Automobilsalon in Genf vorgestellt wurde. Unser Foto vom Herbst 2006 zeigt einen perfekt gepflegten Wagen der Hundeführer-Einheit Protection Civil in Straßburg.

Modell	Renault 21 Nevada
Baujahr	1990
PS/kW	140 PS/103 kW
Hubraum ccm	1995
Motortyp	R4 Zylinder Benzin

Citroen C5 V6

Ungewöhnlich für eine Limousine der oberen Mittelklasse ist die einmalige hydropneumatische Federung, die auch eine sportliche Fahrweise bei Verfolgungsfahrten zulässt. Frankreichs nationale Elitepolizei CRS verwendet diesen 230 km/h schnellen C5 für Personenschutz-Aufgaben und andere Spezialdienste.

Modell	Citroen C5 V6
Baujahr	2005
PS/kW	210 PS/154 kW
Hubraum ccm	2946
Motortyp	V6 Zylinder Benzin

Renault Scénic 1.9 CDI

Kompakt und dennoch sehr geräumig, das ist der innovative Minivan Renault Scénic, der auf die Basis des Renault Mégane seit 1996 aufgebaut wird. Einige Tausend Wagen dieses Typs stehen im Dienst der verschiedenen französischen Polizeiorganisationen. Unser Foto zeigt einen Scénic der Stadtpolizei von Straßburg.

Modell	Renault Scénic 1.9 CDI
Baujahr	2004
PS/kW	130 PS/96 kW
Hubraum ccm	1870
Motortyp	R4 Zylinder Diesel

BMW K75 RT

Das meistgebrauchte Motorrad bei der französischen Verkehrspolizei ist nach wie vor die etwa 185 km/h schnelle, wassergekühlte Dreizylinder-BMW K75 RT, obwohl dieser Typ schon seit etwa zehn Jahren nicht mehr verkauft wird. Die Ersatzteilversorgung stellt auch in Frankreich kein Problem dar, wie uns ein freundlicher Polizist aufklärte.

Modell	BMW K75 RT
Baujahr	1990
PS/kW	75 PS/55 kW
Hubraum ccm	740
Motortyp	R3 Zylinder Benzin

Citroen DS19

Zwei außergewöhnliche Persönlichkeiten zeigt dieses historische Foto von 1958: Frankreichs Präsident General Charles de Gaulle und seinen Citroen DS19. DS bedeutet in Frankreich Déesse, die „Göttliche". Wie alle Präsidentenwagen stand dieses deutlich modifizierte Fahrzeug unter der Obhut der nationalen Polizei. Technische Besonderheiten: hydropneumatische Federung, automatische Kupplung, hydraulische Getriebebetätigung und ein Einspeichen-Sicherheitslenkrad. Bauzeit von 1955 bis 1968.

Modell	Citroen DS19
Baujahr	1957
PS/kW	84 PS/62 kW
Hubraum ccm	1911
Motortyp	R4 Zylinder Benzin

Citroen Xsara Break

Für die französische Marke gedieh der Xsara zu einem großen Erfolg. Nicht zuletzt sorgte eine starke Streifenwagen-Flotte für dauernde Präsenz – einer der Gründe, weshalb alle Hersteller ihre neuen Modelle gerne der Polizei zu günstigen Konditionen anbieten. Das Foto zeigt einen Citroen Xsara Break im Ferienort Beaulieu.

Modell	Citroen Xsara Break
Baujahr	2000
PS/kW	132 PS/97 kW
Hubraum ccm	1998
Motortyp	R4 Zylinder Diesel

Renault Mégane Break 16V Turbo

Wer dieses Gesicht im Rückspiegel erkennt, weiß Bescheid. Die lokale Polizei von Béziers überprüft unser ausländisches Kennzeichen. Nicht selten werden gestohlene oder veruntreute Wagen von französischen Hafenstädten aus übers Mittelmeer nach Nordafrika verschoben.

Modell	Renault Mégane Break 16V Turbo
Baujahr	2004
PS/kW	165 PS/120 kW
Hubraum ccm	1998
Motortyp	R4 Zylinder Benzin

Peugeot Expert 1.9D

Als universell einsetzbarer Kleintransporter mit Limousinen-Komfort findet der Peugeot Expert bei vielen lokalen Polizeidienststellen, wie hier in Beaulieu, Verwendung. Besonders attraktiv ist die relativ hohe Sitzposition und die Innenraumhöhe von 142 Zentimeter. Dies erleichtert den Transport von sehr sperrigen Ausrüstungsteilen bei der Polizeiarbeit.

Modell	Peugeot Expert 1.9D
Baujahr	2004
PS/kW	69 PS/51 kW
Hubraum ccm	1868
Motortyp	R4 Zylinder Diesel

Peugeot 307 2.0i

Mit seinem breiten Haifischmaul fällt der neue Peugeot 307 allen Verkehrsteilnehmern auf. Dies ist auch gewollt, denn die ständige Präsenz der Polizei bedeutet eben auch Prävention, insbesondere im dichten Verkehr. Unser Foto zeigt den neuesten, 220 km/h schnellen Streifenwagen der Police Municipale von Narbonne.

Modell	Peugeot 307 2.0i
Baujahr	2006
PS/kW	177 PS/130 kW
Hubraum ccm	1997
Motortyp	R4 Zylinder Benzin

Renault Clio dCi

Man muss schon genau durch den Rückspiegel schauen, um diesen Renault Clio als Kontrollfahrzeug der Gendarmerie zu identifizieren. Kein Blaulicht thront auf dem Dach, nur auf der heruntergeklappten Sonnenblende des Beifahrers ist der Schriftzug der nationalen Polizeikräfte zu erkennen.

Modell	Renault Clio dCi
Baujahr	2004
PS/kW	106 PS/78 kW
Hubraum ccm	1461
Motortyp	R4 Zylinder Diesel

Ford Mondeo 2.0 TDCi

Traditionell in der Farbe Blau zeigen sich die Einsatzwagen der nationalen Gendarmerie. Nur der weiße Streifen ist neu und lockert das strenge Erscheinungsbild etwas auf. Mit den geräumigen, recht preiswerten und zuverlässigen Ford Mondeo-Kombis kamen neue Wagen ins Depot des ansonsten von französischen Herstellern angeführten Fuhrparks.

Modell	Ford Mondeo 2.0 TDCi
Baujahr	2005
PS/kW	130 PS/96 kW
Hubraum ccm	1998
Motortyp	R4 Zylinder Diesel

Renault Trafic Passenger dCi 100

Kaum ein anderer Kleinbus dieser Größe lässt sich schneller um die Ecken fahren als der Renault Trafic Passenger. Als Mannschaftstransporter dient dieser Wagen bei der Gendarmerie von Millau, einer besonders attraktiven Kleinstadt im Süden Frankreichs. Der weiß-rote Reflexstreifen an der Front zeigt, dass dieser Wagen im Verkehrsdienst eingesetzt wird.

Modell	Renault Trafic Passenger dCi 100
Baujahr	2006
PS/kW	100 PS/74 kW
Hubraum ccm	1870
Motortyp	R4 Zylinder Diesel

Peugeot 80 Police

Für diskrete Kontrollfahrten wurden die unauffälligen Motorroller schon in den 80er-Jahren auf dem Flughafen von Paris eingesetzt. Das Foto entstand 1986. Zu der Zeit ein echtes Novum, denn ein polizeitaugliches Motorrad konnte nach damaliger Ansicht nur eine schwere BMW sein. Heute fährt die französische Polizei mit den unterschiedlichsten Motorrad- und Roller-Typen Streife, obwohl BMW immer noch die erste Wahl ist.

Modell	Peugeot 80 Police
Baujahr	1986
PS/kW	5,6 PS/4,1 kW
Hubraum ccm	78
Motortyp	1 Zylinder Benzin

Renault Modus 1.5 dCi

Im direkten Vergleich zur fast baugleichen Renault Clio-Limousine ist der Renault Modus-Minivan durch einen höheren Innenraum und deutlich größeren Laderaum das eindeutig praktischere Fahrzeug für die nötige Ausrüstung der Polizisten. Im Frühjahr 2004 vorgestellt wird der Renault Modus nun vermehrt im innerstädtischen Streifendienst von Paris eingesetzt. Das Foto entstand im Herbst 2006 in Paris.

Modell	Renault Modus 1.5 dCi
Baujahr	2005
PS/kW	106 PS/78 kW
Hubraum ccm	1461
Motortyp	R4 Zylinder Diesel

Renault R5 1.6D

In den letzten 20 Jahren veränderte sich das Erscheinungsbild der französischen Polizeiwagen grundlegend. 1987 war dieser nüchterne Renault R5-Kastenwagen bei der städtischen Polizei ein veritabler Einsatzwagen für die Diensthunde-Einheit an der Côte d'Azur. Auf dem Wagendach erkennt man den zusätzlichen Lüfter für den vierbeinigen Kollegen.

Modell	Renault R5 1.6D
Baujahr	1987
PS/kW	55 PS/40 kW
Hubraum ccm	1595
Motortyp	R4 Zylinder Diesel

Renault Scénic 1.9 dCi

Nicht nur in der Weihnachtszeit, wo sich das berühmte Spielcasino von Monaco besonders hübsch geschmückt präsentiert, ist dies ein gefragter Treffpunkt für die Prominenz aus aller Welt. Mit der nötigen Diskretion überwacht die monegassische Polizei in ihrem neuen Renault Scénic-Kompaktvan das Geschehen rund ums Casino.

Modell	Renault Scénic 1.9 dCi
Baujahr	2006
PS/kW	130 PS/96 kW
Hubraum ccm	1870
Motortyp	R4 Zylinder Diesel

Aprilia 125 4T

Das Fürstentum Monaco ist mehr denn je eine Attraktion für Millionen von Touristen, die wenigstens einmal in ihrem Leben das Flair dieser einmaligen Stadt genießen möchten. Dass es hier kaum Parkplätze in ausreichender Zahl gibt, verwundert nicht. Ein perfektes Verkehrschaos ist bei Großveranstaltungen, wie dem Grand Prix von Monaco, schon die Regel. Hier sind die flinken Motorroller der Polizei ideale Kontrollfahrzeuge für den Streifendienst.

Modell	Aprilia 125 4T
Baujahr	2006
PS/kW	11 PS/8,1 kW
Hubraum ccm	124
Motortyp	1 Zylinder Benzin

VW Transporter T4

Kaum Glanz und Gloria verbreitet dieser ältere VW T4 vor der Polizeiwache von Monaco. Für Besorgungsfahrten ist der im hinteren Laderaum vergitterte Mehrzwecktransporter ohne Sondersignalanlage ein vernünftiges Fahrzeug im städtischen Polizeidienst.

Modell	VW Transporter T4
Baujahr	1999
PS/kW	116 PS/85 kW
Hubraum ccm	1984
Motortyp	R4 Zylinder Benzin

Yamaha TDM 900A

Ganz unspektakulär aufgemotzt verbirgt sich hinter dieser 210 km/h schnellen Zweizylinder-Yamaha ein besonders verkehrssicheres, und mit 211 Kilogramm auch relativ leichtes Motorrad für den innerstädtischen Streifendienst von Monaco. Die beiden Blaulichter sind unterhalb der Lenkerverkleidung montiert. Die ABS-Bremsanlage steht serienmäßig zur Verfügung.

Modell	Yamaha TDM 900A
Baujahr	2005
PS/kW	86 PS/63 kW
Hubraum ccm	897
Motortyp	R2 Zylinder Benzin

Spanien

Die zwei wichtigsten Polizeiorganisationen in Spanien sind die Guardia Civil und die Policía Nacional. Darüber hinaus verfügt das Land noch über autonome Polizeieinheiten für das Baskenland (Ertzaintza), für Navarra (Policía Foral de Navarra) und für Katalonien (Policia Mossos d´Esquadra). Diese autonomen Polizeien nehmen dort die Arbeit der Guardia Civil wahr. Für die lokalen Erfordernisse und Belange ist die bürgernahe Policía Local oder Policía Municipal zuständig. Die landesweit tätige Guardia Civil ist durch ihren paramilitärischen Charakter vergleichbar mit der französischen Gendarmerie oder den italienischen Carabinieri.

Die Zusammenarbeit zwischen den einzelnen Polizeiorganisationen stellt besondere Anforderungen, denn die Zuständigkeiten sind kompliziert. So ist die Guardia Civil für den Schutz der Landesgrenzen in jeder Hinsicht zuständig, aber für die Pass- und Warenkontrollen an den Grenzen ist die Policía Nacional verantwortlich. Überschneidungen im Kompetenzbereich ergeben sich in der Praxis bei der Bekämpfung des organisierten Drogenhandels, dem immer mehr ausufernden Menschenhandel oder dem Waffenschmuggel. Von Politikern oft gefordert, aber bislang nicht realisiert, ist eine einheitliche spanische Bundespolizei (Policía Única), wie sie in anderen EU-Ländern besteht. Obwohl die spanischen Polizeieinheiten über eine Vielzahl von Aufklärungsflugzeugen, Helikoptern und Schnellbooten verfügen, konnte die illegale Einwanderung der meist westafrikanischen Flüchtlinge bislang nicht gestoppt werden. Eine lückenlose Überwachung der Außengrenzen wäre allerdings eine fast unmögliche Aufgabe für die spanische Polizei. Zur Terrorabwehr stehen besonders geschulte und ausgestattete Einsatzgruppen bereit.

Der Fuhrpark aller spanischen Polizeieinheiten wurde in den vergangenen Jahren sowohl optisch wie auch technisch deutlich aufgewertet. Spanien entwickelt sich immer mehr zu einem bedeutenden Produktionsland der Automobilindustrie. Neben der zum VW-Konzern gehörigen Seat-Gruppe lassen Daimler, Ford, General Motors, PSA und die Nissan/Renault-Gruppe eine Vielzahl von Personenwagen, Vans, Transportern und Lastwagen in Spanien bauen. Aus diesem Sortiment kann die Polizei ihre passenden Wagen auswählen. Auffallend, aber wenig verwunderlich, ist die starke Zunahme geländegängiger Pick-up- und SUV-Fahrzeuge von Nissan, dem Nissan Terrano und Nissan L200. Denn diese Fahrzeuge werden ebenfalls im Land hergestellt. Die früher eingesetzten Typen von Land Rover spielen heute kaum mehr ein bedeutende Rolle bei der Guardia Civil oder der Policía Nacional.

Nach wie vor setzt die spanische Polizei zuverlässige Motorräder für die Verkehrsüberwachung und andere Aufgaben ein. Auf den Schnellstraßen dominieren diverse Typen von BMW mit Boxermotor wie die RT 1150, aber auch die längst eingestellte BMW K75 mit Dreizylinder-Reihenmotor wird noch fleißig gefahren. Honda stellt mit der 650 Deauville eine preiswerte Alternative bei der Verkehrspolizei, und auch Einzylinder-Enduros von Yamaha fanden Zugang bei der Guardia Civil.

Hyundai Santa Fe

Radikal „runderneuert" präsentieren sich heute die spanischen Polizeifahrzeuge. Hier floss wie auch in anderen Ländern der EU ordentlich Geld aus Brüssel in den Wagenpark, der sich nicht mehr allein auf die landeseigenen Hersteller stützt. Gerne wählt man nun auch geeignete ausländische Fabrikate, wie den bewährten Hyundai Santa Fe mit Turbodiesel-Common-Rail-Motor.

Modell	Hyundai Santa Fe
Baujahr	2005
PS/kW	150 PS/102 kW
Hubraum ccm	2188
Motortyp	R4 Zylinder Diesel

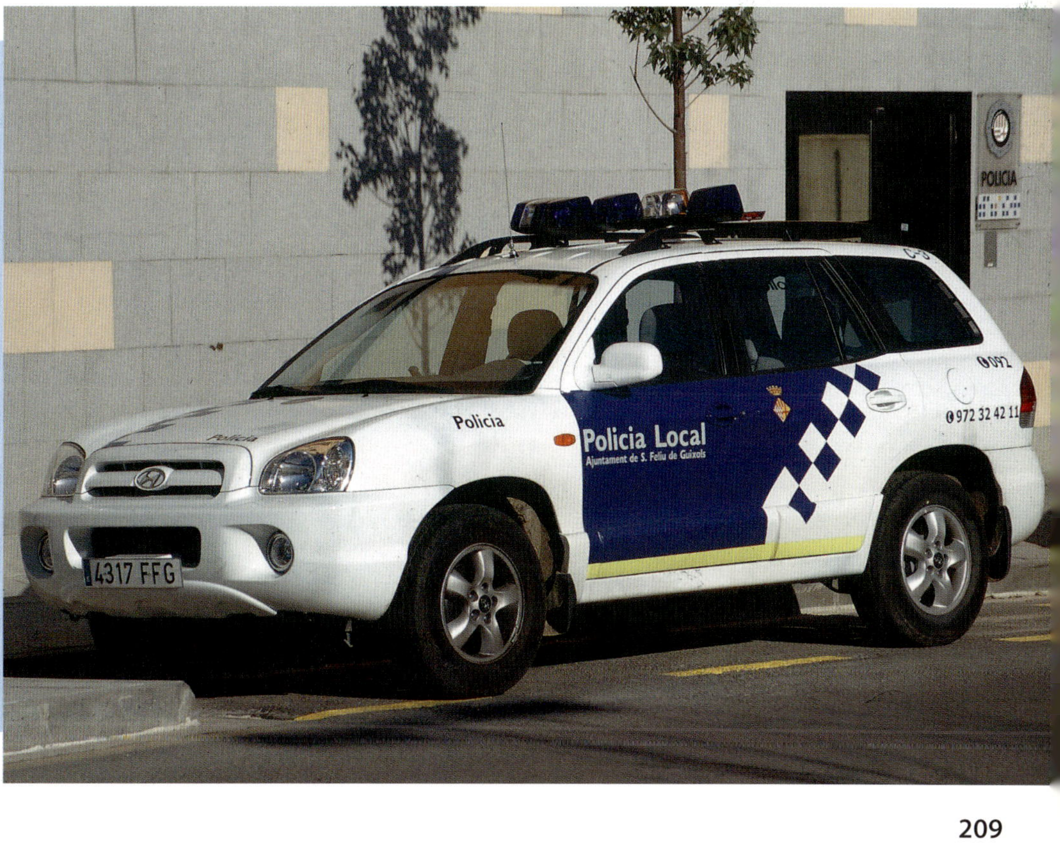

Land Rover Santana

Nach wie vor besitzt Spanien zwei militärisch wichtige Exklaven in Nordafrika, Melilla und Ceuta. Das Foto wurde vor etwa 30 Jahren in Ceuta aufgenommen und zeigt einen Streifenwagen der lokalen Polizei. Ceutas Polizisten müssen bei rund 73 000 Bewohnern, die sich primär aus einem bunten Gemisch aus Marokkanern und Algeriern, vielen Schwarzafrikanern und wenigen Spaniern zusammensetzen, die Ordnung aufrechterhalten.

Modell	Land Rover Santana
Baujahr	1975
PS/kW	71 PS/52 kW
Hubraum ccm	2286
Motortyp	R4 Zylinder Benzin

Nissan Navara 2.5 CDI

Seit 2005 rollen der Nissan Navara und der fast baugleiche Nissan Pathfinder im spanischen Nissan-Werk vom Band. Unser Foto zeigt nahe La Jonquera, der Grenzstadt zu Frankreich, den bewährten Offroader der lokalen Polizei mit der viersitzigen Double Cab-Kabine.

Modell	Nissan Navara 2.5 CDI
Baujahr	2006
PS/kW	171 PS/126 kW
Hubraum ccm	2488
Motortyp	R4 Zylinder Diesel

Land Rover Santana 109

Vor 25 Jahren war dieser Land Rover Santana mit Tropendach das Maß der Dinge bei der lokalen spanischen Polizei in der Hafenstadt Cartagena. Die Firma Santana fertigt für den heimischen Markt sowie für einige befreundete Staaten nach wie vor verschiedene Geländewagen-Typen von Land Rover, aber auch von Suzuki, wie den Vitara V6.

Modell	Land Rover Santana 109
Baujahr	1982
PS/kW	87 PS/64 kW
Hubraum ccm	2625
Motortyp	R6 Zylinder Benzin

Nissan Patrol

Mit dem Offroad-Klassiker Nissan Patrol gelang der japanischen Firma von 1980 an ein großer Wurf. Deutlich kraftvoller als der Land Rover und mit ebenso guten Gelände- und Zugeigenschaften wie dieser gesegnet, orderte die spanische Guardia Civil einige Hundert Wagen dieses Typs mit Sechszylinder-Dieselmotor, die heute noch in Spanien weit verbreitet sind.

Modell	Nissan Patrol
Baujahr	1982
PS/kW	101 PS/75 kW
Hubraum ccm	3246
Motortyp	R6 Zylinder Diesel

Nissan Terrano

Ende 1992 stellte Nissan seinen neuen Geländewagen Terrano vor, der in Zusammenarbeit mit Ford entstand und als Ford Maverick verkauft wird. Beide Typen werden im neuen Nissan-Werk bei Barcelona hergestellt. Unser Foto entstand im Dezember 2006, es zeigt den langen, fünftürigen Terrano mit Turbodieselmotor der lokalen Polizei von Mataró bei Barcelona.

Modell	Nissan Terrano
Baujahr	2005
PS/kW	125 PS/92 kW
Hubraum ccm	2664
Motortyp	R4 Zylinder Diesel

Renault Trafic 2.5 dCi 140

Bei der Guardia Urbana in Barcelona wird der flinke Renault Trafic als universell einsetzbarer Kommandowagen gefahren. Im Vergleich zu ähnlich geräumigen Konkurrenzprodukten fährt sich der Renault Trafic mit dem neuen stärkeren Motor und seinem Frontantrieb fast wie ein Pkw um die Ecken.

Modell	Renault Trafic 2.5 dCi 140
Baujahr	2006
PS/kW	135 PS/99 kW
Hubraum ccm	2463
Motortyp	R4 Zylinder Diesel

Ford Transit Kombi

Die lokalen Polizeieinheiten, wie hier in Girona, unterhalten auch mobile Polizeidienststellen, die von der einheimischen Bevölkerung und von Touristen gerne als Anlaufstellen für Sicherheitsfragen aller Art genutzt werden. Zu diesem Zweck ist der ältere Ford Transit das passende Fahrzeug.

Modell	Ford Transit Kombi
Baujahr	1995
PS/kW	90 PS/66 kW
Hubraum ccm	2490
Motortyp	R4 Zylinder Diesel

Opel Zafira 2.2

Mit dem relativ preiswerten Minivan Opel Zafira freunden sich in ganz Europa immer mehr Polizeieinheiten an. Im Vergleich zu den gleichlangen Limousinen bietet er deutlich mehr Innenraum für Personal und Ausrüstung. Im Ferienort Malgrat de Mar bei Barcelona nutzt die lokale Polizei diesen Typ, der seit 1999 vom Band rollt.

Modell	Opel Zafira 2.2
Baujahr	2004
PS/kW	150 PS/110 kW
Hubraum ccm	2198
Motortyp	R4 Zylinder Benzin

Seat Toledo 2.0 TDI

Mit diesem attraktiv gestylten Streifenwagen kann sich die lokale Polizei von Barcelona auf dem neuesten Stand der Automobiltechnik fühlen: direkt einspritzender Turbodiesel mit vier Ventilen und zwei obenliegenden Nockenwellen. Spitze 200 km/h. Die Basis für den Toledo ist der Audi A3 aus dem VW-Konzern.

Modell	Seat Toledo 2.0 TDI
Baujahr	2006
PS/kW	140 PS/103 kW
Hubraum ccm	1968
Motortyp	R4 Zylinder Diesel

Nissan Cabstar

Im Gegensatz zu Deutschland, wo private Abschleppfirmen im Auftrag der Polizei arbeiten, regelt die spanische Polizei die Abschleppaktionen mit eigenen Wagen, wie hier im Ferienort Rosas. Unter der Leitung von Renault wurde der neue Nissan Cabstar entwickelt, der auf der Iberischen Halbinsel ein Verkaufsschlager ist.

Modell	Nissan Cabstar
Baujahr	2006
PS/kW	125 PS/92 kW
Hubraum ccm	2998
Motortyp	R4 Zylinder Diesel

Peugeot 206 1.6 HDI

Als einer der handlichsten Polizeiwagen gilt der schnittige Peugeot 206. Peugeot gewann damit einige Rallye-Weltmeisterschaften. Im gezeigten Modell der lokalen Polizei von Sant Feliu/Costa Brava ist der die Umwelt schonende 1,6-Liter-Turbodieselmotor eingebaut, der seit 2004 mit einem Partikelfilter ausgeliefert wird. Damals ein echtes Novum.

Modell	Peugeot 206 1.6 HDI
Baujahr	2005
PS/kW	109 PS/80 kW
Hubraum ccm	1560
Motortyp	R4 Zylinder Diesel

Fiat Ducato Kombi

Als Mannschaftstransporter der lokalen Polizei von Barcelona dient dieser ältere Fiat Ducato mit Schutzgittern. Vielfältige Aufgaben erfüllt dieser Wagen obendrein: Sondereinsätze bei Demonstrationen, allgemeine Überwachungsaufgaben, Unfallaufnahme und letztlich Transporte von Arrestanten.

Modell	Fiat Ducato Kombi
Baujahr	1997
PS/kW	112 PS/88 kW
Hubraum ccm	2286
Motortyp	R4 Zylinder Diesel

Seat Leon 2.0 FSI

Die Bereitschaftspolizei der Regionalregierung Kataloniens, Policia Mossos d'Esquadra, ist in der wohlhabenden Region und in Barcelona häufig mit neuen Streifenwagen anzutreffen. Katalanisch ist neben Spanisch Amtssprache in der Region Katalonien an der Costa Brava. Technisch entstammt der Seat Leon der Altea-Toledo-Familie, die mit dem Audi A3 verwandt ist.

Modell	Seat Leon 2.0 FSI
Baujahr	2005
PS/kW	150 PS/110 kW
Hubraum ccm	1984
Motortyp	R4 Zylinder Benzin

Citroen Xsara Picasso

Auf der Basis des Citroen Xsara stellte der experimentierfreudige französische Hersteller im Herbst 1998 den ungewöhnlich gestylten Minivan Xsara Picasso vor. Für den Polizeidienst eignet sich dieser Citroen durchaus, erzählten mir die spanischen Polizisten. Für ihn spricht das fahrsichere und komfortable Fahrwerk mit neuesten HDI-Turbodieselmotoren und die Größe seines weit über dem Durchschnitt liegenden Gepäckteils.

Modell	Citroen Xsara Picasso
Baujahr	2005
PS/kW	110 PS/80 kW
Hubraum ccm	1560
Motortyp	R4 Zylinder Diesel

Seat Toledo

Schon eine etwas ältere Konstruktion ist dieser Streifenwagen vom Typ Seat Toledo der katalanischen Stadt Mataró, wo diese Aufnahme im Dezember 2006 entstand. Die Motoren und der Antriebsstrang kamen aus dem VW- und Audi-Programm. Inzwischen wurde die Modellpalette von Seat bei dieser Baureihe komplett erneuert.

Modell	Seat Toledo
Baujahr	1996
PS/kW	90 PS/66 kW
Hubraum ccm	1896
Motortyp	R4 Zylinder Benzin

Nissan Almera 1.6 16V

Über zehn Jahre alt ist dieser weiße Nissan Almera der lokalen Polizei von Rosas. In Spanien werden die Streifenwagen zum Teil so lange gefahren, bis sie Probleme bereiten. In den meisten anderen europäischen Ländern werden die Polizeifahrzeuge nach einer Laufzeit von 250 000 bis 300 000 Kilometern routinemäßig aussortiert, versteigert oder an Großabnehmer verkauft.

Modell	Nissan Almera 1.6 16V
Baujahr	1996
PS/kW	99 PS/73 kW
Hubraum ccm	1597
Motortyp	R4 Zylinder Benzin

Sanglas 400

Von 1943 bis 1980 stellte die spanische Firma Sanglas robuste Motorräder her, die gut 20 Jahre lang nahezu unverändert im Polizeieinsatz standen. Unser Foto wurde 1982 in Marbella aufgenommen, es zeigt den Einzylinder-Viertakter der Policía Municipal. Die Vorderradgabel entspricht bester BMW-Bauart mit einer Teleskopgabel und einem Öldruckdämpfer.

Modell	Sanglas 400
Baujahr	1980
PS/kW	30 PS/20 kW
Hubraum ccm	422
Motortyp	1 Zylinder Benzin

Citroen Xsara Picasso 2.0i

Schwungvoll gestaltet zeigt sich dieser neue Citroen der Grenzpolizei von La Jonquera. Nach wie vor finden hier an der Grenze zwischen Frankreich und Spanien Fahrzeugkontrollen statt, denn durch das Schengener Abkommen steigt der ungehinderte Transitverkehr immer mehr an. Mit der Bekämpfung von Drogenhandel, Geldwäsche und Menschenschmuggel geht den spanischen Beamten die Arbeit nie aus.

Modell	Citroen Xsara Picasso 2.0i
Baujahr	2006
PS/kW	136 PS/100 kW
Hubraum ccm	1997
Motortyp	R4 Zylinder Benzin

Renault Mégane II

Die Guardia Civil ist die umfassendste Polizeiorganisation Spaniens. Sie arbeitet überregional und ist auf allen Gebieten präsent, wie bei den Spezialeinheiten zur Terrorbekämpfung (SEK), aber auch im Bereich der Schwerkriminalität oder bei Steuer- und Finanzermittlungen, Umweltschutzaufgaben und dem Verkehrsdienst, wo dieser fast 200 km/h schnelle Renault Mégane „angestellt" ist.

Modell	Renault Mégane II
Baujahr	2006
PS/kW	165 PS/120 kW
Hubraum ccm	1998
Motortyp	R4 Zylinder Benzin

Nissan Terrano 2.7 TD

Dieser kernige Geländewagen mit der starken Seilwinde und einem Stoßfänger gehört der lokalen Polizei. Mit diesem neuen Nissan Terrano wird nicht nur der Durchgangsverkehr auf den asphaltierten Straßen kontrolliert, sondern er fährt auch auf den abseits gelegenen Nebenstrecken der umliegenden Gebirgszüge in den Pyrenäen, wo allerlei zwielichtiges Volk die Grenze nach Frankreich ungesehen passieren möchte.

Modell	Nissan Terrano 2.7 TD
Baujahr	2006
PS/kW	125 PS/92 kW
Hubraum ccm	2664
Motortyp	R4 Zylinder Diesel

Nissan Patrol GR

Ein richtiges Arbeitstier der Guardia Urbana von Figueres ist dieser Nissan-Geländewagen mit Sechszylinder-Turbodieselmotor und zuschaltbarem Allradantrieb mit Reduktionsgetriebe. Vorn erkennt man die starke Seilwinde für Abberge-Unternehmungen, an der hinteren Anhängerkupplung kann ein Hänger mit 3,5 Tonnen Last problemlos gezogen werden.

Modell	Nissan Patrol GR
Baujahr	1998
PS/kW	145 PS/107 kW
Hubraum ccm	4169
Motortyp	R6 Zylinder Diesel

Honda CB 500

Die Stadtpolizei von Figueres begnügt sich noch mit dieser älteren wassergekühlten Zweizylinder-Maschine von Honda. Bei der überregionalen Guardia Civil sind K-Modelle von BMW und Yamaha Enduro-Maschinen reichlich vertreten.

Modell	Honda CB 500
Baujahr	1995
PS/kW	57 PS/42 kW
Hubraum ccm	499
Motortyp	R2 Zylinder Benzin

Peugeot Expert 2.0 HDI

Als universell einsetzbares Mehrzweckfahrzeug steht dieser Peugeot Expert-Kombi der lokalen Polizei von Pineda de Mar zur Verfügung. Er wird viel zur Absicherung von Verkehrsunfällen genutzt, aber auch für Kontrollfahrten in das Hinterland und zu allgemeinen Verkehrskontrollen auf der Schnellstraße nach Barcelona.

Modell	Peugeot Expert 2.0 HDI
Baujahr	2004
PS/kW	109 PS/80 kW
Hubraum ccm	1997
Motortyp	R4 Zylinder Diesel

VW Passat Variant

Die Wolfsburger Passat-Modelle sind in der Verkehrsabteilung der katalanischen Polizei Exoten. Wie bei allen nationalen Polizeieinheiten werden nach Möglichkeit die im eigenen Land produzierten Fahrzeuge bevorzugt eingekauft. Letztlich befindet sich aber in jedem spanischen Seat-Modell astreine Technik von VW und Audi.

Modell	VW Passat Variant
Baujahr	2005
PS/kW	140 PS/103 kW
Hubraum ccm	1968
Motortyp	R4 Zylinder Benzin

Ford Fusion

Eine clever konstruierte Variante des Minivan ist der neue Ford Fusion, der auf die Bodengruppe des Ford Fiesta-„Kleinwagens" aufbaut. Gegenüber einer Limousine bietet dieser Streifenwagen der Polizei von Pineda de Mar durch die erhöhten Sitze eine bessere Übersicht sowie deutlich mehr Gepäckvolumen für die Ausrüstung – und dies bei sehr kompakten Außenmaßen von gerade mal 402 Zentimeter.

Modell	Ford Fusion
Baujahr	2006
PS/kW	80 PS/59 kW
Hubraum ccm	1388
Motortyp	R4 Zylinder Benzin

Nissan Terrano 3.0 TD

Dreitürige, kurze Nissan Terranos mit Drei-Liter-Turbodieselmotor fährt die katalanische Polizei in den Bergregionen der Pyrenäen. Im Vergleich zu den früher benutzten klassischen Typen von Land Rover bieten die in Spanien hergestellten neuen Terranos deutlich mehr Fahrkomfort und gegenüber den 115 km/h der alten Land Rover-Modelle eine wesentlich höhere Spitzengeschwindigkeit von 170 km/h.

Modell	Nissan Terrano 3.0 TD
Baujahr	2005
PS/kW	154 PS/113 kW
Hubraum ccm	2953
Motortyp	R4 Zylinder Diesel

Peugeot Expert 2.0 HDI

Einer der beliebtesten Kleintransporter der spanischen Polizei ist der Peugeot Expert. Seine Vorzüge sind der 140 Zentimeter hohe Innenraum und die beiden großen Schiebetüren, die ein Verladen der Ausrüstung sowie den Personentransport stark vereinfachen. Gut gelöst ist die voll integrierte Blaulichtanlage mit Kennzeichnung.

Modell	Peugeot Expert 2.0 HDI
Baujahr	2004
PS/kW	109 PS/80 kW
Hubraum ccm	1997
Motortyp	R4 Zylinder Diesel

Nissan L200

Ein besonders freundlicher Polizist der lokalen Polizei von Puerto de la Selva schilderte uns die Vorzüge seines Nissan L200: immer startbereit, auch im Winter, nimmt nichts krumm im Gelände, auf die Ladepritsche passt auch eine Enduro-Maschine. Kurzum, der Mann ist zufrieden mit seinem nicht ganz alltäglichen Polizeiwagen.

Modell	Nissan L200
Baujahr	2005
PS/kW	125 PS/92 kW
Hubraum ccm	2664
Motortyp	R4 Zylinder Diesel

Nissan Patrol GR

In fast jeder spanischen Region werden die lokalen Polizeiwagen mit unterschiedlichen Mustern gekennzeichnet. Dieser schon etwas in die Jahre gekommene Nissan Patrol mit einem heute nicht mehr aktuellen Design wird bei der Stadtpolizei von Llançà immer dann eingesetzt, wenn es gilt, schwierige Aufgaben zu erfüllen. Mit 3,5 Tonnen Anhängelast stellt der drehmomentstarke Patrol eine Klasse für sich dar.

Modell	Nissan Patrol GR
Baujahr	1998
PS/kW	145 PS/107 kW
Hubraum ccm	4169
Motortyp	R6 Zylinder Diesel

Renault Mégane 1.9 CDTI

Mit einer Spitzengeschwindigkeit von 211 km/h holt dieser moderne Streifenwagen aus der Hafenstadt Llançà an der Costa Brava die meisten Temposünder auf der Autobahn locker ein. Zudem verbraucht der flinke, aerodynamisch gut gestylte Franzose nur zwischen 4,6 und 6,9 Liter Dieseltreibstoff.

Modell	Renault Mégane 1.9 CDTI
Baujahr	2006
PS/kW	150 PS/110 kW
Hubraum ccm	1995
Motortyp	R4 Zylinder Diesel

Renault Mégane 2.0B

Jede große Stadt in Spanien lässt es sich nicht nehmen, das Design ihrer Einsatzwagen selbst zu bestimmen. So ziert auf diesem turboaufgeladenen Benzin-Einspritzer das Stadtwappen von Calpe das Fahrzeug. Trotz der 220 km/h Höchstgeschwindigkeit wird der handliche Franzose von anderen Verkehrsteilnehmern oft unterschätzt.

Modell	Renault Mégane 2.0B
Baujahr	2006
PS/kW	165 PS/120 kW
Hubraum ccm	1998
Motortyp	R4 Zylinder Benzin

Nissan Terrano II 2.7 TD

Für die Guardia Civil in Calpe ist der stark verbesserte dreitürige Nissan Terrano II mit Allradantrieb ein idealer Offroader im Gebirge. Die breite Bereifung und die Schutzgitter an der Wagenfront zeigen, dass dieser Streifenwagen nicht zum spazieren fahren auf Schnellstraßen gedacht ist.

Modell	Nissan Terrano II 2.7 TD
Baujahr	2006
PS/kW	125 PS/92 kW
Hubraum ccm	2664
Motortyp	R4 Zylinder Diesel

Nissan Patrol GR-Pick up

Ganz im Süden Spaniens sind die hochgelegenen Bergstraßen weit seltener asphaltiert als im Rest des Landes. Hier sorgt die Stadtpolizei von Órgiva mit ihrem robusten Geländewagen für Recht und Ordnung. Bei diesem älteren Patrol GR besteht der hintere Dachaufbau aus Kunststoff. Wahlweise kann der Wagen auch mit offener Ladepritsche und zwei Längsbänken gefahren werden.

Modell	Nissan Patrol GR-Pick up
Baujahr	1995
PS/kW	145 PS/107 kW
Hubraum ccm	4169
Motortyp	R6 Zylinder Diesel

Nissan Terrano II 2.7 TD

Der technische Fortschritt macht auch vor den Geländewagen nicht halt. Für die Mehrzahl aller Nutzer, auch für die Polizei von Almuñécar bei Málaga, ist der neue Nissan Terrano II im Vergleich zum bislang genutzten Nissan Patrol GR, der sich eher wie ein Lastwagen fährt, das komfortablere und praktischere Fahrzeug. Die lokale Polizei von Almuñécar betreut mit diesem Geländewagen sowohl die Dörfer im bergigen Hinterland als auch den gesamten Küstenbereich mit unzähligen Ferienhäusern.

Modell	Nissan Terrano II 2.7 TD
Baujahr	2005
PS/kW	125 PS/92 kW
Hubraum ccm	2664
Motortyp	R4 Zylinder Diesel

Nissan Almera 2.2 dCi

Die schwarzen Reifenspuren lassen ahnen, dass auch lokale Polizeiarbeit ernstzunehmende Risiken birgt. In diesem Fall wurde ein Lastwagen gestellt, der auf Haltesignale nicht reagiert hatte. Mit dem Nissan Almera verfügt die lokale Polizei von Almuñécar über einen 200 km/h schnellen Streifenwagen, der in einem gut ausgelasteten spanischen Werk von Nissan neben dem neuen Terrano II vom Band rollt.

Modell	Nissan Almera 2.2 dCi
Baujahr	2004
PS/kW	136 PS/100 kW
Hubraum ccm	2184
Motortyp	R4 Zylinder Diesel

Land Rover Santana 88

Kaum ein anderer Geländewagen wird in Nordafrika mehr geschätzt als der legendäre Land Rover. Auch bei der spanischen Militärpolizei wird dieser Wagen immer noch fast ausschließlich gefahren, obwohl modernere Typen zur Wahl stehen. Die Aufnahme entstand an der algerischen Grenze. Technisch unterscheiden sich die in Spanien gefertigten Santana-Modelle nicht gravierend vom britischen Original. Die Kotflügel sind in der Militärversion höhergezogen und deutlich kantiger geformt, nicht zuletzt wurden die Stoßstangen verstärkt.

Modell	Land Rover Santana 88
Baujahr	ca. 1978
PS/kW	71 PS/52 kW
Hubraum ccm	2286
Motortyp	R4 Zylinder Benzin

Portugal

Zwei starke Polizeiorganisationen sorgen in Portugal für Ruhe und Ordnung: Die Polícia de Segurança Pública (PSP) und die Guarda Nacional Republicana (GNR). Beide Organisationen sind im ganzen Land und auf den portugiesischen Inseln im Atlantik, den Azoren und Madeira, vertreten. Während die PSP direkt dem Innenminister unterstellt ist, besteht bei der militärisch aufgestellten GNR eine Zweiteilung der Zuständigkeiten. Die polizeilichen Belange der GNR regelt das Innenministerium, die Ausrüstung und alle militärischen Belange regelt das Verteidigungsministerium. Die GNR ist von ihrer Struktur her vergleichbar mit der französischen Gendarmerie, den italienischen Carabinieri oder der spanischen Guardia Civil.

Mit ihren spanischen Kollegen ist die portugiesische Verkehrspolizei freundschaftlich verbunden. Gemeinsamkeiten zeigen sich auch im Fuhrpark. Nachdem Portugal seit 1986 Mitglied der EU ist, wurde das Fernstraßennetz in Portugal nahezu komplett erneuert und durch viele neue Autobahnkilometer ausgebaut. Die Überwachung erfolgt nicht mehr wie noch vor zehn Jahren mit altersschwachen Kombis, die in jedes Polizeiwagen-Oldtimermuseum passen würden, sondern mit modernen Streifenwagen von Seat, Ford, Nissan, Renault und VW, die auch bei der spanischen Polizei eingesetzt werden. Im sonnigen Portugal vertraut die portugiesische Polizei auf eine Vielzahl unterschiedlicher Motorradtypen von BMW, Honda und Yamaha. Für den inneren Stadtbereich der über 500 000 Einwohner zählenden Hauptstadt Lissabon kommen auch Leichtmotorräder und Motorroller zum Einsatz.

Mit zunehmendem Wohlstand der portugiesischen Bevölkerung wächst auch der Wunsch nach einem eigenen Auto. Als Folge besteht in der Hauptstadt Lissabon ein akutes Parkplatzproblem, besonders in der historisch wertvollen Innenstadt mit ihren vielen engen Straßen. Obwohl die Stadtpolizei oft ein Auge zudrückt, wenn auf den Gehwegen oder an Einmündungen zu Kreisverkehren geparkt wird, hilft in den Stoßzeiten nur ein schneller Abschleppdienst, um ein Chaos zu verhindern. In Lissabon unterhalten sowohl die zivile PSP wie auch die paramilitärische GNR speziell gekennzeichnete Abschleppwagen von Mitsubishi, die mit jeweils zwei Beamten besetzt sind. Für größere Räumungsaktionen verfügt die GNR über Kran- und Abschleppwagen, die sogar in der Lage sind, einen 40-Tonner abzuschleppen.

Fiat Tempra 1.9D

In den 90er-Jahren fungierte die Limousine Tempra mit Stufenheck von Fiat als einer der wichtigsten Standardstreifenwagen Portugals. 1996 wurde der Verkauf eingestellt. Unser Foto vom November 2006 zeigt einen älteren Fiat Tempra der Verkehrspolizei Polícia de Segurança Pública.

Modell	Fiat Tempra 1.9D
Baujahr	1994
PS/kW	92 PS/68 kW
Hubraum ccm	1929
Motortyp	R4 Zylinder Diesel

Skoda Octavia 2.0 TDI

Seit den letzten fünf Jahren sitzt Skoda als Lieferant für Standardstreifenwagen bei der Lissabonner Verkehrspolizei fest im Sattel. Deutlich erkennt man die attraktive neue Farbgebung, die selbst von halb blinden Verkehrsteilnehmern bemerkt werden müsste.

Modell	Skoda Octavia 2.0 TDI
Baujahr	2005
PS/kW	140 PS/103 kW
Hubraum ccm	1968
Motortyp	R4 Zylinder Diesel

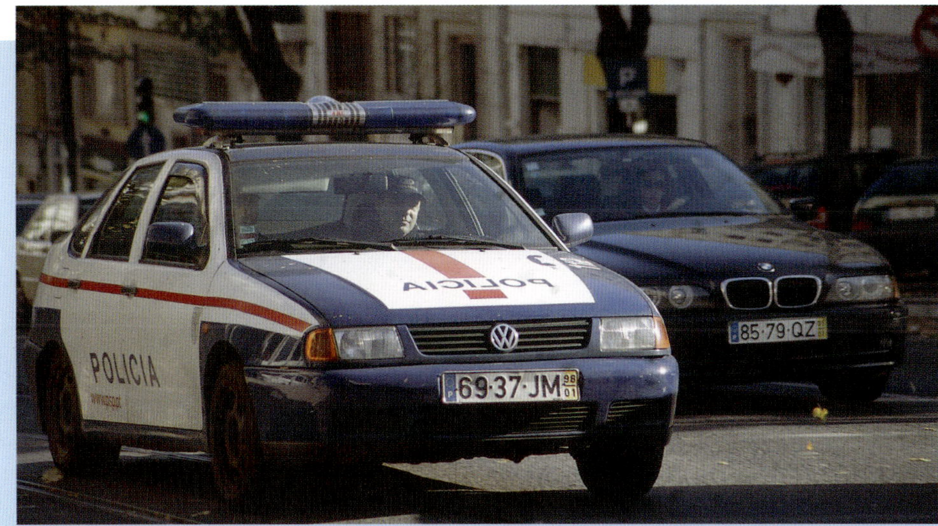

VW Vento 2.0

Noch in der alten Farbgebung zeigt sich dieser betagte VW Vento-Benziner der Verkehrspolizei in Lissabon. Der etwas rundlicher geratene VW Vento folgte 1993 dem kantigen VW Jetta, der auch heute noch in der portugiesischen Provinz anzutreffen ist. Technisch gesehen entspricht der Vento dem Golf mit Stufenheck.

Modell	VW Vento 2.0
Baujahr	1996
PS/kW	116 PS/85 kW
Hubraum ccm	1984
Motortyp	R4 Zylinder Benzin

Renault Mégane 2.0

Portugal ist einer der größten Gewinner der Europäischen Union. Die gesamte Infrastruktur mit neuen Schnellstraßen und Autobahnen befindet sich nicht zuletzt dank EU-Gelder auf einem bemerkenswert hohen Niveau. Damit einher ging die technische Modernisierung der Polizei mit neuen Wagen, wie diesem Renault Mégane, der zur Überwachung einer Ausfallstraße von Lissabon unterwegs ist.

Modell	Renault Mégane 2.0
Baujahr	2005
PS/kW	135 PS/99 kW
Hubraum ccm	1998
Motortyp	R4 Zylinder Benzin

Peugeot 306 TD

Nach wie vor dominieren bei der portugiesischen Verkehrspolizei fünftürige Stufenheck-Limousinen, wie dieser Peugeot 306, der noch in der älteren Farbgebung lackiert ist. Das Foto wurde im November 2006 in Lissabon an der Uferstraße zum Atlantischen Ozean aufgenommen.

Modell	Peugeot 306 TD
Baujahr	2000
PS/kW	92 PS/68 kW
Hubraum ccm	1905
Motortyp	R4 Zylinder Diesel

Iveco Daily

In Lissabon schleppt die Polizei Parksünder „eigenhändig" ab, wenn ein Fahrzeug den Verkehrsfluss blockiert. In der historisch reizvollen Innenstadt sind die Abschlepper rund um die Uhr beschäftigt. Da offizielle Parkplätze hier eine absolute Rarität sind, toleriert die Polizei meist für kurze Zeit sogar Lieferwagen, die auf Gehsteigen parken, um Ware auszuliefern.

Modell	Iveco Daily
Baujahr	2004
PS/kW	136 PS/100 kW
Hubraum ccm	2998
Motortyp	R4 Zylinder Diesel

Land Rover Defender 90

Die Guarda Nacional Republicana, kurz GNR genannt, ist direkt dem portugiesischen Verteidigungsministerium unterstellt. In ihren Kompetenzen gleicht sie, mit überregionalen Aufgaben wie der Sicherung der Grenzen ausgestattet, der deutschen Bundespolizei. Ein Teil der GNR widmet sich ebenfalls der Verkehrsüberwachung. Hier wird dieser neue Land Rover eingesetzt.

Modell	Land Rover Defender 90
Baujahr	2006
PS/kW	122 PS/90 kW
Hubraum ccm	2495
Motortyp	R5 Zylinder Diesel

Mitsubishi Pajero Wagon

Alle Einsatzwagen der Guarda Nacional Republicana sind durch das Kfz-Kennzeichen identifizierbar. Die Polizisten der GNR leben kaserniert wie in Frankreich die Gendarmerie oder in Italien die Carabinieri. Entsprechend effektiv kann die GNR im ganzen Land eingesetzt werden. Der siebensitzige, lange Pajero ist bei der GNR reichlich vertreten.

Modell	Mitsubishi Pajero Wagon
Baujahr	2003
PS/kW	150 PS/110 kW
Hubraum ccm	2972
Motortyp	R6 Zylinder Diesel

Ford Transit TD

Ab in den Knast. In Lissabon steht das beeindruckend solide Gefängnis hoch oberhalb der Stadt, quasi in bester Höhenlage mit Ausblick aufs Meer – wären da nicht die meterdicken Mauern. Auch dieser Gefangenentransporter ist im Innenraum gepanzert und mit kargen Sehschlitzen für die „Passagiere" bestückt.

Modell	Ford Transit TD
Baujahr	2000
PS/kW	125 PS/92 kW
Hubraum ccm	2498
Motortyp	R4 Zylinder Diesel

Carrier-Bus

Die Guarda Nacional Republicana (GNR) unterhält eine eigene Polizeischule, die hohe Anforderungen an ihre Schüler stellt. So werden hier Spezialeinheiten zur Bekämpfung des Terrorismus ausgebildet, aber auch die Brigada Fiscal, die hinter Steuersündern her ist. Das Foto zeigt einen Bus der GNR auf Dienstfahrt in Lissabon.

Modell	Carrier-Bus
Baujahr	2000
PS/kW	180 PS/132 kW
Hubraum ccm	5680
Motortyp	R6 Zylinder Diesel

Mitsubishi Carisma 16V

Ein eher selten anzutreffender Streifenwagen der Lissabonner Verkehrspolizei ist der Mitsubishi Carisma, der zusammen mit Volvo in den Niederlanden gebaut wird. In Portugal ist der Carisma-Benziner bevorzugt auf Schnellstraßen und Autobahnen als bis zu 215 km/h schneller Streifenwagen im täglichen Einsatz.

Modell	Mitsubishi Carisma 16V
Baujahr	2003
PS/kW	140 PS/103 kW
Hubraum ccm	1834
Motortyp	R4 Zylinder Benzin

Iveco Daily

Für die hinteren Passagiere ein wenig erfreulicher Kombi dürfte dieser blaue Gefangenentransporter der lokalen Polizei sein, der mit vier ausbruchsicheren Zellen ausgestattet ist. Unser Foto vom November 2006 zeigt die noch alte blaue Lackierung der PSP (Polícia de Segurança Pública).

Modell	Iveco Daily
Baujahr	1998
PS/kW	150 PS/110 kW
Hubraum ccm	2998
Motortyp	R4 Zylinder Diesel

Nissan Terrano TD

Am Flughafen von Lissabon sorgt die Besatzung dieses weißen Nissan Terrano für eine dezente, aber effektive Überwachung verdächtiger Personen. In Portugal konnten in den letzten Jahren schon mehrere geplante Terroranschläge noch rechtzeitig entdeckt werden.

Modell	Nissan Terrano TD
Baujahr	2005
PS/kW	125 PS/92 kW
Hubraum ccm	2664
Motortyp	R4 Zylinder Diesel

Toyota Hiace 2.5D

Nur an der knappen Bezeichnung GNR ist zu erkennen, dass es sich um einen Transporter der staatlichen Polizei handelt. Die Guarda Nacional Republicana unterhält auch eigene Krankenhäuser und einen eigenen Ambulanzdienst. Mit diesem älteren Toyota-Transporter lassen sich vielseitige Beschaffungsaufträge kostengünstig erledigen.

Modell	Toyota Hiace 2.5D
Baujahr	1997
PS/kW	102 PS/75 kW
Hubraum ccm	2494
Motortyp	R4 Zylinder Diesel

Fiat Ducato Kombi 2.3 JTD

Der meistverkaufte Kleinlaster ist in Europa nach wie vor der Fiat Ducato. Bei der portugiesischen Nationalpolizei GNR werden viele Ducatos als Mehrzweckfahrzeuge eingesetzt, mal als zwölfsitziger Bus, dann wieder als Personen- und Gerätetransporter. Auch allradgetriebene Ducatos stehen im Dienst der GNR.

Modell	Fiat Ducato Kombi 2.3 JTD
Baujahr	2000
PS/kW	110 PS/81 kW
Hubraum ccm	2286
Motortyp	R4 Zylinder Diesel

Mitsubishi Canter 35

Die seitliche Aufschrift lässt keinen Zweifel aufkommen, dass dieser unscheinbare Laster der lokalen Polizei in Lissabon gehört. Pünktlich zur Rushhour rücken sämtliche Abschleppwagen aus und entfernen die Parksünder im Akkord von der Fahrbahn. Abschleppen kostet in Lissabon mindestens 200 Euro.

Modell	Mitsubishi Canter 35
Baujahr	2003
PS/kW	125 PS/92 kW
Hubraum ccm	2977
Motortyp	R4 Zylinder Diesel

Caetano-Iveco

In der mehr als 500 000 Einwohner großen Stadt Lissabon befindet sich die Zentrale der Guarda Nacional Republicana, kurz GNR. Zwischen den einzelnen Kompanien findet ein reger Personenverkehr statt, der mit den Mannschaftswagen der Abteilung Serviços, wie hier im Bild zu sehen, durchgeführt wird. Der portugiesische Bushersteller Caetano verwendet für seine Aufbauten Iveco-Motoren.

Modell	Caetano-Iveco
Baujahr	1995
PS/kW	210 PS/154 kW
Hubraum ccm	5680
Motortyp	R6 Zylinder Diesel

Toyota Hiace 2.4

Mit diesem extrem langlebigen Kleinbus gelang Toyota in den 80er-Jahren in den meisten Entwicklungsländern Afrikas und Südamerikas, aber auch in Spanien und Portugal, der Einstieg als Fahrzeugausrüster bei der Polizei. Unser Foto, im Winter 2006 in Lissabon aufgenommen, zeigt einen perfekt gepflegten Kleinbus der staatlichen Polizei Guarda Nacional Republicana, kurz GNR.

Modell	Toyota Hiace 2.4
Baujahr	1993
PS/kW	98 PS/72 kW
Hubraum ccm	2460
Motortyp	R4 Zylinder Diesel

Iveco Carrier

Die Guarda Nacional Republicana ist nicht auf öffentliche Transportmittel angewiesen, sondern operiert wie das Militär autark. Selbst Abschleppwagen, Bergefahrzeuge, Ambulanzen und mittlere bis große Lastwagen und Sattelschlepper warten im Depot auf ihren nächsten Einsatz. So wird der Verbindungsverkehr zwischen den einzelnen Kompanien und Dienststellen selbstverständlich ebenfalls mit eigenen Bussen der GNR organisiert.

Modell	Iveco Carrier
Baujahr	2003
PS/kW	220 PS/162 kW
Hubraum ccm	5890
Motortyp	R6 Zylinder Diesel

Fiat Marea

Einer der wichtigsten Streifenwagen der portugiesischen Verkehrspolizei war bis vor kurzem noch der Fiat Marea. Nachdem Fiat die Produktion Ende der 90er-Jahre einstellte, sieht man heute nur noch vereinzelt etwa zehn Jahre alte Wagen dieses bewährten Typs in den Straßen von Lissabon, wie hier im Winter 2006.

Modell	Fiat Marea
Baujahr	1997
PS/kW	115 PS/85 kW
Hubraum ccm	1995
Motortyp	R4 Zylinder Benzin

Honda Lead

Auch im meist sonnigen Portugal werden flinke Motorroller immer häufiger innerhalb der Verkehrsüberwachung eingesetzt. Der kleine Honda Lead sieht wie ein typischer 50-ccm-Zweitakt-Roller aus, aber unter der Karosse steckt ein über 100 ccm großer Einzylinder-Viertaktmotor, der für eine Spitzengeschwindigkeit von 81 km/h sorgt.

Modell	Honda Lead
Baujahr	2005
PS/kW	7 PS/5,2 kW
Hubraum ccm	102
Motortyp	1 Zylinder Benzin

Honda Deauville

Ein relativ leichtes Tourenmotorrad ist die für den Polizeidienst modifizierte Honda Deauville. Der verschleißresistente Kardanantrieb sorgt für lange Wartungsintervalle, und die zukunftsträchtige ABS-Bremsanlage erhöht natürlich die Sicherheit bei den täglichen Kontrollfahrten im Lissabonner Verkehr.

Modell	Honda Deauville
Baujahr	2004
PS/kW	65 PS/48 kW
Hubraum ccm	680
Motortyp	V2 Zylinder Benzin

BMW K75 RT

Nach wie vor ist die schon etwas „aus der Mode" gekommene BMW K75 RT mit dem Dreizylinder-Reihenmotor das am meisten gefahrene Motorrad der portugiesischen Polizei. 1996 wurde die Produktion eingestellt. Für die BMW spricht ihre Handlichkeit und die hohe Zuverlässigkeit im Alltagsbetrieb sowie eine tadellose Ersatzteilversorgung.

Modell	BMW K75 RT
Baujahr	1996
PS/kW	75 PS/55 kW
Hubraum ccm	740
Motortyp	R3 Zylinder Benzin

VW Golf CL

Für Personenschutz und weitere Sonderaufgaben setzt die portugiesische Polizei auch zivile Fahrzeuge ein, die dann nur durch das aufsetzbare Blaulicht als Polizeifahrzeuge erkannt werden können.

Modell	VW Golf CL
Baujahr	2000
PS/kW	115 PS/85 kW
Hubraum ccm	1984
Motortyp	R4 Zylinder Benzin

Ford Transit FT 350 2.4 TDCi

In eiliger Fahrt strebt hier ein 140 km/h schneller Ford Transit-Gefangenentransporter der Haftanstalt zu. Je nach „Güte" seiner Insassen wird der Transport mit oder ohne polizeiliche Begleitfahrzeuge abgewickelt.

Modell	Ford Transit FT 350 2.4 TDCi
Baujahr	2005
PS/kW	137 PS/101 kW
Hubraum ccm	2402
Motortyp	R4 Zylinder Diesel

Honda CBF 500

Fluoreszierende Schutzwesten tragen alle Polizisten der Guarda Nacional Republicana (GNR) bei ihren Streifenfahrten durch das Revier. Im Gegensatz zur lokalen Polizei, der PSP, die auch 120 PS starke Maschinen fährt, vertraut die GNR mehrheitlich auf die grundsolide, handliche Honda CBF 500 mit nur 87 PS.

Modell	Honda CBF 500
Baujahr	2005
PS/kW	57 PS/42 kW
Hubraum ccm	499
Motortyp	R2 Zylinder Benzin

Iveco Kombi 30-8

Kombis leben länger. Dieser betagte Iveco Kombi, fotografiert im Winter 2006, wird seit 1994 bei der lokalen Verkehrspolizei von Lissabon fast jeden Tag als Mehrzwecktransporter benutzt. Keiner der befragten Polizisten sah ein Ende des Veteranen voraus.

Modell	Iveco Kombi 30-8
Baujahr	1994
PS/kW	142 PS/104 kW
Hubraum ccm	2998
Motortyp	R4 Zylinder Diesel

VW T4 2.0

Zum einfachen Personentransport dient dieser ältere VW-Bus allemal. Dennoch sind seine Tage gezählt, denn die alte, etwas fantasielose blau-weiße Lackierung wird schon seit den letzten fünf Jahren nicht mehr verwendet. Nicht zuletzt entspricht das einzeln stehende Blaulicht keinem modernen Polizeifahrzeug.

Modell	VW T4 2.0
Baujahr	1997
PS/kW	86 PS/63 kW
Hubraum ccm	1896
Motortyp	R4 Zylinder Benzin

Yamaha XT 125

Man glaubt es kaum, aber dieses ältere Gefährt sorgt für ordentlich Geld in der Strafzettel-Kasse der Lissabonner Verkehrspolizei. Ort des Geschehens: ein stark frequentierter Kreisverkehr. Hier werden ständig Rotphasen der Ampelanlagen von drängelnden Autofahrern missachtet. Jetzt greift der Polizist ein und schnappt sich reihenweise die „echten" Rotlichtsünder bei der nächsten Ampel.

Modell	Yamaha XT 125
Baujahr	1999
PS/kW	10 PS/7,3 kW
Hubraum ccm	124
Motortyp	1 Zylinder Benzin

Nissan Primera

In der besonders attraktiven historischen Innenstadt von Lissabon ist dieser weiße Nissan Primera-Streifenwagen sowohl ein Blickfang für besorgte Bürger als auch ein gewolltes Hindernis für rücksichtslose Autofahrer, die in die gesperrte Fußgängerzone einbiegen möchten.

Modell	Nissan Primera
Baujahr	2001
PS/kW	170 PS/125 kW
Hubraum ccm	2488
Motortyp	R4 Zylinder Benzin

Mitsubishi L200 2.5 TD

Dieser neue Pick-up der Guarda Nacional Republicana (GNR) steht im Dienst der Brigada Fiscal Servicio Maritimo. Die Polizisten dieser Einheit kümmern sich um die Steuerbelange der Reedereien, Werften, der Großschifffahrt und privater Yachten im Hafen von Lissabon. Dank dieser Spezialisten kann immer wieder die Einfuhr oder der Weitertransport von Drogen und Waffen aus dem Ausland vereitelt werden.

Modell	Mitsubishi L200 2.5 TD
Baujahr	2005
PS/kW	133 PS/98 kW
Hubraum ccm	2477
Motortyp	R4 Zylinder Diesel

Mitsubishi Canter DI.D Turbo

Lissabons enge und steile Altstadt ist durchzogen von historisch wertvollen Straßenbahnlinien, die Tausende von Touristen jedes Jahr begeistern und der Bevölkerung die schnellste Verbindung zum Einkaufszentrum ermöglichen. Blockierte Straßenbahnschienen durch Falschparker sind ein echtes Ärgernis für alle Verkehrsteilnehmer, hier ist konsequentes Abschleppen die richtige Antwort. Die lokale Polizei erledigt das Geschäft in Eigenregie.

Modell	Mitsubishi Canter DI.D Turbo
Baujahr	2004
PS/kW	125 PS/92 kW
Hubraum ccm	2977
Motortyp	R4 Zylinder Diesel

Nissan Almera 2.0

Dem Beispiel Italiens folgend fungiert die staatliche Finanzpolizei in Portugal als eine militärisch straff organisierte Brigade der Guarda Nacional Republicana, die direkt Verhaftungen vornehmen kann, wenn Zoll- oder Finanzvergehen vorliegen. Mit diesem Dienstwagen, einem Nissan Almera, sind die fiskalischen Polizisten unterwegs.

Modell	Nissan Almera 2.0
Baujahr	1999
PS/kW	136 PS/100 kW
Hubraum ccm	1998
Motortyp	R4 Zylinder Benzin

Iveco Daily 30-8

In diesem grünen Kastenwagen versteckt sich wahrscheinlich eine sogenannte Auto-Scanning-Anlage, erklärte mir ein Anwohner dieser Durchgangsstraße. Video-Scanning-Anlagen übernehmen fortlaufend Autokennzeichen, senden sie an den Zentralcomputer, und der stellt in Bruchteilen von Sekunden fest, ob das Kennzeichen in Ordnung ist, ob es sich um ein getürktes Kennzeichen handelt oder ob gegen den Wagenbesitzer etwas strafrechtlich Relevantes vorliegt.

Modell	Iveco Daily 30-8
Baujahr	2001
PS/kW	150 PS/110 kW
Hubraum ccm	2998
Motortyp	R4 Zylinder Diesel

Honda PS 125i

Die lokale Polizei von Lissabon wird derzeit mit neuen Motorrollern versorgt. Honda lässt seine neuen Roller größtenteils in Italien fertigen. Die technische Ausrüstung ist optimal: wassergekühlter Einzylinder-Viertaktmotor mit Benzineinspritzung und G-Kat. Gebremst wird mit einer Integralbremse, 13 Zoll große Räder sorgen für sichere Fahreigenschaften.

Modell	Honda PS 125i
Baujahr	2006
PS/kW	13,6 PS/10 kW
Hubraum ccm	124
Motortyp	1 Zylinder Benzin

Yamaha 350

Unser portugiesischer Verkehrspolizist strahlt mit der winterlichen Sonne um die Wette. Seine Yamaha ist nicht mehr die Jüngste, aber hier zählt die reine Funktionalität. Solange der Verkehr an der Uferpromenade entlang des Hafens flüssig läuft, gibt es keinen Grund zu klagen.

Modell	Yamaha 350
Baujahr	1997
PS/kW	34/25 kW
Hubraum ccm	344
Motortyp	R2 Zylinder Benzin

Nissan Patrol GR

Lissabons Flughafen wird wegen der ständigen Bedrohung durch mögliche terroristische Anschläge diskret von einer Vielzahl unterschiedlichster Polizeiwagen bewacht. Bei diesem rustikalen Nissan Patrol handelt es sich um ein Führungsfahrzeug einer Spezialeinheit.

Modell	Nissan Patrol GR
Baujahr	1999
PS/kW	175 PS/129 kW
Hubraum ccm	4169
Motortyp	R6 Zylinder Benzin

Skoda Octavia 2.0 TDI

Mit einem frischen, neuen Design löst sich die Guarda Nacional Republicana von ihrem bislang eher militärischen Aussehen. Für einige Einheiten, wie die Fiscal-Polizei, wird nun Weiß die Grundfarbe sein und nicht mehr das gedeckte Grün. Die Aufnahme entstand im Winter 2006 in einer Vorstadt von Lissabon.

Modell	Skoda Octavia 2.0 TDI
Baujahr	2006
PS/kW	140 PS/103 kW
Hubraum ccm	1968
Motortyp	R4 Zylinder Diesel

Toyota Hiace 2.5D

Einige dieser Streifenwagen-Kombis der Polícia Municipal dienen in Lissabon auch als Informations- und Beratungswagen für die Bevölkerung. Das Angebot wird rege angenommen, denn zumeist besteht die Besatzung aus einem weiblichen und männlichen Polizisten, die sich im Revier bestens auskennen.

Modell	Toyota Hiace 2.5D
Baujahr	2003
PS/kW	102 PS/75 kW
Hubraum ccm	2494
Motortyp	R4 Zylinder Diesel

Smart Fortwo

Im berühmten Estoril ist die Polícia Municipal gerne mit ihrem Smart auf Streifenfahrt unterwegs. Parkplatzsorgen kennt die Polizei sowieso nicht, aber was hier zählt, ist das sympathische Auftreten der Ordnungshüter mit dem knuffigen Zweisitzer.

Modell	Smart Fortwo
Baujahr	2003
PS/kW	50 PS/37 kW
Hubraum ccm	698
Motortyp	R3 Zylinder Benzin

Italien

Drei der verschiedenen italienischen Polizeiorganisationen fallen wegen ihrer großen Präsenz auf den Straßen besonders auf: Die zivile Staatspolizei Polizia di Stato, die Carabinieri und die Guardia di Finanza. Die Polizia di Stato untersteht dem Innenministerium. Sie ist mit hellblauen Einsatzwagen unterwegs, ihre Hauptaufgaben sind, für Sicherheit in den Städten und im Verkehr zu sorgen. In dunkelblauen Polizeiwagen zeigen die militärisch organisierten Carabinieri Präsenz. Sie unterstehen direkt dem Verteidigungsministerium. In Friedenszeiten erfüllen die Carabinieri die vielfältigsten Aufgaben. Die Spanne reicht von allgemeinen Verkehrskontrollen bis hin zur Bekämpfung der Schwerkriminalität. Die Carabinieri sind besonders geschult und mit einem umfangreichen Waffenarsenal ausgerüstet, das sich auch für Kriegseinsätze eignet – ein Grund, weshalb die Carabinieri dem Verteidigungsministerium unterstellt sind.
Mit der Guardia di Finanza verfügt Italien über eine Wirtschaftspolizei, die mit weitreichenden Befugnissen im Zoll- und Steuerwesen ausgestattet ist. Sie untersteht dem Ministerium für Wirtschaft und Finanzen. Die Guardia di Finanza verfolgt Steuerhinterziehung, Geldwäsche, Betrugsfälle und im Besonderen die organisierte Wirtschaftskriminalität. Im Kriegsfall kann das Ministerium der Verteidigung alle Polizeieinheiten zu einem Korps zusammenfassen. Bei der Bekämpfung des organisierten Verbrechens (Mafia) erfolgt die Zusammenarbeit aller drei Polizeiorganisationen im Auftrag des Innenministeriums.
Im Fuhrpark der verschiedenen italienischen Polizeiorganisationen befinden sich ab und an erstaunliche Fahrzeuge. So stehen in etlichen Polizeihöfen der städtischen Polizeien wegen der verschärften Gesetze zum Umweltschutz brandneue Elektro-Fahrräder oder Elektro-Motorroller. Als Gegenpol könnte wohl der 520 PS starke Supersportwagen Lamborghini Gallardo der Polizia di Stato von Rom gelten, wäre er mehr als nur ein gelungener PR-Gag. Eher mit Hausmannskost begnügen sich die meisten Polizisten der Verkehrspolizei oder der Polizia Municipal. Fiat steuert mit dem zuverlässigen Punto und dem praktischen Stilo Multi Wagon einen Großteil der italienischen Streifenwagen bei. Dass sich die Carabinieri als Elitetruppe sehen, zeigt sich nicht nur bei den eleganten Uniformen. Schnelle Limousinen von Alfa Romeo vermitteln dem Betrachter einen Hauch von Exklusivität. Weniger sichtbar agieren die Spezialisten der Guardia di Finanza. Sie bevorzugen ganz unauffällige Wagen von ausländischen Herstellern wie Citroen, Suzuki oder VW, und nur ein schwacher Schriftzug dokumentiert die Zugehörigkeit zu dieser schlagkräftigen Wirtschaftspolizei.

Fiat Panda 4x4

Kaum ein anderer Streifenwagen war so kompakt und dennoch praktisch, wie der erste Fiat Panda 4x4 von 1990. Er genoss hohes Ansehen, nicht nur bei der italienischen Polizei, wie hier in Neapel, sondern auch bei Gebirgsjäger-Einheiten des Militärs. Steyr-Magna in Österreich entwickelte für den preisgünstigen Allradler von Fiat einen zuschaltbaren Heckantrieb, der sich hervorragend bewährte und auch im neuesten Fiat Panda angeboten wird.

Modell	Fiat Panda 4x4
Baujahr	1990
PS/kW	54 PS/40 kW
Hubraum ccm	1108
Motortyp	R4 Zylinder Benzin

Fiat Uno

1983 stellte Fiat seinen neuen Uno der Öffentlichkeit vor. Daraus entwickelte sich im Lauf der nächsten 15 Jahre das meistverkaufte Modell in der großen Fiat-Familie. Für die italienischen Polizeieinheiten diente der Uno, wie hier bei der Stadtpolizei von Bologna, als Standardstreifenwagen für das Tagesgeschäft.

Modell	Fiat Uno
Baujahr	1992
PS/kW	72 PS/53 kW
Hubraum ccm	1372
Motortyp	R4 Zylinder Benzin

Alfa Romeo 155 V6 Twin Spark

Als 215 km/h schneller Streifenwagen der Autobahnpolizei bewährte sich der 1992 vorgestellte Alfa Romeo 155 durchaus, wie hier in der Nähe von Brescia. Bei der Polizia Stradale und den Carabinieri kamen neben diesem 2,5-Liter-Modell mit 166 PS auch 186 PS starke Quadriofoglio 4-Wagen mit Allradantrieb zum Einsatz.

Modell	Alfa Romeo 155 V6 Twin Spark
Baujahr	1994
PS/kW	163 PS/120 kW
Hubraum ccm	2492
Motortyp	V6 Zylinder Benzin

Alfa Romeo 155 Turbo

Seit 1986 gehört Alfa Romeo zum Fiat-Konzern. Als Volumen-Modell wurde der Fronttriebler Alfa Romeo 155 mit quer eingebauten Vier- und Sechszylinder-Motoren tüchtig verkauft. Die PS-Spanne reichte von bescheidenen 116 bis zu knapp 190 PS. Bei den Carabinieri wurden bevorzugt die Vierzylinder-Turbobenziner gefahren.

Modell	Alfa Romeo 155 Turbo
Baujahr	1996
PS/kW	186 PS/137 kW
Hubraum ccm	1995
Motortyp	R4 Zylinder Benzin

Fiat Tipo

Im Vergleich zum Fiat Panda oder Fiat Uno kam der Fiat Tipo bei den italienischen Polizeieinheiten nur relativ wenig zum Einsatz. Der Fiat Tipo war ab seiner Vorstellung von 1988 das Nachfolgemodell des Fiat Ritmo, das deutlich geräumiger und besser ausgestattet war. Die Höchstgeschwindigkeit betrug 187 km/h mit dem 1,8-Liter-Benzin-Einspritzmotor.

Modell	Fiat Tipo
Baujahr	1994
PS/kW	115 PS/85 kW
Hubraum ccm	1756
Motortyp	R4 Zylinder Benzin

Fiat Campagnola

Das italienische Pendant zum Land Rover ist der seit 1974 fast unverändert gebaute Fiat Campagnola, der hier bei den Rangern von Norcia für Umweltschutz-Aufgaben eingesetzt wird. Der Campagnola besitzt als einer der wenigen echten Geländewagen Einzelradaufhängung und permanenten Allradantrieb mit Untersetzungsgetriebe.

Modell	Fiat Campagnola
Baujahr	1996
PS/kW	80 PS/59 kW
Hubraum ccm	1995
Motortyp	R4 Zylinder Diesel

Fiat Panda

In den 80er-Jahren präsentierte sich Fiat noch als der größte europäische Automobilhersteller. Die „praktische Kiste", der Fiat Panda, war der preiswerteste Polizeiwagen dieser Ära – völlig unkompliziert und als Streifenwagen karg ausgerüstet. Ein Funkgerät war damals schon das höchste der Gefühle. Wozu braucht aber ein Carabiniere Skiträger? Die Vermutung liegt nahe: Am Wochenende wurde der Panda wohl als universelles Dienst- und Freizeitfahrzeug genutzt.

Modell	Fiat Panda
Baujahr	1989
PS/kW	45 PS/33 kW
Hubraum ccm	903
Motortyp	R4 Zylinder Benzin

Fiat Iveco

Dieser stark gepanzerte Gefangenentransporter wird von einer Spezialeinheit der Carabinieri beim Transport von Arrestanten vom Gefängnis zum Gerichtsgebäude verwendet. Ein heikler und sehr gefährlicher Job, denn die Mafia lässt sich nicht ohne Widerstand das Geschäft verderben.

Modell	Fiat Iveco
Baujahr	1998
PS/kW	168 PS/124 kW
Hubraum ccm	4280
Motortyp	R6 Zylinder Diesel

Fiat Uno Turbo D

Von 1983 bis 1995 lief der bewährte Fiat Uno fast unverändert in Italien vom Band. Für die italienische Polizei war der Uno mit dem einstigen VW Käfer der Polizei in Deutschland vergleichbar. Jeder Polizist fuhr in diesen Jahren zu Beginn seiner Laufbahn damit auf Streife, wie diese Carabinieri mit einem der letzten Turbodiesel-Unos. In Brasilien wird der Fiat Uno derzeit immer noch montiert.

Modell	Fiat Uno Turbo D
Baujahr	1995
PS/kW	72 PS/53 kW
Hubraum ccm	1367
Motortyp	R4 Zylinder Diesel

Fiat Stilo 1.8

Seit 2001 ist der fünftürige Fiat Stilo der Standardstreifenwagen bei fast allen italienischen Polizeikräften. Hier in Meran in Südtirol wird die Kennzeichnung Polizia-Polizei zweisprachig ausgeführt. Der bis zu 200 km/h schnelle Fiat Stilo eignet sich durch seine kompakten Abmessungen ebenso für den Stadtverkehr wie als Kontrollwagen auf Schnellstraßen.

Modell	Fiat Stilo 1.8
Baujahr	2006
PS/kW	133 PS/98 kW
Hubraum ccm	1747
Motortyp	R4 Zylinder Benzin

BMW 325 tds Touring

Mit einer Höchstgeschwindigkeit von gut 215 km/h gehört der BMW-Kombi zur flotten Gruppe unter den italienischen Streifenwagen, die wie hier die stark befahrene Autobahn bei Genua kontrollieren. Moderne Turbodiesel sieht man bei allen europäischen Polizeieinheiten immer häufiger. Ihre Vorteile gegenüber den Benzinern: deutlich geringere Unterhaltskosten, längere Laufleistung, höherer Wiederverkaufswert nach etwa 300 000 Kilometern.

Modell	BMW 325 tds Touring
Baujahr	1998
PS/kW	143 PS/105 kW
Hubraum ccm	2497
Motortyp	R6 Zylinder Diesel

Fiat Doblo Multijet 1.3 JTD

Für die vielfältigen Aufgaben einer Stadtpolizei sind Kleintransporter, wie der Fiat Doblo, ideale Arbeitsgeräte. Seit dem Jahr 2000 wird dieser Typ in zahlreichen Varianten im italienischen, slowenischen, französischen und spanischen Polizeidienst eingesetzt.

Modell	Fiat Doblo Multijet 1.3 JTD
Baujahr	2006
PS/kW	85 PS/62 kW
Hubraum ccm	1248
Motortyp	R4 Zylinder Diesel

Land Rover Defender 90

Auch in Italiens Polizeistuben gilt der „unverwüstliche" Land Rover Defender als einer der besten Geländewagen, die es seit 1948, dem Geburtsjahr des „Landis", gibt. Seine Stärke ist der bullige Fünfzylinder-Turbodieselmotor und das widerstandsfähige Fahrwerk, das dem eines Lastwagens ähnlich ist. Nicht zuletzt sorgt ein zentrales, manuell sperrbares Differenzial für außergewöhnlich gute Traktion auch unter schwierigsten Bedingungen.

Modell	Land Rover Defender 90
Baujahr	2005
PS/kW	122 PS/90 kW
Hubraum ccm	2495
Motortyp	R5 Zylinder Diesel

Opel Astra Caravan CTDI

Mit dem neuen, sehr geräumigen und dennoch temperamentvollen Opel Astra gelang es den Rüsselsheimer Autobauern, bei den internationalen Polizeiorganisationen wieder Fuß zu fassen, zum Beispiel auch in Italien. Dieser Astra Caravan gehört zur Stadtpolizei von Cremona.

Modell	Opel Astra Caravan CTDI
Baujahr	2006
PS/kW	120 PS/88 kW
Hubraum ccm	1910
Motortyp	R4 Zylinder Diesel

Fiat Marea 2.4 20V

Im italienischen Südtirol werden die amtlichen Begriffe zweisprachig geführt, so auch bei der Polizei, wie hier in Meran. Der Fiat Marea ist mit einem quer liegenden Vierzylinder-Motor und Frontantrieb ausgerüstet. Mit bis zu 182 PS ist diese kompakte Limousine ein besonders munteres Polizeifahrzeug. Lizenzproduktion auch in der Türkei und Brasilien.

Modell	Fiat Marea 2.4 20V
Baujahr	2002
PS/kW	160 PS/118 kW
Hubraum ccm	2397
Motortyp	R4 Zylinder Benzin

Hyundai Accent 1.6

Auch in Italien zeigt der koreanische Konzern, dass solide Technik zu günstigen Preisen kein Privileg der europäischen Hersteller sein muss. Dieser Hyundai Accent-Streifenwagen ist bei der lokalen Polizei in Cremona im Einsatz. Der Hyundai Accent wird auch in der Türkei und Russland in Lizenz gefertigt, er dient hier als Standardstreifenwagen in Großstädten wie Istanbul oder Moskau.

Modell	Hyundai Accent 1.6
Baujahr	2005
PS/kW	105 PS/77 kW
Hubraum ccm	1599
Motortyp	R4 Zylinder Benzin

Suzuki Ignis 4x4

Die Guardia di Finanza ist der Schrecken aller säumigen Steuerzahler in Italien. Die militärisch straff organisierte Behörde ist mit wesentlich weitreichenderen Kompetenzen ausgestattet als die Finanzämter hierzulande. Mit dem Suzuki Ignis meistern die Beamten auch steile Bergstraßen im winterlichen Südtirol, denn sein Allradantrieb bringt in Verbindung mit knapp 100 PS ordentlich Traktion auf die Straße.

Modell	Suzuki Ignis 4x4
Baujahr	2005
PS/kW	99 PS/73 kW
Hubraum ccm	1490
Motortyp	R4 Zylinder Benzin

Fiat Ducato D

Für die vielfältigen Aufgaben einer Stadtpolizei wie in Bozen ist dieser ältere Fiat Ducato sein Geld wert. Die zweisprachige Kennzeichnung ist in Südtirol für alle behördlichen Fahrzeuge oder Hinweisschilder Pflicht.

Modell	Fiat Ducato D
Baujahr	1994
PS/kW	95 PS/70 kW
Hubraum ccm	2498
Motortyp	R4 Zylinder Diesel

Ford Transit 125 T300 TDCi

Das Foto zeigt den neuesten Unfall-Aufnahmewagen der lokalen Polizei von Cremona. Hier war Mitte Dezember 2006 in einem chemischen Großbetrieb ein großes Leck in einer Abfüllanlage aufgetreten, das abgedichtet werden musste.

Modell	Ford Transit 125 T300 TDCi
Baujahr	2006
PS/kW	125 PS/92 kW
Hubraum ccm	1998
Motortyp	R4 Zylinder Diesel

Fiat Punto 1.6

Kurz hinter der österreichischen Grenzstation liegt am Reschenpass der Carabinieri-Posten von Rescia in Südtirol. In den Wintermonaten ist dies eine windige, eiskalte Region, die den Carabinieri und ihren Fahrzeugen viel abverlangt. Hier wartet der kompakte Fiat Punto auf seinen nächsten Einsatz.

Modell	Fiat Punto 1.6
Baujahr	1998
PS/kW	88 PS/65 kW
Hubraum ccm	1581
Motortyp	R4 Zylinder Benzin

Fiat Stilo Multi Wagon

Das neueste Fahrzeug der Stadtpolizei von Meran ist dieser freundlich gestylte Fiat Stilo Multi Wagon, der Mitte Dezember 2006 aufgenommen wurde. Formal gut gelöst ist die kombinierte Lautsprecher- und Blaulicht-Signalanlage, die sich harmonisch an das Wagendach schmiegt.

Modell	Fiat Stilo Multi Wagon
Baujahr	2006
PS/kW	133 PS/98 kW
Hubraum ccm	1747
Motortyp	R4 Zylinder Benzin

VW Golf 1.6 FSi

Bei der Südtiroler Gemeindepolizei von Lagundo, auf Deutsch Algund, ist dieser neueste VW Golf der fünften Generation „angestellt". Verblüffend ist die Vielfalt der ganz unterschiedlich gestylten Signalanlagen bei italienischen Polizeifahrzeugen. Bei diesem VW Golf sorgen LED und Xenon-Lichter für den nötigen Effekt.

Modell	VW Golf 1.6 FSi
Baujahr	2006
PS/kW	115 PS/85 kW
Hubraum ccm	1598
Motortyp	R4 Zylinder Benzin

Citroen Xsara

Citroen ist zu alter Stärke zurückgekehrt, dies zeigt nicht nur der Gewinn von bislang drei WM-Titeln bei der Rallye-Weltmeisterschaft. Ausgangsprodukt war dieser Citroen Xsara. Auch die italienische Guardia di Finanza fährt im noblen Städtchen Piacenza den komfortablen und dennoch kompakten Franzosen, der mit einem sparsamen HDI-Dieselmotor ausgerüstet wurde.

Modell	Citroen Xsara
Baujahr	2003
PS/kW	110 PS/80 kW
Hubraum ccm	1560
Motortyp	R4 Zylinder Diesel

Ford Mondeo 2.0

Obwohl dieser Ford Mondeo zur Polizia Municipale, der Stadtpolizei, gehört, fehlt hier die Signalanlage. Sie ist aber verdeckt im Wageninneren untergebracht. Der Ford Mondeo wird seit dem Jahr 2000 gebaut und erfreut sich bei vielen Polizeieinheiten in ganz Europa eines guten Rufes: ein komfortables, fahrsicheres Polizeiauto für einen vernünftigen Preis.

Modell	Ford Mondeo 2.0
Baujahr	2004
PS/kW	145 PS/107 kW
Hubraum ccm	1999
Motortyp	R4 Zylinder Benzin

Alfa Romeo 156 2.0 Twin Spark

Die italienischen Carabinieri „schwören" auf die Marke Alfa Romeo in guten wie auch in schlechten Zeiten. Derzeit schwebt Alfa Romeo wieder auf der Welle bester Verkaufszahlen, und davon profitieren auch die Carabinieri mit noch mehr PS unter der Motorhaube. Verkehrssünder aufgepasst: Dieser perfekt gepflegte 156 ist mit 165 PS und einer Spitzengeschwindigkeit von 216 km/h keine lahme Familienkutsche.

Modell	Alfa Romeo 156 2.0 Twin Spark
Baujahr	2004
PS/kW	165 PS/121 kW
Hubraum ccm	1970
Motortyp	R4 Zylinder Benzin

Land Rover Discovery Tdi

Seit 1990 wird der Land Rover Discovery auch bei der italienischen Polizia als Bereitschafts- und Führungsfahrzeug eingesetzt. Besonders beliebt ist der Discovery in topografisch schwierigen Bergregionen oder an Steilküsten, wo oft nur schmale Naturpisten zum Meer führen – wie hier an der Küstenstraße der Cinque Terre zwischen Genua und La Spezia.

Modell	Land Rover Discovery Tdi
Baujahr	ca. 2000
PS/kW	190 PS/140 kW
Hubraum ccm	2720
Motortyp	V6 Zylinder Diesel

Daihatsu Terios

Mit nur vier Meter Länge ist der neue Daihatsu Terios einer der kompaktesten SUV mit permanentem Allradantrieb und Sperrdifferenzial. Für die Polizia Municipal von Riomaggiore bei La Spezia sind das Gründe genug, diesen nicht alltäglichen Polizeiwagen zu benutzen.

Modell	Daihatsu Terios
Baujahr	2006
PS/kW	105 PS/77 kW
Hubraum ccm	1495
Motortyp	R4 Zylinder Benzin

Fiat Panda 1.1

Als Fiat 1980 seinen kantigen Kleinwagen Fiat Panda vorstellte, glaubten nur wenige Optimisten an einen dauerhaften Erfolg. So kann man sich irren – 18 Jahre lang rollte er vom Band. Unser Foto wurde im Dezember 2006 in Trient aufgenommen: Nach zehn Jahren täglicher Streifenfahrt bei jedem Wetter kein Schimmer von Rost und anderen Gebrauchsspuren. Ein rüstiger Kandidat fürs Polizeiauto-Museum in Rom.

Modell	Fiat Panda 1.1
Baujahr	1996
PS/kW	54 PS/40 kW
Hubraum ccm	1108
Motortyp	R4 Zylinder Benzin

Fiat Scudo Kombi 2.0 JTD

Als praktischer Vielzwecktransporter und Kleinbus verfügt dieser Fiat Scudo von der Polizia Municipale in Trient über ausreichend Platz für fünf Polizisten, verbunden mit einem üppigen Gepäckabteil. Zur Unfallaufnahme wird der Wagen besonders gerne in der engen historischen Altstadt benutzt. Den Fiat Scudo gibt es auch mit Erdgas- oder Autogas-Antrieb, der Elektroantrieb läuft derzeit bei der Polizei im Flottenversuch.

Modell	Fiat Scudo Kombi 2.0 JTD
Baujahr	2004
PS/kW	94 PS/69 kW
Hubraum ccm	1997
Motortyp	R4 Zylinder Benzin

Frisbee

Deutlich verschärfte Umweltschutz-Bestimmungen sorgen in Italien für erheblichen Gesprächsstoff. So gilt an einigen Tagen nicht nur in den Innenstädten von Neapel und Rom, sondern auch in weiteren Großstädten Italiens, ein absolutes Fahrverbot für herkömmliche Diesel- und Benzinfahrzeuge. In Trient rückt dann die Stadtpolizei mit einer kleinen Flotte von Elektro-Fahrrädern und Elektro-Motorrollern aus. Die Reichweite der E-Fahrräder liegt bei etwa 35 Kilometern im leicht hügeligen Gelände.

Modell	Frisbee
Baujahr	2006
PS/kW	1 PS/0,7 kW
Motortyp	Elektromotor

Piaggio E-Roller

In Trient fährt die Polizia Municipale auch mit zwei experimentellen Elektro-Rollern in der Innenstadt Streife. Im vergrößerten Heckteil sind verstärkte Blei-Silikon-Akkus und ein Ladegerät untergebracht. Die Reichweite soll bei 80 Kilometern liegen. Mit gut 60 km/h Höchstgeschwindigkeit sind die Streifenpolizisten nicht nur in den Fußgängerzonen ausreichend flott unterwegs.

Modell	Piaggio E-Roller
Baujahr	2006
PS/kW	3,8 PS/2,8 kW
Motortyp	Elektromotor

Fiat Punto 1.2

Ende einer Erfolgsstory: Von 1993 bis 2006 lief der Fiat Punto nahezu unverändert vom Band. Unser Foto zeigt einen der letzten Punto-Streifenwagen in der Kleinstadt Monticelli. Elegant: die kombinierte Lautsprecher- und Signalleuchten-Anlage auf dem Dach. Auch der Nachfolger des Ur-Puntos wurde nun vorgestellt, der Fiat Grande Punto. Er ist deutlich geräumiger als das Original.

Modell	Fiat Punto 1.2
Baujahr	2006
PS/kW	80 PS/59 kW
Hubraum ccm	1242
Motortyp	R4 Zylinder Benzin

Fiat Stilo 1.8

Auf der Basis des Fiat Stilo von 2001 gibt es seitdem eine Vielzahl von stilistischen Änderungen und Ausführungen, wie die limitierte Sportausführung „Stilo Schumacher", oder den praktischen Multi Wagon Kombi mit und ohne Offroad-Ambiente. Die italienischen Polizisten der Guardia di Finanza in Piacenza begnügen sich mit der meistverkauften fünftürigen Ausführung.

Modell	Fiat Stilo 1.8
Baujahr	2005
PS/kW	133 PS/98 kW
Hubraum ccm	1747
Motortyp	R4 Zylinder Benzin

Fiat Punto 1.2

San Remo am Mittelmeer ist die letzte italienische Stadt vor den Nachbarländern Monaco und Frankreich. Noch vor 20 Jahren galt diese Region als wahres Schmugglerparadies, und entsprechend rigide waren dort die Zollkontrollen. Nach Gründung der EU und dem Wegfall der Grenzen plagen sich die Polizisten heute in erster Linie mit dem ständig steigenden Verkehrsaufkommen ab.

Dieser Fiat Punto der letzten Baureihe wird als städtischer Streifenwagen in San Remo eingesetzt.

Modell	Fiat Punto 1.2
Baujahr	2000
PS/kW	73 PS/54 kW
Hubraum ccm	1242
Motortyp	R4 Zylinder Diesel

Piaggio Liberty 125

Schlanke Motorroller sind im dichten Kolonnenverkehr ideale Helfer bei der Verkehrsüberwachung. Sich an der stehenden Blechlawine vorbeischlängeln – alles kein Problem für die Polizisten von San Remo. Mit seinen großen Rädern ist der Piaggio Liberty-Viertakter deutlich fahrsicherer als die Roller mit kleinerer Bereifung.

Modell	Piaggio Liberty 125
Baujahr	2006
PS/kW	10,5 PS/7,7 kW
Hubraum ccm	124
Motortyp	1 Zylinder Benzin

Suzuki Samurai

Einer der erfolgreichsten Geländewagen weltweit ist der Suzuki Samurai, der in Deutschland als Suzuki Jimny verkauft wird. Trotz seines von Kritikern als antiquiert angesehenen Fahrwerks mit zwei Starrachsen, Blattfedern und Teleskopdämpfern überzeugt der kompakte Suzuki im schweren Gelände, wie hier im Hinterland von San Remo. Deshalb ist dieser über 15 Jahre alte Wagen im Frühjahr 2007 immer noch jeden Tag auf Streifenfahrten unterwegs.

Modell	Suzuki Samurai
Baujahr	1992
PS/kW	58 PS/43 kW
Hubraum ccm	657
Motortyp	R3 Zylinder Benzin

Piaggio Vespa 125

Seit über 60 Jahren erfreut die Vespa ihre Fans. Kein anderer Motorroller bietet auf lange Jahre so viel Spaß und hohen Nutzwert. Dies sind wichtige Argumente für die Polizia Municipale am Mittelmeer. Statt der stinkenden Zweitakter der Vergangenheit werden jetzt von Piaggio alle größeren Modelle mit modernen Viertaktmotoren mit Benzineinspritzung, G-Kat und auf Wunsch auch ABS geliefert.

Modell	Piaggio Vespa 125
Baujahr	2004
PS/kW	15 PS/11 kW
Hubraum ccm	124
Motortyp	1 Zylinder Benzin

Piaggio Liberty 50

Der kleinste Motorroller im Dienst der Polizia Municipale von San Remo ist dieser Piaggio Liberty 50. Hier ist noch ein luftgekühlter Zweitakt-Mopedmotor eingebaut, der für 45 km/h Dauergeschwindigkeit sorgt. Die staugewohnten Polizisten von San Remo benutzen diesen leichten Roller gerne als Kurierfahrzeug und für Besorgungen in der Innenstadt.

Modell	Piaggio Liberty 50
Baujahr	2004
PS/kW	4,6 PS/3,4 kW
Hubraum ccm	49
Motortyp	1 Zylinder Benzin

Smart Fortwo

Als einer der kleinsten Polizeiwagen weltweit wird der Smart gerne in Italiens Hauptstadt Rom genutzt, denn Parkplatzsorgen kennen auch die Polizeikräfte, die mit ihrem Dienstfahrzeug nicht den fließenden Verkehr behindern wollen. So ist dieser italienische Smart kein reines Promotion-Fahrzeug des Daimler-Konzerns, um die Verkäufe im Land zu forcieren.

Modell	Smart Fortwo
Baujahr	2004
PS/kW	50 PS/37 kW
Hubraum ccm	698
Motortyp	R3 Zylinder Benzin

E-Mobil

Ein typisch italienisches Design-Produkt ist dieses viersitzige Elektro-Mobil, das auf der autofreien Vulkaninsel Stromboli seinen Dienst verrichtet. Dank immer schärferer Umweltgesetze gilt Italien als innovatives Testgebiet für alternative Antriebskonzepte, auch bei der Polizei.

Modell	E-Mobil
Baujahr	2006
PS/kW	8 PS/6 kW
Motortyp	Elektromotor

Lamborghini Gallardo

Lamborghinis kleinster Hochleistungs-Sportwagen ist dieser aufregend gestylte Gallardo. Lamborghini gehört seit 1998 zum Audi-Konzern, und hier versteht man sich auf werbewirksame PR-Aktionen. Für den täglichen Streifendienst auf der Autostrada bei Rom ist dieser 315 km/h schnelle Bolide mit seinem Allradantrieb viel zu kostbar. Etwa 170 000 Euro kostet das gute Stück ohne Extras.

Modell	Lamborghini Gallardo
Baujahr	2005
PS/kW	520 PS/382 kW
Hubraum ccm	4961
Motortyp	V10 Zylinder Benzin

Griechenland und Republik Zypern

Bis 1984 bestand die griechische Polizei aus einer bürgerlichen Stadtpolizei und der militärisch aufgestellten Nationalpolizei. 1984 erfolgte die Zusammenlegung zu einer einheitlichen nationalen Polizei, die vom Ministerium für öffentliche Sicherheit geleitet wird. Der Fuhrpark der griechischen Polizei wurde in den letzten zehn Jahren nahezu komplett erneuert, sowohl in optischer wie auch in technischer Hinsicht. Mit einer sehr niedrigen Kriminalitätsrate gilt Griechenland derzeit als eines der sichersten Länder in der Europäischen Union.

Durch den immer noch schwelenden Konflikt mit der Türkei ist die Republik Zypern weiterhin zweigeteilt. Der türkische Teil Zyperns wird als Türkische Republik Nordzypern bezeichnet. Internationale Anerkennung besitzt jedoch nur die Republik Zypern mit der seit 2004 bestehenden Mitgliedschaft in der EU. Zwischen den Fahrzeugen auf Zypern und in Griechenland besteht kein wesentlicher Unterschied. Besonders häufig vertreten sind Nissan Terrano-Geländewagen und Nissan Primera-Streifenwagen. Im sonnigen Griechenland werden bevorzugt Motorräder von BMW und Suzuki auf den wichtigen Durchgangsstraßen und in der Hauptstadt Athen eingesetzt.

Citroen ZX

Im Januar 1991 stellte Citroen seine neue kompakte ZX-Limousine der Öffentlichkeit vor. Damals ein echtes Novum, denn Citroen offerierte eine umfangreiche Motorenpalette, die von 60 bis 150 PS reichte. Nun interessierte sich auch die Polizei für den bis zu 201 km/h schnellen Franzosen. Das Foto entstand 2006 auf der Ferieninsel Kos. Kein schlechter Platz für den immer noch rüstigen Oldie.

Modell	Citroen ZX
Baujahr	1992
PS/kW	90 PS/66 kW
Hubraum ccm	1580
Motortyp	R4 Zylinder Benzin

Renault Master Bus

Immer noch ist die Insel Zypern zweigeteilt. Der dominierende Teil der Insel wird von der griechischen Bevölkerung bewohnt, der kleinere Teil von den türkischstämmigen Bewohnern. Selbst durch die Hauptstadt Nikosia verläuft die Trennungslinie, die mit Grenzanlagen gesichert wird. Entsprechend zahlreich sind die Polizeieinheiten sowohl auf der einen Seite als auch auf der anderen Seite der Insel vertreten. Unser Foto zeigt einen Mannschaftstransporter bei einer Dienstfahrt ins Hinterland der Republik Zypern.

Modell	Renault Master Bus
Baujahr	2004
PS/kW	136 PS/100 kW
Hubraum ccm	2953
Motortyp	R4 Zylinder Diesel

Renault Mégane dCi

Alte, klapprige Polizeiwagen gehören auch auf Zypern der Vergangenheit an. Auf den kurvenreichen Straßen der Insel ist der 200 km/h schnelle, und dennoch fahrsichere Renault Mégane eine gute Wahl als Standardstreifenwagen der zypriotischen Polizei.

Modell	Renault Mégane dCi
Baujahr	2004
PS/kW	130 PS/96 kW
Hubraum ccm	1870
Motortyp	R4 Zylinder Diesel

Honda CR-V

Kein harter Offroader im Stil eines Land Rovers ist der Honda CR-V, aber ein komfortabler SUV, mit dem die Polizei auch mittelschwere Naturpisten im Winter befahren kann. Sobald der Frontantrieb Schlupf vermeldet, schaltet sich der Hinterradantrieb automatisch zu.

Modell	Honda CR-V
Baujahr	2005
PS/kW	150 PS/110 kW
Hubraum ccm	1998
Motortyp	R4 Zylinder Benzin

Isuzu Trooper 3.2

Einer der meistverkauften Geländewagen weltweit ist der Isuzu Trooper, der in Deutschland als Opel Frontera oder in den USA als GM Rodeo vertrieben wird. Auf unserem Foto dient der Kommandowagen als Sicherungsfahrzeug bei der Zypern-Rallye. Der rot-weiße Rallyewagen ist ein neuer Toyota Yaris im WRC-Design.

Modell	Isuzu Trooper 3.2
Baujahr	2004
PS/kW	177 PS/130 kW
Hubraum ccm	3165
Motortyp	V6 Zylinder Benzin

Türkei

Das Polizeiwesen in der Türkei entspricht noch nicht den allgemeinen Vorstellungen innerhalb der EU, obwohl eine Reform des Strafvollzugs durch das Parlament in Ankara schon im Dezember 2004 verabschiedet wurde. Diese Reform wird unter anderem die Machtbefugnisse der Polizei einschränken und die Rechte von Verdächtigen und Häftlingen stärken. Durch das bislang politisch nicht ausreichend gelöste Problem mit der kurdischen Bevölkerungsminderheit und den Anhängern der Kurdischen Arbeiterpartei PKK kommt es immer wieder zu gewalttätigen Auseinandersetzungen mit den Sicherheitskräften der türkischen Polizei und des Militärs. Mehrere Bombenanschläge in Istanbul durch Mitglieder der Terrororganisation al-Qaida sorgten zusätzlich für eine permanente Bedrohung, auf die die Polizei reagieren muss.

Unter diesen Vorzeichen kann die türkische Polizei nicht mit dem „EU- Standard" verglichen werden. Zwei Polizeiorganisationen werden von der Hauptstadt Ankara aus geleitet: Die militärisch geführte türkische Gendarmerie Jandarma, und die zivile Polizei, die für Verkehrsprobleme und dergleichen zuständig ist. Probleme mit dem Verkehr gibt es in der größten türkischen Stadt Istanbul bei rund zehn Millionen Einwohnern mehr als genug. Mit der Verkehrsmoral steht es nicht zum besten. Permanente Geschwindigkeitsübertretungen gelten als Kavaliersdelikt, über rote Ampeln an Fußgängerüberwegen fahren Taxifahrer eigentlich regelmäßig, dafür wird immer gehupt, wenn es einem gerade mal gefällt. Befindet man sich auf einer Ausfallstraße von Istanbul, dann erblickt man oft völlig überladene, schief daher kommende Lastwagen, Dutzende von beigefarbenen Dolmus-Kleinbussen nehmen am Fahrbahnrand laufend Passagiere auf und bringen dadurch den Verkehr immer wieder zum Stocken. Es herrscht mitunter ein automobiles Chaos in vielen Städten der Türkei, dessen Geschehen die Beamten der Verkehrspolizei häufig mit stoischer Gelassenheit betrachten. Irgendwie kommt der Verkehrsfluss auch ohne sie irgendwann wieder in Gang.

Bezüglich ihrer Wagenausstattung muss sich die türkische Polizei allerdings nicht verstecken. Die türkische Wirtschaft erlebt einen seit Jahren anhaltenden Aufschwung mit einem hohen Wirtschaftswachstum. Immer mehr ausländische Großunternehmen wie Bosch oder auch Daimler errichten modernste Zweigwerke in der Türkei, wo Einspritzpumpen, Lastwagen und Busse hergestellt werden. Auch der führende koreanische Hersteller Hyundai wurde in der Türkei aktiv und ist dort nun mit einem großen Automobilwerk vertreten, das für ganz Vorderasien und Europa Personenwagen und Kleintransporter herstellt. Zu den Standardstreifenwagen der türkischen Polizei zählen nun auch die spritzigen Hyundai Accent und die Hyundai H1-Transporter mit Allradantrieb. Die bislang als Streifenwagen verwendeten Ford Escort und Fiat dürften nun Stück für Stück in der Schrottpresse landen.

Ford Transit 90 TDE

In der riesigen Metropole Istanbul lebt die Bevölkerung seit vielen Jahren unter der ständigen Bedrohung durch politisch oder ideologisch motivierte Gewalttäter. Genaue Personenkontrollen sind deshalb ein absolutes Muss. Auf unserem Foto rüstet sich eine Spezialeinheit für einen neuen Einsatz auf einem menschengefüllten Gemüsemarkt.

Modell	Ford Transit 90 TDE
Baujahr	1998
PS/kW	125 PS/92 kW
Hubraum ccm	2402
Motortyp	R4 Zylinder Diesel

Ford Transit TDE

Bei diesem weißen Ford Transit der vierten Baureihe handelt es sich um einen Gruppentransporter der städtischen Polizei von Istanbul mit dem mittelhohen Dachaufbau. Hinter dem Strauchwerk gut versteckt, beobachten die Beamten einen der zahlreichen Flohmärkte – nicht zuletzt ein beliebter Platz für Kleinkriminelle.

Modell	Ford Transit TDE
Baujahr	2001
PS/kW	116 PS/85 kW
Hubraum ccm	2402
Motortyp	R4 Zylinder Diesel

BMC Bus

Die türkischen Polizeieinheiten sind militärisch straff organisiert. In den vergangenen zehn Jahren wurden die meisten klapprigen Polizeiwagen der Vergangenheit systematisch ausgemustert und durch moderne Fahrzeuge ersetzt. Unser Bild zeigt noch einen der älteren Gruppentransporter der Verkehrspolizei von Istanbul bei der Fahrt zum Depot.

Modell	BMC Bus
Baujahr	1997
PS/kW	130 PS/96 kW
Hubraum ccm	4260
Motortyp	R6 Zylinder Diesel

Dacia 1210

Vor bald 30 Jahren wurde dieses Foto mitten in Istanbul aufgenommen. Damals waren altersschwache, schmutzige Polizeiwagen, wie dieser Dacia-Streifenwagen, noch an der Tagesordnung. Die ersten Dacia-Automobile entstanden schon 1968 in Rumänien unter der Lizenz von Renault.

Modell	Dacia 1210
Baujahr	1977
PS/kW	54 PS/31 kW
Hubraum ccm	1210
Motortyp	R4 Zylinder Benzin

Renault 12 TX

In der Vergangenheit liefen nicht nur die Dacia-Lizenzwagen, sondern auch originale Renault-Automobile im türkischen Polizeidienst, wie dieser Renault 12 TX von 1980, der mit einer leistungsstärkeren Doppelvergaseranlage ausgerüstet war.

Modell	Renault 12 TX
Baujahr	1980
PS/kW	75 PS/55 kW
Hubraum ccm	1289
Motortyp	R4 Zylinder Benzin

Ford Transit Kombi 4x4 2.0 TDCi

Dieser türkische Ford Transit der fünften Baureihe wird am Großflughafen von Istanbul als Gruppentransporter für die Sicherheitsbeamten eingesetzt. Die leicht erhöhte Bodenfreiheit zeigt den Allradantrieb, mit dem dieser agile Bus ausgerüstet ist.

Modell	Ford Transit Kombi 4x4 2.0 TDCi
Baujahr	2006
PS/kW	125 PS/92 kW
Hubraum ccm	1998
Motortyp	R4 Zylinder Diesel

Ford Tourneo Connect 1.8 TDCi

Im türkischen Polizeidienst wird der praktische Kombi Ford Tourneo Connect immer beliebter, denn mit der Modernisierung der Ausrüstung steigt der Platzbedarf im Wagen an. Das Foto entstand im Winter 2006 vor der beeindruckenden Hagia Sophia.

Modell	Ford Tourneo Connect 1.8 TDCi
Baujahr	2006
PS/kW	90 PS/66 kW
Hubraum ccm	1753
Motortyp	R4 Zylinder Diesel

Nissan Navara

Einer der besten Geländewagen weltweit ist der Nissan Navara. Technisch gesehen handelt es sich um die Pick-up-Version des Nissan Pathfinder. In der Doppelkabine des Navara finden bis zu fünf Polizisten ausreichend Platz. Die umfangreiche Ausrüstung ist in der abschließbaren Ladebox verstaut.

Modell	Nissan Navara
Baujahr	2006
PS/kW	171 PS/126 kW
Hubraum ccm	2488
Motortyp	R4 Zylinder Diesel

Hyundai Accent

Der kompakte, viertürige Hyundai Accent ist in der Türkei der am häufigsten vertretene Streifenwagen der Verkehrspolizei. Deutlich preiswerter als ein Ford Focus, Opel Astra oder VW Golf, erfüllt er die Anforderungen zur vollen Zufriedenheit seiner Fahrer, klärte mich ein perfekt Deutsch sprechender Polizist freundlich auf.

Modell	Hyundai Accent
Baujahr	2005
PS/kW	97 PS/71 kW
Hubraum ccm	1399
Motortyp	R4 Zylinder Benzin

Fiat Doblo 1.9 Multijet

Geräumige und dennoch kompakte Hochdach-Kombis, wie dieser Fiat Doblo, eignen sich besonders gut für den innerstädtischen Polizeidienst. In der Türkei gibt es eine speziell ausgebildete Einheit sprachgewandter Polizisten, die sich der Nöte ausländischer Touristen annehmen. Bei diesen Mannschaften ist der über 160 km/h schnelle Fiat Doblo häufiger vertreten.

Modell	Fiat Doblo 1.9 Multijet
Baujahr	2006
PS/kW	120 PS/88 kW
Hubraum ccm	1910
Motortyp	R4 Zylinder Diesel

Ford Transit 180 T260

Frisch gestylt ist dieser Ford Transit-Pritschenwagen mit Doppelkabine. Im Auftrag der städtischen Polizei von Istanbul werden hier falsch parkende Mofas und Motorroller aufgeladen.

Modell	Ford Transit 180 T260
Baujahr	2006
PS/kW	86 PS/63 kW
Hubraum ccm	1998
Motortyp	R4 Zylinder Diesel

Renault Mégane dCi

Als viertürige Stufenheck-Limousine ist der Renault Mégane um etwa 30 Zentimeter länger, und damit geräumiger geraten, als die zweitürige Kompakt-Limousine. In der Türkei dient dieser etwa 200 km/h schnelle Wagen im Kontrolldienst auf Autobahnen.

Modell	Renault Mégane dCi
Baujahr	2005
PS/kW	130 PS/96 kW
Hubraum ccm	1870
Motortyp	R4 Zylinder Diesel

Ford Transit FT 260 Bus

An den Schiffsanlegestellen am Bosporus zeigen die Ordnungshüter mit diesem blauen Ford Transit-Bus dezent Flagge. Im Vergleich zum Luftverkehr fallen die Sicherheits-Checks im internationalen Schiffsverkehr leider nur äußerst bescheiden aus.

Modell	Ford Transit FT 260 Bus
Baujahr	2006
PS/kW	125 PS/92 kW
Hubraum ccm	1998
Motortyp	R4 Zylinder Diesel

Tofas 16V

Bei diesem Polizeiwagen handelt es sich um ein ziviles Personenschutz-Begleitfahrzeug der Kriminalpolizei von Istanbul. Tofas ist ein türkisches Automobilwerk, das ausgelaufene Modelle von Fiat weiter produziert. In diesem Fall ist es ein modifiziertes Fiat Brava-Modell mit neuem Heckteil.

Modell	Tofas 16V
Baujahr	2004
PS/kW	113 PS/83 kW
Hubraum ccm	1747
Motortyp	R4 Zylinder Benzin

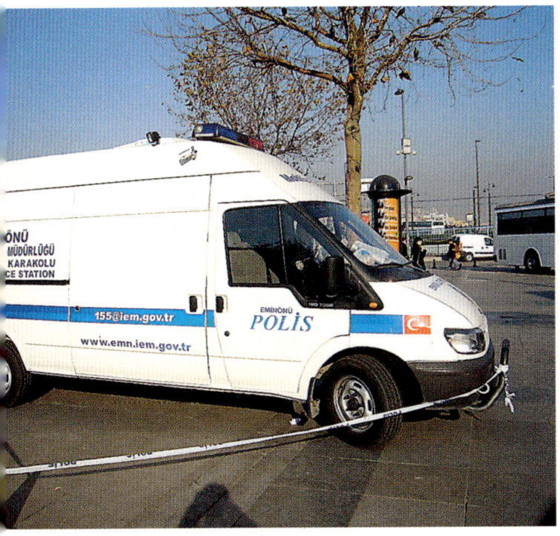

Ford Transit FT 330 2.4 TDCi

Mobile Polizeistationen sind auch in der Türkei oft mit Video-Scanning-Anlagen ausgerüstet, die gesuchte Personen erfassen. Die vierköpfige Besatzung verfolgt das Geschehen für Außenstehende unsichtbar aus dem Heckteil des Kastenwagens.

Modell	Ford Transit FT 330 2.4 TDCi
Baujahr	2006
PS/kW	137 PS/101 kW
Hubraum ccm	2402
Motortyp	R4 Zylinder Diesel

Renault 19 Chamade

1990 wurde diese Mittelklasse-Limousine in einer Stufenheck-Version ab Werk ausgeliefert. In der Türkei folgte fünf Jahre später eine Lizenzproduktion, die auch im Polizeidienst reichlich Verwendung fand. Unser Foto zeigt ein schon deutlich betagtes Exemplar im Hafengelände von Istanbul auf Kontrollfahrt.

Modell	Renault 19 Chamade
Baujahr	1997
PS/kW	107 PS/79 kW
Hubraum ccm	1721
Motortyp	R4 Zylinder Benzin

BMW F650 GS

Andere Länder, andere Polizeimethoden. Ungewöhnlich, aber effektiv spüren diese beiden Polizisten Taschendiebe oder gesuchte Personen in belebten Fußgängerzonen auf. Selbst erlebt: Mit einem wahren Hechtsprung vom Beifahrersitz herab wurde so ein Dieb auf frischer Tat überwältigt und verhaftet. Die BMW F650 GS ist mit ABS und G-Kat ausgerüstet.

Modell	BMW F650 GS
Baujahr	2004
PS/kW	50 PS/37 kW
Hubraum ccm	652
Motortyp	1 Zylinder Benzin

Hyundai H200

Der koreanische Konzern Hyundai lässt in der Türkei einen Teil seiner bewährten Transporter-Baureihe H1 und H2 vom Band rollen. Unser Foto zeigt einen H200 als Kontrollfahrzeug mit einem 140 PS starken Common-Rail-Direkteinspritzer-Dieselmotor, der mit etwa 175 km/h Höchstgeschwindigkeit deutlich schneller ist als vergleichbare Kleintransporter und zudem über einen robusten Allradantrieb verfügt.

Modell	Hyundai H200
Baujahr	2005
PS/kW	140 PS/103 kW
Hubraum ccm	2498
Motortyp	R4 Zylinder Diesel

Fiat Albea 16V

Unser Foto entstand 2005 in Kemer an der wetterbegünstigten Südküste der Türkei. Fiat lässt dieses Sondermodell in der Türkei bauen. Technisch entspricht der Albea dem Fiat Punto mit einem Stufenheck. In Brasilien läuft dieser Typ in leicht abgewandelter Form als Fiat Palio vom Band.

Modell	Fiat Albea 16V
Baujahr	2005
PS/kW	88 PS/65 kW
Hubraum ccm	1581
Motortyp	R4 Zylinder Benzin

Ford Sierra 2.0

Auch in der Türkei tauschen die Beschaffungsämter der Polizei ihre an sich bewährten Streifenwagen gegen neue, meist preiswertere Modelle anderer Hersteller aus. Statt Ford und Renault spielen heute die im eigenen Land in Ismit bei Istanbul gefertigten Hyundai Accent die erste Geige. Unser Foto zeigt einen über zehn Jahre alten Ford Sierra vor dem Büro der Tourismus-Polizei.

Modell	Ford Sierra 2.0
Baujahr	1996
PS/kW	125 PS/92 kW
Hubraum ccm	1998
Motortyp	R4 Zylinder Benzin

Ford Escort 2.0 16V

Die städtische Polizei wird in der Türkei Polis oder Polisi genannt. Auf dem Land ist die Jandarma-Polizei (Gendarmerie) unterwegs. Auch die Notrufnummer ist verschieden: Die 155 für die städtische Polizei und die 156 für die Jandarma. Nach wie vor werden Stufenheck-Limousinen, wie dieser Ford Escort, im türkischen Polizeidienst am häufigsten verwendet.

Modell	Ford Escort 2.0 16V
Baujahr	1998
PS/kW	150 PS/110 kW
Hubraum ccm	1998
Motortyp	R4 Zylinder Benzin

Ford Transit Turbo D

Als relativ geländegängiges Kommandofahrzeug dient dieser blaue Ford Transit bei der ländlichen Polizei Jandarma. Ein zuschaltbarer Allradantrieb verbessert die Traktion bei winterlichen Straßenverhältnissen, die es in der Türkei durchaus gibt. Das Foto wurde bei der Türkei-Rallye aufgenommen, bei der die Beamten Tausende von begeisterten Motorsport-Fans im Zaum halten mussten.

Modell	Ford Transit Turbo D
Baujahr	2003
PS/kW	126 PS/93 kW
Hubraum ccm	2402
Motortyp	R4 Zylinder Diesel

AUTOPISTA MEXICALI-TIJUANA
EL HONGO-RUMOROSA
MEXICALI
AUTO AIRE
CIA

CAFE
LOS PINOS
TAQUERIA
LA PLACITA
AUTENTICA
MEXICANA
PASCUAL ORTIZ RUBIO #38 TECATE, B.C. C.P. 21400
TECATE
389
AL-17-158
5SEW508
4X4

Amerika

USA

Schon zu Beginn der Automobilentwicklung begeisterten sich die Amerikaner für das neue Fortbewegungsmittel. Sowohl der kleine Mann, als auch die Polizei sollten möglichst schnell motorisiert werden. Anno 1889 schrieb der umtriebige Polizeichef von Louisville seinen Kollegen in New York und anderen Großstädten einen Brief, der in die Geschichte der amerikanischen Polizei einging. Darin stand: „Bald wird es kein Polizeirevier mehr geben, das ohne ein Automobil oder Motorrad auskommen kann." Verbrecher wurden damals im ganzen Land noch mit dem Pferd oder Fahrrad verfolgt. In Louisville dagegen schwangen sich fünf mutige Polizisten auf dreirädrige Motorräder. Als Zeichen ihrer Fahrkünste erhielten sie ein Abzeichen als Patrol Driver. Auch Gefangene kamen in Louisville in den „Genuss" einer kostenlosen Fahrt mit einem motorisierten Zellenwagen, dem Paddy Wagon. Auf ihm stand als Aufschrift Police Patrol. Bis heute blieb dieser Name für Streifenwagen der Verkehrspolizei erhalten.

In keinem anderen Land breitete sich das Automobil rasanter aus als in den Vereinigten Staaten von Amerika. Die Polizei wurde schnell zu einem wichtigen Kunden der Hersteller, die eigens für die Ordnungshüter Modelle kreierten und ausstatteten. So offerierte Ford 1932 einen getunten Viersitzer als Police Special. 30 Jahre später bot Dodge der Polizei vier verschiedene Wagen an, die mit sechs unterschiedlich starken Motoren alle Wünsche der Polizei erfüllen sollten. Hier ein Ausschnitt aus dem Verkaufsprospekt: Der schwächste Dodge Polara Sedan wurde mit einem 225 cubic inch (3688 ccm) Sechszylinder für den innerstädtischen Streifenverkehr angeboten. Ein 318 cubic inch (5212 ccm) V8-Motor mit 230 PS sollte für den gemischten Betrieb von Stadt und Land der Richtige sein. Für die Highway Patrol hielt Dodge die 383 cubic inch (6277 ccm) V8-Maschine mit 325 PS für angemessen. Schon ein Jahr später rüstete Dodge die kalifornische Highway Patrol mit einem neuen 6982 ccm großen V8-Motor aus, der 426 PS auf den Asphalt brachte. Ähnliche Offerten boten auch Ford, GM, Chrysler und American Motors an. Noch heute liefern alle amerikanischen Hersteller leistungsgesteigerte Streifenwagen an die Polizei. Als Interceptor werden sie offiziell im Verkaufskatalog ausgewiesen.

Über die Wahl der passenden Fahrzeuge wird in allen Städten und Bundesstaaten individuell entschieden. Von 1977 bis 1980 wählte die New Yorker Polizei im Zeichen der ersten Energiekrise spritsparende Kompaktwagen wie den Plymouth Horizon, den Chevrolet Citation oder den Ford Fairmont. Im gleichen Zeitraum hingegen orderte die kalifornische Highway Patrol den schnellsten Chevrolet Camaro Z28, der 20 Liter Sprit konsumierte und fast doppelt so viel verbrauchte wie die New Yorker Streifenwagen. Nach diesem Zwischenspiel mit den ungeliebten Kompaktwagen und dem Ende der ersten Energiekrise war wieder Leistung gefragt. 400 Ford Mustangs lösten in Kalifornien die Chevrolet Camaros ab, und in einigen Staaten wurden sogar Chevrolet Corvette-Sportwagen mit über 400 PS als Highway Patrol-Wagen gefahren. Die Stylisten hatten freie Hand, Sprit war wieder billig und somit kein Thema. Doch langsam wandelte sich das Bild, man dachte über die Kosten nach, und so erhielten letztlich die scharfen Rechner in den Amtsstuben Oberhand und verdonnerten ihre Kollegen an der Front zu mehr Sparsamkeit.

Heute dominieren eindeutig leicht verbesserte, günstig eingekaufte Serienwagen vom Typ Ford Interceptor LTD den Fuhrpark der Polizei. Nur für Spezialaufgaben, wie an der Grenze zu Mexiko, werden umgebaute Sportwagen eingesetzt, denn die Schleuserbanden sind kräftig motorisiert. Immer stärker im Kommen sind Spezialfahrzeuge wie die extrem geländegängigen Quads bei der Border Patrol (Grenzpolizei). Pick-ups und große Geländewagen mit Allradantrieb werden in den Rocky Mountains oder auch in der Wüste gebraucht. Selbst echte Offroad-Racer kommen hier für Sonderaufgaben zum Einsatz.

Trotz der gerade auch in den USA zu registrierenden Klimaveränderungen und einem langsam erwachenden Umweltbewusstsein werden noch viele Jahre die großen amerikanischen Limousinen mit durstigen V8-Motoren das Bild der Verkehrspolizei in den USA bestimmen. Ein triftiger Grund dafür: Der Transport von Festgenommenen ist in einem Kompaktwagen rein juristisch nicht realisierbar. Die hiesigen Gesetze schreiben einen Mindeststandard für den Abtransport vor, und der ist mit einem kompakten japanischen oder deutschen Wagen vom Schlag eines VW Passat nach US-amerikanischem Recht nicht möglich. Dass verbrauchsgünstige Kompaktwagen für besondere Einsatzbereiche dennoch eine Zukunft bei der amerikanischen Polizei haben, zeigt das Beispiel Kalifornien. Hier werden in jeder größeren Stadt japanische Hybrid-Limousinen von Toyota und Honda zur Kontrolle von Parkuhren eingesetzt.

Ford Custom Police Cruiser

Im sehenswerten Polizei- und Feuerwehrmuseum von Burbank in Kalifornien wird dieser perfekt restaurierte, viertürige Ford Custom Police Cruiser aus den frühen 50er-Jahren gezeigt. Auf dem Dach thront ein für damalige Zeiten übergroßes rotes Blinklicht, kombiniert mit einer weitreichenden Sirene. Im Armaturenbrett ist ein Motorola-Zweiwege-Sprechfunkgerät eingebaut, und selbst eine Luftpumpe für platte Reifen fehlt hier nicht.

Modell	Ford Custom Police Cruiser
Baujahr	1949
PS/kW	100 PS/74 kW
Hubraum ccm	3923
Motortyp	V8 Zylinder Benzin

Ford Taurus

Auf den wenig glamourösen Hollywood-Boulevards sorgt der Polizist in diesem kompakten Ford Taurus für Ordnung im Verkehr. Am gleichen Novembertag 2006, als die Aufnahme entstand, wurde ein Ferrari-Fahrer mit 162 km/h in der Nobelwohngegend Bel Air gestoppt. Erlaubt sind an dieser Stelle 58 km/h. Der Ferrari wurde beschlagnahmt, dem Fahrer drohte eine Strafe von bis zu einem Jahr Haft.

Modell	Ford Taurus
Baujahr	2006
PS/kW	243 PS/179 kW
Hubraum ccm	3392
Motortyp	V8 Zylinder Benzin

Honda Custom Hybrid

Kalifornien ist eindeutig ein Vorreiter bei den kraftstoffsparenden Hybrid-Fahrzeugen. Die Police von Hollywood setzt Honda- und Toyota-Modelle zur Verkehrsüberwachung ein, die wahlweise mit Benzin oder Elektroantrieb fahren. Das Foto wurde in der einstigen Hippie-Kommune Venice Beach aufgenommen, wo gerade die Parksäulen kontrolliert werden.

Modell	Honda Custom Hybrid
Baujahr	2006
PS/kW	85 PS/63 kW
Hubraum ccm	1600
Motortyp	R4 Zylinder Benzin + E-Motor

Ford Expedition XLP

Im Mohave-Distrikt kontrolliert der Sheriff ein Gebiet, das haargenau der allgemeinen Vorstellung vom Wilden Westen entspricht: eine staubtrockene, rote Sand- und Steinwüste, dazwischen wenige Ansiedlungen und Ortschaften indianischen Ursprungs. Hier sind topausgerüstete, schwere Geländewagen erste Wahl bei der Polizei. Jedes Fahrzeug verfügt über ein GPS-Ortungsgerät, eine Gun Box (Waffen-Box) und drahtlosen Internetanschluss via Satellit.

Modell	Ford Expedition XLP
Baujahr	2006
PS/kW	213 PS/157 kW
Hubraum ccm	4942
Motortyp	V8 Zylinder Benzin

International Tractor

Unzählige neugierige Touristen bestaunen jedes Jahr den rund 100 Meter hohen Hoover-Staudamm, der die Fluten des Colorado River aufstaut. Oft bricht der Durchgangsverkehr an der Passstraße zum Staudamm zusammen. Hier fackelt die Polizei nicht lange, und schiebt mit diesem Straßenräumer jedes verbotswidrig abgestellte Fahrzeug kurzerhand von der Fahrbahn.

Modell	International Tractor
Baujahr	2000
PS/kW	360 PS/265 kW
Hubraum ccm	7600
Motortyp	R6 Zylinder Diesel

Chevrolet Astra Van Police

Kingman in Arizona liegt direkt an der berühmten Route 66, der ersten durchgängigen Verbindungsstraße zwischen Chicago und Santa Monica in Kalifornien. Hier sammelt der Sheriff mit diesem geräumigen Gefangenentransporter allerlei Gesindel ein und transportiert die Insassen ins Staatsgefängnis von Arizona. Der Chevy-Van ist mit Schutzgittern und einer Panzerglasscheibe für das Passagierabteil ausgerüstet.

Modell	Chevrolet Astra Van Police
Baujahr	2003
PS/kW	240 PS/176 kW
Hubraum ccm	3890
Motortyp	V6 Zylinder Benzin

International Eagle

Ein Abschlepper der besonderen Art ist dieser International Eagle aus Utah. Bei kriminellen Delikten, die mit einem Sattelschlepper oder Truck verursacht wurden, kommt unser Abschleppwagen mit aufsteckbarer „Blaulicht"-Signalanlage zum Einsatz.

Modell	International Eagle
Baujahr	2004
PS/kW	480 PS/353 kW
Hubraum ccm	8600
Motortyp	R6 Zylinder Diesel

Ford Crown Victoria LX

Im Mormonen-Staat Utah ist weit weniger los als im Nachbarstaat Nevada mit dem Spielerparadies Las Vegas, wo die Polizei nie zur Ruhe kommt. Das Foto wurde im Herbst 2006 in St. George/Utah aufgenommen. Hier beschützt der freundliche Sheriff in seinem schnieken Ford Crown Victoria LX die Bürger seiner blitzsauberen Stadt an der Grenze zu Nevada.

Modell	Ford Crown Victoria LX
Baujahr	2005
PS/kW	193 PS/142 kW
Hubraum ccm	4601
Motortyp	V8 Zylinder Benzin

Ford Crown LTD

Fast alle kalifornischen Polizeieinheiten setzen den Ford Crown LTD in verschiedenen Leistungsstufen und Modifikationen als Standardstreifenwagen ein. Bei der städtischen Polizei von Los Angeles, unser Bild, wird auf wuchtige Rammgitter an der Wagenfront verzichtet, mit dem die Wagen der Highway Patrol ausgerüstet sind. Auf dem Dach ist der neueste LED-Lichtbalken zu erkennen, der ohne Motorunterstützung für bis zu 100 Stunden Dauerbetrieb sorgt.

Modell	Ford Crown LTD
Baujahr	2005
PS/kW	300 PS/221 kW
Hubraum ccm	4980
Motortyp	V8 Zylinder Benzin

Ford Taurus SE

Im weiträumigen Hafen- und Erholungsgebiet von San Diego in Kalifornien setzt die Polizei kompetente Ansprechpartner und Berater für die Bevölkerung ein. Dienst am Kunden, ganz ohne Blaulicht und möglicherweise abschreckende Bewaffnung. Entsprechend zivil gibt sich dieser weiße Ford Taurus-Kombi ohne „Kriegsbemalung" und Rammgitter.

Modell	Ford Taurus SE
Baujahr	2005
PS/kW	203 PS/149 kW
Hubraum ccm	2967
Motortyp	V6 Zylinder Benzin

Go-For

Dieses kanadische Elektro-Mobil dient der städtischen Polizei in San Diego im Bundesstaat Kalifornien zur Kontrolle der Parksäulen. Das Dreirad ist rechts gesteuert und erlaubt somit einen direkten Blickkontakt zur Parkuhr. Im Gegensatz zu vielen europäischen Polizeikräften dürfen amerikanische Polizisten weder Bargeld noch Schecks, auch bei geringfügigen Vergehen, annehmen.

Modell	Go-For
Baujahr	2005
PS/kW	5 PS/3,7 kW
Motortyp	Elektromotor

General Motors Saturn

Auch dieser kalifornische Saturn wird mit Rechtslenkung gefahren, damit stets eine schnelle Kontrolle der Parkuhren gewährleistet ist. Time is money, das gilt auch für die städtischen „Parkplatzwächter", die im Polizeidienst stehen. Pro Stunde werden etwa 20–30 Strafzettel in der Innenstadt verteilt.

Modell	General Motors Saturn
Baujahr	2006
PS/kW	130 PS/96 kW
Hubraum ccm	2480
Motortyp	V6 Zylinder Benzin

Ford Interceptor Police LTD

Nachdem die kalifornische Polizei gut 20 Jahre lang mit Chevrolet-Streifenwagen unterwegs war, kam Ford Anfang der 90er-Jahre mit der PS-starken Baureihe LTD zum Zug. Nach Aussagen der Polizisten schwankt die Motorisierung zwischen 300 und 400 PS, je nach Einsatzzweck und Baujahr. Unser Bild zeigt einen knapp 200 km/h schnellen Sheriff-Wagen von San Diego mit vier separat schaltbaren Blinkleuchten auf dem Dach.

Modell	Ford Interceptor Police LTD
Baujahr	2003
PS/kW	350 PS/257 kW
Hubraum ccm	4980
Motortyp	V8 Zylinder Benzin

Ford Interceptor Police LTD

Auf diesen Highway-Streifenwagen von Carlsbad in Kalifornien wurde der neueste, extrem flache LED-Lichtbalken montiert. Jeder kalifornische Streifenwagen ist mit einem GPS-Ortungsgerät ausgerüstet, damit die Zentrale bei einem Einsatz jederzeit Bescheid weiß, wo sich der nächste Einsatzwagen befindet. In den USA fahren alle Streifenwagen mit nur einem Fahrer besetzt Streife. Entsprechend vorsichtig erfolgen die Personenkontrollen.

Modell	Ford Interceptor Police LTD
Baujahr	2005
PS/kW	320 PS/235 kW
Hubraum ccm	4980
Motortyp	V8 Zylinder Benzin

Ford Interceptor Crown LTD

Tarnung ist alles. Bei diesem Wagen der Highway Patrol in Nevada fehlt die übliche Lichtleiste auf dem Dach. Hier wird eine herausschwenkbare, kompakte Signalanlage im Wageninneren auf der Beifahrerseite aktiviert, wenn der Übeltäter im Visier ist. Zivilstreifen der Polizei sind in den USA reichlich unterwegs, sie dürfen allerdings keine Tickets vor Ort verteilen.

Modell	Ford Interceptor Crown LTD
Baujahr	2001
PS/kW	300 PS/221 kW
Hubraum ccm	4601
Motortyp	V8 Zylinder Benzin

Jeep Cherokee

In den Halbwüsten und Steppen von Arizona ist ein Jeep Cherokee das ideale Fahrzeug für den Sheriff von Kingman. Nicht jede Stadt hat ihre eigene städtische Polizei, die Police, aber auf jeden Fall einen eigenen Sheriff, der für den gesamten Kreis zuständig sein kann.

Modell	Jeep Cherokee
Baujahr	1999
PS/kW	178 PS/131 kW
Hubraum ccm	3964
Motortyp	R6 Zylinder Benzin

Ford Mustang GT

Ein ungewöhnlicher Sheriff-Wagen aus dem Südwesten Amerikas. Die plakative Aufschrift „D.A.R.E." (Drug Abuse Resistance Education) beinhaltet ein landesweites Lehrprogramm der Polizei, mit dem Schulkinder in den USA vor den Folgen von Drogenmissbrauch gewarnt werden. Der Mustang GT beschleunigt von Null auf 100 km/h in 5,5 Sekunden, Spitze 240 km/h.

Modell	Ford Mustang GT
Baujahr	2005
PS/kW	309 PS/227 kW
Hubraum ccm	4601
Motortyp	V8 Zylinder Benzin

Ford Interceptor Police LTD

Die meisten amerikanischen Polizisten sind freundlich und hilfsbereit, sofern man die Gesetze einhält, und die sind mitunter sehr streng. Saubere Straßen sind ein Muss. Eine aus dem Wagenfenster geworfene Zigarettenschachtel kostet in Nevada, wo diese Aufnahme im November 2006 entstand, lockere 1000 Dollar Strafe.

Modell	Ford Interceptor Police LTD
Baujahr	2001
PS/kW	300 PS/221 kW
Hubraum ccm	4980
Motortyp	V8 Zylinder Benzin

Ford Interceptor Police LTD

Ein deutschstämmiger Polizist sitzt in seinem Streifenwagen und kontrolliert mittels eingebauter „Radarpistole" die vorbeifahrenden Fahrzeuge auf das zulässige Speed Limit. Darüber hinaus werden per Videoscanning verdächtig erscheinende Wagennummern in den Laptop abgespeichert und überprüft. Der Zugriff auf die Personaldaten und das Strafregister erfolgt innerhalb weniger Sekunden.

Modell	Ford Interceptor Police LTD
Baujahr	2005
PS/kW	320 PS/235 kW
Hubraum ccm	4980
Motortyp	V8 Zylinder Benzin

Harley-Davidson Police

Aus Kostengründen werden in den gesamten USA immer weniger Harleys von der Polizei gekauft. Japanische Motorräder sind preiswerter und agiler. An der Route 66 fand ich diese blitzsaubere Harley. Sie passt optisch einfach besser zur nostalgischen Westernstadt Kingman in Nevada als die nüchterneren Kawasakis.

Modell	Harley-Davidson Police
Baujahr	2000
PS/kW	66 PS/49 kW
Hubraum ccm	1207
Motortyp	V2 Zylinder Benzin

Chevrolet Tahoe

In der Westernstadt Needles in Kalifornien ist die Natur noch weitgehendst intakt. Hier kontrollieren die Wildlife-Ranger ihre Offroad-Pisten mit dem Chevrolet Tahoe, der über einen zuschaltbaren Allradantrieb verfügt und dennoch 185 km/h Spitzengeschwindigkeit fährt. Eine leistungsstarke Seilwinde erleichtert die Abbergung von „gestrandeten" Touristen oder umgestürzten Bäumen.

Modell	Chevrolet Tahoe
Baujahr	2006
PS/kW	258 PS/190 kW
Hubraum ccm	5733
Motortyp	V8 Zylinder Benzin

Ford Interceptor Police LTD

In keinem anderen Bundesstaat der USA passieren so viele Unfälle auf dem Highway wie in Kalifornien. Zwischen Las Vegas und Los Angeles sorgt die Police von Barstow für Disziplin. Auch der Sheriff der Kleinstadt Barstow kann sich über Arbeit nicht beklagen. Sein Ford LTD ist mit einem hochklappbaren Schutzgitter für das Passagierabteil ausgerüstet.

Modell	Ford Interceptor Police LTD
Baujahr	2003
PS/kW	300 PS/221 kW
Hubraum ccm	4980
Motortyp	V8 Zylinder Benzin

Ford Explorer XLT

Die Hafenpolizei von Oceanside an der kalifornischen Küste kontrolliert einen Küstenabschnitt von etwa 40 Kilometern entlang des Pazifischen Ozeans. Durch die Nähe zur mexikanischen Grenze sind hier häufig Menschenschmuggler-Banden unterwegs, die ohne Skrupel agieren. Aber auch für schwierige Bergeaktionen gestrandeter Bootstouristen taugt die starke Elektrowinde allemal.

Modell	Ford Explorer XLT
Baujahr	2006
PS/kW	213 PS/157 kW
Hubraum ccm	4942
Motortyp	V8 Zylinder Benzin

Chevrolet Tahoe LT

Bei diesem Chevy Tahoe ist der neue 6,5-Liter-Motor eingebaut, der über deutlich weniger PS verfügt als der ältere 5,7-Liter-Motor. Dafür kann er aber ein brachiales Drehmoment von 489 Nm gegenüber dem 5,7-Liter-Motor mit 441 Nm aufweisen: ein robuster Offroader für die Wildlife-Ranger von Needles im Bundesstaat Kalifornien.

Modell	Chevrolet Tahoe LT
Baujahr	2006
PS/kW	184 PS/135 kW
Hubraum ccm	6466
Motortyp	V8 Zylinder Benzin

Ford Police Van

„Detention" bedeutet Haft. Wer in diesem Kleinbus unter Polizeiaufsicht Platz nimmt, sollte noch einmal den Trubel von Las Vegas an sich vorbeiziehen lassen. Die Fahrt geht ins Staatsgefängnis von Nevada. Links erkennt man noch das vergitterte Untersuchungsgefängnis, geradeaus das hohe Marshall-Gebäude.

Modell	Ford Police Van
Baujahr	2000
PS/kW	190 PS/140 kW
Hubraum ccm	3680
Motortyp	V6 Zylinder Benzin

Jeep Wrangler

Auf der Pirsch nach Parksündern? In Burbank in Kalifornien ist die Polizei zur Kontrolle der Parkuhren mit diesem Jeep auf Streife. Die örtlichen Autohändler stellen der städtischen Police für diese Zwecke oft preiswerte Auslaufmodelle zur Verfügung, denn auch in den USA wird auf die Beschaffungskosten geachtet.

Modell	Jeep Wrangler
Baujahr	2006
PS/kW	143 PS/105 kW
Hubraum ccm	2429
Motortyp	R4 Zylinder Benzin

Ford Crown Police

In Burbank im Bundesstaat Kalifornien setzt die städtische Polizei neben dem Ford LTD auch den Ford Crown für Streifenfahrten ein. Im Hintergrund ist das modern gestaltete Hauptquartier zu sehen. Angeschlossen ist ein kleines, aber feines Polizei- und Feuerwehrmuseum sowie ein topmodernes Gefängnis, das ohne Gitter in den Zweierzellen auskommt und dafür mit Panzerglasscheiben gesichert ist.

Modell	Ford Crown Police
Baujahr	2003
PS/kW	193 PS/142 kW
Hubraum ccm	4601
Motortyp	V8 Zylinder Benzin

Ford Explorer

Der Ford Explorer ist das Nachfolgemodell des Ford Bronco, der in Millionen Stückzahlen verkauft wurde. Unser Bild zeigt den kurzen Explorer auf dem Flugplatz von Burbank in Kalifornien. In der XLT-Ausstattung kommt ein vergrößerter Laderaum und/oder eine dritte Sitzbank bei der Polizei zum Einsatz. Neben dem V6-Motor mit 162 PS wird von der Police meist der 213 PS starke V8-Motor geordert.

Modell	Ford Explorer
Baujahr	2004
PS/kW	213 PS/157 kW
Hubraum ccm	4942
Motortyp	V8 Zylinder Benzin

Ford F150 XLT

Kalifornien ist das Land der Pick-ups. Hier wurde diese meistverkaufte Fahrzeuggattung in den 60er-Jahren kreiert. Bei der kalifornischen Polizei, wie hier in Victorville, wird dieser Wagen universell als Kleintransporter und als geländetauglicher Streifenwagen eingesetzt.

Modell	Ford F150 XLT
Baujahr	2006
PS/kW	178 PS/131 kW
Hubraum ccm	4200
Motortyp	V6 Zylinder Benzin

Ford Interceptor Police LTD

Hier zeigt uns ein Polizeibeamter von Victorville in Kalifornien seinen weißen Streifenwagen. Wesentliche Ausrüstung: digitalisierter Sprechfunk, zusätzliches Mobiltelefon, Laptop mit Internetanschluss über Satellit, Gun Box (Waffen-Box), aufklappbares Gitter für die Hintersitze der Gefangenen, Ausrüstung zur Unfallaufnahme, eine Erste-Hilfe-Box sowie der neueste LED-Lichtbalken auf dem Wagendach.

Modell	Ford Interceptor Police LTD
Baujahr	2006
PS/kW	300 PS/221 kW
Hubraum ccm	4980
Motortyp	V8 Zylinder Benzin

Ford E350 Super Duty XLT

In St. George im Bundesstaat Utah wird dieser große Van von der Bürgerpolizei als Hundetransporter eingesetzt. Weil sich nicht jede Kleinstadt in den USA eine eigene städtische Polizei leisten kann, werden bei Bedarf die Polizeikräfte aus einer nahe gelegenen Stadt „angemietet".

Modell	Ford E350 Super Duty XLT
Baujahr	2003
PS/kW	210 PS/154 kW
Hubraum ccm	4950
Motortyp	V8 Zylinder Diesel

Ford Interceptor Police LTD

Mit diesem auffallend gestylten Ford fährt der zuständige Marshal zu Befragungen oder auch zur Verhaftung vor. In der Zocker-Metropole Las Vegas, wo große wie kleine Betrügereien an der Tagesordnung sind, ist der Marshal ein vielbeschäftigter Beamter. Davon profitieren die lokalen Zeitungen, die mit dem täglich aktualisierten Polizeibericht ihre Seiten füllen können.

Modell	Ford Interceptor Police LTD
Baujahr	ca. 2000
PS/kW	300 PS/221 kW
Hubraum ccm	4980
Motortyp	V8 Zylinder Benzin

International Bus

In diesen Gefangenentransportern werden je nach Bedarf zwischen 24 und 48 Personen ins Staatsgefängnis von Nevada befördert. Schusssichere, vergitterte Scheiben sind vorgeschriebene Sicherheitsmaßnahmen. Weitere Sicherheitseinrichtungen sind geheim, und dürfen nicht publiziert werden.

Modell	International Bus
Baujahr	1995
PS/kW	400 PS/294 kW
Hubraum ccm	8980
Motortyp	V8 Zylinder Diesel

GMC Blue Bird

An diesen beiden Gefangentransportern lässt sich deren großer Bedarf in Las Vegas ermessen. Hinter den glitzernden Fassaden der Spielcasinos verbergen sich nicht nur Gewinner, sondern auch viele menschliche Tragödien. Im Staatsgefängnis von Nevada sind Gefangene aus bis zu 50 verschiedenen Nationen untergebracht. Für die hiesige Polizei hört die Arbeit nie auf.

Modell	GMC Blue Bird
Baujahr	1998
PS/kW	360 PS/265 kW
Hubraum ccm	8400
Motortyp	R6 Zylinder Diesel

Chevrolet 2500 HD Duramax

In diesem Kastenwagen sind sechs klimatisierte Hundeboxen untergebracht. Die Klimaanlage ist auf dem Dach installiert. Je nach Schulung werden die braven Vierbeiner zur Drogenbekämpfung, aber auch bei Rettungsaktionen eingesetzt. Ort des Geschehens ist die Stadt Mesquite im Bundesstaat Nevada.

Modell	Chevrolet 2500 HD Duramax
Baujahr	2005
PS/kW	300 PS/221 kW
Hubraum ccm	5890
Motortyp	V8 Zylinder Benzin

Chevrolet Armored

Auch in den USA setzt die Polizei zivile Fahrzeuge ein, die für Sonderaufgaben wie den diskreten Gefangenentransport, Werttransporte und dergleichen geeignet sind. Das Foto zeigt einen gepanzerten Kleintransporter, der für diese Zwecke wie geschaffen ist.

Modell	Chevrolet Armored
Baujahr	2000
PS/kW	250 PS/184 kW
Hubraum ccm	5280
Motortyp	V8 Zylinder Benzin

Ford Interceptor Police LTD

Tarnung ist alles. Dieser Polizist versteht sein Handwerk bei der unauffälligen Beobachtung von Rotlicht-Sündern auf dem Las Vegas Boulevard, einem Unfallschwerpunkt in dieser Stadt. Die entgegenkommenden Fahrer schauen direkt in die untergehende Sonne, und erkennen deshalb das Polizeifahrzeug zu spät, falls sie bei Rot über die Kreuzung rasen sollten.

Modell	Ford Interceptor Police LTD
Baujahr	2002
PS/kW	300 PS/221 kW
Hubraum ccm	4980
Motortyp	V8 Zylinder Benzin

Nissan X-Trail CDI

Beach Patrol. Der berühmte Strand von Venice Beach an der kalifornischen Küste wird mit diesem japanischen Nissan-Geländewagen überwacht. Eine notwendige Maßnahme, denn in der Hochsaison quillt der Küstenort bei Los Angeles vor Touristen förmlich über, und nicht wenige Gauner und Kleinkriminelle versuchen hier über die Runden zu kommen.

Modell	Nissan X-Trail CDI
Baujahr	2005
PS/kW	171 PS/126 kW
Hubraum ccm	2488
Motortyp	R4 Zylinder Diesel

Chevrolet Monster Truck

Bürgernähe auf amerikanisch. Dieser 500 PS starke Monster Truck lässt nicht nur Kinderherzen schneller schlagen. Wenn die Polizisten von Ontario in Kalifornien bei Sportveranstaltungen oder Paraden damit ihre Show abziehen, tobt das Publikum. Unter der Haube: ein V8-Kompressormotor mit Nitromethanol-Aufladung.

Modell	Chevrolet Monster Truck
Baujahr	2004
PS/kW	500 PS/368 kW
Hubraum ccm	7690
Motortyp	V8 Zylinder Benzin

Chevrolet Mini Monster Truck

Wohlgeratener Nachwuchs für die dicken Monster Trucks. Die Polizisten von Ontario füttern ihren kleinen Monster Truck mit hochprozentigem Benzin, so schafft der Kleine 130 km/h Spitze auf Anhieb. Die Aufschrift „High Pursuit" sagt alles: Schneller Verfolger.

Modell	Chevrolet Mini Monster Truck
Baujahr	2005
PS/kW	160 PS/118 kW
Hubraum ccm	1980
Motortyp	R4 Zylinder Benzin

Chevrolet Step Van

Wenig Hauch von Luxus verbreitet dieser schon etwas betagte Gefangenentransporter der Polizei von Long Beach in Kalifornien. Seit Mitte der 70er-Jahre sind die mit einer Aluminium-Karosserie versehenen Kleintransporter von Chevrolet nicht nur für mittelständische Unternehmen oder die Post das geeignete Fahrzeug, sondern auch für die Polizei.

Modell	Chevrolet Step Van
Baujahr	1985
PS/kW	150 PS/110 kW
Hubraum ccm	3480
Motortyp	R6 Zylinder Benzin

Dodge Ram 3500 XLT

Kalifornien ist das gelobte Land für viele Mexikaner, die in den USA zu Geld kommen wollen. An der Grenzstation von Mexicali arbeitet die amerikanische Border Patrol effektiv mit den Kollegen des Nachbarlands zusammen. Als Verbindungsfahrzeug dient dieser geräumige Dodge-Maxivan.

Modell	Dodge Ram 3500 XLT
Baujahr	2003
PS/kW	217 PS/160 kW
Hubraum ccm	4260
Motortyp	V8 Zylinder Benzin

GMC Jimmy

In den Kagel Mountains in Kalifornien herrscht am Wochenende ein reges Treiben von Offroadern, Quads, Enduros und Drachenfliegern, die mit ihren Geländewagen zum Startplatz preschen. Hier sorgt der Sheriff mit seinem geländegängigen, stark modifizierten GMC für Ordnung. Wer sich nicht fügt, wird für eine Nacht eingebuchtet oder kommt vor den Schnellrichter – dann wird das Freizeitvergnügen erst richtig teuer.

Modell	GMC Jimmy
Baujahr	1985
PS/kW	340 PS/250 kW
Hubraum ccm	5980
Motortyp	V8 Zylinder Benzin

Cushman Police

Wohl der kleinste und leistungsschwächste amerikanische Polizeiwagen ist der Cushman, der hier am Airport von Chicago unterwegs ist. Parksünder werden damit gezielt angesteuert, ohne dass der Durchgangsverkehr am Terminal gestört wird. Das Foto zeigt den kleinsten Cushman-Typ.

Modell	Cushman Police
Baujahr	1990
PS/kW	8 PS/6 kW
Hubraum ccm	450
Motortyp	1 Zylinder Benzin

Ford F1 Delivery Van

Dieser schon historische Polizeiwagen entkam der Schrottpresse und erfreut seinen Besitzer nach fast 60 Jahren Dienstzeit immer noch mit bester Zuverlässigkeit. Als Gefangenentransporter entworfen, dient er heute als praktische Familienkutsche und bietet dabei überdurchschnittlich hohen Fahrkomfort, meint der stolze Besitzer.

Modell	Ford F1 Delivery Van
Baujahr	1949
PS/kW	145 PS/107 kW
Hubraum ccm	3916
Motortyp	V8 Zylinder Benzin

Ford F600 Armored

Dieser aufwendigst gepanzerte Ford wurde in den 80er- und 90er-Jahren als Kommandowagen in Florida benutzt. Bis zu zwölf schwer bewaffnete Polizisten einer Spezialeinheit fanden darin mitsamt ihrer umfangreichen Ausrüstung Platz. Heute werden in den USA kompaktere Fahrzeuge verwendet, die hauptsächlich bei bewaffneten Banküberfällen, Geiselnahmen oder Amokläufern eingesetzt werden.

Modell	Ford F600 Armored
Baujahr	1993
PS/kW	280 PS/206 kW
Hubraum ccm	10 890
Motortyp	R6 Zylinder Diesel

Ford F600 Police

Ein Ford-Polizeilaster fürs Grobe. Dieser Ford F600 wurde bei der Highway Patrol von Miami in Florida als Straßenräumer verwendet. Im Gegensatz zu europäischen Polizeien, die meist auf Abschleppwagen setzen, wird hier mit oft brachialen Methoden die Fahrbahn geräumt, wie das Schutzgitter an der Wagenfront zeigt. Zudem ist dieser Laster zum Schutz gegen bewaffnete Gangster massiv gepanzert.

Modell	Ford F600 Police
Baujahr	1990
PS/kW	240 PS/176 kW
Hubraum ccm	10 890
Motortyp	R6 Zylinder Diesel

GMC Carpenter Bus

Darf es etwas mehr sein? Im Marion County in Florida wird dieser 50-sitzige Gefangenentransporter eingesetzt. In diesem nur schwach gesicherten Bus werden jedoch keine Schwerverbrecher chauffiert, sondern nur Kleinkriminelle, die in der Landwirtschaft stundenweise arbeiten und über Nacht ins Gefängnis zurückgebracht werden.

Modell	GMC Carpenter Bus
Baujahr	1992
PS/kW	360 PS/265 kW
Hubraum ccm	11 880
Motortyp	R6 Zylinder Diesel

Honda CB 750 Windstar Trike

Zum richtig Schnellfahren sind die amerikanischen Trikes der Polizei von Florida nicht geeignet, obwohl der Vierzylindermotor von Honda dazu durchaus schon in der Lage wäre. Doch das Kurvenhandling ist zumindest gewöhnungsbedürftig, wenn nicht sogar gefährlich. Als Fortbewegungsmittel, um Parksünder aufzuschreiben oder Besorgungsfahrten durchzuführen, taugten diese heute schon kultigen Dreiräder in den 70er- und 80er-Jahren aber durchaus.

Modell	Honda CB 750 Windstar Trike
Baujahr	1970
PS/kW	67 PS/49 kW
Hubraum ccm	736
Motortyp	R4 Zylinder Benzin

Honda Police Trike

Bei zumeist sonnigem Wetter kann eine Dienstfahrt auf diesem poppigen Trike durchaus vergnüglich sein. In Ford Lauderdale in Florida war damit in den 70er-Jahren die Polizei unterwegs, um Verkehrssünder zur Kasse zu bitten.

Modell	Honda Police Trike
Baujahr	1978
PS/kW	50 PS/37 kW
Hubraum ccm	550
Motortyp	V2 Zylinder Benzin

Ford V8 Sedan

Auch in den USA sind historisch wertvolle Polizeiwagen, wie dieser 1936er Ford der Highway Patrol von Texas, absolute Raritäten, die hohe Preise bei Auktionen erzielen. Voraussetzung für den Wert ist die originalgetreue Ausstattung. Von diesem Typ gab es noch eine Coupé- und eine De-luxe-Ausführung. Die Polizei musste sich mit dem Standardmodell begnügen.

Modell	Ford V8 Sedan
Baujahr	1936
PS/kW	65 PS/48 kW
Hubraum ccm	3622
Motortyp	V8 Zylinder Benzin

Cushman Police

Über acht Millionen Einwohner leben in New York, der größten Stadt Amerikas. Hier verfolgt die Polizei notorische Parksünder mit ihren oft belächelten, aber effektiv einsetzbaren Cushman-Dreirädern. Wind und schlechtes Wetter spielen dabei keine Rolle, wie das Foto zeigt. Im Bundesstaat New York sind einige Hundert Cushman-Mobile bei der Polizei und bei der Post im Einsatz.

Modell	Cushman Police
Baujahr	1995
PS/kW	10 PS/7,3 kW
Hubraum ccm	600
Motortyp	R2 Zylinder Benzin

Ford 60 New Economy

Neue Marketing-Ideen waren schon vor dem Zweiten Weltkrieg gefragt. Ford warb mit diesem populären Streifenwagenmodell für weniger Spritverbrauch bei hohem Fahrkomfort. Zwei Motoren standen zur Wahl: ein 60 PS starker „Small Block"-V8 mit 2227 ccm Hubraum und der bewährte 85 PS starke V8-Motor mit 3621 ccm. Bei diesem Ford-Modell aus Miami Beach in Florida wurden zum ersten Mal die Scheinwerfer in die Kotflügel integriert.

Modell	Ford 60 New Economy
Baujahr	1937
PS/kW	85 PS/63 kW
Hubraum ccm	3621
Motortyp	V8 Zylinder Benzin

Jeep Cherokee

Am Sandstrand von Daytona Beach in Florida wurden bis in die 50er-Jahre absolute Geschwindigkeits-Weltrekorde aufgestellt. Heute sorgt die Polizei mit ihrem Jeep Cherokee für Ordnung am topfebenen Beach, der im Fußgänger-Tempo von jedermann befahren werden darf. Wer mit Alkohol am Steuer erwischt wird, zahlt dagegen mindestens 1000 Dollar Strafe.

Modell	Jeep Cherokee
Baujahr	2001
PS/kW	178 PS/131 kW
Hubraum ccm	3964
Motortyp	R6 Zylinder Benzin

Yamaha Quad

Gerne würde so mancher europäische Polizist mit diesem sonnengebräunten Kollegen aus Florida tauschen. Wer am Strand mit Drogen oder Alkohol erwischt wird, wandert für mindestens eine Nacht in den Knast, der bei Großereignissen, wie der alljährlichen „Daytona Speed Week", aus aufklappbaren Zellen besteht. Bei dieser Großveranstaltung kommen pro Tag über 80 000 Biker nach Daytona Beach: ein abruptes Ende der Gemütlichkeit.

Modell	Yamaha Quad
Baujahr	2003
PS/kW	50 PS/37 kW
Hubraum ccm	650
Motortyp	V2 Zylinder Benzin

Dodge Ramcharger

An Floridas kilometerlangen Stränden fährt die Beach Police Streife. So manchem Biker oder Sportwagen-Fan geht hier der Gaul durch, denn außerhalb der Wohngebiete ist der Strand unter der Woche fast menschenleer, und zudem hart und fest, das verleitet zum tüchtig Vollgas geben. Das berühmteste Stockcar-Rennen der Welt, das Daytona 500, wurde hier kreiert und jahrzehntelang ausgetragen.

Modell	Dodge Ramcharger
Baujahr	1995
PS/kW	250 PS/184 kW
Hubraum ccm	6280
Motortyp	V8 Zylinder Benzin

Ford Mustang 5.0

Einer der berühmtesten Polizeiwagen Amerikas ist der Ford Mustang, den die Highway Trooper in Florida, unser Bild, ab 1982 fleißig benutzten. Damaliger Einkaufspreis für die Polizei: 6868 Dollar mit stärkerem V8-Motor und verbessertem Fahrwerk – ein wahres Schnäppchen. 400 Mustangs wurden auch nach Kalifornien zur Highway Patrol ausgeliefert.

Modell	Ford Mustang 5.0
Baujahr	1984
PS/kW	190 PS/140 kW
Hubraum ccm	4942
Motortyp	V8 Zylinder Benzin

Ford Granada

Ende der 70er-Jahre führte der italienische Karosserie-Designer Ghia die übereinanderstehenden Scheinwerfer ein. In der zweifarbigen Luxusausführung wurde der amerikanische Ford als Granada Ghia verkauft. Unser Foto zeigt die Standardversion für das Sheriff Department von Marion County. Die überdimensionalen Blaulichter und die Sirene zeigen den damaligen Stand der Technik.

Modell	Ford Granada
Baujahr	1978
PS/kW	139 PS/102 kW
Hubraum ccm	4949
Motortyp	V8 Zylinder Benzin

Ford Highway Patrol Dragster

Der schnellste Polizeiwagen der USA, wenn nicht der Welt, ist dieser kalifornische Funny Car-Dragster. Von Null auf 360 km/h in sieben Sekunden? Alles kein Problem, wenn man über 2000 PS auf den Asphalt bringt. Eine Gruppe motorsportbegeisterter Polizisten setzt diesen Rennwagen bei Beschleunigungsrennen mit sehr großem Erfolg ein.

Modell	Ford Highway Patrol Dragster
Baujahr	2004
PS/kW	2000 PS/1470 kW
Hubraum ccm	8600
Motortyp	V8 Zylinder Benzin

Dodge Van

Auf schnellstem Weg ins Gerichtsgebäude? Im Bundesstaat New York setzte die städtische Polizei diesen unscheinbaren Gefangenentransporter in den 70er-Jahren ein. Sowohl das Rammgitter wie die Sirene und die Signallichter auf dem Dach sind heute gesuchte Raritäten für Sammler historischer Polizeifahrzeuge.

Modell	Dodge Van
Baujahr	1975
PS/kW	180 PS/132 kW
Hubraum ccm	5980
Motortyp	V8 Zylinder Benzin

Plymouth Gran Fury Wagon

Im Jahr 1978 galt dieser ellenlange „full size"-Kombi mit dem bulligen 400 CID V8-Motor noch als adäquater Streifenwagen bei der New Yorker Flughafen-Polizei. Parallel dazu wurden in New York wesentlich kompaktere Wagen wie der Plymouth Horizon, der Chevrolet Citation und der Ford Fairmont auf ihre Tauglichkeit als schnelle Streifenwagen getestet.

Modell	Plymouth Gran Fury Wagon
Baujahr	1978
PS/kW	205 PS/151 kW
Hubraum ccm	6554
Motortyp	V8 Zylinder Benzin

Plymouth Gran Fury Road Runner

Im Sonnenschein-Staat Florida setzte die Highway Patrol noch in den 80er-Jahren die knapp 200 km/h schnellen Limousinen vom Typ Fury ein, die mit der leistungsgesteigerten 6,5-Liter-Maschine bestückt wurden. Die Halterung für die „Radarpistole" ist auf dem Armaturenbrett montiert. Gesuchte Sammlerstücke sind die herrlich nostalgischen Blaulichter im „big size"-Format.

Modell	Plymouth Gran Fury Road Runner
Baujahr	1978
PS/kW	230 PS/169 kW
Hubraum ccm	6554
Motortyp	V8 Zylinder Benzin

AMC Experimental Police Car

Im großzügig ausgestatteten Polizeimuseum von Miami Beach in Florida steht dieser rote Polizeiwagen. Die Firma AMC wollte mit diesem fahrfähigen Prototyp demonstrieren, dass kompakte Fahrzeuge die bessere Alternative zu den damals noch dicken Straßenkreuzern der Polizei sein könnten. Ein Auftrag kam jedoch nicht zustande.

Modell	AMC Experimental Police Car
Baujahr	1977
PS/kW	160 PS/118 kW
Hubraum ccm	3600
Motortyp	V6 Zylinder Benzin

Mike Pike Commander

Ein futuristisch gestyltes Offroad-Fahrzeug aus dem Polizeimuseum von Miami. In den Sümpfen der Everglades halten sich nicht nur Alligatoren und riesengroße Frösche auf, hier treibt sich immer wieder lichtscheues Gesindel beim Drogen- und Waffenhandel herum. Der allradgetriebene und schwimmfähige Polizeiwagen kam jedoch nicht in den regulären Polizeidienst. Hubschrauber erwiesen sich als praktikablere Alternative.

Modell	Mike Pike Commander
Baujahr	1985
PS/kW	200 PS/147 kW
Hubraum ccm	4580
Motortyp	V8 Zylinder Benzin

Pontiac Gran Fury

Deutlich kompakter präsentierten sich die Pontiac Gran Fury-Streifenwagen von 1980. Die überholte Technik und das Image der alten Straßenkreuzer passte nicht mehr zu den modernen Polizeieinheiten wie der Miami Beach Police. Der technische Fortschritt ist auch bei der flacher gestylten „light bar" auf dem Dach erkennbar, und das Stoßgitter an der Wagenfront fällt dezenter aus.

Modell	Pontiac Gran Fury
Baujahr	1982
PS/kW	185 PS/136 kW
Hubraum ccm	5899
Motortyp	V8 Zylinder Benzin

Chevrolet Caprice Classic

Am Strand von Venice in Kalifornien beobachtet der Polizist das Geschehen am Market Place. 1982 setzte die kalifornische Polizei noch einige Tausend dieser voluminösen Wagen ein, die sich letztlich bei der Highway Patrol als zu leistungsschwach, und mit 160 km/h auch als zu langsam erwiesen. Ford bekam den Zuschlag für die Nachfolge.

Modell	Chevrolet Caprice Classic
Baujahr	1982
PS/kW	145 PS/108 kW
Hubraum ccm	5001
Motortyp	V8 Zylinder Benzin

Dodge Brougham Royal Monaco

Welch schöner Name für einen äußerlich doch recht biederen Straßenkreuzer. 1977 wurden die Abdeckklappen an den Scheinwerfern als zukunftsweisender Stand der Technik gefeiert, gerade mal für zwei Jahre, dann verbot die Zulassungsbehörde diesen Gag. Dafür war die Inneneinrichtung aus knalligem Kunstleder ein echter Hingucker. Nur wenige Wagen diesen Typs kamen letztlich in den Polizeidienst von Chicago.

Modell	Dodge Brougham Royal Monaco
Baujahr	1977
PS/kW	150 PS/110 kW
Hubraum ccm	5210
Motortyp	V8 Zylinder Benzin

GMC Cargo Van

Gleichermaßen beliebt bei der amerikanischen Polizei wie auch bei den Gangstern sind die stark motorisierten GMC-Vans. Für den Wagen sprechen eine überraschend gute Straßenlage schon in der Serienausführung und drehmomentstarke V8-Motoren, die sich leicht von jedem Tuner bis auf 500 PS in der Leistung steigern lassen.

Modell	GMC Cargo Van
Baujahr	1995
PS/kW	320 PS/235 kW
Hubraum ccm	5980
Motortyp	V8 Zylinder Benzin

Ford Crown Victoria

Auch in den USA werden von der Polizei nicht unbedingt die besten, sondern auch die preiswertesten Wagen gekauft, vorausgesetzt sie eignen sich für den Polizeidienst. Bevor etwa 1000 Wagen von einem Staat geordert werden, geht eine zwölfmonatige Erprobungsphase voraus. 1984 zog dieser Ford Crown Victoria in Homestead in Florida das große Los vor dem ständigen Konkurrenten Chevrolet.

Modell	Ford Crown Victoria
Baujahr	1984
PS/kW	156 PS/123 kW
Hubraum ccm	5766
Motortyp	V8 Zylinder Benzin

Jeep Wrangler

In einigen Staaten der USA erfüllen städtische, aber auch private Organisationen, wie die Life Guard, Aufgaben, die in Deutschland der Polizei vorbehalten sind. Stichwort: Festnahmen – auch privaten Sicherheitsdiensten können in den USA Polizeiaufgaben übertragen werden. Bei vielen Universitäten oder der Sicherung von kleineren Flugplätzen ist dies der Fall.

Modell	Jeep Wrangler
Baujahr	2002
PS/kW	143 PS/105 kW
Hubraum ccm	2429
Motortyp	R4 Zylinder Benzin

Toyota Hilux

Dieser Toyota Hilux Pick-up wird in Yachthäfen gerne als Marine Patrol-Fahrzeug eingesetzt. Toyota dürfte sich schon bald zum weltgrößten Automobil-Produzenten entwickeln. Auch bei den amerikanischen Polizeikräften werden immer mehr Toyotas für Spezialaufgaben eingesetzt. Das Foto entstand in der Newport Beach Marina in Kalifornien.

Modell	Toyota Hilux
Baujahr	2000
PS/kW	144 PS/106 kW
Hubraum ccm	2680
Motortyp	R4 Zylinder Benzin

Dodge Ramcharger 6.0

Bei den amerikanischen Polizeieinheiten gilt der Dodge Ramcharger als solides Arbeitsgerät, und dies seit über 30 Jahren. Besonderes Kennzeichen sind die großvolumigen V8-Motoren, die auch einen schweren Hänger-Betrieb zulassen. Der zuschaltbare Allradantrieb mit Untersetzungsgetriebe erweitert die Einsatzmöglichkeiten – wie hier bei der Miami Beach Police, die häufig Sandpisten befahren muss.

Modell	Dodge Ramcharger 6.0
Baujahr	2000
PS/kW	210 PS/154 kW
Hubraum ccm	5898
Motortyp	V8 Zylinder Benzin

Pontiac Catalina

Mitte der 70er-Jahre war dieser überlange Pontiac Catalina ein gängiger Streifenwagen bei der New Yorker Polizei. Auf dem Wagendach erkennt man eine ganze Batterie von vier weißen Scheinwerfern, vier Rotlichtern und dem unerlässlichen Lautsprecher. Ohne Motorunterstützung war die Wagenbatterie innerhalb von 15 Minuten am Ende, erzählte mir der Fahrer damals.

Modell	Pontiac Catalina
Baujahr	1974
PS/kW	175 PS/129 kW
Hubraum ccm	6554
Motortyp	V8 Zylinder Benzin

Junk Police Car

Der Kontakt zu Kindern und Jugendlichen gelingt der kalifornischen Polizei mit ungewöhnlichen Mitteln. Dieser wild gestylte Junk-Wagen (Schrottauto) erweckt natürlich das Interesse der Kids, und ein Gespräch mit den psychologisch geschulten Polizisten ist plötzlich kein Problem mehr.

Modell	Junk Police Car
Baujahr	2003
PS/kW	245 PS/180 kW
Hubraum ccm	5680
Motortyp	V8 Zylinder Benzin

Chrysler Attack Police Car

Auch bei diesem heißen Show car handelt es sich um eine Kreation der Miami Police, die damit Jugendliche ansprechen möchte – ein interessantes Experiment mit Zukunft. Kinder und Jugendliche können spontan eine Streifenfahrt durchs Revier unternehmen, und somit kommt ein vernünftiges Gespräch mit den Polizisten ganz automatisch in die Gänge.

Modell	Chrysler Attack Police Car
Baujahr	2003
PS/kW	195 PS/143 kW
Hubraum ccm	5640
Motortyp	V8 Zylinder Benzin

Dodge Ram 150

Eine Spezialeinheit der Polizei von Florida ist die Ocean Rescue. Hier wird nicht nur auf die berühmten Weißen Haie geachtet, die Badegäste bedrohen könnten, ganz im Gegenteil. Im Visier stehen die Umweltsünder, die ihren Müll oder Altöl ins Meer kippen. Darüber hinaus ist die Ocean Rescue für strandnahe Rettungsaktion zuständig. Fürs offene Meer wird die Coast Guard benachrichtigt, die eng mit der Ocean Rescue zusammenarbeitet.

Modell	Dodge Ram 150
Baujahr	2001
PS/kW	220 PS/162 kW
Hubraum ccm	5989
Motortyp	V8 Zylinder Benzin

Ford Bronco

Zu den besten und beliebtesten Polizeiwagen Amerikas zählt der geländegängige Ford Bronco. Neben seinem zuschaltbaren Allradantrieb sorgt ein voluminöser Laderaum für freundliche Gesichter bei der New Yorker Polizei. Bei diesem Wagen ist der Laderaum zweigeteilt: eine aufklappbare Gefangenenzelle und ein zweiter Teil für die Gerätschaften zur Unfallaufnahme.

Modell	Ford Bronco
Baujahr	2002
PS/kW	208 PS/153 kW
Hubraum ccm	5766
Motortyp	V8 Zylinder Benzin

Chevrolet Nova

Bei winterlichen Verhältnissen war dieser 1978er Chevrolet Nova der Staatspolizei von Colorado eine „üble Kiste", meinte sein Fahrer, besonders mit Sommerreifen. Die Chevy Novas galten damals nur als mittelgroßes Standardmodell. Für magere 3823 Dollar bekam die Polizei viel Auto fürs Geld.

Modell	Chevrolet Nova
Baujahr	1978
PS/kW	170 PS/125 kW
Hubraum ccm	5735
Motortyp	V8 Zylinder Benzin

Chevrolet Caprice Police

Sanfte Rundungen statt scharfer Kanten. 1991 wurde der bei den amerikanischen Polizisten sehr geschätzte Chevrolet Caprice radikal neu gestylt. Durch die aerodynamische Form fuhr der neue Caprice in der leistungsgesteigerten Polizeiausführung bis zu 210 km/h, Beschleunigung von Null auf 100 km/h in 8,5 Sek. Zusätzliche Fahrwerksmodifikationen sorgten für durchaus sportliche Fahreigenschaften.

Modell	Chevrolet Caprice Police
Baujahr	1991
PS/kW	205 PS/151 kW
Hubraum ccm	5733
Motortyp	V8 Zylinder Benzin

Lincoln Custom V12

Lincoln ist die Luxuswagen-Sparte der Ford Motor Company. Präsident Franklin D. Roosevelt ließ sich in diesem Wagen während des Zweiten Weltkriegs chauffieren. Neben dem Präsidenten der USA fanden noch bis zu sieben Sicherheitskräfte darin Platz. Ganze 64 Wagen wurden von diesem größten Lincoln-Typ zwischen 1940 und 1946 verkauft, der nach dem Tod von Roosevelt 1945 von seinem Nachfolger Truman übernommen wurde. Konsequenterweise stellte Ford 1948 die Produktion seiner Zwölfzylinder-Motoren komplett ein.

Modell	Lincoln Custom V12
Baujahr	1942
PS/kW	130 PS/96 kW
Hubraum ccm	4998
Motortyp	V12 Zylinder Benzin

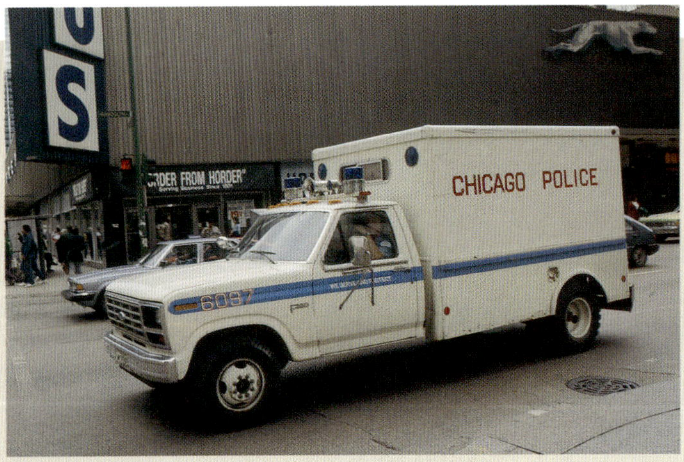

Ford F350

In den 90er-Jahren wurden in Chicago Straftäter noch in diesem umgebauten Kastenwagen, den „Paddy Wagons“, vom Gerichtsgebäude ins Gefängnis überstellt. Sicht nach draußen – Fehlanzeige. Die heutigen Gefangenentransporter in den USA sind deutlich komfortabler ausgestattet, man sorgt sich nun mehr um die Gesundheit und Rechte der Gefangenen als früher.

Modell	Ford F350
Baujahr	1993
PS/kW	290 PS/213 kW
Hubraum ccm	5680
Motortyp	V8 Zylinder Benzin

Chevrolet Van

Dieser blaue Chevrolet Van wurde von der Polizei in Las Vegas sieben Jahre lang als Streifenwagen in den wüstenartigen Randbezirken der Stadt benutzt. Im Gegensatz zu den Limousinen eignen sich die Vans durchaus für diese Aufgabe, da sie die über 600 Kilogramm schwere Zusatzausrüstung locker wegstecken.

Modell	Chevrolet Van
Baujahr	1995
PS/kW	260 PS/191 kW
Hubraum ccm	5989
Motortyp	V8 Zylinder Benzin

Honda Quad

Auch eine Streifenfahrt kann durchaus eine vergnügliche Angelegenheit sein, wie dieser Polizist am Strand von Daytona Beach in Florida zeigt. Die Typenvielfalt der amerikanischen Polizeifahrzeuge ist groß. Nach vorsichtigen Schätzungen gibt es mindestens 350 verschiedene Fahrzeuge mit zwei bis acht Rädern.

Modell	Honda Quad
Baujahr	2001
PS/kW	36 PS/26 kW
Hubraum ccm	498
Motortyp	1 Zylinder Benzin

Ford LTD Sedan

In den Beschaffungsämtern der Polizei tobt ein ständiger Kampf um die passenden Fahrzeuge. Zu Beginn der 80er-Jahre setzte die New Yorker Polizei verstärkt auf kompakte Wagen wie die Ford Fairmonts, Chevrolet Malibus etc., während die Polizei von Chicago weiter auf die konventionellen Straßenkreuzer wie den Ford LTD baute. Im gleichen Zeitraum schaffte sich die kalifornische Highway Patrol 400 schnelle Ford Mustang-Streifenwagen an.

Modell	Ford LTD Sedan
Baujahr	1980
PS/kW	151 PS/111 kW
Hubraum ccm	5751
Motortyp	V8 Zylinder Benzin

Snow Cat 1500

Die Ranger der amerikanischen Nationalparks sind eigens ausgebildete Polizisten mit Sonderaufgaben. Unser Bild zeigt ein Spezialfahrzeug für den Yellowstone-Nationalpark. Im Sommer wird die Vorderachse mit Rädern bestückt, wie das Ersatzrad zeigt.

Modell	Snow Cat 1500
Baujahr	1995
PS/kW	160 PS/118 kW
Hubraum ccm	3680
Motortyp	R6 Zylinder Benzin

Ford Four door Sedan

Für nur 808 Dollar wurde dieser prächtige Ford 1940 an die Polizei von Arizona verkauft. Neben dem Preis begeisterte auch der Fahrkomfort. Neu waren die leichtgängige Lenkradschaltung und die hydraulischen Bremsen an allen vier Rädern – damals noch ein außergewöhnlicher Luxus. Nicht zuletzt sorgte eine größere Batterie und eine stärkere Lichtmaschine für sorglosere Nachtfahrten. Ein technisches Novum: Die Ladeleistung der Lichtmaschine konnte am Armaturenbrett ständig abgelesen werden.

Modell	Ford Four door Sedan
Baujahr	1940
PS/kW	85 PS/63 kW
Hubraum ccm	3622
Motortyp	V8 Zylinder Benzin

Ski-Doo 340

Schneemobile sind die geländegängigsten Polizeifahrzeuge im Winterbetrieb. 1978, als dieses Foto entstand, war das Snowmobil erst am Anfang seiner Karriere. Mit 60 km/h Höchstgeschwindigkeit schnappten sich die Streifenpolizisten von Wisconsin so manchen Autofahrer, der unter Alkoholeinfluss versuchte, das Weite zu suchen.

Modell	Ski-Doo 340
Baujahr	1978
PS/kW	27 PS/20 kW
Hubraum ccm	340
Motortyp	R2 Zylinder Benzin

Panther 4000

Dieses amerikanische Snowmobil wurde in Fairbanks im Bundesstaat Alaska im Jahr 1980 aufgenommen. Die dortige Polizei kontrollierte damit die berühmte Alaska-Pipeline auch bei minus 40 Grad Celsius. Ein echter Knochenjob bei eisiger Kälte.

Modell	Panther 4000
Baujahr	1980
PS/kW	50 PS/37 kW
Hubraum ccm	400
Motortyp	R2 Zylinder Benzin

Ford LTD-S

Die Ford Motor Company verwendet eingeführte Modellbezeichnungen, wie LTD, oft jahrzehntelang, obwohl sich die Modelle je nach Baujahr deutlich voneinander unterscheiden. Bei diesem Streifenwagen aus Nebraska handelt es sich um die Sparversion des LTD von 1980, deshalb LTD-S ohne Doppelscheinwerfer. Der Neupreis lag damals bei 6875 Dollar.

Modell	Ford LTD-S
Baujahr	1980
PS/kW	151 PS/111 kW
Hubraum ccm	5751
Motortyp	V8 Zylinder Benzin

Ford LTD Sedan

1982 fuhren die Ranger der Nationalparks noch häufig mit diesen Ford LTD-Straßenkreuzern durch den Park. Heute werden nahezu ausschließlich Pick-ups oder andere geländegängige Offroad-Fahrzeuge eingesetzt. Das Personenschutzgitter vor den Hintersitzen demonstriert, dass Park-Ranger durchaus in der Lage sind, alle notwendigen Polizeiaufgaben zu erfüllen.

Modell	Ford LTD Sedan
Baujahr	1982
PS/kW	168 PS/124 kW
Hubraum ccm	5751
Motortyp	V8 Zylinder Benzin

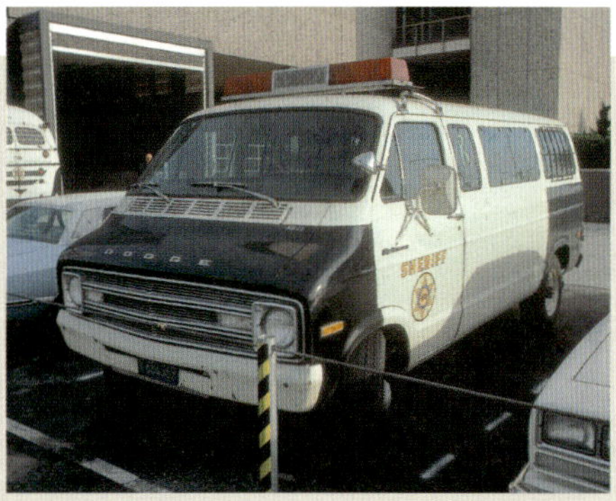

Dodge Sportwagon

Da in den USA der Besitz von Handfeuerwaffen nach wie vor erlaubt wird, ist die Gefährdung für den Sheriff eindeutig größer als beispielsweise in Europa. In jedem Sheriff-Wagen ist daher eine Gun Box (Waffen-Box) installiert. Schusssichere Westen sind in Kalifornien bei jeder Festnahme von Straftätern Vorschrift. Zum persönlichen Schutz trägt auch das digitalisierte Funkgerät mit GPS-Ortungssystem bei.

Modell	Dodge Sportwagon
Baujahr	1980
PS/kW	220 PS/162 kW
Hubraum ccm	5980
Motortyp	V8 Zylinder Benzin

Baja Police Racer

Das berühmteste Offroad-Langstreckenrennen ist die „Baja 1000" in Mexiko. Die schnellsten amerikanischen Offroader wurden viele Jahre lang auf VW Käfer-Basis aufgebaut. Bei diesem Fahrzeug handelt es sich um einen nur optisch gepanzerten und bewaffneten Racer, den die kalifornische Polizei zur Kontaktpflege bei Jugendtreffen einsetzt.

Modell	Baja Police Racer
Baujahr	1995
PS/kW	130 PS/96 kW
Hubraum ccm	1980
Motortyp	Boxer 4 Zylinder Benzin

Ford Step Van

Serienmäßige Kleintransporter eignen sich mit einigen Änderungen durchaus für den Polizeieinsatz. Bei diesem Wagen handelt es sich um einen Gefangenentransporter der Stadt Lake Worth in Florida. Im Vergleich zum Standardmodell wurde die Motorleistung um 20 Prozent angehoben, denn die schwere Ausrüstung und Panzerung kosten einige PS, die im Polizeieinsatz fehlen würden.

Modell	Ford Step Van
Baujahr	2000
PS/kW	210 PS/154 kW
Hubraum ccm	5980
Motortyp	V8 Zylinder Benzin

Chevrolet Caprice LTZ Police

Im Vergleich zu den in den 90er-Jahren viel genutzten „kastenförmigen" Ford LTD-Polizeiwagen, waren die neuen Chevys windschnittiger geformt und somit deutlich schneller. Nachteilig war die recht niedrige Dachhöhe, die wegen der ab und an auftretenden Kopfverletzungen bei Festnahmen einigen Ärger verursachte. Statt mit 182 PS in der Serie kann die Polizeiausführung mit 208 PS aufwarten.

Modell	Chevrolet Caprice LTZ Police
Baujahr	1995
PS/kW	208 PS/153 kW
Hubraum ccm	5733
Motortyp	V8 Zylinder Benzin

Plymouth Gran Fury STD

Chrysler bemühte sich in den 80er-Jahren redlich bei der Fertigung von guten Polizeiwagen. Dieser leistungsgesteigerte Gran Fury STD wurde 1982 an die New Yorker Polizei ausgeliefert. Die Änderungen zur Serie sind ein größerer, 78 Liter fassender Tank, vier stärkere Batterien mit zusammen 344 Ampere und ein auf 5,9 Liter aufgebohrter V8-Motor.

Modell	Plymouth Gran Fury STD
Baujahr	1982
PS/kW	160 PS PS/118 kW
Hubraum ccm	5998
Motortyp	V8 Zylinder Benzin

Ford LTD Sedan Police

1979 verkaufte Ford allein in den USA 1 835 937 Wagen dieses Typs. Über 4000 leistungsoptimierte Polizeiwagen kamen als Streifenwagen in den Bundesstaaten Nevada und New Mexiko zur Auslieferung. Unser Bild wurde im November 1979 an der Grenze zu Mexiko aufgenommen. Hier kontrolliert der Sheriff gerade einen Gebrauchtwagenhändler auf gestohlene Fahrzeuge.

Modell	Ford LTD Sedan Police
Baujahr	1979
PS/kW	180 PS/132 kW
Hubraum ccm	5751
Motortyp	V8 Zylinder Benzin

Chevrolet Nova Police

1977 entschieden sich die Experten der Los Angeles Police klar für den neuen Chevrolet Nova. Auf einen Schlag wurden 5000 Novas geordert, wie üblich mit stärkerem Motor – statt 170 nun 185 PS – und härterem Fahrwerk. Unser Foto zeigt einen Sheriff bei der Arbeit. Er bedient gerade die fest installierte Radarpistole mit der rechten Hand. Das rote Blinklicht ist, wie sonst nicht üblich, versteckt im Wageninneren platziert.

Modell	Chevrolet Nova Police
Baujahr	1978
PS/kW	185 PS/136 kW
Hubraum ccm	5735
Motortyp	V8 Zylinder Benzin

Jeep Cherokee Limited

Wie kaum ein anderer Polizeiwagen genießt der Jeep Cherokee die Sympathie seiner Fahrer, auch hier in Ventura in Kalifornien. Seine Vierstufen-Automatik in Verbindung mit Allradantrieb und ABS waren 1992, als dieses Foto entstand, technische Spitzenklasse.

Modell	Jeep Cherokee Limited
Baujahr	1992
PS/kW	193 PS/142 kW
Hubraum ccm	3956
Motortyp	R6 Zylinder Benzin

Ford Fairmont

Zwischen 1978 und 1983 stellte Ford seine neue Baureihe Ford Fairmont auf die Räder. Nur wenige dieser Exemplare kamen versuchsweise in den Polizeidienst, wie hier in Homestead in Florida. 1984 erschien der Ford Tempo als Nachfolger auf dem Markt.

Modell	Ford Fairmont
Baujahr	1982
PS/kW	154 PS/113 kW
Hubraum ccm	5751
Motortyp	V8 Zylinder Benzin

Ford Crown Victoria Police

Ein populärer Streifenwagen ist der Ford Crown Victoria. In der Serienversion leistet der Achtzylinder 213 PS, in der Polizeiversion bis zu 260 PS. ABS und Antischlupfregelung waren 1996, als dieses Foto mit dem freundlichen Polizisten entstand, noch keineswegs die Norm.

Modell	Ford Crown Victoria Police
Baujahr	1996
PS/kW	260 PS/191 kW
Hubraum ccm	4601
Motortyp	V8 Zylinder Benzin

Chevrolet Caprice Police

Bei den europäischen Herstellern werden leistungsgesteigerte Streifenwagen fast als Staatsgeheimnis betrachtet. In den USA geht man lockerer damit um. Ganz offiziell wurde dieser aerodynamisch stark verbesserte Chevy mit den folgenden Leistungsdaten an die Polizeikräfte ausgeliefert. Die Seriendaten sind in Klammern gesetzt:

Modell	Chevrolet Caprice Police
Baujahr	1998
PS/kW	300 PS/221 kW (264 PS/194 kW)
Hubraum ccm	5998 (5733)
Motortyp	V8 Zylinder Benzin

Ford Crown Victoria

In den USA erfüllt der Supervisor eine besonders wichtige administrative Aufgabe. Er kontrolliert den ganzen „Geschäftsbetrieb" der jeweiligen Dienststelle. Unser Bild zeigt den Ford des Supervisors von Lake Worth. Hier handelt es sich um ein Standardmodell ohne signifikante Leistungsverbesserungen.

Modell	Ford Crown Victoria
Baujahr	1999
PS/kW	213 PS/157 kW
Hubraum ccm	4601
Motortyp	V8 Zylinder Benzin

Ford LTD Brougham

In den 80er-Jahren konnten die amerikanischen Beschaffungsämter der Polizei noch zwischen der Standard-, Komfort- und einer Luxusausstattung wählen. Unser Foto zeigt den viel genutzten LTD-Typ in der luxuriösen Brougham-Ausstattung mit viel Chrom und anderem Zierrat. Es handelt sich um den Wagen des Sheriffs von Key West in Florida.

Modell	Ford LTD Brougham
Baujahr	1983
PS/kW	151 PS/111 kW
Hubraum ccm	5751
Motortyp	V8 Zylinder Benzin

Dodge Coronet

Nur in wenigen Staaten Amerikas konnte die Chrysler-Tochter Dodge in den 70er-Jahren mit dem Modell Coronet bei der Polizei punkten. 1976 wurden die letzten Coronets für den Schnäppchenpreis von 3641 Dollar ausgeliefert. Das Nachfolgemodell wurde Dodge Monaco getauft, es gedieh zu einem wesentlich besseren Verkaufserfolg.

Modell	Dodge Coronet
Baujahr	1976
PS/kW	152 PS/112 kW
Hubraum ccm	5210
Motortyp	V8 Zylinder Benzin

Ford F350 Armored

Mit dem gepanzerten Ford werden Sonderaufgaben wie Werttransporte am Flugplatz von Los Angeles erledigt. Darüber hinaus soll auch der Polizei mit Schwerstkriminellen und Personen, die im Zeugen-Schutzprogramm besonders gefährdet sind, eine sichere Fahrt ermöglicht werden.

Modell	Ford F350 Armored
Baujahr	2001
PS/kW	300 PS/221 kW
Hubraum ccm	5980
Motortyp	V8 Zylinder Benzin

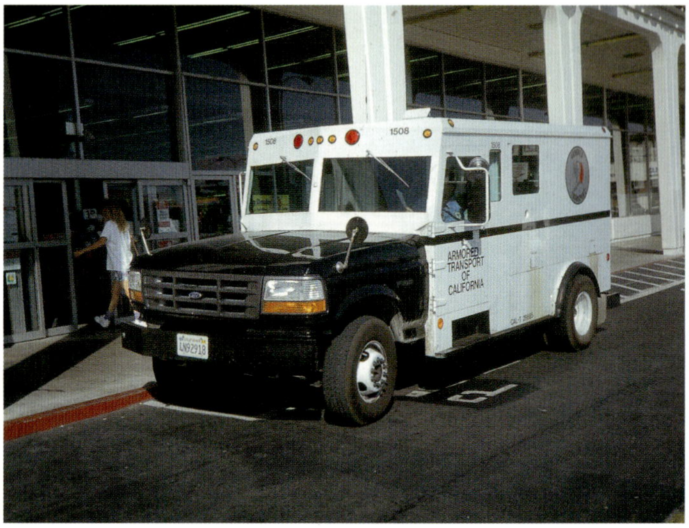

Melix Experimental

Bei diesem Elektro-Mobil handelt es sich um einen Prototyp, der als Kontrollwagen für Parkuhren in Kaliforniens Großstädten eingesetzt werden sollte. Letztlich entsprach das kühn gestylte E-Mobil mit der schwarzen Stoßstange nicht den Anforderungen der Polizei.

Modell	Melix Experimental
Baujahr	1981
PS/kW	5 PS/3,7 kW
Motortyp	Elektromotor

Harley-Davidson Electra Glide

Diese beiden älteren Biker stehen nicht mehr im aktiven Polizeidienst. Nichtsdestotrotz zeigen sie stolz ihr früheres Dienstmotorrad bei der Daytona Speed Week: die berühmte Harley-Davidson Electra Glide in der Highway Patrol-Ausführung von 1972.

Modell	Harley-Davidson Electra Glide
Baujahr	1972
PS/kW	66 PS/49 kW
Hubraum ccm	1207
Motortyp	V2 Zylinder Benzin

Harley-Davidson Police

Harley-Davidson wurde erst nach dem Zusammenbruch der Firmen Henderson (1931) und Indian (1953) zum wichtigsten Ausrüster der Polizei in den USA. Zuvor war lange Jahre Indian vor dem Zweiten Weltkrieg weltgrößter Motorradhersteller. Unser Foto zeigt die klassische Harley-Davidson Police aus Florida in den 80er-Jahren.

Modell	Harley-Davidson Police
Baujahr	1980
PS/kW	66 PS/49 kW
Hubraum ccm	1207
Motortyp	V2 Zylinder Benzin

Kawasaki 1000 Interceptor Police

Seit über 20 Jahren ist die Kawasaki 1000 im Polizeieinsatz. Das Foto wurde 1981 in Key West in Florida aufgenommen. Im Vergleich zur Harley Electra Glide ist die Vierzylinder-Kawasaki leichter, schneller und billiger. Über 10 000 Kawasaki 1000 gingen an die amerikanische Polizei. Die nächste Generation der amerikanischen Polizeimotorräder dürfte von Honda, Yamaha oder BMW kommen.

Modell	Kawasaki 1000 Interceptor Police
Baujahr	1990
PS/kW	82 PS/60 kW
Hubraum ccm	903
Motortyp	R4 Zylinder Benzin

Harley-Davidson Police Servi-Car

Parksünder wurden fast 40 Jahre lang in Florida und Kalifornien mit diesen poppigen Trikes ermittelt und abkassiert. Erst 1973 stellte Harley die Produktion ein. Die Vorteile bei der Arbeit lagen auf der Hand: Das Motorrad musste nicht bei jedem Stopp auf den Ständer gesetzt werden, und der Kofferraum bot Platz für alle notwendigen Utensilien, die für diesen Job erforderlich waren.

Modell	Harley-Davidson Police Servi-Car
Baujahr	1956
PS/kW	55 PS/40 kW
Hubraum ccm	1207
Motortyp	V2 Zylinder Benzin

Plymouth Satellite Police Dragster

Schneller als die Polizei erlaubt ist dieser über 1500 PS starke Polizeiwagen: ein typischer Show-Wagen der kalifornischen Highway Patrol, der Jugendliche ansprechen soll. Deutlich erkennbar sind die Ansaugtrichter des Kompressors auf der Motorhaube und die extrabreiten Slicks an der Hinterachse. Beschleunigung: von Null auf 360 km/h in 5,2 Sekunden. Spitze: 390 km/h, Einsatzgebiet: Nostalgie-Dragster-Rennen.

Modell	Plymouth Satellite Police Dragster
Baujahr	1972–2003
PS/kW	1500 PS/1103 kW
Hubraum ccm	8600
Motortyp	V8 Zylinder Benzin/ Nitromethanol

Chevrolet Suburban

In den Hochgebirgsregionen von Colorado benötigt der Sheriff für sich und seine Mannschaft ein offroadtaugliches Fahrzeug. Für diese schwierige Aufgabe ist der geräumige Chevy Suburban mit zuschaltbarem Allradantrieb und Untersetzungsgetriebe ideal. Nicht zuletzt eignet er sich als wintertaugliches Zugfahrzeug für einen schweren Pferdehänger.

Modell	Chevrolet Suburban
Baujahr	1995
PS/kW	320 PS/235 kW
Hubraum ccm	6280
Motortyp	V8 Zylinder Benzin

Harley-Davidson 10E Police

Im Ersten Weltkrieg erwiesen sich die zweizylindrigen Viertakt-Maschinen von Harley-Davidson als ideales Transportmittel für Kuriere und andere „Einzelkämpfer". Mit diesen Erfahrungen war nach Ende der Kampfhandlungen der Weg frei für einen Großauftrag bei fast allen Polizeikräften des Landes. Neben der Acetylen-Lampe befindet sich etwas versteckt die Polizeisirene.

Modell	Harley-Davidson 10E Police
Baujahr	1916
PS/kW	6,5 PS/4,7 kW
Hubraum ccm	810
Motortyp	V2 Zylinder Benzin

Harley-Davidson FL 74

Polizeieinsatz in San Francisco. 1920 wurde das Familienunternehmen Harley-Davidson zum Weltmarktführer. Auch während und nach dem Zweiten Weltkrieg klingelte durch große Militär- und Polizeiaufträge bei diesem Unternehmen die Ladenkasse. Vorn ist das berühmte FL 74-Modell mit Panhead-Zylinderköpfen zu erkennen, und dahinter prescht eine Harley EL mit dem „Knucklehead" OHV-Motor um die Ecke.

Modell	Harley-Davidson FL 74
Baujahr	1948
PS/kW	60 PS/44 kW
Hubraum ccm	1206
Motortyp	V2 Zylinder Benzin

Harley-Davidson 1200 JHD

Dass der harte Polizeidienst nicht immer ohne eine gewisse Schadenfreude vieler Zuschauer abgeht, entdeckte auch Hollywood mit dieser hübschen Szene aus dem Stummfilm „Keystone Hotel". Das Seitenwagen-Gespann ist authentisch. Harley-Davidson lieferte sich mit seinem schärfsten Konkurrenten Indian erbitterte Gefechte um Großaufträge bei der Polizei. Letztlich überlebte Harley-Davidson, und Indian ging 1953 Bankrott.

Modell	Harley-Davidson 1200 JHD
Baujahr	1928
PS/kW	29 PS/21 kW
Hubraum ccm	1200
Motortyp	V2 Zylinder Benzin

Franklin Airman

Wie kein anderer amerikanischer Hersteller blieb Franklin immer seiner Linie treu: Luftkühlung statt der Wasserkühlung. Zwischen 1902 und 1934 entstand so eine Serie technisch interessanter Mittelklasse- und Luxuswagen, die auch bei der New Yorker Polizei eingesetzt wurden, siehe Foto. Das Bild zeigt einen Franklin Airman von 1931 mit Vierzylinder-Motor. 1932 folgte das Modell „16" mit einem Sechszylinder-Kompressormotor. 1934, mitten in der Weltwirtschaftskrise, wurde der neue luftgekühlte V12-Franklin Le Baron mit einem 150 PS starken Motor vorgestellt. Nun war endgültig Ebbe in der Firmenkasse.

Modell	Franklin Airman
Baujahr	1931
PS/kW	95 PS/70 kW
Hubraum ccm	3868
Motortyp	R4 Zylinder Benzin

Duesenberg

Die teuersten und stärksten amerikanischen Automobile ihrer Zeit waren die amerikanischen Duesenberg. Zwischen 1929 und 1937 wurden nur einige Hundert Exemplare in Handarbeit hergestellt, jeder Wagen bekam eine individuelle Karosserie nach den Wünschen der Eigner. Ein offensichtlich wohlhabender texanischer Sheriff ging mit seinem kompressoraufgeladenen Duesenberg SJ seinen Geschäften nach, und dieser schwarze Duesenberg soll beim FBI gedient haben.

Modell	Duesenberg
Baujahr	ca. 1933
PS/kW	265 PS/195 kW
Hubraum ccm	6884
Motortyp	R8 Zylinder Benzin

Taylor Aerocar

Der Traum vom Einsatz fliegender Streifenwagen blieb eine Vision, obwohl der Wagen tatsächlich flog. Gedacht war dieses erste fliegende Auto für die Polizei, das Militär und Geschäftsreisende. Die zusammenklappbaren Flügel konnten mithilfe eines Trailers hinter dem Wagen hergezogen werden. Eingebaut war ein Vierzylinder Lycoming-Flugmotor mit 135 PS, der im Wagenheck einen Druckpropeller antrieb: Reisegeschwindigkeit in der Luft 160 km/h, top speed 175 km/h, die Landegeschwindigkeit betrug nur 80 km/h. Letztlich fanden sich nicht genügend Interessenten für diese außergewöhnliche Konstruktion.

Modell	Taylor Aerocar
Baujahr	1965
PS/kW	135 PS/92 kW
Hubraum ccm	2890
Motortyp	Boxer 4 Zylinder Benzin

Cadillac Eldorado Convertible

Präsident Dwight D. Eisenhower winkt während seiner Fahrt zum Kapitol den vielen schaulustigen Bürgern zu. Für die Special Agents des FBI war diese Präsentation ein durchaus sportlicher Einsatz – alle Präsidentenwagen stehen unter der Obhut des FBI.

Links noch zu erkennen ein schwarzer Cadillac Sunshine Express mit Sicherheitsbeamten. Nach diesem Cadillac-Intermezzo setzten die amerikanischen Präsidenten bevorzugt auf verlängerte Ford Lincoln-Staatskarossen.

Modell	Cadillac Eldorado Convertible
Baujahr	1950
PS/kW	210 PS/154 kW
Hubraum ccm	5600
Motortyp	V8 Zylinder Benzin

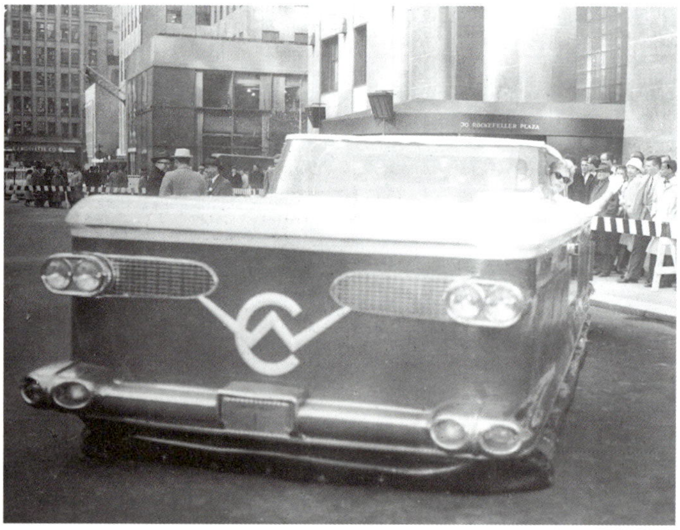

CW-Air Car

Für dieses brachiale Ungetüm sollte die New Yorker Polizei 1958 als Auftraggeber gewonnen werden. Sein Urheber erhoffte sich mit der Vorführung eine kostenlose Werbekampagne für seine skurrile Erfindung. Hier handelt es sich um ein Luftkissenfahrzeug, das über verstellbare Düsen den Vortrieb und die Lenkung ermöglicht – verbunden mit einem gewaltigen Geräuschniveau. Seinen Antrieb verdankt das Gefährt einem Flugzeugmotor von Lycoming. Dankend lehnte die New Yorker Polizei das Angebot ab.

Modell	CW-Air Car
Baujahr	1958
PS/kW	100 PS/74 kW
Hubraum ccm	2680
Motortyp	Boxer 4 Zylinder Benzin

Chrysler Imperial

In den 50er-Jahren tobte zwischen den großen amerikanischen Automobilherstellern ein ständiger Kampf um den Präsidentenwagen. Wer den Auftrag erhielt, konnte sich mit solch einem prestigeträchtigen Fahrzeug schmücken. Als drittgrößter amerikanischer Hersteller legte sich Chrysler in den 50er-Jahren besonders ins Zeug und kreierte dieses einmalige Cabriolet, das bei Paraden beeindruckte. Sicherheitstechnische Vorgaben bestimmte das FBI. Unser Foto zeigt den Chrysler Imperial von Präsident Dwight D. Eisenhower aus dem Jahr 1952.

Modell	Chrysler Imperial
Baujahr	1952
PS/kW	220 PS/162 kW
Hubraum ccm	5400
Motortyp	V8 Zylinder Benzin

Cadillac V16 Fleetwood

Während der schwersten Wirtschaftskrise Amerikas entwarf Cadillac 1930 diesen Luxuswagen mit Sechzehnzylinder-Motor. Bis 1940 wurden nur 60 Wagen verkauft. Fürs gleiche Geld konnte man damals drei Einfamilienhäuser bauen. Ein Großteil der Produktion ging als Repräsentationswagen für den Präsidenten an das FBI und das Weiße Haus. Unser Bild zeigt die verlängerte Karosserie für den Präsidenten, die von Fleetwood eingekleidet wurde. Zwischen den Kotflügeln ist die rote Signalanlage mit Sirene angebracht.

Modell	Cadillac V16 Fleetwood
Baujahr	1938
PS/kW	185 PS/136 kW
Hubraum ccm	7040
Motortyp	V16 Zylinder Benzin

Lincoln Presidential

In seinem geschlossenen Lincoln, zu sehen auf diesem Foto, hätte Amerikas wohl populärster Präsident John F. Kennedy das Attentat von Dallas sicher überlebt. Die um etwa 90 Zentimeter im Mittelteil verlängerte Karosserie sowie auch der Wagenunterboden sind armiert, die Scheiben schusssicher, das Dach ist entsprechend verstärkt. Die Spezialreifen verfügen über Notlauf-Eigenschaften, die über 100 km/h zulassen. Nicht zuletzt wurde die Motorleistung dem erhöhten Wagengewicht angepasst. Alle Präsidentenwagen stehen unter der Obhut des FBI.

Modell	Lincoln Presidential
Baujahr	1960
PS/kW	300 PS/221 kW
Hubraum ccm	6890
Motortyp	V8 Zylinder Benzin

Ford Lincoln Continental

In kürzester Zeit kann dieser Präsidentenwagen durch FBI-Mitarbeiter von einer geschlossenen Limousine in ein offenes Cabriolet umgebaut werden. Bei der Herstellung wurde die Rohkarosse auseinandergeschnitten, „kugelsicher“ armiert und noch um einen guten Meter verlängert. Traurige Berühmtheit erlangte der Lincoln durch den tragischen Tod von John F. Kennedy, den in diesem Wagen die tödlichen Schüsse trafen. Wegen des hydraulisch hochgestellten Sitzes hatte der Attentäter freies Schussfeld auf sein Ziel. Dies war auch der letzte offene Präsidentenwagen, der im Dienst des Weißen Hauses stand.

Modell	Ford Lincoln Continental
Baujahr	1964
PS/kW	320 PS/235 kW
Hubraum ccm	7090
Motortyp	V8 Zylinder Benzin

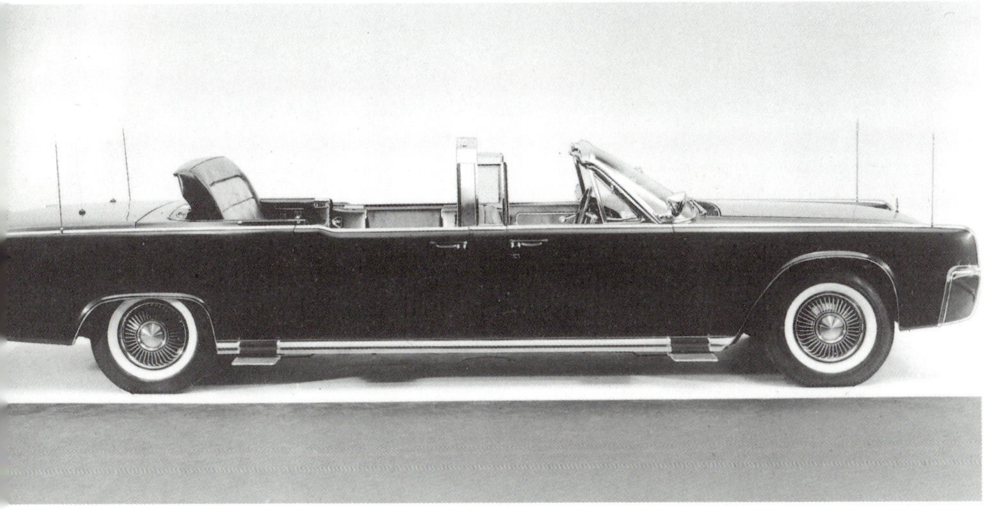

Lamborghini Countach QV

Showtime am Highway No. 1. In den USA finden sich immer wieder großzügige Sponsoren, die der Polizei für Werbemaßnahmen einen Supersportwagen zur Verfügung stellen. Mit einer Spitzengeschwindigkeit von deutlich über 320 km/h war der Lamborghini Countach QV in den 80er-Jahren der schnellste Sportwagen weltweit.

Modell	Lamborghini Countach QV
Baujahr	1985
PS/kW	375 PS/276 kW
Hubraum ccm	4754
Motortyp	V12 Zylinder Benzin

Mexiko

Der Fuhrpark der meisten mittel- und südamerikanischen Polizeistationen bestand in den letzten 25 Jahren fast ausschließlich aus Streifenwagen nordamerikanischer Herkunft. Noch vor zehn Jahren fuhr die Polizei meist völlig heruntergekommene, alte Straßenkreuzer aus amerikanischem Polizeibesitz, die über Hilfsorganisationen oder Gegengeschäfte ins Land gebracht wurden.

Dieser wenig erfreuliche Zustand änderte sich in den letzten Jahren bei einigen Ländern dieses Kontinents grundlegend. Mexiko, unmittelbarer Nachbar zu den USA, verfügt über eine stark angewachsene Wirtschaftskraft, und davon profitiert auch die Polizei. In Mexiko entstehen wegen der niedrigen Löhne und großen Steuervorteile immer neue Automobilwerke direkt an der Grenze zu Kalifornien. Hier werden nicht nur amerikanische Pick-ups und Lastwagen von Ford montiert, auch Toyota und Hyundai lassen dort für den gesamten Kontinent Fahrzeuge bauen, die im Polizeidienst Verwendung finden. Schrottreife amerikanische Straßenkreuzer im mexikanischen Polizeidienst gehören der Vergangenheit an. Heute werden von der Polizei in ganz Mexiko die neuesten Pick-ups von Ford oder Chrysler-Dodge gefahren. Aus der mexikanischen VW-Produktion in Puebla stammen VW Käfer und weitere VW-Modelle, die in Mexiko City und anderen Großstädten bei der Verkehrspolizei eingesetzt werden.

Im Gegensatz zu vielen mittel- und südamerikanischen Staaten, in denen Polizeifahrzeuge als „militärische Fahrzeuge" gelten und mit einem strikten Fotografierverbot belegt sind, erlebten wir in Mexiko die erfreuliche Ausnahme von der Regel. Hier herrscht Offenheit, man ist stolz auf seinen Beruf und zeigt bereitwillig das zugehörige Dienstfahrzeug.

Ford Ranger 4x4

Wenn dieser schwarze Pick-up, auf dessen Ladefläche die Hundebox untergebracht ist, in den Straßen von Tijuana auftaucht, verdrücken sich die lokalen Kleindealer und Taschendiebe blitzschnell in ihre Schlupflöcher. In Kooperation mit den amerikanischen Kollegen wird der grenzüberschreitende Drogenhandel mehr oder minder effektiv kontrolliert.

Modell	Ford Ranger 4x4
Baujahr	2004
PS/kW	190 PS/140 kW
Hubraum ccm	3980
Motortyp	V6 Zylinder Benzin

Dodge Ram 1500 4x4

Die mexikanische Grenzstadt Tijuana platzt aus allen Nähten. Eine rasante wirtschaftliche Entwicklung hat Tijuana, wo vor 20 Jahren noch Pferdekarren und alte Ami-Schlitten das Straßenbild bestimmten, zu einer Millionenstadt mit imposanten Industrieansiedlungen anwachsen lassen. Die hohe Kriminalitätsrate macht ständige Polizeipräsenz dringend notwendig. Mit diesem neuen Dodge Ram-Allradler ist der Streifendienst unterwegs.

Modell	Dodge Ram 1500 4x4
Baujahr	2006
PS/kW	309 PS/227 kW
Hubraum ccm	4700
Motortyp	V8 Zylinder Benzin

GMC Cargo

Ursprünglich als gepanzerter Geldtransporter konzipiert, dient nun dieser weiße GMC wahlweise als Wert- oder Gefangenentransporter in der Stadt Mexicali. In allen mittel- und südamerikanischen Staaten greift die Polizei auf diesen ökonomisch sinnvollen Mischbetrieb zurück, wenn das Geld eher knapp ist.

Modell	GMC Cargo
Baujahr	2002
PS/kW	360 PS/265 kW
Hubraum ccm	6400
Motortyp	V8 Zylinder Benzin

Chevrolet Express

Zum mexikanischen Straßenbild gehören Gefangenentransporter ebenso wie die unzähligen Taxis. In der Regel sind es Kleinkriminelle, die hier ins nächste Gefängnis verfrachtet werden. Die ganz schweren Jungs müssen in gepanzerten „Werttransportern" Platz nehmen.

Modell	Chevrolet Express
Baujahr	2000
PS/kW	260 PS/191 kW
Hubraum ccm	5300
Motortyp	V8 Zylinder Benzin

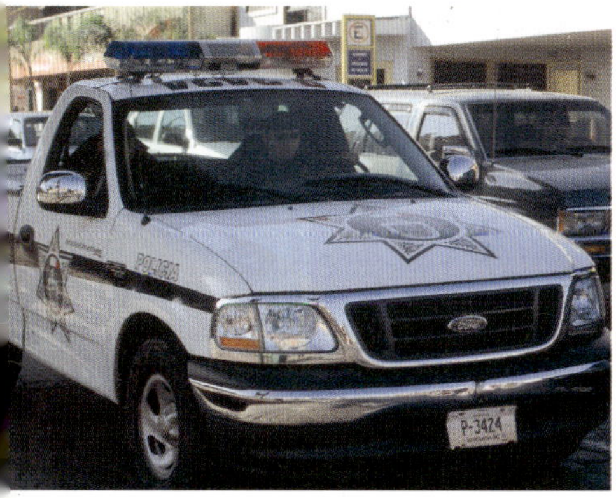

Ford F250 XLT

Gleich hinter der Grenzstadt Tijuana beginnt die Halbwüste Baja California: heiß, staubtrocken, fast menschenleer und ein ideales Rückzugsgebiet für Kriminelle. Hier sind geländegängige und PS-starke Polizeiwagen wie dieser Ford F250 4x4 Pick-up erste Wahl beim Einsatz gegen Drogenhandel, Waren- und Menschenschmuggel.

Modell	Ford F250 XLT
Baujahr	2006
PS/kW	304 PS/224 kW
Hubraum ccm	5600
Motortyp	V8 Zylinder Benzin

Ford Interceptor Police

Nicht nur in den USA, sondern auch in Mexiko sieht man getunte Ford LTD-Limousinen im Polizeidienst, wie hier in Tijuana. Gegenüber dem Serienmodell wurde die Leistung des V8-Benzinmotors um bis zu 20 Prozent gesteigert und das Fahrwerk mit härteren Stoßdämpfern tiefer gelegt. Verstärkte Stahlgürtelreifen sorgen für ein deutlich verbessertes Kurvenhandling des Ford Interceptor, dessen Spitzengeschwindigkeit bei knapp 200 km/h beziehungsweise 120 mph liegt.

Modell	Ford Interceptor Police
Baujahr	2003
PS/kW	350 PS/257 kW
Hubraum ccm	4980
Motortyp	V8 Zylinder Benzin

Ford F250

Die Polizei von Mexiko unternimmt größte Anstrengungen, um den Drogenhandel mit seinem Nachbarland, den USA, einzudämmen. Das Foto wurde in der Kleinstadt Tecate im November 2006 aufgenommen. Ein Belgischer Schäferhund darf sich nach verrichteter „Arbeit" wieder in seiner schwarzen Hundebox ausruhen.

Modell	Ford F250
Baujahr	2005
PS/kW	198 PS/146 kW
Hubraum ccm	4200
Motortyp	V6 Zylinder Benzin

Kawasaki 1000 Interceptor

Das klassische Polizeimotorrad in Mexiko ist die japanische Kawasaki 1000. Über zehn Jahre hinweg wurde diese bewährte, aber technisch gesehen längst völlig veraltete Maschine fast unverändert weitergebaut. Unser Foto wurde in Mexicali aufgenommen.

Modell	Kawasaki 1000 Interceptor
Baujahr	1996
PS/kW	82 PS/60 kW
Hubraum ccm	903
Motortyp	R4 Zylinder Benzin

Kawasaki 1000 Police

Äußerlich gleichen sich die 1000er-Kawasakis, aber innerlich wurde die Motorleistung im Lauf der Jahre deutlich angehoben. Das Foto entstand im November 2006 in Tijuana. In Nordamerika bietet Kawasaki keine neuen Polizeimotorräder mehr an, da die Produkthaftung ein großes finanzielles Risiko bedeuten würde.

Modell	Kawasaki 1000 Police
Baujahr	2004
PS/kW	98 PS/72 kW
Hubraum ccm	988
Motortyp	R4 Zylinder Benzin

Ford F150 XLT

Alltag vor der Polizeistation in Tijuana. Im hinteren Ford Pick-up sitzen ein paar Kleinkriminelle mit Handschellen gesichert auf der Ladepritsche und unterhalten sich ganz locker mit den Polizisten. Vorn wird ein Drogenhunde-Transporter mit neuem Personal bestückt.

Modell	Ford F150 XLT
Baujahr	2005
PS/kW	178 PS/131 kW
Hubraum ccm	4200
Motortyp	V6 Zylinder Benzin

Ford 4x4 Crew Cap

Mit PS-starken Polizeiwagen ist Mexiko im Grenzgebiet zu den USA reichlich versorgt. Außerhalb der Städte sind die robusten Pick-ups allererste Wahl. Der schmale Lichtbalken aus LED-Blinklichtern ist neuester Stand der Technik. Das schwarze Trauergebinde am Kühlergrill zeigt, dass kürzlich wieder ein Polizist bei einem Einsatz in Tijuana ums Leben kam.

Modell	Ford 4x4 Crew Cap
Baujahr	2006
PS/kW	300 PS/221 kW
Hubraum ccm	5890
Motortyp	V8 Zylinder Benzin

Chevrolet S-10

Wie sich die Zeiten ändern. Vor 20 Jahren wurden der Polizei in Mexiko noch ausrangierte amerikanische Polizeifahrzeuge vermacht, die niemand mehr haben wollte. Heute ist so mancher mexikanische Streifenwagen, wie dieser Chevy S-10, weitaus jüngeren Datums als der Bruder in den USA.

Modell	Chevrolet S-10
Baujahr	2006
PS/kW	349 PS/257 kW
Hubraum ccm	5780
Motortyp	V8 Zylinder Benzin

Ford Ranger

Streifenfahrt im Zentrum von Tijuana. Eine Polizistin observiert eine Gruppe Jugendlicher. Immer häufiger sieht man in Mexikos Städten hübsche Polizistinnen auf Streifenfahrten – undenkbar vor nicht einmal zehn Jahren im ausgewiesenen „Macho-Land" Mexiko.

Modell	Ford Ranger
Baujahr	2004
PS/kW	160 PS/118 kW
Hubraum ccm	3680
Motortyp	V6 Zylinder Benzin

Ford F350

Je nach Bedarf wird dieser martialisch aussehende, gepanzerte Ford bei der Polizei als Geldtransporter oder als Gefangenentransporter eingesetzt. Obwohl – im Gegensatz zu den USA – Schusswaffen bei der zivilen Bevölkerung in Mexiko verboten sind, verfügen die meisten mexikanischen Drogen- und Menschenschmuggler-Banden über ein umfangreiches Waffenarsenal.

Modell	Ford F350
Baujahr	2000
PS/kW	280 PS/206 kW
Hubraum ccm	5600
Motortyp	V8 Zylinder Benzin

Ford LTD Landau

Vor gut 25 Jahren war die mexikanische Polizei noch mit amerikanischen Straßenkreuzern ausgerüstet, die auf Offroad-Pisten kläglich versagten und schlicht im Sand stecken blieben, während die Gangster mit ihren Offroad-Racern das Weite suchten. Die Aufnahme entstand 1979 in Ensenada im Bundesstaat Baja California.

Modell	Ford LTD Landau
Baujahr	1978
PS/kW	151 PS/111 kW
Hubraum ccm	5280
Motortyp	V8 Zylinder Benzin

Chevrolet Baja Spezial

Ein ganz extremes Fahrzeug ist dieses bärenstarke Offroad-Vehikel, das eine Spezialeinheit der Polizei in Mexiko benutzt. Standort und Einsatzgebiet sind geheim. Nur so viel ist bekannt: Einer der besten amerikanischen Konstrukteure für Geländerennwagen entwarf diesen 220 km/h schnellen Boliden mit über 450 PS unter der Haube.

Modell	Chevrolet Baja Spezial
Baujahr	1999
PS/kW	450 PS/331 kW
Hubraum ccm	5890
Motortyp	V8 Zylinder Benzin

Nissan Bluebird

Nachdem immer mehr japanische Hersteller Mexiko als günstigen Standort für eine neue Automobilfabrik entdecken, fährt auch die mexikanische Verkehrspolizei japanische Modelle wie diesen Nissan Bluebird. Der Bluebird entspricht etwa dem Nissan Primera, der in Europa verkauft wird. Wie bei den amerikanischen Streifenwagen ist das hintere Passagierabteil durch ein Gitter gesichert.

Modell	Nissan Bluebird
Baujahr	2005
PS/kW	250 PS/184 kW
Hubraum ccm	3498
Motortyp	V6 Zylinder Benzin

Ford F250

Innerhalb der mexikanischen Polizei fand in den letzten zehn Jahren auch bei der Wagenbeschaffung ein bemerkenswerter Wandel statt. Noch Ende der 90er-Jahre traf man auf dem Land deutlich ramponierte, oft 15 Jahre alte Streifenwagen an, die kaum in der Lage waren, einen PS-starken amerikanischen Pickup zu stellen. Auch die Funkverbindung zwischen den Ortschaften war reine Glückssache. Heute ist man mit allen Verkehrssündern mehr als auf Augenhöhe und setzt bevorzugt diese gut bereiften Offroader ein. Die Aufnahme entstand im Frühjahr 2007 in Tucan.

Modell	Ford F250
Baujahr	2005
PS/kW	198 PS/146 kW
Hubraum ccm	4200
Motortyp	V6 Zylinder Benzin

Mittel- und Südamerika

Alle mittel- und südamerikanischen Staaten leiden unter einer sehr hohen Kriminalitätsrate. Auslöser sind ein großes soziales Gefälle zwischen Arm und Reich. In Brasilien leben trotz bester Wirtschaftsdaten große Teile der Bevölkerung unter der Armutsgrenze, ebenso in Chile, obwohl das Land als weltgrößter Kupferproduzent ein großer Gewinner der in den letzten Jahren extrem gestiegenen Rohstoffpreise war. Auch Peru profitiert überproportional von seinen Rohstoffexporten. Das „Armenhaus" Südamerika existiert somit rein wirtschaftlich gesehen nicht mehr, aber große Teile der Bevölkerung partizipieren nicht an der positiven Entwicklung ihrer Länder. Nicht zuletzt sorgt der schwunghafte Handel verfeindeter Banden und Drogenkartelle mit Drogen, Waffen und auch Menschenhandel in ganz Mittel- und Südamerika für unzählige Opfer.

Für die Polizei bedeutet der wirtschaftliche Aufschwung eine etwas bessere Bezahlung, mehr Kollegen und Kolleginnen und eine verbesserte Ausrüstung. Der koreanische Hersteller Hyundai bot sich mit seinen robusten Limousinen und Kombiwagen als Ausrüster an und bekam den Vertrag für ein größeres Kontingent neuer Streifenwagen mit Allradantrieb für Chile und Peru. VW ist neben Mexiko auch in Brasilien seit vielen Jahren stark engagiert. Ein Großteil der brasilianischen Streifenwagen entsteht im modernen VW-Werk in São Paulo. Neben dem Gol, einem Ableger des VW Golf, wird der ältere VW Passat als VW Santana weiter produziert und auch an die Polizei verkauft. Wirtschaftlich befindet sich das Exportland Brasilien dank der weltweit gestiegenen Rohstoffpreise derzeit im Höhenflug. Wenige andere südamerikanische Länder können ähnlich positive Wirtschaftsdaten vorweisen. Für die Polizei steht nun deutlich mehr Geld zur Verfügung als in der Vergangenheit, damit soll auch die Korruption in den eigenen Reihen verschwinden.

Die meisten mittel- und südamerikanischen Staaten unterstellen ihre übergeordnete Bundespolizei dem Militär und damit dem Verteidigungsministerium. Die untergeordnete Landespolizei wird in der Regel vom Innenministerium geleitet. In der Praxis ergeben sich daraus erhebliche Kompetenzschwierigkeiten in diesen Ländern – die eine Hand weiß oft nicht, was die andere tut. Polizeifahrzeuge gelten in Mittel- und Südamerika als „militärische Fahrzeuge" und stehen daher häufig immer noch unter einem heute antiquiert erscheinenden Fotografierverbot.

Jeep CJ-5

Staatsoberhaupt der Bahamas ist Königin Elizabeth II, vertreten durch einen vom Volk gewählten Generalgouverneur. Bis 1973 waren die Bahamas eine britische Kolonie. Heute ist die weit verstreut liegende Inselgruppe vor der Südostküste der USA nur noch Mitglied des Commonwealth. Hier scheint das ganze Jahr über die Sonne und entsprechend relaxt gibt sich Mannschaft und Dienstfahrzeug der Polizei am Airport. Hinter der lockeren Fassade wird jedoch auf den Dienststellen hart gearbeitet, denn die Bahamas werden im internationalen Drogenhandel und Geldwäschegeschäft als Drehkreuz für Nordamerika und Europa missbraucht.

Modell	Jeep CJ-5
Baujahr	ca. 1980
PS/kW	101 PS/74 kW
Hubraum ccm	3799
Motortyp	R6 Zylinder Benzin

Chevrolet 3500 Armored

Im Staat Venezuela, ganz im Norden Südamerikas gelegen, wird zur Zeit der Aufnahme wieder der klassische Sozialismus von der Regierung propagiert. Mit Kuba unterhält man freundschaftliche Kontakte, mit den USA steht man ideologisch gesehen eher auf dem Kriegsfuß – ein wirtschaftlicher Balanceakt. So bleibt es nicht aus, dass private, gepanzerte Werttransporter auch von der Polizei für Gefangenentransporte genutzt werden, wie uns der Fotograf bestätigte. Die Aufnahme entstand in Mérida.

Modell	Chevrolet 3500 Armored
Baujahr	1994
PS/kW	304 PS/223 kW
Hubraum ccm	5980
Motortyp	V8 Zylinder Benzin

Ford 9000

In der Nähe der venezolanischen Hauptstadt Caracas unterhält Ford ein Montagewerk, in dem ältere Ford-Modelle weiterhin produziert werden. Meist handelt es sich um besonders robuste Typen, die keine allzu hohen Anforderungen an die Mechaniker stellen. Unser Foto zeigt einen Ford 9000, der in den USA einst als Ford Louisville vom Band rollte, kurz vor seiner Auslieferung als Lösch- und Bergefahrzeug bei der Polizei.

Modell	Ford 9000
Baujahr	2004
PS/kW	440 PS/323 kW
Hubraum ccm	14 800
Motortyp	V8 Zylinder Diesel

Iveco Turbostar

Auf dem südamerikanischen Kontinent sind die Laster von Iveco stark vertreten. Mit eigenen Montagewerken kann man den Wünschen der zukünftigen Eigner am besten entgegenkommen. So auch bei der Verkehrspolizei von Venezuela, die schwere Iveco-Sattelauflieger für den Transport ihrer gepanzerten Mannschaftswagen einsetzt.

Modell	Iveco Turbostar
Baujahr	1999
PS/kW	360 PS/267 kW
Hubraum ccm	17 200
Motortyp	V8 Zylinder Diesel

Dodge Ram

In jedem Land gibt es ausgewiesene und zivile Polizeifahrzeuge. Bei diesem äußerst stark motorisierten Dodge in Venezuela soll es sich um einen Wagen handeln, der von Undercover-Polizisten eingesetzt wird. Nachprüfen lassen sich solche Behauptungen nicht, aber das Aussehen lässt doch gewisse Schlüsse zu. Die Aufnahme entstand in einer Kleinstadt in den Anden.

Modell	Dodge Ram
Baujahr	1998
PS/kW	290 PS/213 kW
Hubraum ccm	6380
Motortyp	V8 Zylinder Benzin

Ford F250

In Venezuela verfügt die Polizei über eigene Krankenwagen und eigene Krankenstationen, die oft mit sehr fähigen kubanischen Ärzten und Krankenschwestern besetzt sind. Im Gegenzug liefert Venezuela Öl nach Kuba. Bei den Ambulanzen dominieren immer noch amerikanische Fahrzeuge, wie dieser ältere Ford F250, der 2002 in Mérida aufgenommen wurde.

Modell	Ford F250
Baujahr	1995
PS/kW	180 PS/132 kW
Hubraum ccm	5680
Motortyp	V8 Zylinder Benzin

Fiat Tipo do Brasil

Fiat ist mit seinem Zweigwerk Belém auf dem brasilianischen Markt stark vertreten. Unser Foto wurde in Rio de Janeiro aufgenommen und zeigt einen Einsatzwagen der Militärpolizei. Auf dem Dach erkennt man das Modul für die Satelliten-Empfangsanlage, die die Kommunikation zu allen brasilianischen Polizeieinheiten und dem Militär ermöglicht.

Modell	Fiat Tipo do Brasil
Baujahr	2001
PS/kW	92 PS/68 kW
Hubraum ccm	1581
Motortyp	R4 Zylinder Benzin

VW Pointer do Brasil

Das Volkswagen-Werk fertigt in Brasilien eine umfangreiche Palette von Personen- und Lastwagen. Unser Foto zeigt einen VW Pointer der Landespolizei im brasilianischen Bundesstaat Espírito Santo. Technisch gesehen handelt es sich bei diesem populären Typ um einen modifizierten VW Passat-Benziner aus den 90er-Jahren, der mit dem Bio-Treibstoff Ethanol betrieben wird.

Modell	VW Pointer do Brasil
Baujahr	2002
PS/kW	116 PS/85 kW
Hubraum ccm	1984
Motortyp	R4 Zylinder Benzin

Ford F5000 do Brasil

Im Auftrag von Banken, aber auch von der Polizei, werden diese schwer gepanzerten Werttransporter in Brasilien eingesetzt. Brasilien leidet unter einer extrem hohen Kriminalitätsrate. Überfälle auf Privatwagen und Werttransporter sind in diesem riesigen Land fast alltäglich. Nicht zuletzt ist hier der Polizeidienst eine besonders schwierige Aufgabe.

Modell	Ford F5000 do Brasil
Baujahr	2005
PS/kW	320 PS/235 kW
Hubraum ccm	6280
Motortyp	R6 Zylinder Diesel

La Estrella

Zu einem der ungewöhnlichsten Automobile zählte dieses Luftschraubenauto, La Estrella – der Stern, das in den 70er-Jahren von einem argentinischen Konstrukteur erfunden wurde und bei der brasilianischen Polizei eingesetzt werden sollte. Ein Luftschraubenauto kommt ohne Getriebe, Differenzial und Antriebsachsen aus. Schon 1914 schuf der Franzose Marcel Leyat das erste Dreirad mit Luftschraubenantrieb. Bis zum Zweiten Weltkrieg entstand eine ganze Serie von vierrädrigen Hélica-Wagen, die bis zu 170 km/h erreichten. Als 210 km/h schneller Patrouillenwagen sollte die brasilianische Polizei damit die Fernstraßen kontrollieren, doch nach einigen Testfahrten versank das Projekt in der Versenkung. Eingebaut ist ein Flugzeugmotor von Lycoming.

Modell	La Estrella
Baujahr	ca. 1970
PS/kW	160 PS/118 kW
Hubraum ccm	3200
Motortyp	Boxer 4 Zylinder Benzin

Dodge Coronet

Im Andenstaat Peru fielen zwischen 1980 und 2000 viele Zehntausende von Menschen einer politisch motivierten Gewalt zum Opfer. Auf der einen Seite standen maoistische und radikale Guerillaorganisationen wie der „Leuchtende Pfad", auf der anderen Seite das Militär und die Polizei. Aus der Zeit vor dieser Phase der politischen Instabilität stammt das historische Foto. Es zeigt die Übergabe neuer amerikanischer Dodge Coronet-Streifenwagen in der Hauptstadt Lima. Heute erlebt Peru dank seiner immensen Edelmetall-Ressourcen und der weltweit gestiegenen Rohstoffpreise einen wirtschaftlichen Aufschwung. Dies sorgt auch politisch für mehr Stabilität im Land.

Modell	Dodge Coronet
Baujahr	1970
PS/kW	230 PS/169 kW
Hubraum ccm	5480
Motortyp	V8 Zylinder Benzin

Ford Transit FT 100

Die Guardia Civil del Peru, die oberste Polizeiorganisation im Staat, ist militärisch straff organisiert und auch für Verkehrsdelikte und die Unfallaufnahme zuständig. Unser historisches Foto zeigt das umfangreiche Inventar, das zur Unfallaufnahme in den vergangenen Jahren benötigt wurde. Die meisten Ford Transit-Modelle, die für den südamerikanischen Markt bestimmt waren, wurden mit V6-Benzinmotor ausgeliefert.

Modell	Ford Transit FT 100
Baujahr	ca. 1985
PS/kW	100 PS/74 kW
Hubraum ccm	2993
Motortyp	V6 Zylinder Benzin

Toyota Landcruiser Bandeirante

In Reih und Glied aufgestellt übernimmt die peruanische Polizei eine Flotte japanischer Geländewagen. Toyota betreibt in Brasilien eine moderne Fabrik in São Bernardo do Campo, die ganz Südamerika mit älteren Toyota-Modellen versorgt. Nahezu alle südamerikanischen Polizeieinheiten fahren heute japanische oder koreanische Geländewagen, nachdem früher fast ausschließlich amerikanische Wagen bevorzugt wurden.

Modell	Toyota Landcruiser Bandeirante
Baujahr	ca. 1990
PS/kW	130 PS/96 kW
Hubraum ccm	3878
Motortyp	R6 Zylinder Benzin

Nissan GR Patrol

Die Nationalstraße 3 gilt als eine der gefährlichsten Straßen der Welt. Innerhalb einer Strecke von 70 Kilometern beträgt der Höhenunterschied etwa 4000 Meter, die durchschnittliche Breite der Naturpiste aber nur 3–4 Meter. Etwa 500 Pkw und Lastwagen befahren jeden Tag diese mörderische Piste, deren Ausweichstellen sich oft über dem ungesicherten Abgrund befinden. Selbst mit dem Geländewagen der Bomberos, den Feuerwehrleuten, wird das Fahren hier zum echten Abenteuer – erst recht in der Regenzeit. Die Abbergung der verunglückten Personen und Fahrzeuge wird von den bolivianischen Bomberos vorgenommen.

Modell	Nissan GR Patrol
Baujahr	ca. 2000
PS/kW	145 PS/107 kW
Hubraum ccm	4169
Motortyp	R6 Zylinder Diesel

Nissan Diesel CVW

Das Durchschnittsalter der bolivianischen Feuerwehrfahrzeuge, die in der Policía Nacional beheimatet sind, beträgt 25–40 Jahre. Wenn Feuer ausbricht oder Überflutungen ganze Wohnbezirke unter Wasser- und Schlammlawinen begraben, sind die Menschen dort letztlich weitgehendst auf sich selbst angewiesen. Innerhalb der Hauptstadt La Paz, die auf einer Meereshöhe von etwa 3600 Meter liegt, beträgt der Höhenunterschied 1000 Meter. Daraus ergeben sich drei unterschiedliche Klimazonen und das Radio sendet deshalb drei verschiedene Wetterprognosen für diese Millionenstadt.

Modell	Nissan Diesel CVW
Baujahr	ca. 1975
PS/kW	160 PS/118 kW
Hubraum ccm	6800
Motortyp	R6 Zylinder Diesel

Magirus-Deutz F Jupiter 195

Bis Ende der 90er-Jahre existierte so gut wie kein Katastrophenschutz in Bolivien. Durch die Initiative der bolivianischen Botschaft und des THW in Bonn wurden diese beiden tipptopp erhaltenen und ausgerüsteten Drehleiter- und Tanklöschwagen als Unterstützung für die Bomberos nach Bolivien verschifft. Die beiden Magirus stammen ursprünglich aus dem Fundus der Berufsfeuerwehr Bonn und werden bis heute fast jeden Tag gebraucht.

Modell	Magirus-Deutz F Jupiter 195
Baujahr	1965
PS/kW	195 PS/143 kW
Hubraum ccm	12 667
Motortyp	V8 Zylinder Diesel

Mercedes-Benz 911 THW-MKW 72

Entwicklungshilfe die sichtbar greift. In einer gemeinsamen Aktion stellten verschiedene Landesverbände des THW 15 voll ausgerüstete MKW 72 (Mannschaftskraftwagen) bereit, die so dringend für den Aufbau eines bolivianischen Katastrophenschutzes benötigt wurden. Das Foto zeigt einen der bereits umlackierten, ehemals aber blauen THW-Mercedes mit einem deutschen Schulungsleiter. Bislang wurden über 200 einheimische Helfer durch drei Experten des THW ausgebildet, die schon viele Menschenleben retten konnten. Fast täglich sind die Fahrzeuge im Einsatz.

Modell	Mercedes-Benz 911 THW-MKW 72
Baujahr	ca. 1975
PS/kW	130 PS/96 kW
Hubraum ccm	5675
Motortyp	R6 Zylinder Diesel

Nissan GR Patrol

Bolivien ist in etwa so groß wie ganz Mitteleuropa, aber nur acht Millionen Einwohner leben hier. Unter den südamerikanischen Staaten ist es eines der ärmsten Länder. Darunter leidet auch die Polizei und Feuerwehr mit einer viel zu geringen Ausstattung an Einsatzfahrzeugen und Personal. Die Feuerwehr der Hauptstadt La Paz muss zum Beispiel ein Einzugsgebiet betreuen, das der Größe von Ungarn entspricht. Nur drei Löschfahrzeuge stehen dort zur Verfügung! Unser Foto zeigt einen Kommandowagen der Bomberos (Feuerwehr) bei einer Flussüberquerung. Die Feuerwehr ist in die nationale Polizei eingegliedert.

Modell	Nissan GR Patrol
Baujahr	ca. 2000
PS/kW	145 PS/107 kW
Hubraum ccm	4169
Motortyp	R6 Diesel

Hyundai H1 Starex

Jahrzehntelang litt Chile unter dem Diktator Pinochet, der seine vermeintlichen Gegner im Land menschenverachtend verfolgen ließ. Mit dem Ende der Pinochet-Diktatur wurden führende Köpfe der Polizei und des Militärs zu langen Haftstrafen verurteilt, der Beginn eines nicht einfachen Weges zu demokratischen Verhältnissen. Bei der Polizei geht man nun neue Wege, auch in technischer Hinsicht. Statt der älteren amerikanischen Geländewagen wurde nun eine Flotte neuer neunsitziger Kleinbusse und Mehrzwecktransporter von Hyundai angeschafft, die über Allradantrieb verfügen. Das Foto zeigt die Übergabe der ersten Wagen mit der neuen chilenischen Präsidentin Michelle Bachelet.

Modell	Hyundai H1 Starex
Baujahr	2005
PS/kW	140 PS/103 kW
Hubraum ccm	2498
Motortyp	R4 Zylinder Diesel

Polizeifahrzeuge aus aller Welt

6
CISCO
H.L.G.
AAA

Afrika

Der afrikanische Kontinent umfasst über 50 unabhängige Staaten in unterschiedlichster politischer und wirtschaftlicher Verfassung. Kenia, Kamerun und Südafrika greifen wir als Beispiel heraus. Sie zeigen exemplarisch die Entwicklung und den derzeitigen Zustand der Verkehrspolizei in Ost-, West- und Südafrika.

Wer sich in Kenia mit einem Polizisten unterhält, wird ganz zwangsläufig durch die Uniform, die Ausstattung der Amtsstube oder das Formularwesen an die früheren Kolonialherren des Britischen Empires erinnert. Eine konsequente Folge der einst engen Verbindung ist, dass die unabhängigen Regierungen von Kenia, Tansania, Uganda und Simbabwe, dem einstigen Rhodesien, englische Fahrzeuge für die beste Wahl halten. Noch vor 25 Jahren wurden in ganz Ostafrika nahezu ausschließlich englische Polizeifahrzeuge von Austin, Ford, Vauxhall und Bedford benutzt. Ähnlich verhält es sich noch heute im ehemals französischen Marokko oder Algerien. Streifenwagen von Renault und Peugeot sind dort immer noch das Maß aller Dinge.

Westafrikanische Staaten wie Nigeria oder Kamerun wurden mehrfach von ihren einstigen Kolonialherren an andere Kolonialstaaten weiterverschachert. Das heutige Kamerun, bis 1919 eine deutsche Kolonie, wurde in ein britisches und französisches Mandatsgebiet aufgeteilt. Erst 1961 erlangte Kamerun die Unabhängigkeit. Hier fahren deshalb immer noch viele französische Polizeiwagen Streife. In Namibia und Südafrika waren der VW Käfer und viele VW Busse bis vor etwa 20 Jahren überall bei der Polizei vertreten. Heute werden in ganz Ostafrika und Südafrika fast ausschließlich japanische Limousinen, Kleinbusse und Pick-ups von der Polizei gefahren. Gründe für den Sinneswandel gibt es genügend. Japanische Pick-ups gleichen robusten Lastwagen, sie sind preiswerter in der Anschaffung und deutlich unkomplizierter in der Wartung als zum Beispiel ein Ford Mondeo oder VW Passat. Einen Toyota Hiace-Kleinbus kann jeder afrikanische Automechaniker an der Straße reparieren, bei einem VW T5-Transporter beißt er sich dagegen die Zähne aus.

Finanziell gesehen ist die Polizei in Südafrika allen anderen afrikanischen Staaten haushoch überlegen. Kein anderes afrikanisches Land investiert so massiv in sein nahezu perfekt organisiertes Polizeiwesen wie Südafrika. In Kenia verdient ein Polizist umgerechnet knapp 150 Euro pro Monat. Oft reicht das Benzin kaum für eine Kontrollfahrt oder die Aufnahme eines Verkehrsunfalls, weil einfach kein Geld in der Kasse ist. 15 bis 20 Jahre alte Streifenwagen sind dort eher die Regel als die Ausnahme, wie auch die Fotos zeigen. Südafrikas Polizei profitiert von den Bodenschätzen des Landes und dem Tourismus. Mit einigen Automobilwerken im eigenen Land stehen der Polizei immer die neuesten Polizeiwagen zur Verfügung. Alle größeren japanischen und europäischen Hersteller unterhalten in Südafrika eigene Montagewerke in der Region Port Elizabeth und Durban. Die Bezahlung der Polizisten entspricht fast europäischem Level. Auf lange Sicht wird die immer noch erschreckend hohe Kriminalitätsrate zurückgehen. Es bleibt zu wünschen, dass die Polizeien aller afrikanischen Staaten mit der gesellschaftlichen Entwicklung ihrer Länder Schritt halten können.

Renault 25 V6

Der westafrikanische Staat Kamerun ist nicht so reich an Bodenschätzen wie das Nachbarland Nigeria. Dafür herrscht in Kamerun eine nach europäischen Vorbildern orientierte Demokratie. Im ehemaligen Kolonialstaat von Deutschland, Frankreich und Großbritannien fährt die städtische Polizei meist französische und japanische Streifenwagen, wie diesen rund 20 Jahre alten Renault 25, der im Winter 2006 in Douala fotografiert wurde.

Modell	Renault 25 V6
Baujahr	1988
PS/kW	144 PS/106 kW
Hubraum ccm	2664
Motortyp	V6 Zylinder Benzin

Renault Mégane 2.0 16V

Dieser in den Landesfarben lackierte Renault Mégane wird als Begleitfahrzeug für besondere Anlässe gebraucht. Das landschaftlich besonders vielfältige Kamerun entwickelt sich derzeit vom reinen Agrarstaat zum Industriestaat und dürfte schon bald ein beliebtes Reiseland für Touristen werden. Amtssprache ist Englisch und Französisch neben zwei afrikanischen Sprachen.

Modell	Renault Mégane 2.0 16V
Baujahr	2001
PS/kW	150 PS/110 kW
Hubraum ccm	1998
Motortyp	R4 Zylinder Benzin

Scout 900

Kein anderes Polizeifahrzeug lässt sich im schwierigen Gelände so vielseitig einsetzen wie ein Quad. Auch in Kamerun preschen Spezialeinheiten der staatlichen Polizei damit durch den Regenwald. Weitere Polizeiposten sind in der Sahelzone am Rand der Sahara stationiert. Für beide Extreme ist ein starkes Quad bei Kontrollfahrten ideal.

Modell	Scout 900
Baujahr	2005
PS/kW	63 PS/46 kW
Hubraum ccm	898
Motortyp	R4 Zylinder Benzin

Toyota Avensis

In den meisten Ländern Afrikas verfügt die Polizei über einen so geringen Etat, dass Neuanschaffungen nur unter größten Schwierigkeiten möglich sind. Zudem ist das Gehalt der Polizisten in der Regel mager. Ein Polizist verdient in Kamerun nur etwas mehr als ein Lehrer in der Grundschule. Dieser fast neue Toyota Avensis wird nicht für Streifenfahrten eingesetzt, er ist der Polizeiführung vorbehalten.

Modell	Toyota Avensis
Baujahr	2006
PS/kW	147 PS/108 kW
Hubraum ccm	1998
Motortyp	R4 Zylinder Benzin

Nissan L200 Double Cab

Für das schnelle Einsatzkommando wurden der Polizei von Douala, der größten Stadt Kameruns, zwei neue Nissan Pick-ups zugeteilt, die mit Allradantrieb ausgerüstet sind. Außerhalb der Städte werden die Naturpisten in der Regenzeit zu rasanten Rutschpartien, hier ist der Allradantrieb klar von Vorteil. Anschläge auf Ölförderanlagen und Pipelines gab es im Gegensatz zum Nachbarland Nigeria in Kamerun nie, aber die anhaltende Korruption bleibt ein Problem aller westafrikanischen Staaten.

Modell	Nissan L200 Double Cab
Baujahr	2005
PS/kW	102 PS/75 kW
Hubraum ccm	2498
Motortyp	R4 Zylinder Diesel

Toyota Starlet XL

Im Stadtbereich der Hauptstadt Yaoundé werden bei der Verkehrspolizei Toyota Starlet-Patrouillenwagen eingesetzt. Fest eingebaute Funksprechanlagen sind in West- und Zentralafrika selten, dafür wird das Mobilfunknetz effektiv ausgebaut. In allen größeren und mittelgroßen Städten Kameruns kommunizieren Polizei und Bürger mit Mobiltelefonen im GSM-Standard.

Modell	Toyota Starlet XL
Baujahr	1998
PS/kW	75 PS/55 kW
Hubraum ccm	1332
Motortyp	R4 Zylinder Benzin

Ford Cortina Estate

Bis heute ist die kenianische Polizei stark von der einstigen Kolonialmacht Großbritannien geprägt. Nach der Unabhängigkeitserklärung von 1963 setzte die neue Regierung noch Jahrzehnte später fast ausschließlich auf britische Wagen, wie diesen Ford Cortina Estate. Die Aufnahme entstand 1988 in Nairobi. Im Hintergrund agieren Teilnehmer der berühmten East African Safari Rallye.

Modell	Ford Cortina Estate
Baujahr	1975
PS/kW	72 PS/53 kW
Hubraum ccm	1593
Motortyp	R4 Zylinder Benzin

Datsun 1600 Violet

Nachdem die japanischen Automobilhersteller Nissan und Mitsubishi in den 80er-Jahren Ostafrika als neuen Markt entdeckten, fanden auch immer mehr japanische Personenwagen Eingang bei der kenianischen Polizei. Gesamtsiege bei der extrem schwierigen East African Safari Rallye untermauerten die Zuverlässigkeit der Modelle Datsun 1600 Violet und Mitsubishi Lancer. Nun trennte sich die Staatspolizei sukzessive von den älteren Ford-Fahrzeugen und stieg auf die japanischen Fabrikate um. Autos von Nissan wurden lange Zeit in die Exportländer als Datsun-Wagen verkauft.

Modell	Datsun 1600 Violet
Baujahr	1984
PS/kW	105 PS/77 kW
Hubraum ccm	1595
Motortyp	R4 Zylinder Benzin

Suzuki Jimny

Kenia lebt im Wesentlichen vom Tourismus. Die Kontrolle über die einmalig schönen Naturparks obliegt den Rangers, einer Sondereinheit der staatlichen Polizei. Sie verfolgen Wilderer mit der nötigen Härte und verhindern so die illegale Jagd. Als Streifenwagen dient eine Flotte dieser Suzuki Jimny-Geländewagen, die in Ostafrika als sehr preiswerte Alternative zu den deutlich anspruchsvolleren Typen von Land Rover benutzt werden.

Modell	Suzuki Jimny
Baujahr	2001
PS/kW	69 PS/51 kW
Hubraum ccm	1298
Motortyp	R4 Zylinder Benzin

Daihatsu Delta

In Ostafrika ticken die Uhren anders als in Europa. Hier wird dieser ehemalige Geldtransporter zur Überführung von Gefangenen bei der Polizei genutzt. Die Aufnahme entstand 2001 in Nairobi. Der Umbau zum gepanzerten Polizeiwagen wird meist von Automechanikern indischer Abstammung vorgenommen, deren Improvisationstalente legendär sind. Jede noch so alte Kiste wird recycelt.

Modell	Daihatsu Delta
Baujahr	1996
PS/kW	70 PS/51 kW
Hubraum ccm	2400
Motortyp	R4 Zylinder Benzin

Mitsubishi Lancer Pick up

Der links stehende Polizist entspricht nach unseren europäischen Vorstellungen wohl mehr dem britischen Kolonialstil, der rechte dem des heutigen freien Kenia. Die Aufnahme entstand im Frühjahr 2007. Beim Transportmittel zählt Funktionalität mehr als Schönheit. Bis zu zwölf Mann finden im Heckteil genügend Platz für Streifenfahrten durchs Revier oder für Besorgungsfahrten. Fast alle Polizeiwagen sind japanischer oder koreanischer Herkunft.

Modell	Mitsubishi Lancer Pick up
Baujahr	1993
PS/kW	75 PS/55 kW
Hubraum ccm	1584
Motortyp	R4 Zylinder Benzin

Toyota Land Cruiser 70

In den meisten afrikanischen Staaten fährt die Polizei auf Toyota-Geländewagen. Das Foto zeigt ein Auto der Tourismus-Polizei von Bamburi. Voraussetzung sind dort drehmomentstarke Motoren mit viel Hubraum und Differenzialsperren, die aus dem Hinterradantrieb einen Allradler machen. Jetzt kommt noch das Untersetzungsgetriebe dazu, das einen Kriechgang von 3 km/h ermöglicht. Mit dieser Auslegung wird ein echter Geländewagen erst tauglich für die Regenzeit in Afrika. Ein Zyklonfilter verhindert frühen Motorenverschleiß durch Staub. Links im Bild ragt er wie ein Kamin aus der Motorhaube heraus.

Modell	Toyota Land Cruiser 70
Baujahr	1999
PS/kW	150 PS/92 kW
Hubraum ccm	2982
Motortyp	R4 Zylinder Diesel

Nissan Sunny 1.4

In Kenias Hauptstadt Nairobi sind die Zeiten längst vorbei, als man noch als weißer Tourist mit 100 „Sachen" durch die Vororte der Millionenstadt rasen konnte. Kam es zu einem Unfall mit Personenschaden, steckte man den Verwandten 150 Dollar in die Tasche und die Sache war meist erledigt. Heute werden leichte und schwere Verkehrsdelikte deutlich schärfer bestraft als in vielen Ländern Europas. Unser Foto entstand im Frühjahr 2007 und zeigt einen Beamten der Verkehrspolizei mit seinem leicht ramponierten Nissan Sunny.

Modell	Nissan Sunny 1.4
Baujahr	1998
PS/kW	87 PS/64 kW
Hubraum ccm	1392
Motortyp	R4 Zylinder Benzin

Nissan Navara Double Cab

Fast alle bedeutenden Automobilhersteller haben sich seit dem Ende der Apartheid-Politik 1991 in Südafrika etabliert. Ein Großteil der südafrikanischen Polizeiwagen wird im eigenen Land hergestellt, so auch der Nissan Navara als Vier- bis Fünfsitzer, der nicht nur als Gefangenentransporter, sondern auch für Kontrollfahrten im Revier zum Einsatz kommt.

Modell	Nissan Navara Double Cab
Baujahr	2005
PS/kW	171 PS/126 kW
Hubraum ccm	2488
Motortyp	R4 Zylinder Diesel

VW Pointer

Auf der Basis des VW Passat werden in China, Argentinien, Brasilien und Südafrika recht eigenständige Modelle gefertigt, die für den jeweiligen Markt attraktiv erscheinen. Der VW Pointer, ursprünglich eine brasilianische Version, wird seit einiger Zeit auch in Südafrika gefertigt. Unser Foto entstand im Februar 2007, es zeigt einen Wagen der Kriminalpolizei von Gans Bay.

Modell	VW Pointer
Baujahr	2004
PS/kW	116 PS/85 kW
Hubraum ccm	1984
Motortyp	R4 Zylinder Diesel

VW Citi Golf

Noch ein Beispiel für die clevere Nutzung ausgedienter Fabrikanlagen, die von Europa nach Afrika gebracht wurden. Der südafrikanische VW Citi Golf ist am Kap der Guten Hoffnung bis heute ein absoluter Bestseller, obwohl dieses Modell schon 15 Jahre alt ist. Auch die städtische Polizei von Overstrand fährt mit diesem Golf fleißig Streife.

Modell	VW Citi Golf
Baujahr	2006
PS/kW	84 PS/62 kW
Hubraum ccm	1423
Motortyp	R4 Zylinder Benzin

Isuzu Rodeo

Allradgetriebene Pick-ups, wie dieser neueste Isuzu, werden in ganz Afrika bevorzugt als Polizeiwagen abseits der Städte verwendet. Für sie spricht ihre Robustheit unter widrigsten Bedingungen und die hohe Kapazität der Zuladung. Als schwere Berge- und Zugfahrzeuge bewähren sich diese Offroader besser als reine Geländewagen. Unser Foto zeigt einen Gefangenenwagen, der auch für andere Transportaufgaben verwendet wird.

Modell	Isuzu Rodeo
Baujahr	2006
PS/kW	177 PS/130 kW
Hubraum ccm	3165
Motortyp	V6 Zylinder Diesel

Opel Vectra 2.0 16V

General Motors unterhält in Südafrika ein eigenes Montagewerk, und hier wird der leicht abgewandelte Opel Vectra der ersten Generation weitergebaut. Im Streifendienst fährt dieser Wagen besonders häufig an der landschaftlich schönen Garden Route entlang, die von Kapstadt nach Port Elizabeth führt – allerdings auch eine der unfallträchtigsten Straßen des Landes.

Modell	Opel Vectra 2.0 16V
Baujahr	2004
PS/kW	136 PS/100 kW
Hubraum ccm	1998
Motortyp	R4 Zylinder Benzin

Toyota Hiace Super 115

Ein schon klassischer südafrikanischer Mannschaftsbus ist dieser Toyota, der im Polizeidienst zwölf Polizisten auf vier Sitzbänken mit voller Ausrüstung Platz bietet. Im Vergleich zur europäischen Version ist das südafrikanische Modell 90 Zentimeter länger. Ist der Bus als spottbilliges Buschtaxi unterwegs, werden 16 Passagiere hineingepfercht. Tuchfühlung obligatorisch.

Modell	Toyota Hiace Super 115
Baujahr	1999
PS/kW	115 PS/85 kW
Hubraum ccm	2498
Motortyp	R4 Zylinder Diesel

Isuzu Rodeo Pick up

Bei diesem Isuzu der letzten Generation handelt es sich um einen nur notdürftig „getarnten" Diensthunde-Transporter der Drogenfahndung. Mit steigendem Wohlstand wächst die Schwerkriminalität in Verbindung mit Drogengeschäften in den Großstädten immer mehr an. Belgische Schäferhunde werden bei der südafrikanischen Drogenfahndung bevorzugt eingesetzt.

Modell	Isuzu Rodeo Pick up
Baujahr	2001
PS/kW	116 PS/85 kW
Hubraum ccm	3059
Motortyp	R4 Zylinder Diesel

Opel Astra 1.8 16V

In Südafrika läuft der in Deutschland längst aus dem Programm verschwundene „alte" Opel Astra taufrisch vom Band. Die Aufnahme entstand im Januar 2007 bei Port Elizabeth. Hier bewährt sich der 200 km/h schnelle Opel als Standardstreifenwagen auf den sehr gut ausgebauten Schnellstraßen und Autobahnen.

Modell	Opel Astra 1.8 16V
Baujahr	2006
PS/kW	116 PS/85 kW
Hubraum ccm	1799
Motortyp	R4 Zylinder Benzin

Nissan L200 Single Cab

Nissan war der erste japanische Hersteller, der die Marktchancen erkannte und zuerst Lastwagen, jetzt aber auch seit etwa zehn Jahren Offroader und Kleinbusse in Südafrika fertigen lässt. Bei diesem kompromisslosen Offroader mit Allradantrieb handelt es sich um einen Hundetransporter der Drogenabteilung.

Modell	Nissan L200 Single Cab
Baujahr	2004
PS/kW	125 PS/92 kW
Hubraum ccm	2664
Motortyp	R4 Zylinder Diesel

Toyota Hilux

Nicht jeder Pick-up der südafrikanischen Polizei benötigt Allradantrieb und profilstarke Geländereifen. Dieser schon etwas ältere Toyota Hilux ist ein typisches Mehrzweckfahrzeug mit Hinterradantrieb der örtlichen Polizei aus der Kap-Region, der für Besorgungs- und Streifenfahrten im Stadtbereich auf asphaltierten Straßen eingesetzt wird.

Modell	Toyota Hilux
Baujahr	2000
PS/kW	129 PS/95 kW
Hubraum ccm	1998
Motortyp	R4 Zylinder Diesel

VW Citi Golf GTI

Polizist zu sein ist ein Traumberuf für viele Südafrikaner – egal welcher Hautfarbe. Nach dem Ende der unsäglichen Apartheid-Politik zu Beginn der 90er-Jahre ist die Rassentrennung im Land verboten, natürlich auch bei den Polizeieinheiten. Unser Foto zeigt einen Schulungswagen der Verkehrspolizei, der mit dem stärkeren GTI-Motor ausgerüstet wurde.

Modell	VW Citi Golf GTI
Baujahr	2005
PS/kW	150 PS/110 kW
Hubraum ccm	1984
Motortyp	R4 Zylinder Benzin

Toyota Venture

Sieht nicht besonders elegant aus, ist aber ein überaus praktischer Polizeiwagen mit einem üppigen Platzangebot. Fünf Sitze in zwei Reihen werden ergänzt durch zwei hochklappbare seitliche Bänke im Heck, das ermöglicht den Transport von bis zu neun Personen in einem Wagen mit dem Radstand eines VW Passat. Der Toyota Venture, hier ein viel gefahrener Polizeiwagen, wird in Südafrika montiert. In Indonesien kommt er unter dem Namen Toyota Kijang auf den Markt.

Modell	Toyota Venture
Baujahr	1998
PS/kW	110 PS/81 kW
Hubraum ccm	1598
Motortyp	R4 Zylinder Benzin

Toyota Venture LX

Der neue Toyota Venture LX bekam eine gefälligere Linie verpasst als das ältere kantige Modell. Bei der südafrikanischen Polizei wird der praktische Neunsitzer mit und ohne Hänger für vielfältige Aufgaben genutzt, die vom Personentransport bis zur allgemeinen Verkehrsüberwachung und zu Besorgungsfahrten reichen. Eine Variante mit Allradantrieb läuft derzeit in der Erprobung.

Modell	Toyota Venture LX
Baujahr	2006
PS/kW	125 PS/92 kW
Hubraum ccm	1998
Motortyp	R4 Zylinder Benzin

Mercedes-Benz Sprinter 413D

In der Daimler-Fabrik bei Port Elizabeth werden auch die Sprinter-Modelle montiert. Unser Foto zeigt einen Gerätewagen der Kriminalpolizei, der mit einem Kofferaufbau aus GFK (glasfaserverstärkter Kunststoff) mit Aluminium-Rahmen ausgerüstet wurde. Die Klimaanlage auf dem Wagendach ist bei über 35 Grad Hitze im Schatten mehr als nur Luxus.

Modell	Mercedes-Benz Sprinter 413D
Baujahr	2005
PS/kW	129 PS/95 kW
Hubraum ccm	2148
Motortyp	R4 Zylinder Diesel

Nissan Standard

Die südafrikanische Polizei benötigt universell verwendbare Wagen, die unter anderem auch für den Transport von geländegängigen Enduro-Maschinen geeignet sind. Für diesen Zweck wird der Nissan Standard häufig eingesetzt, der nur mit Hinterradantrieb fährt. Als Basis für einen preiswerten südafrikanischen Pick-up ohne Allradantrieb wird gerne ein Personenwagen-Modell verwendet, das mit einer Ladefläche versehen wird.

Modell	Nissan Standard
Baujahr	2001
PS/kW	90 PS/66 kW
Hubraum ccm	1998
Motortyp	R4 Zylinder Diesel

Ford Sierra Sapphire

Südafrika ist vielsprachig. Englisch und Afrikaans sind die bekanntesten Landessprachen, neben noch weiteren acht afrikanischen Amtssprachen, wobei Zulu bei der südafrikanischen Bevölkerung die meistgebrauchte Sprache ist. Unser Foto zeigt einen heute schon historischen Streifenwagen aus einem Stadtteil von Kapstadt, in dem Afrikaans gesprochen wird. Die heutigen Polizeiwagen werden durchgehend mit dem englischen Ausdruck „Police" gekennzeichnet.

Modell	Ford Sierra Sapphire
Baujahr	1994
PS/kW	101 PS/74 kW
Hubraum ccm	1993
Motortyp	R4 Zylinder Benzin

Rover-Herrington

Mit diesen gepanzerten Polizeiwagen rückte die südafrikanische Polizei in den Jahren der menschenverachtenden Apartheid-Politik bei Ausschreitungen und gegen Demonstranten vor. Dies gehört nun seit Anfang der 90er-Jahre der Vergangenheit an, und die furchteinflößenden Sonderfahrzeuge sind im Straßenbild von Johannesburg, wo diese Aufnahme 1990 entstand, nicht mehr zu sehen.

Modell	Rover-Herrington
Baujahr	1985
PS/kW	182 PS/134 kW
Hubraum ccm	3532
Motortyp	V8 Zylinder Benzin

Asien

Viele asiatische Länder erleben einen Wirtschaftsaufschwung, der uns Europäer erstaunt. Spitzenreiter der wirtschaftlichen Entwicklung ist China. Aber auch die einstigen Entwicklungsländer Thailand, Malaysia, Indonesien oder Südkorea – und selbstverständlich auch die nunmehr reichen arabischen Erdölstaaten – sind dabei, ihr „Wirtschaftswunder" aufzubauen. Nicht zuletzt ist der Inselstaat Singapur der wichtigste Umschlagplatz von Gütern in ganz Asien und eine dominierende Metropole für Banken.
Für die Polizei dieser Länder bedeutet der wirtschaftliche Aufschwung eine völlig neue Situation. Vor zehn Jahren fuhren in der einstigen Hochburg des Commonwealth Hongkong noch klapprige Bedford-Mannschaftswagen, die in jedes Oldtimermuseum gepasst hätten. Heute lassen sich die adrett gekleideten Polizisten der Verkehrspolizei mit den neuesten Mercedes-Benz Sprinter-Kombis zum Einsatzort fahren. Statt der flügellahmen Kleinwagen Austin Minor fahren tipptopp gepflegte VW Passat Touring-Modelle durch ihr Revier. Längst verschrottet sind auch die alten britischen BSA-Motorräder, heute greift die chinesische Polizei auf die neuesten japanischen Maschinen zurück.
Drahtloser Internetzugang in fast jedem Streifenwagen, modernste digitale Funktechnik, fortlaufende GPS-Ortung jedes Polizisten, der auf Streifenfahrt unterwegs ist – Hongkongs Polizei ist mindestens so fortschrittlich ausgerüstet wie die besten europäischen Polizeieinheiten, sagen Experten. Abseits der chinesischen Großstädte sieht die Ausstattung der Polizisten wesentlich spartanischer aus. Hier ist der Fortschritt und Wohlstand der Metropolen noch weit entfernt, da zählt ein Funkgerät oder Handy schon zur Luxusausstattung. Polizisten auf dem Land steuern immer noch größere Geschäfte mit Telefonanschluss an, wenn sie ihrer Zentrale etwas Wichtiges mitteilen müssen.
Erstaunliche Veränderungen sind in Singapur, Malaysia, Thailand und Indonesien festzustellen. Dass Singapur eine blitzsaubere Stadt ist, verdankt es den rigorosen Gesetzen, die hier von der Polizei durchgesetzt werden. Wer in einer rauchfreien Zone beim Qualmen erwischt wird, zahlt umgerechnet bis zu 1000 Euro Strafe. Wer in der Metro einen Kaugummi kaut, wird mit mindestens 500 Euro zur Kasse gebeten. Alle öffentlichen Einrichtungen, U-Bahnen, Busstationen etc. sind fortlaufend videoüberwacht. Damit das Verkehrsaufkommen moderat bleibt, wird die Zulassung von privaten und geschäftlichen Fahrzeugen über ein Auswahlverfahren und hohe Zulassungsgebühren geregelt. Selbstverständlich fährt die Polizei von Singapur die neuesten japanischen Polizeiwagen.
In Malaysia, Thailand und Indonesien verfügt die Polizei über ein buntes Sortiment von geräumigen Kombis, Pick-ups, Kleintransportern und Mannschaftswagen, Limousinen sind eher die Ausnahme. Es werden fast ausschließlich japanische und koreanische Fabrikate genutzt, Toyota und Hyundai sind die Marktführer. Die großen japanischen Hersteller bedienen den florierenden asiatischen Markt mit eigenen Montagewerken in Malaysia und Indonesien. Damit umgehen sie hohe Einfuhrgebühren und Zölle. Der meistgenutzte Streifenwagen bei der Verkehrspolizei in Indonesien und Malaysia ist der Toyota Kijang, der auch in Südafrika vom Band rollt.
Dass die koreanischen Polizisten nur Streifenwagen ihrer landeseigenen Hersteller von Hyundai und Kia fahren, versteht sich von selbst. Japanische Firmen spielen dort keine wichtige Rolle, und die europäischen Marken werden eher als Exoten betrachtet – ganz wie bei uns vor 35 Jahren, als die ersten japanischen Autos in Europa vom Schiff rollten.

BMW 528i

Im Flächenvergleich mit seinen Nachbarländern Saudi-Arabien, dem Irak und dem Iran ist das Emirat Kuwait ein sehr kleines Land. Auch politisch unterscheidet es sich ganz wesentlich von seinen Nachbarn. So leitet seit 2005 eine Frau das Ministerium für Planung und Verwaltungsreform. Auch im täglichen Polizeidienst sind Frauen zahlreich vertreten. Unser Foto zeigt einen BMW der 5er-Baureihe, der zwischen einem Ford Interceptor LTD und einem Chevrolet-Neunsitzer steht.

Modell	BMW 528i
Baujahr	2000
PS/kW	193 PS/142 kW
Hubraum ccm	2793
Motortyp	R6 Zylinder Benzin

Ford Interceptor Police LTD

Erst im Juli 1961 erlangte Kuwait die Unabhängigkeit von Großbritannien, seit 1962 wird der Staat Kuwait als Emirat (Erbmonarchie) verwaltet. Als einer der größten Rohölproduzenten der Welt gilt Kuwait als besonders zuverlässiger Handelspartner. Für die Verkehrspolizei gilt westlicher Standard. Hier dominieren immer noch amerikanische Streifenwagen, wie diese weiß-blauen Limousinen von Ford, die einen roten Nissan Patrol der Feuerwehr in die Mitte nehmen.

Modell	Ford Interceptor Police LTD
Baujahr	2004
PS/kW	300 PS/221 kW
Hubraum ccm	4980
Motortyp	V8 Zylinder Benzin

GMC Sierra 2500

Etwa 2,5 Millionen Menschen leben in Kuwait. Aber nur 40 Prozent sind Kuwaiter, die weiteren 60 Prozent der Bewohner kommen aus Indien, Pakistan und anderen Ländern und arbeiten zumeist in der Erdölindustrie. Unser Foto zeigt eine Personenkontrolle der Verkehrspolizei. Der hintere Wagenteil des Fahrzeugs ist vergittert und lässt einen Gefangenentransport zu.

Modell	GMC Sierra 2500
Baujahr	2005
PS/kW	320 PS/235 kW
Hubraum ccm	5380
Motortyp	V8 Zylinder Benzin

GMC Wrecker

Hohe Benzinpreise sind in Kuwait kein Thema. Bei einer Arbeitslosigkeit die gegen null tendiert und einem hohen Wirtschaftswachstum drücken meist jugendliche Fahrer etwas zu viel aufs Gaspedal. Die Verkehrspolizei schleppt dann die traurigen Reste mit diesem amerikanischen GMC-Truck ab. Wer mit Alkohol am Steuer erwischt wird, muss mit einer harten Strafe rechnen, denn es herrscht per Gesetz absolutes Alkoholverbot im Emirat.

Modell	GMC Wrecker
Baujahr	2003
PS/kW	280 PS/206 kW
Hubraum ccm	5480
Motortyp	V8 Zylinder Benzin

ازاحة المركبات

Nissan Fairlady 240Z

Kaum ein anderer Sportwagen bewegte die Gemüter der Rallye-Fans in den 70er-Jahren mehr als der berühmte Datsun 240Z, der in Japan als Nissan Fairlady verkauft wurde. Mehrfache Siege bei den schwersten Rallyes der Welt, wie der East African Safari Rallye, bewiesen, dass die japanischen Autobauer ihr Handwerk verstehen. Unser Foto zeigt den kurzen, 210 km/h schnellen 240Z der Tokioter Autobahnpolizei. Über 300 000 Kilometer spulte dieser Sportwagen klaglos ab.

Modell	Nissan Fairlady 240Z
Baujahr	1972
PS/kW	150 PS/110 kW
Hubraum ccm	2398
Motortyp	R6 Zylinder Benzin

Nissan Fairlady 300ZX

Nissan verfolgte schon immer ambitionierte Ziele auf seinem wichtigsten Exportmarkt, den USA. Hier sorgte der neue 300ZX schon 1989 für Aufsehen: drei Liter Hubraum, Twin Turbo V6-Motor und serienmäßige 283 PS. Mit 250 km/h Höchstgeschwindigkeit war der 300ZX nicht nur für Motorsportfans ein heißer Ofen, sondern auch für die japanische Polizei. Sie setzte zahlreiche Wagen dieses Typs erfolgreich bei der Highway Patrol ein – ein Langzeit-Fahrtest unter realen Bedingungen für Nissan.

Modell	Nissan Fairlady 300ZX
Baujahr	1989
PS/kW	283 PS/208 kW
Hubraum ccm	2960
Motortyp	V6 Zylinder Benzin

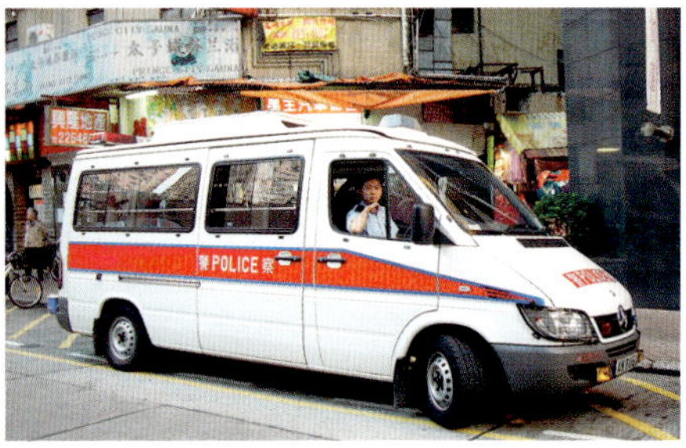

Mercedes-Benz Sprinter 316 CDI

In den historisch engen Stadtvierteln von Hongkong fährt dieser Mannschaftsbus mit 14-köpfiger Besatzung strategisch wichtige Punkte an, die dann von jeweils zwei Polizisten als Fußstreife in Augenschein genommen werden. Wie alle großen europäischen Hersteller lässt auch Daimler seine erfolgreiche Transporter-Reihe in China vom Band rollen.

Modell	Mercedes-Benz Sprinter 316 CDI
Baujahr	2004
PS/kW	158 PS/115 kW
Hubraum ccm	2686
Motortyp	R4 Zylinder Diesel

Mercedes-Benz 814D

Bekanntermaßen ist die Gesetzgebung in China deutlich restriktiver als in den meisten Staaten Europas. Gefangenentransporter gehören in Hongkong zum gewohnten Straßenbild, wie hier vor der Polizeistation im Stadtteil Mongkok. Auch im Fuhrpark der Polizei ist die Standardisierung auf wenige Modelle offensichtlich. Erste Geige spielen bei den Kastenwagen und Mannschaftsbussen ganz klar die gängigen Mercedes-Modelle.

Modell	Mercedes-Benz 814D
Baujahr	2003
PS/kW	136 PS/100 kW
Hubraum ccm	4249
Motortyp	R4 Zylinder Diesel

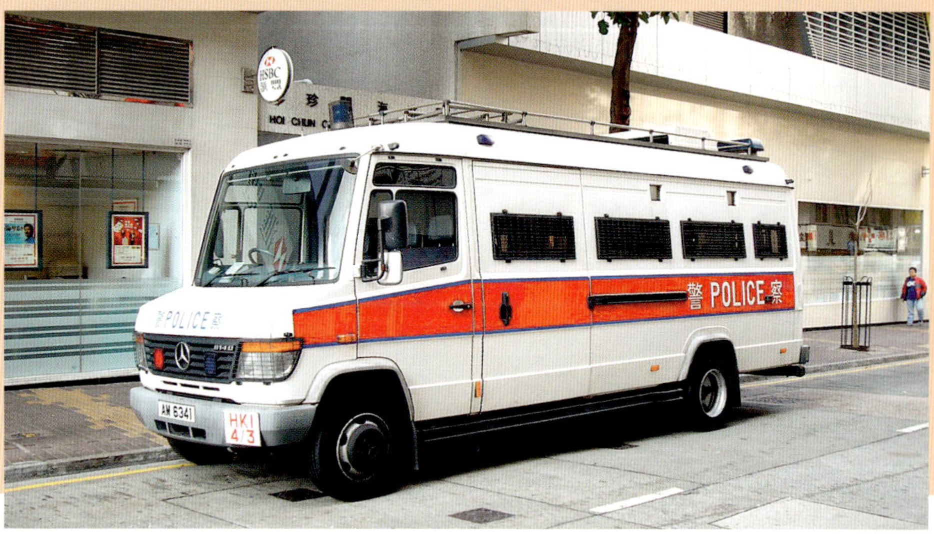

Isuzu Trooper V6

Das weiß-blaue Schachbrettmuster zeigt den Einsatzbereich „Verkehrsüberwachung". Alle Schnellstraßen der Millionenstadt Hongkong sind durchgehend videoüberwacht. Dabei wird nicht nur die aktuelle Geschwindigkeit an den „Blitzanlagen" gemessen, sondern auch die Durchschnittsgeschwindigkeit zwischen Punkt A und B ermittelt. Bei mehrmaligen Geschwindigkeitsverstößen wird der Wagen eingezogen.

Modell	Isuzu Trooper V6
Baujahr	2005
PS/kW	177 PS/130 kW
Hubraum ccm	3165
Motortyp	V6 Zylinder Benzin

Ford Transit Bus

Wenn es Nacht wird in Hongkong mischen sich unzählige uniformierte und auch nicht uniformierte Stadtpolizisten unter das Volk, denn jetzt rollt der Hongkong-Dollar. Diebstähle, Betrügereien, Prostitution und der vom Staat bekämpfte Drogenhandel breiten sich mit dem wirtschaftlichen Aufschwung in den Metropolen immer mehr aus. Unser Ford Transit der vierten Baureihe dient als Gruppentransporter für die Fußstreifen im Bezirk Mongkok.

Modell	Ford Transit Bus
Baujahr	1995
PS/kW	110 PS/81 kW
Hubraum ccm	2402
Motortyp	R4 Zylinder Diesel

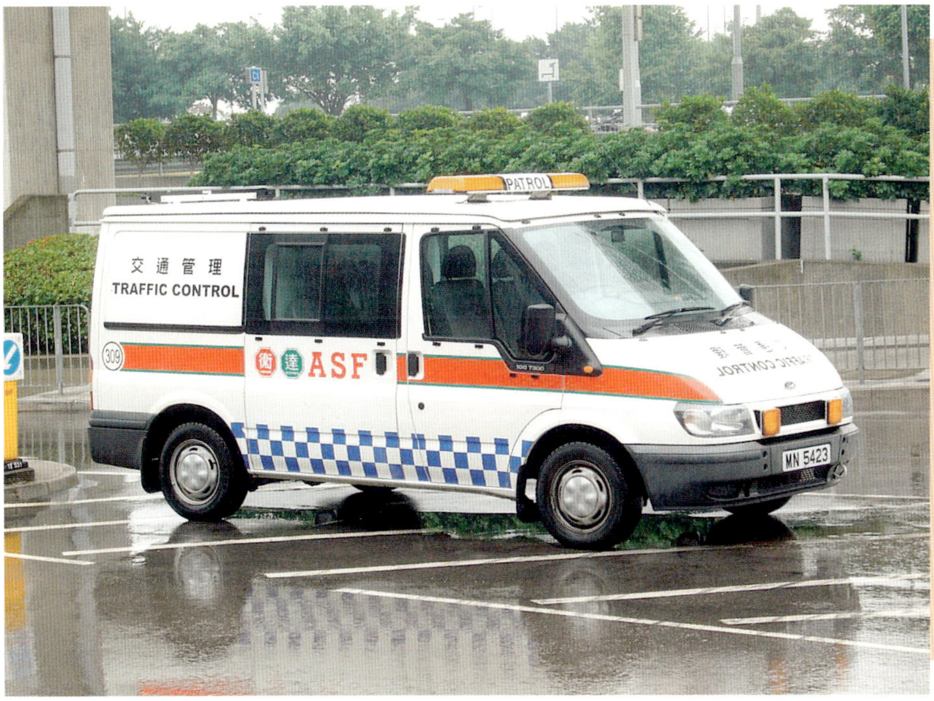

Ford Transit 100 T300 TDCi

China startet durch. Luxussportwagen von Bentley, Lamborghini, Ferrari oder Porsche gehören heute durchaus zum Straßenbild der großen chinesischen Millionenstädte. Genauso selbstverständlich wurden alle betagten Bedford-Polizeiwagen radikal ausgemustert und durch moderne Kombis, wie diesen Ford Transit von der Verkehrsüberwachung, ersetzt.

Modell	Ford Transit 100 T300 TDCi
Baujahr	2005
PS/kW	125 PS/92 kW
Hubraum ccm	1998
Motortyp	R4 Zylinder Diesel

VW Passat Variant 2.0 TDI

Kein anderer europäischer Hersteller produziert und verkauft in China so erfolgreich Mittelklassewagen wie VW. Im Riesenreich China ist dieses Passat-Modell einer der meistgebrauchten Standardstreifenwagen der Verkehrspolizei. Die kleinen schwarzen Beschläge an den Scheiben und Scheinwerfern dienen als Halterung für robuste Schlaggitter.

Modell	VW Passat Variant 2.0 TDI
Baujahr	2006
PS/kW	140 PS/103 kW
Hubraum ccm	1968
Motortyp	R4 Zylinder Diesel

Mercedes-Benz 711D

Bei der Dokumentation von Kapitalverbrechen wird in Hongkong dieser ultralange Kommandowagen eingesetzt. Die durchgehende Plattform auf dem Dach dient dem Fotografen, ebenso die Beleuchtungseinrichtung mit zahlreichen Scheinwerfern. Im Wagen ist ein leistungsfähiges Stromaggregat für den autarken Betrieb aller technischen Einrichtungen installiert.

Modell	Mercedes-Benz 711D
Baujahr	2002
PS/kW	150 PS/110 kW
Hubraum ccm	4249
Motortyp	R4 Zylinder Diesel

Honda CBR 1000F Police

Als größter Motorradhersteller der Welt engagiert sich Honda stark im Bereich schneller Touren-Bikes, die sich für den Polizeieinsatz eignen. In China ist diese 258 km/h schnelle und 123 PS starke Spezialausführung der bekannten CBR 1000F bei der Verkehrspolizei im Einsatz. In Europa wird diese Maschine nur mit versicherungsgünstigen 98 PS ausgeliefert. Die technische Ausstattung ist top: Benzineinspritzung, G-Kat und ABS-Bremssystem.

Modell	Honda CBR 1000F Police
Baujahr	2006
PS/kW	123 PS/90 kW
Hubraum ccm	998
Motortyp	R4 Zylinder Benzin

Mazda Atenza 1.8

Straßenszene in Hongkong. Noch immer erinnern die englischen Doppeldecker-Busse an die einstige Zugehörigkeit zum Britischen Empire. Heute ist diese aus allen Nähten platzende Millionenstadt als Sonderverwaltungszone gänzlich in die Chinesische Volksrepublik integriert. Ein recht seltener Streifenwagen ist dieser weiße Mazda Atenza der Stadtpolizei von Hongkong. In Europa wird dieses Modell als Mazda 6 verkauft.

Modell	Mazda Atenza 1.8
Baujahr	2004
PS/kW	120 PS/88 kW
Hubraum ccm	1798
Motortyp	R4 Zylinder Benzin

Honda CB 500 Police

Ein schnörkelloses Motorrad für den Alltagsgebrauch ist diese CB 500 in der Polizeiversion. Ihr Vorteil liegt in der niedrigen Sitzhöhe, die auch kleiner geratenen Chinesen zugute kommt. Deutlich ist die Sirene mit Lautsprechereinrichtung zu sehen, und hinten versteckt sich fast ein ultrakleines blaues Signallicht. Links und rechts des Lenkers sind zwei weitere Blaulichter installiert.

Modell	Honda CB 500 Police
Baujahr	2003
PS/kW	57 PS/42 kW
Hubraum ccm	499
Motortyp	R2 Zylinder Benzin

Honda CB 250 Police

Das bislang kleinste Motorrad für die chinesische Polizei ist diese Honda CB 250. In Hongkong fahren Absolventen der staatliche Polizeischule damit ihre ersten Einsätze, klärte mich ein älterer Polizist auf. Der japanische Hersteller lässt einen beachtlichen Teil seiner für den chinesischen Markt bestimmten Modelle direkt in China fertigen. Besonders gefragt sind die 100-ccm-Mopeds von Honda, die in Millionen Stückzahlen in ganz Asien verwendet werden.

Modell	Honda CB 250 Police
Baujahr	2000
PS/kW	27 PS/20 kW
Hubraum ccm	248
Motortyp	1 Zylinder Benzin

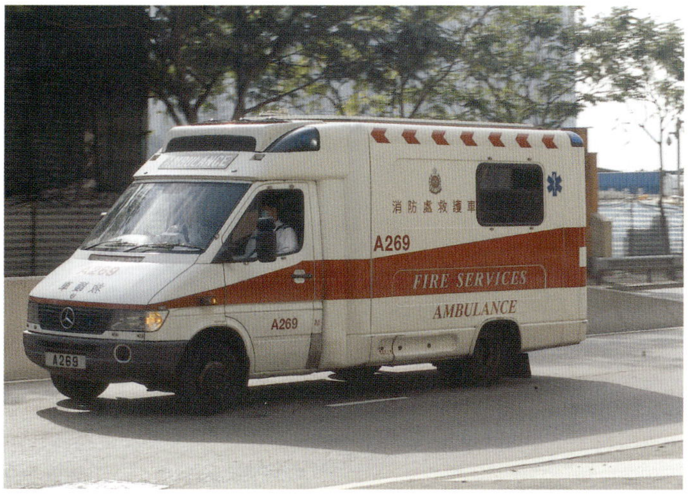

Mercedes-Benz Sprinter CDI

Wie in vielen anderen Ländern auch, verfügt die staatliche chinesische Polizei über eigene Krankenstationen und einen eigenen Ambulanzdienst. Hier kommen überwiegend die direkt in China hergestellten Mercedes-Benz Sprinter-Modelle zum Einsatz. Eine überaus harmonisch ins Dach integrierte Blaulichtanlage sorgt für die nötige Signalwirkung.

Modell	Mercedes-Benz Sprinter CDI
Baujahr	2006
PS/kW	156 PS/115 kW
Hubraum ccm	2686
Motortyp	R4 Zylinder Diesel

Hyundai Sonata 2.4

In den letzten 20 Jahren entwickelte sich der koreanische Hersteller zu einem der wichtigsten Partner für die Polizei. So auch in China, wo die Mittelklasse-Limousine Sonata seit Beginn der 90er-Jahre als robuster Streifenwagen eingesetzt wird. Formal unterscheiden sich die in Asien, Europa oder in den USA ausgelieferten Sonata-Typen in der Frontpartie deutlich voneinander.

Modell	Hyundai Sonata 2.4
Baujahr	2004
PS/kW	162 PS/119 kW
Hubraum ccm	2359
Motortyp	R4 Zylinder Benzin

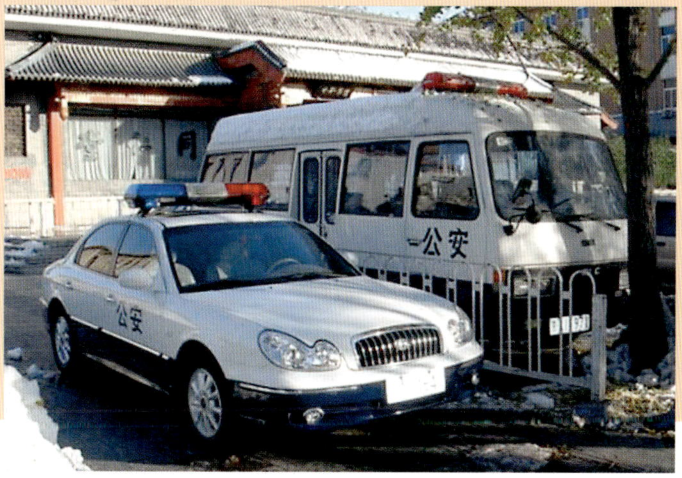

Hyundai Sonata V6

Vom größten koreanischen Automobilkonzern bezieht die staatliche Polizei diese blauen Hyundai Sonata-Limousinen für den Verkehrsdienst. Neben den bekannten Vierzylinder-Modellen werden hier auch die deutlich stärkeren V6-Motoren eingebaut, die ursprünglich für den amerikanischen Markt entwickelt wurden. Die Höchstgeschwindigkeit beträgt bei ihnen 223 km/h.

Modell	Hyundai Sonata V6
Baujahr	2005
PS/kW	235 PS/173 kW
Hubraum ccm	3342
Motortyp	V6 Zylinder Benzin

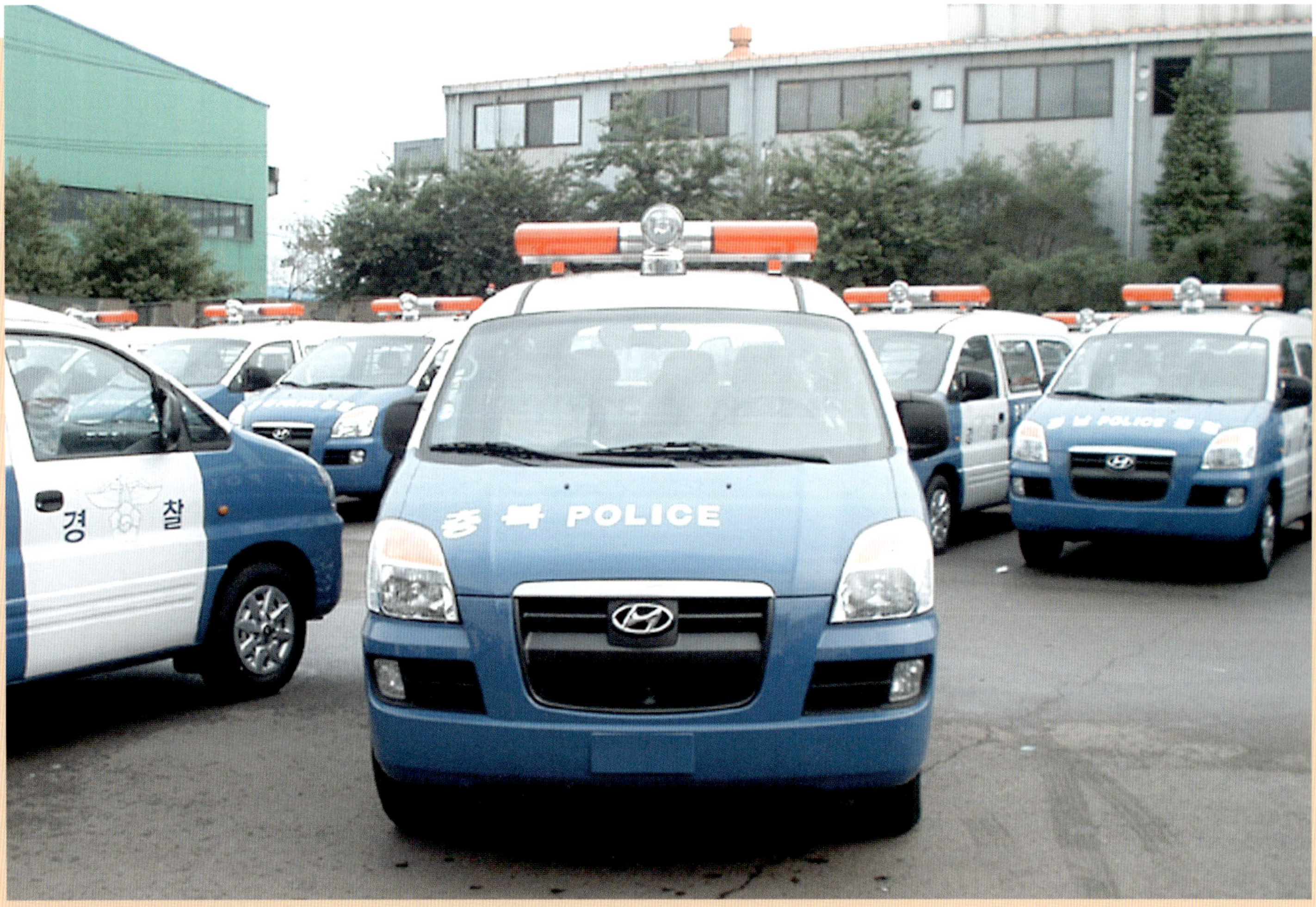

Hyundai H1 Starex

Als einer der besten Vans mit zuschaltbarem Allradantrieb gilt der Hyundai H1 Starex. In vielen Ländern Afrikas oder Südamerikas, aber auch in der Türkei, wird dieser universell für den Personen- und Materialtransport geeignete Streifenwagen gerne gefahren.

Unter der Motorhaube steckt ein drehmomentstarker Turbodiesel. Der H1 Starex ist mit kurzem und langem Radstand lieferbar. Die koreanische Polizei setzt meist den kurzen Starex ein, der 163 km/h schnell ist.

Modell	Hyuandai H1 Starex
Baujahr	2005
PS/kW	140 PS/103 kW
Hubraum ccm	2497
Motortyp	R4 Zylinder Diesel

Mitsubishi Kuda

Der Großteil der indonesischen Polizeifahrzeuge ist japanischer Herkunft, wie dieser Mitsubishi Kuda, der in Europa bislang nicht angeboten wird. Ein kompakter Minivan mit vier komfortablen Sitzen und zwei zusätzlichen Notsitzen, die im Heck hochklappbar quer zur Fahrtrichtung montiert sind. Er dient als Streifenwagen bei der städtischen Polisi.

Modell	Mitsubishi Kuda
Baujahr	2006
PS/kW	135 PS/99 kW
Hubraum ccm	1999
Motortyp	R4 Zylinder Benzin

Toyota Kijang LX

Ein auf den über 15 000 Inseln des indonesischen Staates weitverbreiteter Streifenwagen ist dieser Toyota Kijang. Das Foto entstand im Januar 2007 in der Provinzhauptstadt Denpasar auf der Insel Bali. Toyota lässt diesen außerordentlich geräumigen und sehr robusten Typ auch in Indonesien und Südafrika fertigen.

Modell	Toyota Kijang LX
Baujahr	2005
PS/kW	110 PS/81 kW
Hubraum ccm	1598
Motortyp	R4 Zylinder Benzin

Suzuki APV

Hand in Hand mit der städtischen Polizei arbeiten in Indonesien einige spezialisierte Kliniken, die sich bei Verkehrsunfällen um die Verletzten kümmern. Diese Einsatzwagen sind mit einer gemischten Mannschaft aus Unfallsanitätern und Polizisten besetzt. Die Sondersignalanlage auf dem Dach des neuesten Suzuki-Vans verdeutlicht den Einsatzbereich.

Modell	Suzuki APV
Baujahr	2006
PS/kW	94 PS/69 kW
Hubraum ccm	1328
Motortyp	R4 Zylinder Benzin

Yamaha XJ 900S Diversion

Die militärisch straff organisierte, überregionale Polizei Indonesiens vertraut bei der Verkehrsüberwachung auf die leistungsfähigen Vierzylinder-Maschinen von Yamaha. Seit 1994 wird dieser Typ mit dem soliden Kardanantrieb nahezu unverändert bei vielen asiatischen Polizeiorganisationen, wie hier in Denpasar auf Bali, eingesetzt.

Modell	Yamaha XJ 900S Diversion
Baujahr	2004
PS/kW	89 PS/65 kW
Hubraum ccm	892
Motortyp	R4 Zylinder Benzin

Isuzu Panther

Als einer der größten Nutzfahrzeughersteller Asiens ist die japanische Firma Isuzu ein „Kind" von General Motors. Bei diesem älteren Isuzu Panther handelt es sich um eine modifizierte Isuzu Trooper-Karosse mit Allradantrieb und Motoren aus dem GM-Regal. An der weiß-rot-blauen Farbgebung ist die Zugehörigkeit zur überregionalen Verkehrspolizei Indonesiens zu erkennen.

Modell	Isuzu Panther
Baujahr	1998
PS/kW	122 PS/90 kW
Hubraum ccm	2559
Motortyp	R4 Zylinder Diesel

Mitsubishi Lancer 2.4

Gesamtsiege bei den schwersten Rallyes der Welt konnten die Mitsubishi Lancer und die Mitsubishi Pajeros schon mehrfach für sich einheimsen. Sportliche Erfolge erwecken häufig auch das Interesse der Polizei in den von starken Niederschlägen und Naturkatastrophen oft heimgesuchten Ländern wie Indonesien. 200 km/h schnell ist dieser Mitsubishi Lancer mit Allradantrieb und Benzineinspritzung. Das Foto entstand im Januar 2007 bei Ubud auf der Insel Bali.

Modell	Mitsubishi Lancer 2.4
Baujahr	2006
PS/kW	164 PS/121 kW
Hubraum ccm	2378
Motortyp	R4 Zylinder Benzin

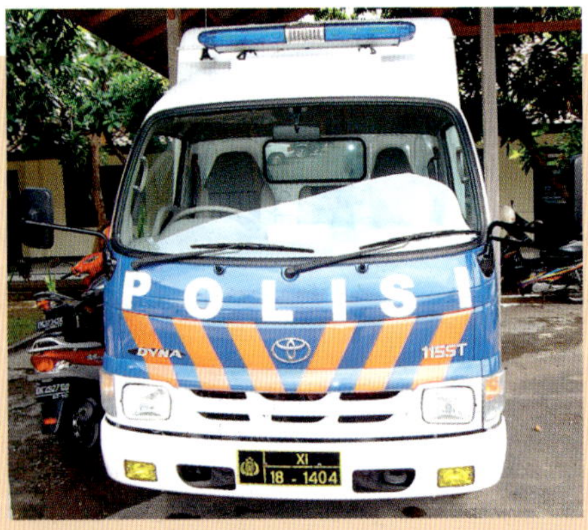

Toyota Dyna 115ST

Tadellos in Schuss ist dieser Aufnahmewagen in Benoa auf Bali. Toyotas mittelgroße Transporter-Baureihe Dyna erfreut sich bei der Polizei in ganz Asien größter Beliebtheit. Auf dem Wagendach erkennt man eine zusätzliche Plattform, die zum Fotografieren und Dokumentieren von Verbrechen dient. Der hintere Lade- und Dokumentationsraum wurde mit einer modernen Büroeinrichtung inklusive Klimaanlage eingerichtet.

Modell	Toyota Dyna 115ST
Baujahr	2005
PS/kW	115 PS/85 kW
Hubraum ccm	2694
Motortyp	R4 Zylinder Diesel

Yamaha RD 250

Ein echter Oldtimer ist dieses Polizeimotorrad aus der Zweitakt-Ära von Yamaha. Die jungen Polizisten lernen darauf ihr Handwerk als Streifenpolizisten in der Stadt Denpasar auf Bali.

Modell	Yamaha RD 250
Baujahr	1986
PS/kW	30 PS/22 kW
Hubraum ccm	248
Motortyp	1 Zylinder Benzin

Honda SLR 600

Gut gelaunt zeigt uns dieser balinesische Polizist sein Motorrad. Bei 33 Grad Celsius im Schatten kann er auf eine wärmende Ledermontur getrost verzichten. Im Vergleich zu unseren Verkehrsgepflogenheiten geht es auf Bali leger zu. Bis zu vier Personen fahren dort auf einem 80er-Moped zur Arbeit, und die Polizei drückt meistens beide Augen zu.

Modell	Honda SLR 600
Baujahr	1998
PS/kW	39 PS/29 kW
Hubraum ccm	644
Motortyp	1 Zylinder Benzin

Ssang Young Musso

Dieses Foto dürfte der Marketing-Abteilung von Daimler wenig gefallen. Tatsächlich steckt aber unter der wuchtigen Motorhaube des koreanischen Ssang Young Musso ein lizenzierter Mercedes-Benz Sechszylinder-Benzinmotor mit der Bezeichnung MB M104.981. Eingesetzt wird dieser Kommandowagen der Staatsschutzpolizei in der balinesischen Provinzhauptstadt Denpasar.

Modell	Ssang Young Musso
Baujahr	1998
PS/kW	220 PS/162 kW
Hubraum ccm	3199
Motortyp	V6 Zylinder Benzin

Toyota Kijang Standard

In Indonesien werden die polizeilichen Aufgaben streng nach der jeweiligen Zuständigkeit vergeben. Bei diesen beiden engagiert wirkenden Polizisten handelt es sich um Mitglieder einer Spezialeinheit, die sich den verschiedensten Umweltschutzaufgaben widmet. Ihr älterer, kantiger Toyota Kijang-Pick-up ist tipptopp gepflegt.

Modell	Toyota Kijang Standard
Baujahr	1996
PS/kW	90 PS/66 kW
Hubraum ccm	1598
Motortyp	R4 Zylinder Benzin

Toyota Kijang 4x4

Mit der Bauserie Kijang fand Toyota den besten Einstieg in den schwierigen indonesischen Markt. Gefragt sind bei der Polizei und bei den Handwerkern robuste, offroad-taugliche Wagen wie dieser Pick-up mit Allradantrieb. Unter dem Sonnenschirm lässt sich das Verkehrsgeschehen angenehm beobachten, sagen sich wohl diese beiden Sicherheitskräfte und Lebenskünstler in Nusa Dua.

Modell	Toyota Kijang 4x4
Baujahr	2001
PS/kW	110 PS/81 kW
Hubraum ccm	1598
Motortyp	R4 Zylinder Benzin

Isuzu Panther Pick up

Kleinkriminelle agieren überall auf der Welt. Auf Bali geht der Gefangenentransport meist ganz locker über die Bühne. Statt enger Zellen im abgedunkelten Stahlkasten ein paar offene Holzbänke auf der Ladepritsche. Ringe für die Handschellen am Wagendach sorgen für die Sicherheit der Polizisten.

Modell	Isuzu Panther Pick up
Baujahr	2004
PS/kW	122 PS/90 kW
Hubraum ccm	2559
Motortyp	R4 Zylinder Diesel

Honda Megapower 600

Einen kühnen Namen für eine relativ leistungsschwache Einzylinder-Viertaktmaschine dachten sich die Verkaufsstrategen hier aus. Den beiden Polizisten der Polizeieinheit für Umweltschutz reicht das Gefährt für ihre Dienstfahrten. Wie auch viele weitere Modelle von Honda wird dieser Typ in Europa nicht angeboten.

Modell	Honda Megapower 600
Baujahr	2005
PS/kW	38 PS/28 kW
Hubraum ccm	644
Motortyp	1 Zylinder Benzin

Isuzu Panther GL

Der neueste Isuzu Panther ist nun deutlich rundlicher geformt als der ältere Typ, der von der Trooper-Baureihe abstammte. Gewinnen konnte auch der sichtbar längere Radstand, der nun fast ideale Platzverhältnisse zum Polizeieinsatz und einen großen Stauraum für die Ausrüstung und Gun Box bietet. Zwischen der hinteren Bankreihe und der Waffen-Box sind zwei Notsitze für Gefangene befestigt.

Modell	Isuzu Panther GL
Baujahr	2006
PS/kW	136 PS/100 kW
Hubraum ccm	2559
Motortyp	R4 Zylinder Diesel

Mitsubishi Kuda GL

Die indonesische Polizei ist ernsthaft bemüht, die auf uns Mitteleuropäer oft chaotisch wirkende Verkehrsdisziplin zu erhöhen. Hinweistafeln zeigen zum Beispiel die Anzahl der Verkehrstoten in der Region aus dem letzten Quartal an. Rotlichtsünder werden jetzt abgestraft. Unser Foto zeigt einen neuen Streifenwagen bei der Kontrolle einer besonders unfallträchtigen Kreuzung bei Ubud.

Modell	Mitsubishi Kuda GL
Baujahr	2006
PS/kW	135 PS/99 kW
Hubraum ccm	1999
Motortyp	R4 Zylinder Benzin

Taurus 1.6 GL

Haupteinnahmequelle für die balinesische Bevölkerung sind die vielen ausländischen Touristen. Obwohl die meisten Balinesen einige Brocken Englisch sprechen, muss die Touristen-Polizei häufig helfend eingreifen und den Touristen zur Seite stehen. Das Foto zeigt eine in Malaysia montierte Taurus-Limousine der Touristen-Polizei.

Modell	Taurus 1.6 GL
Baujahr	2004
PS/kW	106 PS/78 kW
Hubraum ccm	1598
Motortyp	R4 Zylinder Benzin

Isuzu FN Bus

In diesem mittelgroßen Mehrzweck-Bus werden je nach Aufgabe 14 Polizeischüler oder Material befördert. Isuzu, eine Tochtergesellschaft von General Motors, ist mit eigenen Montagewerken in Indonesien, Malaysia und China im Transporter- und Truck-Sektor auf dem asiatischen Markt stark vertreten.

Modell	Isuzu FN Bus
Baujahr	2003
PS/kW	110 PS/81 kW
Hubraum ccm	2998
Motortyp	R4 Zylinder Diesel

Isuzu Elf HD

In der Polizeischule von Denpasar werden die zukünftigen „Schutzmänner" nach polizeilichen und auch militärischen Grundsätzen geschult. Nicht zuletzt wird generell auf das äußere Erscheinungsbild der zukünftigen Polizisten besonders geachtet. Dazu zählt dann auch das Fahrzeug, wie dieser perfekt gepflegte Mannschaftstransporter.

Modell	Isuzu Elf HD
Baujahr	2003
PS/kW	120 PS/88 kW
Hubraum ccm	2998
Motortyp	R4 Zylinder Diesel

Suzuki Katana

Alkoholische Getränke dürfen in Indonesien nur in lizenzierten Restaurants und Hotels verkauft werden. Weil sich nicht alle Händler an dieses Gesetz halten, kontrolliert die Polizei die Verkaufsstände in den Touristenzentren. In diesem Fall war alles in Ordnung. Mit dem Suzuki Katana, der in Europa als Jimny oder Samurai angeboten wird, verfügt die Polizei über einen preiswerten Geländewagen, der anerkannt zuverlässig ist.

Modell	Suzuki Katana
Baujahr	1999
PS/kW	64 PS/47 kW
Hubraum ccm	1298
Motortyp	R4 Zylinder Benzin

Toyota Kijang

Die indonesische Polizei überträgt einzelne polizeiliche Aufgaben an private Sicherheitsdienste, wie zum Beispiel die Personen- und Gepäckkontrolle an den Flughäfen. Die Oberaufsicht gibt die Polizei allerdings auch bei diesem Auftrag nicht aus der Hand. Ein halbstaatlicher Sicherheitsdienst überwacht mit diesem Toyota Pick-up eine wertvolle Tempelanlage.

Modell	Toyota Kijang
Baujahr	2005
PS/kW	110 PS/81 kW
Hubraum ccm	1598
Motortyp	R4 Zylinder Benzin

GAZ 69B

Kein anderer Geländewagen der ehemaligen Sowjetunion bewährte sich mehr als der GAZ 69B. Alle Staaten des Warschauer Paktes waren mit ihm ausgerüstet, zudem erfolgte eine Lizenzproduktion in China und Nordkorea. Aus der chinesischen Produktion stammt dieser indonesische GAZ mit Benzinmotor, den eine Spezialeinheit der Polizei für Offroad-Einsätze im Gebirge verwendet.

Modell	GAZ 69B
Baujahr	1980
PS/kW	65 PS/48 kW
Hubraum ccm	2400
Motortyp	R4 Zylinder Benzin

Toyota Hilux CTi

Indonesien wird immer wieder von terroristischen Anschlägen heimgesucht, die viele unschuldige Opfer fordern, wobei die „kleineren" Anschläge von den meisten europäischen Nachrichtensendungen schon ignoriert werden, wenn sie „nur" die einheimische Bevölkerung treffen. Tatsache ist: Die meisten Polizeistationen sind unterbesetzt. Halbstaatliche Sicherheitsdienste unterstützen deshalb die Polizeikräfte und kontrollieren beispielsweise jede Person, die ein Hotel betritt, auf Sprengstoff und Waffen. Unser Foto zeigt einen Einsatzwagen dieser Sicherheitskräfte in Kuta.

Modell	Toyota Hilux CTi
Baujahr	2002
PS/kW	102 PS/75 kW
Hubraum ccm	2498
Motortyp	R4 Zylinder Diesel

Mitsubishi Colt TD

Bei diesem mittelgroßen Bus handelt es sich um einen Mannschaftswagen der Regierung. Er steht unter der Obhut der nationalen Sicherheitskräfte, das rote Kennzeichen zeigt die Zugehörigkeit. Auf dem Wagendach erkennt man das flache Blaulicht. Busse und Lastwagen von Mitsubishi sind in Indonesien stark vertreten, die Produktspanne reicht vom leichten Eintonner bis zum 38-Tonner.

Modell	Mitsubishi Colt TD
Baujahr	2006
PS/kW	120 PS/88 kW
Hubraum ccm	2500
Motortyp	R4 Zylinder Diesel

Toyota Kijang Standard

Man sieht ihm das Alter schon an. 1997 wurden die Pick-ups von Toyota für „Dritte-Welt-Länder" unter dem Gesichtspunkt der reinen Funktionalität entwickelt. Gerade Karosserieformen, Starrachsen, leichte Zugänglichkeit aller Aggregate. Jeder Dorfschmied sollte diesen Wagen reparieren können. Unser Foto wurde im Januar 2007 in Denpasar aufgenommen und zeigt einen Pick-up der Verkehrspolizei.

Modell	Toyota Kijang Standard
Baujahr	1997
PS/kW	90 PS/66 kW
Hubraum ccm	1598
Motortyp	R4 Zylinder Benzin

Toyota Kijang Standard

Straßenszene in Ubud auf Bali. Dieser Toyota Kijang der Verkehrspolizei wurde 1995 in Malaysia gebaut. Im Januar 2007 passiert er gerade den hübschen Polizeiposten Nr. 17 vor dem örtlichen Gemüsemarkt. Wie lange das gute Stück noch durchhält, ist offen. Sein Fahrer erklärte uns: „Braucht nur etwas Öl und Benzin, dann ist er zufrieden."

Modell	Toyota Kijang Standard
Baujahr	1995
PS/kW	90 PS/66 kW
Hubraum ccm	1598
Motortyp	R4 Zylinder Benzin

Mitsubishi Colt Spezial

Die Modellreihe Colt wird in Deutschland nicht vertrieben. Im asiatischen Raum sind die mittelschweren Transporter für die oft schmalen Straßen wendig genug, zudem überzeugte das hohe Ladevolumen auch die Polizei von Denpasar auf Bali. Der rustikal ausgestattete Mannschaftstransporter fasst in zwei längs stehenden Bankreihen bis zu 24 voll ausgerüstete Schutzmänner: Holzklasse wie vor 60 Jahren.

Modell	Mitsubishi Colt Spezial
Baujahr	2004
PS/kW	100 PS/74 kW
Hubraum ccm	2977
Motortyp	R4 Zylinder Diesel

Suzuki Katana

Andere Länder, andere Gesetze. In Indonesien ist nicht die Farbe des Polizeiwagens entscheidend, sondern allein die Kennzeichnung mit dem Aufdruck Polisi. Dieser rote Suzuki fährt im Dienst der Touristen-Polizei von Bali. Typisches Arbeitsfeld für die sprachbegabten Spezialisten dieser Sondereinheit: Nicht ordnungsgemäße Papiere, illegale Einfuhr auch von kleinsten Mengen von Drogen, die harte Strafen nach sich ziehen, Betrügereien und Sittlichkeitsdelikte.

Modell	Suzuki Katana
Baujahr	2004
PS/kW	85 PS/62 kW
Hubraum ccm	1328
Motortyp	R4 Zylinder Benzin

Nissan Urvan Police

Singapur gilt zu recht als sauberste Großstadt Asiens. Mit drakonischen Strafen werden hier auch kleinste Vergehen – wie das Wegwerfen einer Zigarettenkippe – mit hohen Bußgeldern bestraft. Umgerechnet 500 Euro kostet dieses Delikt. Unser Foto zeigt einen Einsatzwagen der Stadtpolizei, die mit Umweltschutzaufgaben unterwegs ist. Der weiße Müllsack wurde nicht rechtzeitig auf den Gehsteig gestellt, jetzt nimmt sich die Obrigkeit der Sache an.

Modell	Nissan Urvan Police
Baujahr	2000
PS/kW	105 PS/77 kW
Hubraum ccm	2498
Motortyp	R4 Zylinder Diesel

Australien und Neuseeland

Australien ist extrem dünn besiedelt. Jeder Bundesstaat ist für seine Polizeipräsenz selbst verantwortlich. Eine Stufe höher steht die australische Bundespolizei. Die Australian Federal Police (AFP) ermittelt landesweit bei allen schweren Verbrechen wie Drogenhandel, Menschenhandel, organisiertes Verbrechen und besonders bei der Bekämpfung des Terrorismus.
Vor dem Hintergrund einer zunehmenden terroristischen Bedrohung wurde der Großteil der ausgewiesenen und verdeckten Polizeiwagen der AFP sukzessive mit modernstem elektronischem „on board"-Equipment ausgerüstet. Dies erleichtert und beschleunigt die Personen- und Wagenkontrolle „auf Knopfdruck". Auch bei den Landespolizeien der sieben Bundesstaaten – der New South Wales Police, der Northern Territory Police, der Queensland Police, der South Australia Police, der Victoria Police, der Tasmania Police und der Western Australia Police – findet die dringend erforderliche technische Aufrüstung statt. Nicht zuletzt wird der Fuhrpark der Verkehrspolizei fortlaufend auf den neuesten Stand gebracht. Mit der landeseigenen Marke Holden besitzt man einen hervorragenden Hersteller, dessen PS-starke Wagen auch in die USA und nach Großbritannien unter dem Signet von General Motors exportiert werden.
Neben den allgemeinen Verkehrskontrollen muss die lokale Polizei oft erste Hilfe bei Verkehrsunfällen leisten. Für diese Aufgabe werden die Polizisten der Verkehrspolizei speziell geschult und ihre Einsatzfahrzeuge entsprechend ausgerüstet. Wegen der häufig riesigen Entfernungen zwischen den einzelnen Gemeinden im Outback sind die dort eingesetzten japanischen Geländewagen von Mitsubishi und Nissan mit zusätzlichen, besonders weitreichenden Kurzwellen-Funkgeräten ausgerüstet. Als Relaisstationen werden oft polizeieigene Kleinflugzeuge verwendet.
Vergleicht man die Situation der australischen Polizei mit ihrem Nachbarn, der neuseeländischen Polizei, dann fällt auf, dass hier alles deutlich entspannter abläuft. In Neuseeland besteht bislang keine Terrorgefahr, meinen die Experten. Das überschaubare Straßennetz ist hervorragend ausgebaut und Tausende von Kilometer lange Naturpisten wie im australischen Outback sucht man in Neuseeland vergebens. Auch die klimatischen Verhältnisse sind „europäischer" als im zu großen Teilen brütend heißen und trockenen Australien. Wegen der guten Erfahrungen mit Polizeiwagen von Holden und Ford setzt man in Neuseeland ganz auf diese beiden Marken: gesunder Lokalpatriotismus auf der anderen Seite der Erdkugel, auch bei der Polizei.

Nissan Patrol

Im Outback Australiens „überleben" nur die echten Geländewagen im Stil des legendären Nissan Patrol. Umfangreiche Modifikationen stecken in diesem fünfsitzigen Offroader der Verkehrspolizei: Zyklonfilter gegen den Staub, Batterien mit 360 Ampere für den Funkbetrieb, eine verdeckt angebrachte Seilwinde unter der vorderen Stoßstange, ein verstärktes Fahrwerk und verstärkte Reifen, zusätzliche Halogen-Fernscheinwerfer und ein größerer, 130 Liter fassender Treibstofftank. Darüber hinaus ist dieser Streifenwagen mit einer umfassenden Notausrüstung ausgestattet – wie einem großen Frischwassertank und fortlaufender GPS-Ortung via Satellit.

Modell	Nissan Patrol
Baujahr	2004
PS/kW	160 PS/118 kW
Hubraum ccm	2953
Motortyp	R4 Zylinder Diesel

Holden Commodore SS-V8

Einige australische Modelle von Holden lehnen sich an GM-Modelle an, wie die der Opel-Baureihe Commodore bzw. Senator. Unter der Haube steckt jedoch kein Sechszylinder-Reihenmotor wie beim Pendant, sondern ein bärenstarker V8-Motor, der für 240 km/h Spitze gut ist und von Null auf 100 km/h in 6,5 Sekunden beschleunigt. Ein tiefer gelegtes Fahrwerk und der Heckflügel demonstrieren das Potenzial, das in diesem attraktiven Highway Patrol-Wagen steckt.

Modell	Holden Commodore SS-V8
Baujahr	2004
PS/kW	292 PS/215 kW
Hubraum ccm	5665
Motortyp	V8 Zylinder Benzin

Holden Commodore VR-V6

Auch Polizisten sind nur Menschen, wie unser Foto von der australischen Stadtpolizei zeigt. Bei diesem meistverkauften Holden Commodore ist ein V6-Motor von Buick eingebaut, Buick gehört wie Holden zum General Motors-Konzern. Mit knapp vier Liter Hubraum und 205 km/h Höchstgeschwindigkeit reicht dies zur Verfolgung von Verkehrsrowdies auf den Stadtautobahnen allemal.

Modell	Holden Commodore VR-V6
Baujahr	2003
PS/kW	200 PS/147 kW
Hubraum ccm	3791
Motortyp	V6 Zylinder Benzin

Holden Commodore S-V8

Holden ist der wichtigste Fahrzeuglieferant für die australische Polizei. Neben den modifizierten Typen aus dem GM-Baukasten werden Grundmodelle von Toyota und Suzuki als Holden in Australien verkauft. Darüber hinaus entwickelt Holden auch völlig eigenständige Typen. Das Foto zeigt den Standardstreifenwagen der australischen Stadtpolizei mit dem im Vergleich zum SS-Typ kleineren V8-Motor.

Modell	Holden Commodore S-V8
Baujahr	2004
PS/kW	224 PS/165 kW
Hubraum ccm	4981
Motortyp	V8 Zylinder Benzin

Daimler-Hooper Straight Eight

Königlicher Staatsbesuch im fernen Australien. Das Foto zeigt König George VI und seine Gattin Königin Elizabeth vor begeisterten Bürgern im Jahr 1948. Die englischen Daimler-Werke waren schon immer der wichtigste Hoflieferant für individuell gefertigte Staatskarossen, die unter Aufsicht der königlichen Polizeieinheit betreut wurden. Unser Foto zeigt einen Daimler Straight Eight mit Hooper-Karosserie.

Modell	Daimler-Hooper Straight Eight
Baujahr	ca. 1947
PS/kW	ca. 140 PS/103 kW
Hubraum ccm	4500
Motortyp	R8 Zylinder Benzin

Holden Commodore SS-V8

Bei der lokalen Verkehrspolizei von Victoria wird dieser attraktiv lackierte Holden eingesetzt. Größere zusätzliche Kühlöffnungen an der Wagenfront sorgen bei hohen Temperaturen für das Wohlbefinden des V8-Motors. Im australischen Polizeidienst werden auch getunte Holden Police SS mit bis zu 408 PS verwendet, die in den USA als Pontiac GTO verkauft werden.

Modell	Holden Commodore SS-V8
Baujahr	2004
PS/kW	320 PS/235 kW
Hubraum ccm	5665
Motortyp	V8 Zylinder Benzin

Holden Commodore SS-V8

Das Foto zeigt deutlich den optischen Unterschied zwischen dem alten Commodore SS (siehe anderes Bild) und dem neuesten gelben Highway Patrol-Commodore SS der lokalen Polizei von Victoria. Der Highway Patrol-Wagen ist an der Front aerodynamisch und schlanker geformt und kann auf zusätzliche Kühleinlässe verzichten, weil er auf Schnellstraßen eingesetzt wird. Mit diesen Modifikationen läuft der Commodore SS in der Polizeiversion mit dem neuesten, 340 PS starken V8-Motor knapp 250 km/h.

Modell	Holden Commodore SS-V8
Baujahr	2006
PS/kW	340 PS/250 kW
Hubraum ccm	5665
Motortyp	V8 Benzin

Holden Commodore Station Wagon

Mit weniger als 238 PS ist kein Holden Commodore bei der neuseeländischen Verkehrspolizei motorisiert. Hier kommt ein V6-Motor zum Einsatz. Die neuseeländische Polizei bedient sich auch wesentlich stärkerer Exemplare mit bis zu 340 PS, die von einem bulligen Achtzylinder-V8-Motor angetrieben werden. Äußerlich gleicht der Holden Commodore dem alten Opel Commodore, doch der Holden ist breiter und länger.

Modell	Holden Commodore Station Wagon
Baujahr	2005
PS/kW	258 PS/190 kW
Hubraum ccm	3565
Motortyp	V6 Zylinder Benzin

Ford Transit Turbo

Kaum ein anderer Hersteller bietet so viele unterschiedliche Modelle im Transporter-Bereich an wie Ford. Im Vergleich zu den europäischen Baumustern werden die in Australien montierten Ford Transit mit einem verstärkten Fahrwerk ausgeliefert. Unser Bild zeigt einen schon etwas älteren Ford Transit mit Allradantrieb in der extra langen Kombiausführung mit Hochdach. Im hinteren Teil des Wagens befindet sich das „Büro" für Unfallaufnahmen und sonstige Ermittlungen. Mobiler Internetzugang ist in Neuseeland im Polizeidienst eine Selbstverständlichkeit.

Modell	Ford Transit Turbo
Baujahr	2000
PS/kW	132 PS/97 kW
Hubraum ccm	2402
Motortyp	R4 Zylinder Diesel

Holden Commodore VZ

Die neuseeländischen Streifenwagen der Verkehrspolizei überzeugen auch mit ihrem frischen Design. Unter dem schicken „Anzug" arbeitet ein verstärktes Fahrwerk des Opel Commodore und ein bis zu 258 PS starker V6-Motor, der ursprünglich für einen amerikanischen Buick entwickelt worden war. Die Höchstgeschwindigkeit wird mit 210 km/h angegeben, Insider halten aber 230 km/h für realistisch. Auf der anderen Seite der Erdkugel bekommt die Polizei meist eine Extraportion Pferdestärken von den Herstellern spendiert.

Modell	Holden Commodore VZ
Baujahr	2006
PS/kW	258 PS/190 kW
Hubraum ccm	3565
Motortyp	V6 Zylinder Benzin

Holden Commodore S-V8

Auf diesem Foto erkennt man deutlich die Karosserieverbreiterung gegenüber dem Opel Commodore. Eingebaut ist ein 5,7 Liter großer amerikanischer V8-Motor, der für mindestens 240 km/h Spitze sorgt. Von Null auf 100 km/h vergehen weniger als sechs Sekunden, ein hervorragender Wert für eine große Mittelklasse-Limousine. Für sichere Fahreigenschaften sorgen das tiefer gelegte, straff abgestimmte Fahrwerk, die breiten Hochgeschwindigkeitsreifen sowie Leichtmetallfelgen und zusätzliche Spoiler.

Modell	Holden Commodore S-V8
Baujahr	2006
PS/kW	340 PS/250 kW
Hubraum ccm	5665
Motortyp	V8 Zylinder Benzin

Register

A

Alfa Romeo 155 Turbo 232
Alfa Romeo 155 V6 Twin Spark 232
Alfa Romeo 156 2.0 Twin Spark 76, 238
AMC Experimental Police Car 271
Amphi-Ranger 2800 SR 91
Aprilia 125 4T 208
Aston Martin DB6 67
Audi 80 49
Audi 80 2.0E 52
Audi A4 Avant 1.9 TDI 141
Audi A6 141
Audi A6 2.4 195
Audi A6 Quattro 85
Auverland 200
Auwärter Neoplan 121

B

BA-64/Panzerspähwagen 152
Baja Police Racer 278
Barkas B 1000 146, 147
Bedford TK 860 80
Benz 3CN 99
BMC Bus 246
BMW 318i 93
BMW 320D Touring 142
BMW 325 tds Touring 234
BMW 501 92
BMW 520i 51, 92
BMW 525 d Touring 93
BMW 525 td Touring 93
BMW 525i 140
BMW 528i 51, 311
BMW 530 84
BMW 530d/xd Touring 157, 170
BMW 530i Touring 160, 163, 169
BMW 535d 3.0 170
BMW 535i 56, 160
BMW 1800 138
BMW 2000 92
BMW C1 142
BMW F650 GS 171, 250
BMW Isetta 250 92
BMW K75 RT 204, 226
BMW K 1100 Police 23, 30
BMW R26 132
BMW R35 132
BMW R50 S 133
BMW R50 Spezial 132
BMW R60 133, 162, 167
BMW R60/2 Spezial 133
BMW R60/5 137
BMW R60/R80 72
BMW R65 138
BMW R67 131
BMW R69 S 132
BMW R1100 RT 131
BMW R1150 RT 83, 131, 158
BMW RT 1150 P 202
BMW RT 80 176
BMW X3 176
BMW X3 3.0 171
Borgward B 2000 A/Büssing 97
Büssing SW II (4x4) 110

C

Cadillac Eldorado Convertible 286
Cadillac V16 Fleetwood 287
Caetano-Iveco 224
Carrier-Bus 223
Chevrolet 2500 HD Duramax 263
Chevrolet 3500 Armored 294
Chevrolet Armored 263
Chevrolet Astra Van Police 256
Chevrolet Baja Spezial 293
Chevrolet Bel Air 87
Chevrolet Caprice Classic 272
Chevrolet Caprice LTZ Police 279
Chevrolet Caprice Police 275, 281
Chevrolet Carryall 168
Chevrolet Ecovan 168
Chevrolet Express 289
Chevrolet K10 Scottsdale 72
Chevrolet Mini Monster Truck 265
Chevrolet Monster Truck 264
Chevrolet Nova 275
Chevrolet Nova Police 280
Chevrolet S-10 291
Chevrolet Step Van 265
Chevrolet Suburban 284
Chevrolet Tahoe 22, 33, 260
Chevrolet Tahoe LT 23, 260
Chevrolet Universal Sedan 169
Chevrolet Van 276
Chrysler Attack Police Car 274
Chrysler Imperial 286
Citroen 2CV 93
Citroen AX 78
Citroen Berlingo 1.4 192
Citroen Berlingo HDI 50
Citroen C5 2.2 HDI 126
Citroen C5 V6 204
Citroen CX 198
Citroen DS19 205
Citroen Jumper 2.2 HDI 191
Citroen Jumper 2.8 HDI 143, 197, 203
Citroen Jumper HDI 125
Citroen Visa 82
Citroen Xsara 238
Citroen Xsara Break 205
Citroen Xsara Picasso 196, 213
Citroen Xsara Picasso 2.0i 214
Citroen ZX 243
Cushman Police 266, 268
CW-Air Car 286

D

Dacia 1210 246
Daewoo Lanos 179
DAF-LF45 58
Daihatsu Delta 305
Daihatsu Feroza 85
Daihatsu Terios 239
Daimler Landaulette Straight Eight 67
Daimler-Hooper Straight Eight 328
Daimler-Knight 16/45 100
Datsun 1600 Violet 304
DKW F91 Polizei 104
DKW F93 3=6 105
DKW F94 Polizei 105
DKW Junior 105
DKW Munga F91 105
DKW Munga F91/4 94
DKW RT 350 S 134
DKW Schnelllaster Typ 30 104
Dodge Brougham Royal Monaco 272
Dodge Coronet 282, 297
Dodge Ram 295
Dodge Ram 150 274
Dodge Ram 1500 4x4 288
Dodge Ram 3500 XLT 265
Dodge Ramcharger 269
Dodge Ramcharger 6.0 273
Dodge Sportwagon 278
Dodge Van 270
Dodge WC 87, 178
Duesenberg 285

E

E-Mobil 242
EMW 340-2 148
Erhardt 17/19 100

F

Fiat 127 71
Fiat 500 94
Fiat Albea 16V 250
Fiat Campagnola 233
Fiat Doblo 1.9 Multijet 248
Fiat Doblo Multijet 1.3 JTD 234
Fiat Ducato 80
Fiat Ducato 2.0 94
Fiat Ducato 2.3 JTD 52
Fiat Ducato 2.8 JTD 124, 194
Fiat Ducato 4x4 194
Fiat Ducato D 236
Fiat Ducato Kombi 213
Fiat Ducato Kombi 2.3 JTD 224
Fiat Ducato Kombi 2.8 JTD 53
Fiat Iveco 233
Fiat Marea 225
Fiat Marea 2.4 20V 235
Fiat Panda 233
Fiat Panda 1.1 239
Fiat Panda 4x4 231
Fiat Punto 1.2 193, 240
Fiat Punto 1.6 236
Fiat Scudo Kombi 2.0 JTD 239
Fiat Stilo 1.8 234, 240
Fiat Stilo Multi Wagon 237
Fiat Tempra 1.9D 220
Fiat Tipo 232
Fiat Tipo do Brasil 296
Fiat Uno 231
Fiat Uno Turbo D 233
Ford 4x4 Crew Cap 291

Ford 60 New Economy 268
Ford 9000 295
Ford Bronco 88, 275
Ford Capri 2.8i 65
Ford Consul 2.3 Turnier 95
Ford Consul 2.8 64
Ford Cortina Estate 304
Ford Crown LTD 257
Ford Crown Police 261
Ford Crown Victoria 272, 281
Ford Crown Victoria LX 256
Ford Crown Victoria Police 281
Ford Custom Police Cruiser 255
Ford E350 Super Duty XLT 262
Ford Eifel 149
Ford Escort 2.0 16V 251
Ford Escort RS-Cosworth 66
Ford Expedition XLP 255
Ford Explorer 261
Ford Explorer XLT 260
Ford F1 Delivery Van 266
Ford F150 XLT 262, 290
Ford F250 290, 293, 295
Ford F250 XLT 289
Ford F350 276, 292
Ford F350 Armored 282
Ford F600 Armored 266
Ford F600 Police 267
Ford F5000 do Brasil 296
Ford Fairmont 280
Ford FK 1000 Kombi 177
Ford Focus 2.0 58, 180, 193
Ford Focus 2.0 TDCi 67
Ford Focus Turnier 192
Ford Focus Turnier 2.0 TDCi 75
Ford Four door Sedan 277
Ford Fusion 216
Ford Galaxy 2.0 140
Ford Galaxy TDI 174
Ford Granada 270
Ford Granada Scorpio 24V 66
Ford Highway Patrol Dragster 270
Ford Interceptor Crown LTD 258
Ford Interceptor Police 289
Ford Interceptor Police LTD 258, 259, 260, 262, 264, 312
Ford Lincoln Continental 287
Ford Lotus MK11 64
Ford LTD Brougham 281
Ford LTD Landau 292
Ford LTD Sedan 276, 278
Ford LTD Sedan Police 280
Ford LTD-S 278
Ford MK III Zephir 6 170
Ford Mondeo 2.0 31, 238
Ford Mondeo 2.0 TDCi 206
Ford Mondeo 2.0 TDI 75
Ford Mondeo 2.5 187
Ford Mondeo 2.5 V6 197
Ford Mondeo 3.0 V6 27, 89
Ford Mondeo Turnier 2.0 TCDI 183
Ford Mondeo Turnier 2.2 TDCi 28
Ford Mondeo V6 39
Ford Mondeo V6 ECE 65
Ford Mustang 5.0 269
Ford Mustang GT 259
Ford Police Van 261
Ford Ranger 186, 292
Ford Ranger 4x4 288
Ford Scorpio 2.0i Turnier 95
Ford Scorpio Turnier 3.0 128
Ford Sierra 2.0 95, 251
Ford Sierra Cosworth 4x4 65
Ford Sierra Cosworth RS 86
Ford Sierra Sapphire 310
Ford Step Van 279
Ford Taurus 255
Ford Taurus SE 257
Ford Tourneo Connect 183
Ford Tourneo Connect 1.8 TDCi 247
Ford Transit 84
Ford Transit 2.4 TD 174
Ford Transit 4x4 Police 65
Ford Transit 90 TDE 245
Ford Transit 90-T330 60
Ford Transit 90-T350 60
Ford Transit 100 T260 59
Ford Transit 100 T300 TDCi 315
Ford Transit 115 T350 96
Ford Transit 125 T280 203
Ford Transit 125 T300 TDCi 236
Ford Transit 125 T330 84, 95
Ford Transit 180 T260 248
Ford Transit Bus 203, 314
Ford Transit Connect 1.8 TCDI 186
Ford Transit FT 46
Ford Transit FT 100 297
Ford Transit FT 260 Bus 249
Ford Transit FT 280 176
Ford Transit FT 280 2.0 TDE 60
Ford Transit FT 300 4x4 62
Ford Transit FT 330 2.4 TDCi 249
Ford Transit FT 350 186
Ford Transit FT 350 2.4 TDCi 226
Ford Transit FT 1000 66
Ford Transit Kombi 211
Ford Transit Kombi 4x4 2.0 TDCi 247
Ford Transit TD 222
Ford Transit TDE 246
Ford Transit Turbo 329
Ford Transit Turbo D 251
Ford Tristar Police 34
Ford V8 Sedan 268
Franklin Airman 285
Frisbee 239
FSO Polonez Caro F658 181

G

GAZ 24-10 54
GAZ 69B 324
GAZ 96 54
GAZ Chaika 44
GAZ Wolga M-21 152
GAZ Wolga M-24 152
General Motors Saturn 257
GMC Blue Bird 263
GMC Cargo 289
GMC Cargo Van 272
GMC Carpenter Bus 267
GMC Jimmy 265
GMC Sierra 2500 312
GMC Wrecker 312
GMC Zellenwagen 88
Go-For 257
Granit 27/Streifenwagen 10 145

H

Hanomag AL 28 96, 97
Hanomag AL 28 4x4 96
Hanomag L 28 134
Harley-Davidson 10E Police 284
Harley-Davidson 1200 JHD 285
Harley-Davidson Electra Glide 282
Harley-Davidson FL 74 284
Harley-Davidson Police 259, 283
Harley-Davidson Police Servi-Car 283
Harley-Davidson WLC Liberator 80
Heinkel Tourist 103 A1 131
Holden Commodore S-V8 328, 330
Holden Commodore SS-V8 327, 328, 329
Holden Commodore Station Wagon 329
Holden Commodore VR-V6 328
Holden Commodore VZ 330
Honda CB 250 182
Honda CB 250 Police 317
Honda CB 500 215
Honda CB 500 Police 316
Honda CB 750 Windstar Trike 267
Honda CBF 500 227
Honda CBR 1000F Police 316
Honda CR-V 244
Honda Custom Hybrid 255
Honda Deauville 226
Honda Jazz CVT 26
Honda Lead 225
Honda Megapower 600 322
Honda Police Trike 267
Honda PS 125i 229
Honda Quad 276
Honda SLR 600 321
Honda Varadero 1000 178
Horch 350 102
Horch 400 101
Hummer H2 184
Hyundai Accent 247
Hyundai Accent 1.6 235
Hyundai H1 Starex 299, 318
Hyundai H200 250
Hyundai Santa Fe 209
Hyundai Sonata 2.4 317
Hyundai Sonata V6 318
Hyundai Tucson V6 82

I

IFA F9 E Kübelwagen 147
IFA G 5 148
IFA H6/ADK 6.3 147
IFA W50 149
IFA W50 LA/A 149
International Bus 263
International Eagle 256
International Tractor 256
Isuzu Elf HD 323
Isuzu FN Bus 323
Isuzu Panther 320
Isuzu Panther GL 322
Isuzu Panther Pick up 322

Isuzu Rodeo 307
Isuzu Rodeo Pick up 307
Isuzu Trooper 3.2 244
Isuzu Trooper V6 314
Iveco 40-10W 172
Iveco Carrier 225
Iveco Daily 222, 223
Iveco Daily 30-8 229
Iveco Kombi 30-8 227
Iveco Turbo D 78
Iveco Turbostar 295

J

Jaguar MK-V 63
Jaguar MK2 63
Jaguar MK2-S Type 63
Jaguar XJ-S 61
Jaguar XJ6-2 64
Jaguar XJ6-S Type Police 63
Jeep Cherokee 258, 269
Jeep Cherokee Limited 280
Jeep CJ-5 294
Jeep Wrangler 261, 273
Junk Police Car 274

K

Kässbohrer-Setra S 213 RL 97
Kawasaki 1000 Interceptor 290
Kawasaki 1000 Interceptor Police 283
Kawasaki 1000 Police 290
Kia Carens 16V 56
Kia Sportage CRDi 46

L

La Estrella 296
Lada 2101 154
Lada 2103 155
Lada 2106 155, 156
Lada Niva 188
Lada Niva 1600 155
Lada Nova 49
Lada Samara 1200 47
Lamborghini Countach QV 287
Lamborghini Gallardo 242
Lancia Dedra 2.0 79
Land Rover Defender 45
Land Rover Defender 90 222, 234
Land Rover Defender 110 182
Land Rover Defender Tdi 49
Land Rover Discovery 2.5 tdi 98
Land Rover Discovery 4.0 129
Land Rover Discovery Tdi 238
Land Rover II 162
Land Rover Santana 210
Land Rover Santana 88 219
Land Rover Santana 109 210
LDV Convoy 2.4 DTi 61
Lincoln Custom V12 275
Lincoln Presidential 287
Lynx G-Touring 600 41

M

Magirus Deutz Jupiter 178 D 6x6 98
Magirus-Deutz F Jupiter 195 299
MAN-VW 8.150 99
MAN 9.1 Wasserwerfer 81
MAN 14-224 144
MAN 19.322 99
MAN 630 L2A 99
Maybach W5 103
Mazda 626 44
Mazda Atenza 1.8 316
MBX 80 P 202
Melix Experimental 282
Mercedes-Benz 170 S 109
Mercedes-Benz 170 V 100, 134
Mercedes-Benz 220 OTP 106
Mercedes-Benz 220 SE (W111/3) 106
Mercedes-Benz 220 SE (W128) 106
Mercedes-Benz 230 G 116
Mercedes-Benz 280 E 116
Mercedes-Benz 280 GE SW3 116
Mercedes-Benz 300 d 109
Mercedes-Benz 300 GD 74
Mercedes-Benz 310 117
Mercedes-Benz 311 CDI 29, 69, 144, 171
Mercedes-Benz 316 CDI 172
Mercedes-Benz 323 108
Mercedes-Benz 407D 71
Mercedes-Benz 420 SE (W126) 116
Mercedes-Benz 500 SEL 139
Mercedes-Benz 508D 117
Mercedes-Benz 711D 119, 316
Mercedes-Benz 711D Kombi 140
Mercedes-Benz 770 Spezial 103
Mercedes-Benz 814D 314
Mercedes-Benz 815D 158
Mercedes-Benz 911 THW-MKW 72 299
Mercedes-Benz 1017 A 118, 119
Mercedes-Benz 1113 WaWe4 112
Mercedes-Benz 1222 127
Mercedes-Benz 2538 6x4 158
Mercedes-Benz 2628 WaWe 9 AK 6x6 119
Mercedes-Benz 2628-B 127
Mercedes-Benz A170 73
Mercedes-Benz Actros 1843 120
Mercedes-Benz Actros 3340 AK 6x6 159
Mercedes-Benz Atego 1225 126
Mercedes-Benz C220 CDI-T 141
Mercedes-Benz E200 NGT 143
Mercedes-Benz E 220 CDI 120
Mercedes-Benz E 270 CDI (W210) 120
Mercedes-Benz E280 CDI-T 143
Mercedes-Benz L319 D 135
Mercedes-Benz E 350 195
Mercedes-Benz E Touring 164
Mercedes-Benz E Touring CDI 320 69
Mercedes-Benz L408 135
Mercedes-Benz L3500 108
Mercedes-Benz LD2 100
Mercedes-Benz LM 5000 136
Mercedes-Benz LoS 2000 101
Mercedes-Benz LPK 1624/36 112
Mercedes-Benz O-303 126
Mercedes-Benz OP-321-H 107
Mercedes-Benz Sprinter 208 CDI 43
Mercedes-Benz Sprinter 216 CDI 4x4 35
Mercedes-Benz Sprinter 311 CDI 61
Mercedes-Benz Sprinter 313 CDI 35
Mercedes-Benz Sprinter 316 CDI 165, 314
Mercedes-Benz Sprinter 413D 309
Mercedes-Benz Sprinter 414C 89
Mercedes-Benz Sprinter 416 CDI 57
Mercedes-Benz Sprinter CDI 317
Mercedes-Benz Unimog S 404/1 110
Mercedes-Benz Unimog U34 109
Mercedes-Benz Unimog U1700L 159
Mercedes-Benz Unimog U 2450L 119
Mercedes-Benz Unimog U5000 126
Mercedes-Benz Viano CDI 33
Mercedes-Benz Vito 121
Mercedes-Benz Vito 111 CDI 44
Mercedes-Benz Vito 112 CDI 130
Mercedes-Benz Vito 122 24
Mercedes-Benz Vito 2.0 CDI 129
Mike Pike Commander 271
Mini One 142
Mitsubishi Canter 35 224
Mitsubishi Canter DI.D Turbo 228
Mitsubishi Carisma 16V 223
Mitsubishi Colt Spezial 326
Mitsubishi Colt TD 325
Mitsubishi Kuda 319
Mitsubishi Kuda GL 323
Mitsubishi L200 2.5 TD 228
Mitsubishi Lancer 2.4 320
Mitsubishi Lancer Pick up 305
Mitsubishi Pajero 52
Mitsubishi Pajero Sport TD 56
Mitsubishi Pajero V60 121
Mitsubishi Pajero Wagon 222
Mitsubishi Shogun 3.2 TD 67
Mowag Piranha 164
MZ ETZ 250 156

N

Nissan Almera 1.6 16V 214
Nissan Almera 2.0 228
Nissan Almera 2.2 dCi 219
Nissan Bluebird 293
Nissan Cabstar 212
Nissan Diesel CVW 298
Nissan Fairlady 240Z 313
Nissan Fairlady 300ZX 313
Nissan GR Patrol 298, 299
Nissan L200 217

Nissan L200 Double Cab 303
Nissan L200 Single Cab 308
Nissan Navara 247
Nissan Navara 2.5 CDI 210
Nissan Navara Double Cab 306
Nissan Pathfinder 2.5 TDI 176
Nissan Patrol 210, 327
Nissan Patrol 3.0Di 43
Nissan Patrol GR 215, 217, 230
Nissan Patrol GR-Pick up 218
Nissan Primera 42, 228
Nissan Standard 310
Nissan Sunny 1.4 305
Nissan Terrano 211
Nissan Terrano 2.7 TD 215
Nissan Terrano 3.0 TD 216
Nissan Terrano II 2.7 TD 218
Nissan Terrano TD 223
Nissan Urvan Police 326
Nissan Vanette Serena 70
Nissan X-Trail CDI 264
Nissan X-Trail dCi 27
NSU Prinz 4 111
NSU Typ 110 111

O

Opel Astra 1.8 16V 43, 308
Opel Astra Caravan 194
Opel Astra Caravan 1.9 CDTI 70, 180
Opel Astra Caravan CTDI 235
Opel Astra GSi 16V 181
Opel Blitz 1.75t 107
Opel Blitz 1.9T 135
Opel Blitz 330-6 112
Opel Corsa 1.3 DCTI Easy 143
Opel Frontera 2.2 122
Opel Frontera 2.8 TD 177
Opel Kadett B 111
Opel Kapitän PL 2.6 109
Opel Olympia 137
Opel Olympia P1 107
Opel Omega B 2.5 TD Caravan 122
Opel Omega Caravan 160
Opel Rekord B 110
Opel Rekord D 113
Opel Rekord D Caravan 113
Opel Rekord P1 110
Opel Rekord P2 107
Opel Vectra 2.0 166
Opel Vectra 2.0 16V 307
Opel Vectra 2.2 31
Opel Vectra C 1.9 CDTI 121
Opel Vectra C 2.2 DTI 123
Opel Vectra GL 139
Opel Vectra V6 Turbo 179
Opel Zafira 1.8 171
Opel Zafira 1.9 CDTI 69, 124
Opel Zafira 2.2 211

P

P2M/Geländewagen 150
P2S/Schwimmwagen 151
P3/Geländewagen 151
Panther 4000 277
Peugeot 80 Police 207
Peugeot 204 108
Peugeot 206 76
Peugeot 206 1.6 HDI 212
Peugeot 206 TD 201
Peugeot 207 31
Peugeot 305 GRD 114
Peugeot 306 2.0 V16 74
Peugeot 306 TD 221
Peugeot 307 2.0i 206
Peugeot 309 1.8D 200
Peugeot 403 86, 108
Peugeot 406 2.1 TDI 62
Peugeot 406 3.0 24V 85
Peugeot 406 HDI 60, 124
Peugeot 806 77
Peugeot 807 TDI 78
Peugeot Expert 1.9D 205
Peugeot Expert 2.0 HDI 57, 215, 216
Peugeot Partner 1.6 HDI 40
Piaggio E-Roller 240
Piaggio Liberty 50 241
Piaggio Liberty 125 241
Piaggio Vespa 125 241
Plymouth Gran Fury Road Runner 271
Plymouth Gran Fury STD 279
Plymouth Gran Fury Wagon 270
Plymouth Satellite Police Dragster 284
Pontiac Catalina 273
Pontiac Gran Fury 271
Pontiac Trans Sport 79
Porsche 356B Cabriolet 161
Porsche 356 C Cabriolet 72
Porsche 911 3.6 Coupe 122
Porsche 911 Carrera 2 Cabriolet 73
Porsche 911 S 115
Porsche 912 Targa 73
Porsche 924 115
Puch 250 SL 178

R

RAF 2203 47, 54
Range Rover 4.6 HSE 61
Range Rover V8 82
Renault 4 CV 198
Renault 5 Alpine 199
Renault 5 GTL 1.4 199
Renault 5 Turbo 200
Renault 11 TL 201
Renault 12 TX 246
Renault 18 Turbo 201
Renault 19 Chamade 249
Renault 21 Nevada 203
Renault 21 Nevada D 201
Renault 25 V6 302
Renault Clio 48
Renault Clio 1.6 76
Renault Clio dCi 206
Renault Espace 164
Renault Laguna 2.0T 46
Renault Mascott 181
Renault Master Bus 243
Renault Master dCi 120 88
Renault Mégane 49
Renault Mégane 1.9 CDTI 217
Renault Mégane 2.0 221
Renault Mégane 2.0 16V 302
Renault Mégane 2.0B 218
Renault Mégane Break 177
Renault Mégane Break 16V Turbo 205
Renault Mégane Coupé 196
Renault Mégane dCi 244, 248
Renault Mégane Grand Tour 192
Renault Mégane II 214
Renault Modus 1.5 dCi 207
Renault R4 81, 198
Renault R5 1.6D 207
Renault Scénic 1.9 CDI 204
Renault Scénic 1.9 dCi 208
Renault T35 D 200
Renault Trafic 198
Renault Trafic 1.9 dCi 70
Renault Trafic 2.5 dCi 140 211
Renault Trafic dCi 100 197
Renault Trafic Passenger dCi 100 207
Renault Trafic T1000 197
Renault Trafic T1100 D 202
Robur LO 2002A 149, 150
Rover 216 48
Rover-Herrington 310

S

Saab 9-3 34
Saab 9-3 Combi 2.0 38
Saab 9-3 Combi 3.0 38
Saab 9-3 Sport Combi 58
Saab 95 Sport Combi 2.3T 36
Sachsenring Trabant Kübelwagen 151
Sanglas 400 214
Sankey AT 80
Saurer CR-1D 162
Saurer Zellenwagen 88
Scout 900 303
Seat Leon 2.0 FSI 213
Seat Toledo 213
Seat Toledo 2.0 TDI 212
Setra S416 GT-HD 144
Shiguli VAZ-2101 55
Shorland MK3 71
Ski-Doo 340 277
Skoda 1202 184
Skoda Fabia 1.4 185
Skoda Fabia 1.4 TDI 190
Skoda Fabia Combi 1.4 189
Skoda Fabia Combi 1.6 187
Skoda Fabia Combi 2.0 189
Skoda Fabia Combi TDI 187
Skoda Fabia Sedan 53
Skoda Fabia TDI 182
Skoda Fabia Tour 193
Skoda Fabia Tour 1.9 TDI 55
Skoda Felicia 1.6 189
Skoda Octavia 53, 175
Skoda Octavia 2.0 FSI 183
Skoda Octavia 2.0 TDI 221, 230
Skoda Octavia 4AWD 40
Skoda Octavia TDI 50
Skoda Octavia Tour Combi 182
Smart Fortwo 123, 230, 242
Snow Cat 1500 277
Spyker C8 68
Ssang Young Musso 321
Star 29 Hydromil 151
Subaru Forester 2.0 86
Subaru Impreza 27
Subaru Impreza Sports Wagon 44
Subaru Legacy 166
Suzuki APV 319

Suzuki Ignis 4x4 236
Suzuki Jimny 304
Suzuki Katana 324, 326
Suzuki Liana 48
Suzuki Liana 4WD 43
Suzuki Samurai 241
Suzuki Samurai SJ 413 82

T

Tatra 2-603 190
Taurus 1.6 GL 323
Taylor Aerocar 285
Thyssen SW UR 416 114
Thyssen TM 170 SW 4 114, 129
Tofas 16V 249
Toyota Avensis 41, 303
Toyota Avensis 2.2 Clean Power 125
Toyota Dyna 115ST 320
Toyota Hiace 24, 77
Toyota Hiace 2.4 225
Toyota Hiace 2.5D 224, 230
Toyota Hiace Super 115 307
Toyota Hilux 273, 308
Toyota Hilux CTi 325
Toyota Kijang 324
Toyota Kijang 4x4 321
Toyota Kijang LX 319
Toyota Kijang Standard 321, 325
Toyota Land Cruiser 70 305
Toyota Land Cruiser 300 TDI 159, 163
Toyota Landcruiser Bandeirante 297
Toyota Prius 1.5L 163
Toyota Prius Hybrid 25
Toyota RAV 4 36, 89, 125
Toyota RAV4 2.0 TD 84
Toyota Starlet XL 303
Toyota Tercel 4WD 166
Toyota Venture 309
Toyota Venture LX 309
Trippel Eurocar 136

U

UAZ 3741 53
Universal 167

V

Vauxhall Astra 1.8 59
Vauxhall Astra CDTi 59
Vauxhall Zafira Club 1.9 CDTi 58
Volvo 123 GT 168
Volvo 144 160
Volvo 145 GL 32
Volvo 850 GLT 52
Volvo 850 T5 25, 159
Volvo 850 Wagon 36
Volvo 940 24
Volvo Amazon 32
Volvo FL6 70
Volvo PV 544 Police 33
Volvo S40 79
Volvo S40 2.4i 48
Volvo S60 2.5T 23
Volvo V70 37
Volvo V70 AWD 26, 158, 163
Volvo V70 D5 34
Volvo V70 D5 AWD 170
Volvo V70 Polar 166
Volvo V70 R 23
Volvo V70R Police 37
Volvo VX70 37
Volvo XC70 35
VW 412 114
VW 1200 71
VW Buggy 128
VW Bus Syncro 4x4 T3 139
VW Bus T1 136
VW Bus T3 47
VW Bus T4 Syncro 37
VW Caddy 1.6 46
VW Caddy Life 51
VW Citi Golf 306
VW Citi Golf GTI 309
VW Golf 1.4 FSI 74
VW Golf 1.5L 138
VW Golf 1.6 FSi 237
VW Golf 1.9 TDI 89
VW Golf 2.0 FSI 69
VW Golf CL 226
VW Golf GL 190, 194
VW Golf III 123
VW Golf TAS 195
VW Golf Variant 192
VW Golf Variant 1.6 165
VW Golf Variant 1.9 TDI 174
VW Jetta 1.6 55
VW Jetta 1.8 180
VW Käfer 1200 161, 178
VW Käfer 1300 104
VW Kombi 1.9 TDI 130
VW Kombi LT 31 139
VW Kombi T1 104, 136
VW Kombi T2 112
VW Kübelwagen Typ 181 128
VW LT Kombi 29
VW LT31 2.5 TDI 130
VW Multivan T5 V6 40
VW Passat (32B) 115
VW Passat 1.8 CL 138
VW Passat V6 FSI 90
VW Passat Variant 216
VW Passat Variant 1.9 TDI 123
VW Passat Variant 2.0 TDI 315
VW Passat Variant 4Motion 2.5 TDI 169
VW Passat W8 UCPR 85
VW Pointer 306
VW Pointer do Brasil 296
VW Polo 175
VW Standard 134
VW Syncro TDI 33
VW T4 2.0 227
VW T4 Kombi 180
VW T4 Kombi 1.9 TDI 187
VW T5 Kombi 2.5 TDI 186
VW T82 Kübelwagen 103
VW Touran 2.0 TDI 175
VW Transporter 1.9 TDI 56, 77, 128, 175
VW Transporter 2.5 TDI 51, 68, 74, 77, 90, 173
VW Transporter Kombi 165
VW Transporter Syncro 86
VW Transporter Syncro 2.5 TDI 177
VW Transporter Syncro T4 140, 167
VW Transporter Syncro T5 38, 130
VW Transporter Syncro TDI 41
VW Transporter T2a 72
VW Transporter T4 127, 208
VW Transporter T5 35
VW Transporter T5 TD 39
VW Transporter TD 184
VW Vento 2.0 221

W

Wanderer W11 2.5 102
Wanderer W11 3.0 103
Wanderer W24 102
Wanderer W40 Phaeton 102
Wartburg 1.3 154
Wartburg 311 153
Wartburg 353 153, 154
Wartburg 353 Tourist 153
Wartburg 353 W 153

Y

Yamaha 350 229
Yamaha GTS 1000 30
Yamaha Quad 269
Yamaha RD 250 320
Yamaha TDM 900A 208
Yamaha XJ 900S Diversion 319
Yamaha XT 90
Yamaha XT 125 227

Z

Zastava Yugo Koral 45 195
ZIL 130-76 54
ZuK 47

Danksagung

Ein Buch mit diesem Umfang ist nur mit kollegialer Unterstützung zu realisieren. Autor und Verlag bedanken sich bei allen, die zum Gelingen beigetragen haben.

Besonderen Dank gilt: S. E. Botschafter Abdulhamid A. Al-Awadhi (Berlin/Kuwait) und Andreas Dietrich, Frank Dönges und Eberhard Dersch vom Deutschen Polizeioldtimer-Museum (Marburg), Alfons Blümmel (Mannheim), Carsten Drohm (Berlin), Helmut Pfitzmeier (THW Bonn), Dirk Lemcke (Korschenbroich), Claudia Beck, Dietmar End, Josef Hinko, Winfried Strittmatter, Reinhard Lintelmann, Holger Witzig, Mbuton Doh, Ernst Beyermann, Axel Späth, Sabine Ewinger und Harald Rattinger.

Tatkräftige Unterstützung fand ich durch folgende Mitarbeiter der Automobilindustrie: Maria Feifel (Daimler, Stuttgart), Lothar Franz (Unternehmensarchiv Audi AG, Ingolstadt), Jürgen Pönisch (August Horch Museum, Zwickau), Ralph Plagmann (Audi-NSU Archiv, Neckarsulm), Immo Mikloweit (Citroen Deutschland AG), Carina Becker (Fiat Deutschland), Ford of Britain, Thomas Rauh (Hyundai Deutschland), Marco Kimme (Intax, Oldenburg), Karam Ram (Jaguar-Daimler Heritage Trust, Eastbourne/Großbritannien), Kroymans Deutschland, Michael Schweitzer (Renault-Nissan, Brühl), Ernst-Peter Berresheim (Historisches Archiv der Adam Opel AG), Thomas Schalberger (Peugeot Deutschland), Renault Deutschland, Claes Rydholm (Volvo cars Heritage, Göteborg/Schweden), Manfred Grieger (Volkswagen Historische Kommunikation).

Besonderen Dank gilt stellvertretend bei den in- und ausländischen Polizeidienststellen: Georg Franke (Motorsportgruppe Polizei Berlin), Verena Siekierka (Polizeipräsidium Berlin), Michael Schüler (Zentraldienst der Polizei Land Brandenburg), Bennie Baumann (Polizeipräsidium München), Frank Glodt (Police Grand-Ducale/Luxemburg), Anna Francis (Historische Dienst van de Politie Etterbeek/Belgien), Jouni Jantunen (Police Technical Centre Helsinki/Finnland), Esther Surber und Rolf Decker (Kantonspolizei Zürich/Schweiz), Guido Balmer (Fedpol Bern/Schweiz), Kurt Stadelmann (Kantonspolizei Luzern/Schweiz), Hans Peter Eugster (Kantonspolizei St. Gallen/Schweiz), Walter Santin (Stadtpolizei Baden/Österreich), Police Fire Museum Burbank (Kalifornien/USA) und alle Polizisten, die sich oder ihre Fahrzeuge für die Aufnahmen zur Verfügung stellten.